计算机技能大赛实战丛书

企业网搭建及应用 锐捷版

（第3版）

丛 书 主 编　何文生

丛书副主编　史宪美

丛 书 主 审　朱志辉

本 书 主 编　张文库

本 书 主 审　陈海超

电子工业出版社

Publishing House of Electronics Industry

北京·BEIJING

内 容 简 介

本书分为网络搭建、网络设备、Windows 系统、Linux 系统、无线测试和模拟题与应试指南六部分，在前五部分里面采用一个个项目的方式，通过任务的形式进行讲解，第六部分提供了四套模拟题，并对竞赛进行应试指导。这样使读者在短时间内掌握更多有用的技术和方法，快速提高技能竞赛水平。

本书既可作为职业院校及培训机构的实训教材及参考书，又可作为参加"计算机技能大赛"的学员的辅导教材。

图书在版编目（CIP）数据

企业网搭建及应用：锐捷版/张文库主编．—3 版．—北京：电子工业出版社，2013.5
（计算机技能大赛实战丛书）
ISBN 978-7-121-20383-1

Ⅰ．①企…　Ⅱ．①张…　Ⅲ．①企业—计算机网络—中等专业学校—教学参考资料　Ⅳ．①TP393.18

中国版本图书馆 CIP 数据核字（2013）第 098136 号

策划编辑：关雅莉　　肖博爱
责任编辑：郝黎明
印　　刷：北京七彩京通数码快印有限公司
装　　订：北京七彩京通数码快印有限公司
出版发行：电子工业出版社
　　　　　北京市海淀区万寿路 173 信箱　邮编　100036
开　　本：787×1 092　1/16　印张：23.5　字数：601.6 千字
版　　次：2010 年 1 月第 1 版
　　　　　2013 年 5 月第 3 版
印　　次：2025 年 1 月第 16 次印刷
定　　价：49.80 元

前　言

随着职业教育的进一步发展，全国中等职业学校计算机技能大赛开展得如火如荼，比赛赛场成为深化职业教育改革、引导全国职业教育发展、增强职业教育技能水平、宣传职业教育的地位和作用、展示中职学生技能风采的舞台。电子工业出版社和广东省职业技术教育学会电子信息技术专业指导委员会积极响应教育部的号召，为了满足广大中职学校参加大赛的实际需求，组织了由企业工程技术人员、高校教授、职业学校有经验的辅导教练等组成的计算机技能大赛丛书编委会，共同打造"计算机技能大赛实战丛书"，该丛书的编写特色如下。

本书定位

中职院校的教师和有一定基础的学生；

培训机构的教师和有一定基础的学生。

编委会组成人员

由广州大学的教授及专家组为丛书审定；

由神州数码网络集团、锐捷网络公司、广州唯康通信技术公司和福禄克公司提供设备、素材及相关建议；

由在历届全国计算机技能大赛中获一等奖学生的教练主笔。

内容安排

该套丛书从应用实战出发，首先将所需内容以各个项目的形式表现出来，其次对技能大赛的试题进行详细的分析和讲解，最后给出相应的模拟试题供读者练习，使读者在短时间内掌握更多有用的技术和方法，快速提高技能竞赛水平。

编写特点

在实例讲解上，本书采用了统一、新颖的编排方式，任务中包含"任务分析"、"任务名称"、"任务描述"、"任务实现"、"知识链接"等部分，其中，部分项目是由多个任务组成的，部分关键的知识点还设置了"小贴士"，并做简单的介绍。对各部分说明如下。

任务分析：针对该任务的设计思路、制作方法进行分析，让读者对本任务的学习内容有个整体的了解。

任务名称：列出该任务的任务名称。

任务描述：对即将要完成的任务进行知识性的描述。

任务实现：详细写出任务的实现过程。

知识链接：针对任务中出现的一些疑难、重点知识点进行讲解。

小结：针对该项目的总结。

实训：针对本项目的知识点而给出的一些实战练习题目。

比赛心得：编者把自己在训练和比赛中的一些心得体会和经验教训通过文字毫无保留地贡献出来，让广大的读者能少走一些弯路，能快速吸收实战经验，迅速提高自身的竞技水平。

配套立体化教学资源

本套丛书提供了配套的立体化教学资源，包括教学指南、电子教案、源代码、部分项目的配置文件、截图、拓扑图及各种实验手册；"网站建设"部分的全部网站源代码，以及素材库等必需的文件。

本书内容

本书分为网络搭建、网络设备、Windows 系统、Linux 系统、无线测试和模拟题与应试指南六部分，在前五部分里面采用一个个项目的方式，通过任务的形式进行讲解，第六部分提供了四套模拟题，并对竞赛进行应试指导。这样使读者在短时间内掌握更多有用的技术和方法，快速提高技能竞赛水平。

本套丛书由何文生担任丛书主编，史宪美担任丛书副主编，朱志辉教授担任丛书主审。本书由张文库主编，赵军和邹贵财担任副主编，由陈海超担任主审。本书第三版在以往版本的基础上，增加了新的知识点，第三版中的网络设备和 windows 系统部分由张文库进行改编，其中网络设备中的防火墙和无线部分由罗忠负责编写，linux 系统部分由刘猛负责改编，参加编写的成员还有赵军、邹贵财、黄国平、黄超强、彭家龙、刘敏中、赵海伟、赖均友、林旭钿、张本荣、蔡荣茂、陈韦华、赵志军。由于作者水平有限，错漏之处在所难免，请广大读者批评指正。

鸣谢

真挚感谢神州数码网络集团、锐捷网络公司、广州唯康通信技术公司和福禄克公司，以及所有为该书提出中肯意见及提供帮助的人士。

编　者

2013 年 5 月

目 录

第一部分 网 络 搭 建

第二部分 网 络 设 备

第四部分　Linux 系统

第一部分　网络搭建

网络搭建的内容很广泛，在此主要指的是综合布线。选手利用赛场提供的 4 台计算机、4 台路由器、2 台三层交换机、1 个网络配线端接装置、3 个理线架和 1 个 24 口模块式配线架，要求设备上架位置正确、牢固，制作线缆，连接准确、美观。

企业网络搭建及应用这个项目，在 2011 年全国职业院校计算机技能大赛中，使用的网络搭建部分设备为西安开元电子实业公司的网络配线端接装置：（KYPXZ-01-07）1 台（包括开放式机架 1 套、KVM 计算机切换器 1 台、8 口 PDU 2 台、液晶显示器 1 台、键盘托盘 1 台、理线环 3 台），综合布线实训操作台（KYSYT-1200-600）1 张，综合布线工具箱（KYGJX-12）2 套。在此需要注意的是：所有的网络设备和其中两个计算机是没有拆箱的。

项目一　网络设备安装

网络设备安装主要就是将指定的设备安装到机架上，这部分的工作现在很普及，难度也相对较低，对于从事 IT 行业的人可以说都是没有问题的。

任务一　网络设备的检查

任务描述

天驿公司由于规模的扩大，新购置了一批设备，现在已经运送到公司，管理员需要进行开箱检查，于是管理员开始准备。

任务分析

接到货物后，进行开箱检查是有必要的，这个细节不可忽视，所以管理员做的是对的。

任务实现

步骤 1：管理员打开箱子进行网络设备的检查，主要检查是否缺少物品，如图 1-1 所示。

图 1-1　开箱检查

任务回顾

此任务主要是模拟设备运到之后开箱检查，只要管理员细心就不会存在问题，在国赛的比赛中，设备也是封装在箱子里面的，所以选手还是要注意，以免惊慌，不知所措。

任务二 网络设备上架

任务描述

天驿公司的管理员检查完设备后，准备将网络设备上架，于是管理员找来自己的助手帮忙，两个人进行网络设备上架。

任务分析

设备上架的工作很简单，两个人配合，完成的速度很快，不用花费很多时间，所以管理员的想法是正确的。

任务实现

步骤 1：准备好机架、工具和螺丝，共 6 台设备、3 个理线架需要上架，其他已经安装好，如图 1-2～图 1-5 所示。

图 1-2　工作环境

图 1-3　机架

图1-4　工具箱　　　　　　　　　　　　　图1-5　螺丝

步骤 2：准备工作就绪后，按照公司的环境开始安装网络设备，一人负责扶好设备，另外一个人负责用电钻安装螺丝，二人配合完成，如图1-6所示。

步骤 3：在进行安装网络设备的螺丝时，使用对角的方法进行安装，这样可以节省时间，如图1-7所示。

图1-6　安装第一台网络设备　　　　　　图1-7　安装对角螺丝

步骤 4：由于使用的是新式的螺杆加螺帽，所以两个人要协调配合完成安装螺丝的工作，如图1-8所示。

图1-8　安装全部螺丝

步骤 5：第一台设备安装完成后，按照要求，接下来安装理线架，如图1-9所示。

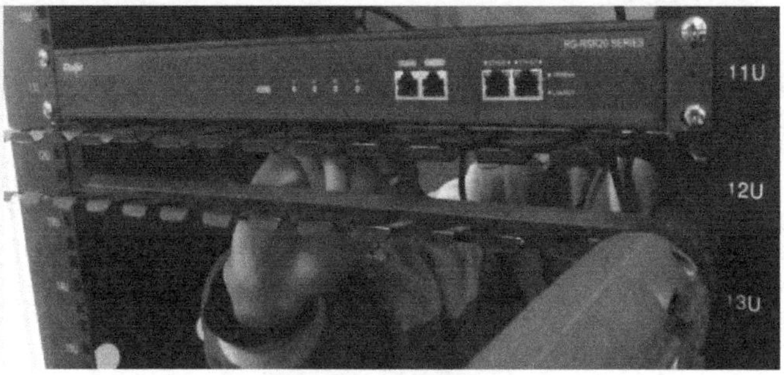

图 1-9 安装理线架

步骤 6：接着继续安装网络设备，如图 1-10 所示。

图 1-10 网络设备上架

步骤 7：经过 6 分钟左右，所有网络设备和理线架安装完成，如图 1-11 所示。

图 1-11 设备上架完成

任务回顾

此任务主要讲述了网络设备的上架，其实这部分的工作相对比较简单，选手需要注意速度和准确性，还有就是两个人的配合，如果配合不好，那最终的成绩也不会很好，所以选手要多练习，发扬团队合作的精神。

任务三　网络设备接线

任务描述

天驿公司的管理员将所有设备上架后，准备对其网络设备进行接线，于是管理员去准备线缆了。

任务分析

管理员的做法是对的，但需要依照公司的拓扑机构进行连接，于是管理员找到主管拿到了拓扑结构图，这样就准备开始连接了。

任务实现

步骤 1：按照拓扑结构图，连接路由器后面的串口线，如图 1-12 所示。

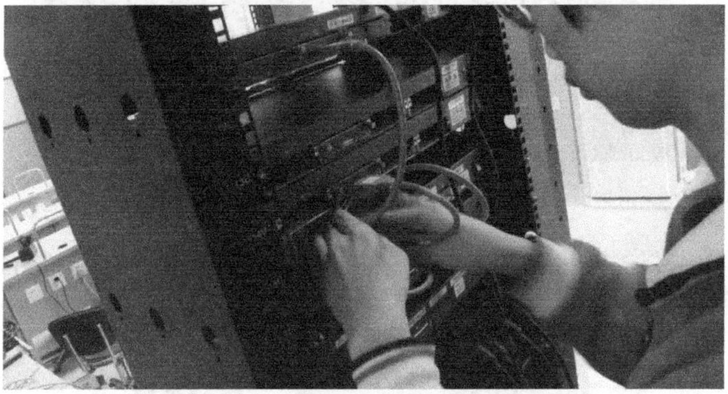

图 1-12　连接网络设备串口线

步骤 2：连接各设备电源线，并用扎带进行绑扎，如图 1-13 所示。

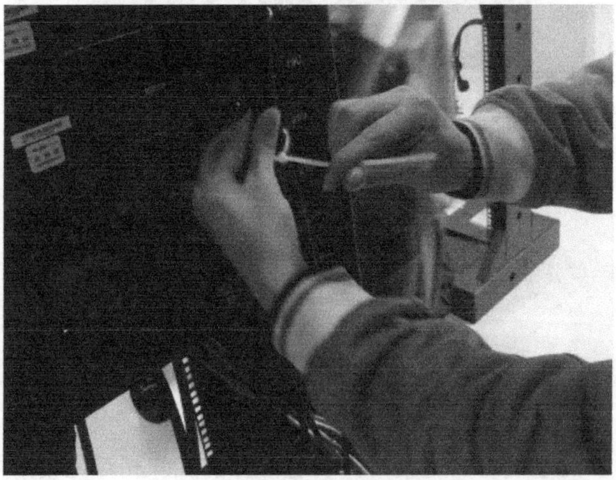

图 1-13　绑扎电源线

步骤 3：将绑扎的多余扎带，用剪刀剪掉，如图 1-14 所示。

图 1-14 剪扎带

步骤 4：完成机架后面的接线，如图 1-15 所示。

图 1-15 机架后面的接线

步骤 5：按照拓扑结构图，完成前面网线的连接，并将理线架的盖子扣好，如图 1-16 所示。

图 1-16 机架前面的接线

任务回顾

此任务主要描述了网络设备的接线，选手只要按照拓扑结构图进行连接，是不难做到的，但也需要选手在平时训练时，多练习，切记不可接错，否则会造成网络不通，如果在时间允许的情况下，要注意美观。

比赛心得

网络搭建这部分内容在国家级的比赛中，虽然分数比例比较小，但却是不容忽视的，因为此内容属于每组都可以完成的，而且基本可以接近满分，主要就是选手在平时训练时，要多练习，尤其是两个人的配合是最重要的，配合的好坏与否，对最后比赛的名次还是有影响的。

实训

1. 按照在机架自上而下：显示器→1 台路由器→理线器→2 台路由器→交换机→理线器→交换机→配线架→理线器→KVM→键盘托盘的顺序安装相关网络设备及综合布线产品，要求设备安装上架位置规范正确、牢固，制作线路，连接正确、美观。

第二部分 网络设备

网络设备及部件是连接到网络中的物理实体。网络设备的种类繁多，且与日俱增。网络设备包括路由器、交换机、防火墙和无线设备等。

企业网络搭建及应用这个项目，在 2011 年全国职业院校计算机技能大赛中使用的网络设备为锐捷产品，涉及的设备有 4 台 RSR20-04 路由器，2 台 RG-S3760E-24 三层交换机。

项目一　VLAN 技术与生成树技术

VLAN 是在一个物理网络上划分出来的逻辑网络。这个网络对应于 OSI 模型的第二层。通过将企业网络划分为虚拟网络 VLAN，可以强化网络管理和网络安全，控制不必要的数据广播。VLAN 将网络划分为多个广播域，从而有效地控制广播风暴的发生，还可以用于控制网络中不同部门、不同站点之间的互相访问。

人们对网络的依赖性越来越强，为了保证网络的高可用性，有时希望在网络中提供设备、模块和链路的冗余。但是在二层网络中，冗余链路可能会导致交换环路，使得广播包在交换环路中无休止地循环，进而破坏网络中设备的工作性能，甚至导致整个网络瘫痪。生成树技术能够解决交换环路的问题，同时为网络提供冗余。

任务一　实现 VLAN 间通信

任务描述

天驿公司有销售部和技术部，技术部的计算机系统分散连接在两台交换机上，它们之间需要相互通信，销售部和技术部也需要进行相互通信，为了满足公司的需求，现要在网络设备上实现这一目标。

任务分析

使在同一 VLAN 里的计算机系统能够跨交换机进行相互通信，需要在两个交换机中间建立中继，而在不同 VLAN 里的计算机系统也要实现相互通信，实现 VLAN 之间的通信需要三层技术来实现，即通过路由器或三层交换机来实现。建议使用三层交换机来实现，因为使用路由器容易造成瓶颈。

任务实现

1．实现交换机端口隔离

交换机端口隔离如图 1-1 所示。

步骤 1：在 SW1 上创建 VLAN。

```
SW1#configure terminal
SW1(config)#vlan 10
SW1(config-vlan)#name sales
SW1(config-vlan)#exit
```

```
SW1(config)#vlan 20
SW1(config-vlan)#name tech
SW1(config-vlan)#exit
SW1(config-vlan)#exit
```

图 1-1 交换机端口隔离

步骤 2：将接口分配到 VLAN 中。

```
SW1#configure terminal
SW1(config)#interface range fastethernet 0/4-10
SW1(config-if)#switchport access vlan 10
SW1(config-vlan)#exit
SW1(config)#interface range fastethernet 0/11-22
SW1(config-if)#switchport access vlan 20
SW1(config-vlan)#exit
```

步骤 3：验证同一交换机上的同一网段的计算机无法通信，表示成功。

注：SW2 的配置与 SW1 基本一样，此处省略。

2. 实现跨交换机相同 VLAN 通信

步骤 1：把交换机 SW1 与 SW2 相连的端口定义为中继模式。

```
SW1(config)#interface fastethernet 0/24
SW1(config-if)#switchport mode trunk
SW1(config-if)#no shutdown
```

注：SW2 的配置与 SW1 基本一样，此处省略。

步骤 2：验证技术部的计算机可以互相通信，表示成功。

3. 使用单臂路由实现 VLAN 间通信

单臂路由实现 VLAN 间通信，如图 1-2 所示。

步骤 1：在路由器 R1 上创建子接口。

```
R1(config)#interface fastethernet0/0.1
R1(config-subif)#encapsulation dot1q 10
R1(config-subif)#iip address 192.168.1.1 255.255.255.0
R1(config-subif)#ino shutdown
R1(config-subif)#exit
```

VLAN ID

```
R1(config)#interface fastethernet0/0.2
R1(config-subif)#encapsulation dot1q 20
R1(config-subif)#iip address 192.168.2.1 255.255.255.0
R1(config-subif)#ino shutdown
R1(config-subif)#exit
```

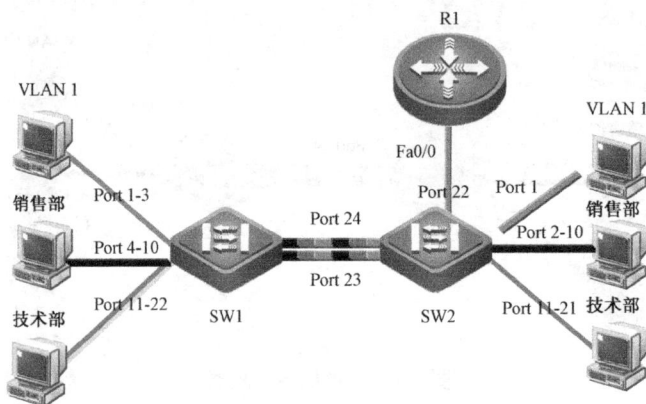

图1-2　单臂路由实现 VLAN 间通信

小贴士

在配置路由器时，一定不要配置 fa0/0 接口的 IP 地址，路由器上所配置的 IP 地址是各自 VLAN 的网关地址。

步骤2：在 SW2 上配置中继端口。

```
SW2(config)#interface fastethernet 0/22
SW2(config-if)#switchport mode trunk
SW2(config-if)#no shutdown
```

步骤3：验证技术部和销售部的计算机可以通信，表示成功。

4．使用 SVI 实现 VLAN 间通信

天骅公司想实现销售部和技术部之间的通信，可以通过单臂路由实现，也可以通过三层交换机来实现，建议使用三层交换机，因为单臂路由采用子接口进行通信，容易产生瓶颈。

使用 SVI 实现 VLAN 间的通信，如图1-3 所示。

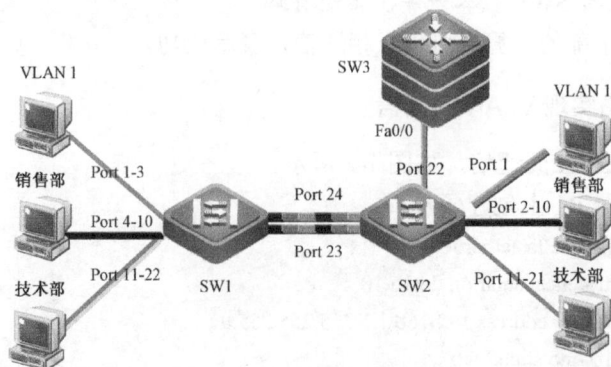

图1-3　使用 SVI 实现 VLAN 间通信

步骤 1：在三层交换机 SW3 上启动路由。

```
SW3(config)#ip routing
```

步骤 2：在三层交换机 SW3 上配置各 VLAN 的 IP 地址。

```
SW3(config)#interface vlan 10
SW3(config-if)#ip address 192.168.1.1 255.255.255.0
SW3(config-if)#no shut
SW3(config)#interface vlan 20
SW3(config-if)#ip address 192.168.2.1 255.255.255.0
SW3(config-if)#no shut
```

步骤 3：验证技术部和销售部的计算机可以通信，表示成功。

5．实现端口聚合

由于技术部和销售部之间的很多数据流量是跨过交换机进行转发的，因此需要增加交换机之间的传输带宽，并实现链路冗余备份，管理员利用聚合端口可实现此功能。

在交换机 SW1 上配置聚合端口。

```
SW1(config)#interface aggregateport 1
SW1(config-if)#switchport mode trunk
SW1(config-if)#exit
SW1(config)#interface range fastethernet 0/23-24
SW1(config-if-range)#port-group 1
```

注：SW2 的配置与 SW1 基本一样，此处省略。

知识链接

该任务是一个综合实验，涉及划分 VLAN、跨交换机相同 VLAN 的通信，也涉及不同 VLAN 之间的通信，这要通过三层技术来实现。

任务回顾

本任务详细介绍了 VLAN 的相关内容，包括 VLAN 技术在交换机网络中的应用、Trunk 链路、利用 SVI 和单臂路由方式实现 VLAN 间路由和端口聚合。

划分 VLAN 后，一个 VLAN 就是一个广播域，同一个 VLAN 中的设备可以在二层网络中通信，不同 VLAN 间通信时需要借助三层设备。同时，当多个 VLAN 的数据需要通过一条链路传输时，需要使用 Trunk 技术。

实现 VLAN 间路由的技术主要有：SVI 和单臂路由。SVI 方式通常需要借助在三层交换机上给 VLAN 的 SVI 接口配置 IP 地址来实现，实施起来灵活方便。单臂路由是在路由器的以太网接口上划分子接口，容易形成网络瓶颈。

任务二　生成树技术

任务描述

天驿公司现为了开展计算机培训和网络办公，对现有网络进行扩建，建立了一个计算机教室和一个办公区，这两处的计算机网络通过两台交换机互联组成公司内部网络，为了提高网络的可靠性，网络管理员用两条链路将交换机互联，现要在交换机上进行适当配置，使网络避免环路。

任务分析

此公司主要想解决网络环路的问题，避免广播风暴的产生，实现这一目标需要使用生成树技术，生成树技术主要有三种：STP（生成树协议 IEEE 802.1d）、RSTP（快速生成树协议 IEEE 802.1w）和 MSTP（多生成树协议 IEEE 802.1s）。

生成树协议的特点是收敛时间长。当主要链路出现故障以后，切换到备份链路需要 50s 的时间，这个时间有些过长。

快速生成树协议（RSTP）在生成树的基础上增加了两种端口角色：替换端口和备份端口，它们分别作为根端口和指定端口的冗余端口。当根端口或指定端口出现故障时，冗余端口不需要经过 50s 的收敛时间，可以直接切换到替换端口或备份端口，从而实现 RSTP 协议小于 1s 的快速收敛。这个时间比 STP 快多了。

天驿公司的管理员在此采用 RSTP 来完成链路的快速收敛。

任务实现

1. RSTP

实现 RSTP 如图 1-4 所示。

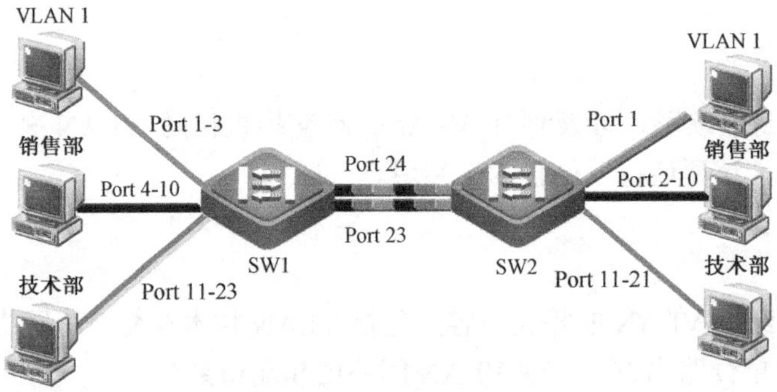

图 1-4　实现 RSTP

步骤 1：在 SW1 上配置交换机的主机名、管理 IP 地址和 Trunk（省略）。

步骤 2：在 SW1 上启用 RSTP。

```
SW1(config)#spanning-tree
SW1(config)#spanning-tree rstp
```

步骤 3：SW2 的配置与 SW1 基本一样（省略）。

步骤 4：查看默认启用 RSTP 后交换机上生成树的工作状态，命令如下：

```
SW1#show spanning-tree
StpVersion : RSTP
SysStpStatus : ENABLED
MaxAge : 40
HelloTime : 4
```

```
ForwardDelay : 30
BridgeMaxAge : 40
BridgeHelloTime : 4
BridgeForwardDelay : 30
MaxHops: 20
TxHoldCount : 3
PathCostMethod : Long
BPDUGuard : Disabled
BPDUFilter : Disabled
BridgeAddr : 001a.a90d.7640
Priority: 32768
TimeSinceTopologyChange : 0d:0h:0m:38s
TopologyChanges : 5
DesignatedRoot : 8000.001a.a90d.7640
RootCost : 0
RootPort : 0
```

可以看到两台交换机已经正常启用了 RSTP，由于 MAC 地址较小，SW1 被选举为根网桥，优先级是 32768。

可以同样命令验证其他端口，发现其他端口均为转发（forwarding）状态，由此可验证 RSTP 使网络形成了一个无环的网络。

```
SW1#show spanning-tree interface fa0/24
PortAdminPortFast : Disabled
PortOperPortFast : Disabled
PortAdminAutoEdge : Enabled
PortOperAutoEdge : Disabled
PortAdminLinkType : auto
PortOperLinkType : point-to-point          可看出此端口为阻塞端口
PortBPDUGuard : Disabled
PortBPDUFilter : Disabled
PortState  discarding
PortPriority : 128
PortDesignatedRoot : 8000.001a.a90d.7640
PortDesignatedCost : 0
PortDesignatedBridge :8000.001a.a90d.7640
PortDesignatedPort : 8018
PortForwardTransitions : 2
PortAdminPathCost : 200000
PortOperPathCost : 200000
PortRole : alternatePort
```

2. MSTP

天驿公司网络管理员认识到，传统的生成树协议是基于整个交换网络产生一个树形拓扑结果，所有的 VLAN 都共享一个生成树，这种结构不能进行网络流量的负载均衡，使得有些交换设备比较繁忙，而另一些交换设备又很空闲，现公司扩大了，网络设备逐渐增多，为了克服这个问题，决定采用基于 VLAN 的多生成树协议，现要在交换机上进行适当配置来完成这一任务。

现公司扩大到 4 台交换机设备，销售部的 PC1 和 PC3 在 VLAN 10 中，技术部的 PC2 在 VLAN 20 中，研发部的 PC4 在 VLAN 40 中。

实现 MSTP 如图 1-5 所示。

步骤 1：在 SW1 上配置交换机的主机名、管理 IP 地址（省略）。

步骤 2：在 SW1 上启用 MSTP。

```
SW1(config)#spanning-tree
SW1(config)#spanning-tree mstp
```

图 1-5　实现 MSTP

步骤 3：在 SW1 上创建 VLAN 10、VLAN 20 和 VLAN 40，并把相应端口分配给 VLAN 和启动相应端口 Trunk。

```
SW1(config)#vlan 10
SW1(config)#vlan 20
SW1(config)#vlan 40
SW1(config)#exit
SW1(config)#interface fastethernet 0/1
SW1(config-if)#switchoport access vlan 10
SW1(config)#interface fastethernet 0/2
SW1(config-if)#switchoport access vlan 20
SW1(config)#interface fastethernet 0/23
SW1(config-if)#switchoport mode trunk
SW1(config)#interface fastethernet 0/24
SW1(config-if)#switchoport mode trunk
```

步骤 4：在 SW1 上配置实例 1 关联 VLAN 1 和 VLAN 10，以及实例 2 关联 VLAN 20

和 VLAN 40，并配置名称和版本。

```
SW1(config)#spanning-tree mst configuration
SW1(config-mst)#instance 1 vlan 1,10
SW1(config-mst)# instance 2 vlan 20,40
SW1(config-mst)#name region1
SW1(config-mst)#revision 1
```

步骤 5：在 SW2 上配置实例 1 关联 VLAN 1 和 VLAN 10，以及实例 2 关联 VLAN 20 和 VLAN 40，并配置名称和版本。

```
SW2(config)#spanning-tree mst configuration
SW2(config-mst)#instance 1 vlan 1,10
SW2(config-mst)# instance 2 vlan 20,40
SW2(config-mst)#name region1
SW2(config-mst)#revision 1
```

步骤 6：在 SW3 上配置实例 1 关联 VLAN 1 和 VLAN 10，以及实例 2 关联 VLAN 20 和 VLAN 40，并配置名称和版本。

```
SW3(config)#spanning-tree mst 1 priority 4096    //配置优先级，使其成为 instance 1 中的根
SW3(config-mst)# spanning-tree mst configuration
SW3(config-mst)#instance 1 vlan 1,10
SW3(config-mst)# instance 2 vlan 20,40
SW3(config-mst)#name region1
SW3(config-mst)#revision 1
```

步骤 7：在 SW4 上配置实例 1 关联 VLAN 1 和 VLAN 10，以及实例 2 关联 VLAN 20 和 VLAN 40，并配置名称和版本。

```
SW4(config)#spanning-tree mst 2 priority 4096    //配置优先级，使其成为 instance 2 中的根
SW4(config-mst)# spanning-tree mst configuration
SW4(config-mst)#instance 1 vlan 1,10
SW4(config-mst)# instance 2 vlan 20,40
SW4(config-mst)#name region1
SW(config-mst)#revision 1
```

步骤 8：验证交换机 SW1 的生成树的配置。

```
SW1#show spanning-tree mst configuration
Multi spanning tree protocol : Enabled
Name        :region1
Revision : 1
Instance    Vlans Mapped
-------  --------------------------------------------
0       : 2-9, 11-19, 21-4094
1       : 1, 10
2       : 20,40
```

步骤 9：验证交换机 SW2、SW3 和 SW4 的生成树的配置和 SW1 基本相同，此处略。

步骤 10：测试每个 VLAN 是否都是无环的链路。

这里针对 VLAN 40 来说，在配置 MSTP 前，具有一个环路，但配置了 MSTP 后，使用命令验证可以看到 SW2 的 fa0/23 端口处于阻塞（discarding）状态。

SW2#show spanning-tree interface fastEthernet 0/23。

```
###### MST 2 vlans mapped : 10,40
PortState discarding ──────── 可看出此端口为阻塞端口
PortPriority : 128
PortDesignatedRoot : 8002001AA918E92B
PortDesignatedCost : 0
PortDesignatedBridge : 8002001AA918E92B
PortDesignatedPort : 8017
PortForwardTransitions : 0
PortAdminPathCost : 0
PortOperPathCost : 200000
PortRole : alternatePort
```

步骤 11：测试结果正确。其他端口的测试方法基本相同，此处略。

任务回顾

本任务主要以 RSTP 和 MSTP 为例来讲述生成树协议。RSTP 主要讲述了默认的配置方式，但还需要注意，管理员为了便于管理及让整个网络稳定，会配置网络中的核心交换机为根网桥，这样就不是默认的方式了，希望比赛的选手可以通过查阅来完成此知识点的学习。

比赛心得

在历次的比赛中，划分 VLAN、实现跨交换机相同 VLAN 和不同 VLAN 通信，这都是必考的内容，但很多同学往往认为很熟悉、完全可以得分的地方，却很容易被忽视，结果造成丢分，无法取得好成绩；例如，VLAN ID 错误、VLAN 的名字错误或 Trunk 端口没有开放等，这些都会导致丢分。而生成树技术在交换机的配置这一内容中是必不可少的内容，因为在二层交换网络中链路环路带来的问题往往对网络造成巨大的影响，甚至导致网络瘫痪，所以要求管理员必须掌握此知识，当然也要求比赛选手对此知识非常熟练，不仅是默认的配置，为了整个网络的稳定而在特定交换机上配置根网桥也要熟悉，另外，MSTP 也会和 VRRP 技术联合使用，所以同样要求选手掌握。

实训

1. 任务：配置 VLAN 与 Trunk。

背景和需求：目前某上海分公司人员数量已经有 50 人，3 台交换机使用级联方式。现在认为目前的这种网络环境速度慢且不安全。需要各部门尤其是财务部使用单独的 VLAN，如图 1-6 所示。

VLAN 名称如下。

VLAN 2：Financial；VLAN 3：Engineering；VLAN 4：Marketing。

完成标准：连接在 3 台交换机上的主机能够访问相同 VLAN 的主机。在 Trunk 上移除了 VLAN 2 后，VLAN 2 的主机不能跨过交换机通信。

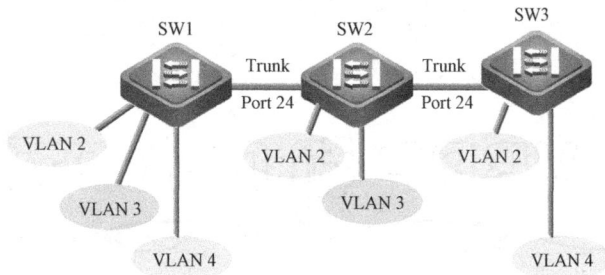

图 1-6 配置 VLAN 与 Trunk

2．任务：配置企业网络中的三层交换机，如图 1-7 所示。

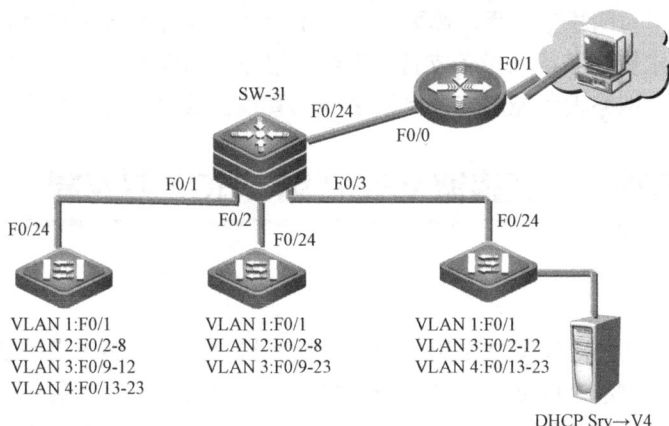

图 1-7 配置三层交换机

完成标准：实现 VLAN 之间的通信；实现各 VLAN 内的主机能够访问路由器连接的主机；在三层交换机上配置 DHCP 中继，实现企业网内各 VLAN 主机能够动态获得 IP 地址。

3．任务：配置交换机的优先级，实现网络的负载分担，并配置骨干交换机之间的端口聚合，如图 1-8 所示。

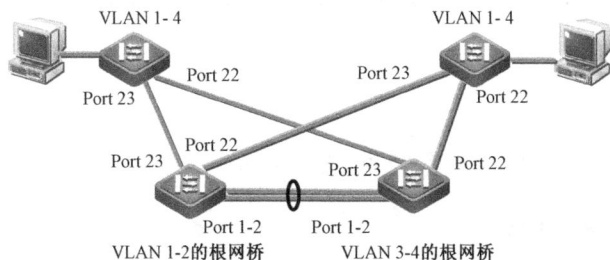

图 1-8 配置交换机的优先级

项目二　VRRP 和 DHCP 动态编址

随着企业经营规模的不断扩大，网络应用逐渐增多，原有的网络可能越来越不适应新形式的要求。为此，一些企事业单位对网络的安全性、可管理性和稳定性有了更高的需求。例如，为了保证网络出口的稳定可靠，需要有两条出口线路作冗余备份和负载均衡；为了保证网络安全可靠，要求核心和接入设备支持 VLAN 划分，降低网络内广播数据包的传播，提高带宽资源利用率；网络设备能够支持灵活多样的管理方式以减轻管理维护的难度等。

任务一　实现三层交换的 VRRP 和 DHCP 服务器

任务描述

天驿公司企业网络核心层原来采用一台三层交换机，随着网络应用的日益增多，对网络的可靠性也提出了越来越高的要求，公司决定采用默认网关进行冗余备份，以便在其中一台设备出现故障时，备份设备能够及时接管数据转发工作，为用户提供透明的切换，提高网络的稳定性。为了方便管理，管理员决定内部采用 DHCP 服务器为客户端分配 IP 地址。

任务分析

可用两台三层交换机作为核心层设备，采用 VRRP 技术使两台交换机互相备份，以此来提高网络的可靠性和稳定性。同时，利用三层交换机的 DHCP 服务器功能为客户端分配 IP 地址以节省资源，各计算机在子网间移动时也不用频繁地设置 IP 信息以避免 IP 地址冲突等情况。

任务实现

三层交换的 VRRP 与 DHCP 服务器如图 2-1 所示。

1. 配置三层交换的 VRRP

步骤 1：配置设备名称、VLAN 的 IP 地址、开启三层交换机的路由功能、查看接口状态和路由信息表等，配置命令略。

步骤 2：在 S3760A 上配置 VLAN 的 IP 地址。

```
S3760A(config)#vlan range vlan 10,20
S3760A（config）#interface vlan 10
S3760A（config-if）#ip address 172.16.10.1 255.255.255.0
```

步骤 3：在 S3760A 上创建 VRRP 备份组。

S3760A（config-if）# vrrp 1 ip 172.16.10.1	//创建 VRRP 备份组 1，并配置组 IP 地址
S3760A（config-if）# vrrp 1 preempt	//设置 VRRP 备份组处于抢占模式
S3760A（config-if）#vrrp 2 ip 172.16.10.2	//创建 VRRP 备份组 2，并配置组 IP 地址
S3760A（config-if）# vrrp 2 preempt	//设置 VRRP 备份组处于抢占模式

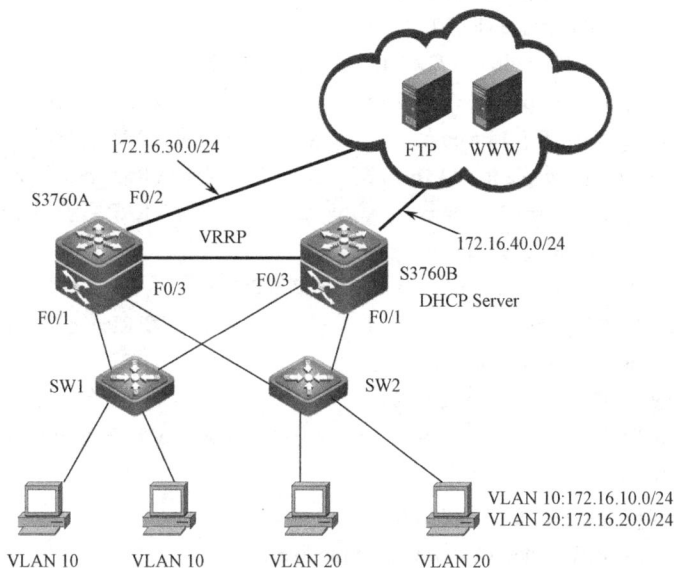

图 2-1 三层交换的 VRRP 与 DHCP 服务器

步骤 4：在 S3760A 上创建 VRRP 备份组。

S3760A（config）#interface vlan 20	
S3760A（config-if）#ip address 172.16.20.1 255.255.255.0	
S3760A（config-if）# vrrp 1 ip 172.16.20.1	//创建 VRRP 备份组 1，并配置组 IP 地址
S3760A（config-if）# vrrp 1 preempt	//设置 VRRP 备份组处于抢占模式
S3760A（config-if）#vrrp 2 ip 172.16.20.2	//创建 VRRP 备份组 2，并配置组 IP 地址
S3760A（config-if）# vrrp 2 preempt	//设置 VRRP 备份组处于抢占模式

步骤 5：开启 S3760B 上的中继端口。

S3760A(config)#interface fastEthernet 0/1
S3760A(config-FastEthernet 0/1)#switchport mode trunk
S3760A(config)#interface fastEthernet 0/3
S3760A(config-FastEthernet 0/3)#switchport mode trunk

步骤 6：在 S3760A 上，验证 VRRP 配置信息。

S3760A#show vrrp	//验证 VRRP 备份组配置信息
FastEthernet 0/1 - Group 1	
State is Master	//本地路由器的状态为主路由器（Master）
Virtual IP address is 172.16.10.1 configured	//虚拟 IP 地址为 172.16.10.1
Virtual MAC address is 0000.5e00.0101	//虚拟 MAC 地址为 0000.5e00.0101
Advertisement interval is 1 sec	//VRRP 通告间隔为 1 秒
Preemption is enabled	//抢占模式已启用
min delay is 0 sec	//抢占延迟为 0 秒
Priority is 255	//优先级为 255

```
                Master Router is 172.16.10.1 (local), priority is 255
                Master Advertisement interval is 1 sec          //主路由器通告间隔为 1 秒
                Master Down interval is 3 sec                   //主路由器失效间隔为 3 秒
```

步骤 7：在 S3760B 上配置 VRRP 备份组及路由。

```
    S3760B(config)#vlan range vlan 10,20
    S3760B（config）#interface vlan10
    S3760B（config-if）#ip address 172.16.10.2 255.255.255.0
    S3760B（config-if）#vrrp 1 ip 172.16.10.1        //创建 VRRP 备份组 1，并配置组 IP 地址
    S3760B（config-if）# vrrp 1 preempt              //设置 VRRP 备份组处于抢占模式
    S3760B（config-if）#vrrp 2 ip 172.16.10.2        //创建 VRRP 备份组 2，并配置组 IP 地址
    S3760B（config-if）# vrrp 2 preempt              //设置 VRRP 备份组处于抢占模式
    S3760B（config）#interface vlan 20
    S3760B（config-if）#ip address 172.16.20.2 255.255.255.0
    S3760B（config-if）#vrrp 1 ip 172.16.20.1        //创建 VRRP 备份组 1，并配置组 IP 地址
    S3760B（config-if）# vrrp 1 preempt              //设置 VRRP 备份组处于抢占模式
    S3760B（config-if）#vrrp 2 ip 172.16.20.2        //创建 VRRP 备份组 2，并配置组 IP 地址
    S3760B（config-if）# vrrp 2 preempt              //设置 VRRP 备份组处于抢占模式
```

步骤 8：开启 S3760B 上的中继端口。

```
    S3760B(config)#interface fastEthernet 0/1
    S3760B(config-FastEthernet 0/1)#switchport mode trunk
    S3760B(config)#interface fastEthernet 0/3
    S3760B(config-FastEthernet 0/3)#switchport mode trunk
```

步骤 9：在 S3760B 上，验证 VRRP 配置信息，此处略。

可以看出 S3760A 为备份组 1 的 Master，负责转发 VLAN 10 的数据；S3760B 为备份组 2 的 Master，负责转发 VLAN 20 的数据。当交换机 A 或 B 出故障（如关电源）时，验证网络仍然连通。

2. 配置 DHCP 服务器

步骤 1：在 S3760B 上创建 VLAN 10、VLAN 20，并把 f0/10 和 f0/20 分别划入相应的 VLAN 中（见项目一）。

步骤 2：给 VLAN 10 和 VLAN 20 配置 IP 地址（见项目一）。

步骤 3：开启 DHCP 服务。

```
    S3760B(config)#service dhcp                              //开启 DHCP 服务
```

步骤 4：创建 DHCP 地址池 DHCP1，以及设定地址范围、地址租约、网关和排除的地址。

```
    S3760B(config)#ip dhcp pool DHCP1                        //创建 DHCP 地址池
    S3760B(dhcp-config)#network 172.16.10.0 255.255.255.0   //配置地址范围
    S3760B(dhcp-config)#lease 10                            //配置地址租约
    S3760B(dhcp-config)#default-router 172.16.10.1 172.16.10.2  //配置网关
    S3760B(dhcp-config)#exit
    S3760B(config)#ip dhcp excluded-address 172.16.10.1 172.16.10.10  //配置排除的地址
```

步骤 5：创建 DHCP 地址池 DHCP2，以及设定地址范围、地址租约、网关和排除的地址。

S3760B(config)#ip dhcp pool DHCP2	//创建 DHCP 地址池
S3760B(dhcp-config)#network 172.16.20.0 255.255.255.0	//配置地址范围
S3760B(dhcp-config)#lease 10	//配置地址租约
S3760B(dhcp-config)#default-router 172.16.20.1 172.16.20.2	//配置网关
S3760B(dhcp-config)#exit	
S3760B(config)#ip dhcp excluded-address 172.16.20.1 172.16.20.10	//配置排除的地址

步骤 6：配置 ping 包次数和超时时间。

| S3760B(config)#ip dhcp ping packets 3 | //配置 ping 报文 3 次 |
| S3760B (config)#ip dhcp ping timeout 150 | //配置等待 ping 响应的超时时间为 150 秒 |

步骤 7：对客户端计算机进行合理设置后，客户端可以正确获取 IP 地址。

知识链接

1．VRRP（虚拟路由器冗余协议）可以把一个虚拟路由器的责任动态分配给一台局域网上的 VRRP 路由器。控制虚拟路由器 IP 地址的 VRRP 路由器称为主路由器，它负责转发数据包到这些虚拟 IP 地址，一旦主路由器不可用，则提供动态故障转移机制，允许虚拟路由器的 IP 地址可以作为终端主机的默认第一跳路由器。

2．DHCP（动态主机配置协议）用于向网络中的计算机分配 IP 地址及一些 TCP/IP 协议。使用 DHCP 的理由：安全而又可靠地设置 IP 地址；减轻了网络管理员的负担；解决了网络内 IP 地址资源不足的问题。当 DHCP 客户端与服务器在不同的子网时，就要使用到 DHCP 中继代理。

任务回顾

VRRP 将网络中两台三层交换机组成 VRRP 备份组，针对于网络中每一个 VLAN 接口，备份组都拥有一个虚拟默认网关地址。各个 VLAN 内的主机通过这个虚拟 IP 访问外网资源。如果活动交换机发生了故障，VRRP 将自动使备份交换机（Backup）来替代活动交换机。由于网络内的终端配置了 VRRP 虚拟网关地址，发生故障时，虚拟交换机没有改变，主机仍然保持连接，网络将不会受到单点故障的影响，这样就很好地解决了网络中核心交换机切换的问题。

在配置 DHCP 服务器时应注意：不同子网内的主机获取不同网段的地址。对于没有直接连接到 DHCP 服务器的子网，通过其他三层设备连接到 DHCP 服务器的情况，则应通过 DHCP 中继代理来获取 IP 地址。

任务二 实现路由器的 VRRP 和 DHCP 服务器

任务描述

天驿公司经营规模不断扩大，网络应用日益增多，为了保证网络出口稳定、可靠，企业向 ISP 申请了两条 Internet 线路，希望新改造的网络符合安全性、可管理性、稳定性原则。

任务分析

出口两台设备连接两条线路，可采用 VRRP 技术实现负载均衡，使客户端连接外网透明化。为了安全可靠地设置 IP 地址，使用路由器作为 DHCP 服务器，当 DHCP 客户端与服务器在不同子网时，可用路由器作为 DHCP 中继代理。

任务实现

实现路由器的 VRRP 和动态地址分配如图 2-2 所示。

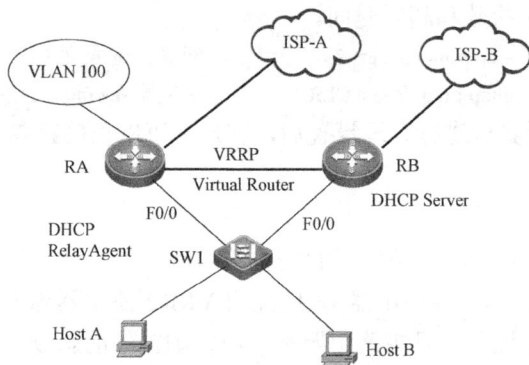

图 2-2　实现路由器的 VRRP 和动态地址分配

步骤 1：VRRP 负载均衡。

```
        Router A 的 VRRP 组配置
        RA(config)# interface fastethernet 0/0
        RA(config-if)# ip address 10.1.1.1 255.255.255.0
        RA(config-if)#vrrp 10 priority 120     //配置虚拟组优先级为 120，默认为 100，优先级数值大的
为主路由器，如果优先级相同，具有较大 IP 地址的 R 将成为主路由器
        RA(config-if)# vrrp 10 ip 10.1.1.1     //配置虚拟组地址
        RA(config-if)# vrrp 20 ip 10.1.1.2     //配置虚拟组地址
        Router B 的 VRRP 组配置
        RB(config)# interface fastethernet 0/0
        RB(config-if)# ip address 10.1.1.2 255.255.255.0
        RB(config-if)#vrrp 10 ip 10.1.1.1
        RB(config-if)#vrrp 20 ip 10.1.1.2
        RB(config-if)#vrrp 20 priority 150
        VRRP 验证
        RA#show vrrp brief                     //结果显示，对备份组 10，虚拟 IP 地址为 10.1.1.1，以 RA
为主路由器；对备份组 20，虚拟 IP 地址为 10.1.1.2，以 RA 为备份路由器
```

步骤 2：路由器作为 DHCP 服务器。

```
        RB(config)# service dhcp
        RB(config)# interface fastEthernet 0/0
        RB(config-if)# ip address 10.1.1.2 255.255.255.0
        RB(config-if)# exit
        RB(config)# ip dhcp pool lan
        RB(dhcp-config)# network 10.1.1.0 255.255.255.0        //定义企业内部使用的子网为 10.1.1.0/24
        RB(dhcp-config)# netbios-node-type h-node              //客户端的 NetBIOS 节点类型为 Hybrid
        RB(dhcp-config)# netbios-name-server 10.1.1.201        //WINS 服务器地址为 10.1.1.201
```

```
RB(dhcp-config)# lease 4                              //地址租期为 4 天
RB(dhcp-config)# dns-server 10.1.1.200               //DNS 服务器为 10.1.1.200
RB(dhcp-config)# default-router 10.1.1.1             //默认网关为路由器接口的地址
RB(dhcp-config)# exit
RB(config)# ip dhcp pool static
RB(dhcp-config)#hardware-address 00c0.9f6c.6f57      //管理员主机的 MAC 地址为 0015.ad34.13e6
RB(dhcp-config)# host 10.1.1.254 255.255.255.0
RB(dhcp-config)# netbios-node-type h-node
RB(dhcp-config)# netbios-name-server 10.1.1.201
RB(dhcp-config)# lease 4
RB(dhcp-config)# dns-server 10.1.1.200
RB(dhcp-config)# default-router 10.1.1.2
RB(dhcp-config)# exit
RB(config)# ip dhcp excluded-address 10.1.1.200    10.1.1.201
RB(config)# ip dhcp excluded-address 10.1.1.2
```

验证：对客户端计算机进行合理设置后，客户端可以正确地获取 IP 地址。

知识链接

1．VRRP 将局域网的一组路由器组织成一个虚拟的路由器。这个虚拟的路由器拥有自己的 IP 地址，称为路由器的虚拟 IP 地址。同时，两台物理路由器也有自己的 IP 地址。局域网内的主机仅知道这个虚拟路由器的 IP 地址，而并不知道备份组内具体路由器的 IP 地址。VRRP 技术不但可用于大型园区网络核心层三层交换机的冗余备份，还可用于局域网连接外网的路由器的备份。

2．DHCP（动态主机配置协议）用于向网络中的计算机分配 IP 地址及一些 TCP/IP 协议。当 DHCP 客户端与服务器在不同的子网时，就要用到 DHCP 中继代理。

任务回顾

VRRP 技术不但用于大型园区网络核心层三层交换机的冗余备份，还广泛用于局域网连接外网的路由器的备份。实现园区网内部的冗余备份和负载均衡时可用三层交换机；内网与外网的路由备份可用路由器来实现。

对于使用固定网关的网络，当此网关出现故障时，要想将故障对用户的影响降到最小，VRRP 协议无疑是最低价的选择。

对于使用多个网关的网络，可以使用 VRRP 让不同的网关之间互相备份，这样既不会增加网络设备，同时又达到了热备份的目的，将网络故障发生时用户的损失降至最低。

比赛心得

VRRP 和 DHCP 服务器的实现，在比赛项目中是必考的内容，尤其以 VRRP 为主，因为企业中都会用到，竞赛要和企业需要相结合，这也不奇怪，无论是在三层交换机上还是在路由器上实现 VRRP 都是特别重要的，因为比赛的设备都符合要求，此处的分数会在 6 分左右，选手和教练不应忽视，一些细节的地方也要注意，如端口跟踪、占先权、优先级的配置也是考试中常出现的内容。

DHCP 服务器因为可以用 Windows 和 Linux 实现，所以此处不一定每年都会考，但企业中还是用得很多的，所以选手和教练也不应忽视，否则就太不值得了，希望选手反复训练，达到出神入化的程度。

实训

实现 VRRP

背景描述：随着业务的发展，BENET 公司对互联网的访问要求越来越高，因此公司决定采用冗余路由器及两条连接到互联网的链路，以保障到互联网的访问不间断，作为网络管理人员，需要设计实施出口路由设备和出口链路的冗余备份，两台三层交换机分别为两个子网提供访问外部网络的出口（两个子网分别为对方的外部网络），并用 VRRP 实现设备级的冗余，以保障网络的连通，如图 2-3 所示。

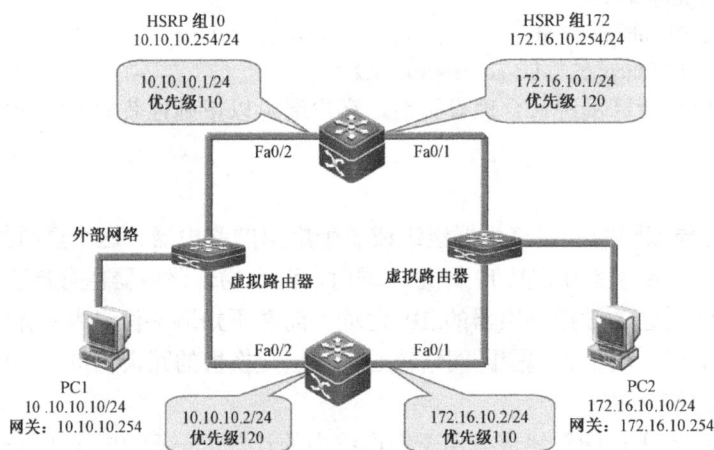

图 2-3　网络规划

任务 1：VRR 的基本配置。

完成标准：使用命令可以看到配置已经生效。

任务 2：配置 VRRP 的优先级。

完成标准：在两个路由器上使用命令查看各自的优先级已经配置成功。

任务 3：配置 VRRP 占先权。

完成标准：（1）在两个路由器上使用命令可看到占先权已配置；（2）LAN 内的 PC 配置 VRRP 虚拟 IP 地址作为网关，中断组内任意一台路由器时，与外部通信不中断。

任务 4：配置 VRRP 的端口跟踪。

完成标准：中断活跃路由器的外出接口线路，使用命令可以看到原备份路由器成为活跃路由器，两个网段的 PC 之间通信不中断。

项目三　设备安全

　　企事业单位在组网初期部署了设备的接入功能，随着业务的开展，员工和网络设备越来越多，渐渐地给网管人员带来了很多烦恼。由于公司网络没有经过细致规划，公司员工在各个网络接口均能上网，用户接入网络的身份无法确定，经常可以发现陌生的主机接入，这给公司的信息安全带来了隐患，而网络中随时可能出现的各种攻击行为也严重威胁到网络安全。为此，需要网络管理员对设备和网络安全做出规划。

任务一　设备口令

任务描述

　　天驿公司规模逐渐扩大，新购置了一批设备，但经理发现，所有人员都可以对设备进行配置和修改，毫无安全性而言，经理找到网络管理员，让网络管理员给设备提供一定的安全性，网络管理员认为对设备设置密码就可以实现一定的安全性。

任务分析

　　对设备配置口令和权限可以控制对网络设备的访问，这样可以提供一定的安全性，只有知道口令的人员才可以访问设备，没有口令的人员是无法访问的，管理员对设备配置口令的方法是可行的。

任务实现

　　设备安全如图 3-1 所示。

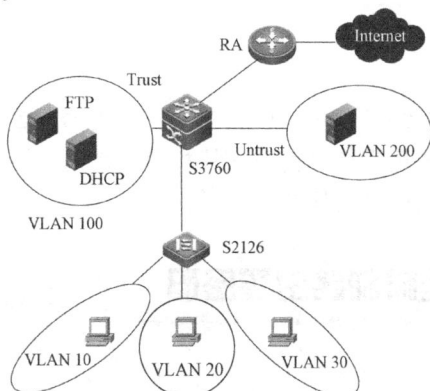

图 3-1　设备安全

交换机设备口令。

步骤 1：在交换机上配置用户级别和口令的命令。

> S2126 (config)#enable secret level 15 0 star　　//设置特权密码

步骤 2：验证测试。

> S2126>enable
>
> Password:　　　　--此处输入密码，如果正确，即可进入特权模式
>
> S2126#

小贴士

如果想取消口令，只要在配置的命令前加 no 即可实现。

路由器的实现方法和交换机类似，在此不再重复介绍。

1. 用户级别范围是 0～15 级，级别 0 是权限最低的级别，只能执行 disable、enable、exit、help 和 logout 命令，第 1 级是默认的用户级别，第 15 级默认是拥有全部权限的特权级别。

2. 可以将一些较高级别的命令的权限授予一些较低的级别，就像创建一个 guest 用户一样，该用户只有少量的可执行的命令。

3. 可以授权的命令模式包括：configure 全局配置模式、exec 特权模式、interface 接口配置模式。

4. 重设 configure 命令的默认权限，使用 S(config)#privilege exec reset configure 命令。

5. 即使加密类型为明文输入形式，在保存时仍自动转换为密文保存。

知识链接

1. 可以为交换机配置 console 密码和特权模式密码以防止非法进入交换机配置模式。

2. 远程登录交换机和利用 AUX 端口配置时需要先配置远程登录密码和特权模式密码。

3. 修改 enable 密码的步骤如下。

> S>enable
>
> S#config terminal
>
> S(config)#enable password *******
>
> S(config)#enable secret *******

4. 修改 console 密码的步骤如下。

> S(config)#line console 0
>
> S(config-line)#password *******

任务回顾

为了保障设备的安全，网络管理员可以为交换机路由器配置适当级别的口令，远程登录管理设备时也需要为设备配置远程登录密码和特权模式密码，没有口令的设备和忘记设置口令的情形可能会对网络安全造成很大影响。

任务二　清除交换机和路由器密码

任务描述

天驿公司新购置的交换机和路由器设置了密码后不小心忘记了，网络管理员很着急，需

要找到清除设备密码的方法。

任务分析

初次配置设备时由于不小心或没有规划好，容易造成忘记密码的现象，可将设备重启后用特殊方法清除密码，锐捷网络交换机和路由器的密码清除方法不同，应用时要注意掌握。

任务实现

设备安全如图 3-1 所示。

1．清除密码

（1）将 PC 的串口与交换机的 console 口连接好，设置超级终端的每秒位数为 57600。

（2）交换机加电后立刻有节奏地按 Esc 键，出现对话框时按 Y 键，选择菜单中第 4 个选项"4—Delete File"并输入文件名 config.text。

（3）或者通过菜单中第 2 个选项"2—Upload"把 config.text 文件通过 xmodem 的方式传输到本地 PC 上；把接收到的这个文件中的关于密码配置的部分删除，并重新保存此配置文件，再利用菜单中的第 1 个选项"1—Download"把此文件利用 xmodem 传回到交换机中。

2．路由器忘记密码，清除密码

（1）将 PC 的串口与路由器的 console 口连接好。

（2）路由器加电后立刻有节奏地按 Ctrl+Break 组合键，直到出现提示符 boot：

（3）boot：setup-reg。

（4）boot：reset。重启路由器，此时配置已清除。

任务回顾

设备放置时间过长，原先配置的密码已经忘记或公司的网络管理员更换导致设备无法进入时，需要清除设备的密码，这是网络管理员必须具备的操作技能。清除密码或跳过密码的设置随各厂家的设备不同而略有区别，应加以注意。

任务三 交换机端口安全

任务描述

天驿公司要求对网络进行严格控制，防止公司内部用户的 IP 地址冲突，防止公司内部的网络攻击和破坏行为，在接入层交换机上限制只允许公司员工主机使用网络及每个端口最大连接数，不得随意连接其他主机。

任务分析

利用交换机端口安全功能可以控制用户的安全接入，限制交换机端口的最大连接数可以控制交换机端口下连接的主机数，并防止用户进行恶意的 ARP 欺骗，交换机端口的地址绑定，可以针对 MAC 地址、MAC+IP 地址进行灵活的绑定，可以实现对用户进行严格的控制，保证用户的安全接入并防止常见内网的网络攻击，如 ARP 欺骗，IP、MAC 地址欺骗，

IP 地址攻击等。配置了交换机的端口安全功能后，当实际应用超出配置的要求时，将产生一个安全违例。

任务实现

设备安全如图 3-1 所示。

步骤 1：打开交换机上 fastethernet 0/1 接口的端口安全功能，在接口模式下执行 switchport prot-security 命令，该接口类型为 Access 模式。

```
S2126(config)#interface    fastethernet    0/1
S2126 (config-if)# switchport protected
S2126(config-if)#end
S2126#show interface switchport          //查看保护端口配置信息
```

步骤 2：配置安全端口上的安全地址（可选）。

```
S2126 (config)#interface fastethernet 0/1
S2126(config-if)#switchport port-security mac-address 0016.ecea.890d ip-address 192.168.0.138
                                         //手工配置接口上的安全地址
```

步骤 3：验证测试，验证已配置了安全地址。

```
S2126#show port-security                 //查看哪些接口启用了端口安全
S2126#show port-security address         //查看安全端口 MAC 地址的绑定关系
```

小贴士

交换机端口安全功能。

1. 安全地址设置是可选的。

2. 如果交换机端口所连接的计算机网卡或 IP 地址发生改变，则必须在交换机上进行相应的改变。

3. 安全端口不能在动态的 access 口或 trunk 口上进行，即 switch mode access 之后的端口。

4. 安全端口不能是一个被保护的口，安全端口不能属于 802.1x 端口。如果在安全端口试图开启 802.1x，就会有报错信息，而且 802.1x 也会关闭。如果试图改变开启了 802.1x 的端口为安全端口，错误信息就会出现，安全性设置不会改变。

当绑定了 MAC 地址给一个端口，这个端口不会转发限制以外的 MAC 地址为源的包。如果限制安全 MAC 地址的数目为 1，并且把这个唯一的源地址绑定了，那么连接在这个接口的主机将独自占有这个端口的全部带宽。如果一个端口已经达到了配置的最大数量的安全 MAC 地址，这时又有另一个 MAC 地址要通过这个端口连接，就发生了安全违规（Security Violation）。同样，如果一个站点配置了 MAC 地址安全或从一个安全端口试图连接到另一个安全端口，就打上了违规标记了。

知识链接

交换机端口安全功能是指针对交换机的端口进行安全属性的配置，从而控制用户的安全接入。交换机端口安全主要有两种：一是限制交换机端口的最大连接数；二是针对交换机端口进行 MAC 地址、IP 地址的绑定。可以实现对用户进行严格的控制，保证用户的安全接入并防止常见内网的网络攻击，如 ARP 欺骗，IP、MAC 地址欺骗，IP 地址攻击等。

保护端口是一个交换机本地的特性，相同交换机中保护端口之间无法进行通信，但保护端口与非保护端口之间的通信将不受影响。如果希望阻塞端口之间的通信，则需要将端口都设置为保护端口。保护端口之间的单播帧、广播帧及组播帧都将被阻塞，所有保护端口之间的数据都要通过第三层设备进行转发。

任务回顾

网络设备作为网络的基础构件，它的安全性成为网管人员的首要关注点。管理交换机是网络管理员的重要职责，为了提高网络的安全性，交换机口令对网络管理来讲是相当重要的，否则将对网络管理造成重大的损失。可以使用端口安全特性来约束对一个端口的访问。

任务四 DHCP 监听和保护端口

任务描述

天驿公司为了减少网络编址的复杂性和手工配置 IP 地址的工作量，使用了 DHCP 为网络中的设备分配 IP 地址。但管理员发现最近经常有员工无法访问网络资源，经过故障排查，发现客户端 PC 通过 DHCP 获得了错误的 IP 地址，从而怀疑网络中出现了 DHCP 攻击，导致客户端不能获得正确的 IP 地址信息。

任务分析

对于网络中存在伪 DHCP 服务器的问题，可以利用交换机中的 DHCP 监听（DHCP Snooping）特性避免此类问题发生。

网络管理员发现最近经常有员工无法访问互联网，经过故障排查发现客户端 PC 上缓存的网关的 ARP 绑定条目是错误的，从而判断网络中可能出现了 ARP 欺骗攻击，导致客户端不能获取正确的 ARP 条目，以致不能访问外部网络。对于 ARP 欺骗攻击，可以利用交换机中的 DAI 机制来避免。

任务实现

设备安全如图 3-1 所示。
DHCP 监听和保护端口。

```
S3760(config)#ip dhcp snooping                      //启用 DHCP 监听功能
S3760 (config)#int f 0/1                             //进入交换机信任端口
S3760 (config-if)#ip dhcp snooping trust             //将端口设置为 DHCP 信任端口
S3760 (config)#ip dhcp snooping binding <mac-address> vlan <vlan-id> ip <ip-address> interface <interface>
                                                     //配置 DHCP 监听绑定表项
S3760 (config)#ip dhcp snooping database write-to-flash
                                                     //将 DHCP 监听数据库中的信息写入交换机 flash 中
S3760#show ip dhcp snooping                          //查看 DHCP 监听的配置信息
S3760#show ip dhcp snooping binding                  //查看 DHCP 监听绑定表的信息
S3760#clear ip dhcp snooping binding                 //清除 DHCP 监听绑定表中的信息
```

知识链接

DHCP 监听通过信任（Trust）和非信任（Untrust）端口来辨别网络中 DHCP 服务器的合法性。对于信任端口，将允许任何 DHCP 报文通过；对于非信任端口，将只允许 DHCPDISCOVER 与 DHCPREQUEST 通过，这就防止了伪 DHCP 服务器通过连接到非信任端口为客户端分配 IP 地址。

任务回顾

DHCP 监听是交换机中的一种安全特性，它能够通过过滤网络中接入的伪 DHCP 服务器发送的 DHCP 报文来增强网络安全性，DHCP 不仅可以通过对信任和非信任端口的监听来辨别网络中 DHCP 服务器的合法性，还可以检查 DHCP 客户端发送的 DHCP 报文的合法性，防止 DHCP DoS 攻击。

任务五　风暴控制、系统保护和 DAI

任务描述

天驿公司网络中最近经常出现大量的数据泛洪现象，通过分析，发现某接入网络的设备正在以非常高的速率向网络中发送报文，极大地降低了网络性能，造成带宽资源浪费，致使服务器不能正常工作。同时管理员发现网络中出现了扫描攻击，经常有员工抱怨无法访问互联网，请设法解决这些问题。

任务分析

网络攻击者利用交换机转发机制，使用特定工具向网络中发广播帧、未知目的地址的单播帧及组播帧，导致交换机向同一 VLAN 内的所有端口泛洪，产生广播风暴。利用交换机的风暴控制（Storm-Control）功能可以避免网络中的数据风暴现象。

网络中的 ARP 攻击可能导致客户端 PC 上缓存的网关上 ARP 绑定条目错误，从而无法访问互联网，可以利用交换机中的 DAI（动态 ARP 检测）机制防止此类攻击。

任务实现

设备安全如图 3-1 所示。

步骤 1：配置风暴控制。

```
S3760# configure terminal
S3760 (config)# interface fastEthernet 0/1
S3760 (config-if)# storm-control broadcast level 5   //风暴控制端口以广播帧带宽的 5%为阈值
S3760 (config-if)# exit
S3760 (config)# interface fastEthernet 0/2
S3760 (config-if)# storm-control unicast 1024        //对未知目的 MAC 地址的单播帧的风暴控制
S3760 (config-if)# exit
S3760 (config)# interface fastEthernet 0/3
S3760 (config-if)# storm-control multicast pps 200  //交换机允许通过流量的每秒包数
S3760 (config-if)# end
```

步骤 2：配置系统保护。

S3760# configure terminal

S3760 (config)# interface fastEthernet 0/1

S3760 (config-if)# system-guard enable   //启用接口的系统保护功能

S3760 (config-if)# system-guard scan-dest-ip-attack-packets 50//针对目的 IP 地址变化的扫描，每秒 50 个不同目的的 IP 报文

S3760 (config-if)# system-guard same-dest-ip-attack-packets 600   //针对网络中不存在的 IP 发送大量报文的攻击，即每秒 600 个发往不存在 IP 的报文

S3760 (config-if)# system-guard isolate-time 600   //对发起攻击的 IP 地址进行隔离的时间为 600 秒

S3760 (config-if)# end

步骤 3：配置 DAI。

S3760 (config)#ip dhcp snooping   //启用交换机的 DHCP 监听功能

S3760 (config)#ip arp inspection   //启用交换机的 DAI 功能

S3760 (config-if)#int f 0/1

S3760 (config-if)#Ip dhcp snooping trust   //配置端口的信任状态

S3760 (config-if)#ip arp inspection trust   //将指定端口设置为 DAI 信任端口

S3760 (config)#ip arp inspection vlan <*vlan-range*>//对指定的 VLAN 启用 DAI

小贴士

1. 命令 storm-control 后面的参数表示风暴控制帧的类型。

2. 命令中的 level 选项表示风暴控制配置端口百分比的阈值。

3. kbps 表示为风暴控制配置数据速率类型的阈值；pps 表示为风暴控制配置报文速率类型的阈值。

4. 当端口收到的报文超出配置的阈值后，交换机将暂时禁止相应类型的数据帧的转发直到数据流恢复正常（低于阈值）。

5. 在一个端口下只能为特定类型的帧配置一种阈值类型。

（1）在交换机接口模式下使用以下命令可以手工开启风暴控制功能。

Storm-control | unicast | multicast | broadcast

（2）在配置 DAI 之前要启用交换机的 DHCP 监听功能，并正确配置端口的信任状态。

① 启用 DHCP 监听的命令格式是：

ip dhcp snooping

ip dhcp snooping trust

② 启用交换机的 DAI 功能的命令格式是：Ip arp inspection。

知识链接

DAI（Dynamic ARP Inspection，动态 ARP 检测）与 DHCP 监听特性一样，也将端口分为信任（Trust）端口与非信任（Untrust）端口。对于信任端口，DAI 将不检查收到的 ARP 报文；对于非信任端口，DAI 检查收到的所有报文，并根据 DHCP 监听表项检查 ARP 报文的合法性。

任务回顾

目前网络安全大部分都来自内部网络，如 ARP 欺骗、MAC 地址欺骗、非法设备接入

等，造成的损失是巨大的，交换机端口安全、ARP 检查、DHCP 监听和风暴控制的配置可避免此类攻击。

任务六　配置静态 MAC 和 ARP 检查

任务描述

天骥公司的网络管理员发现最近经常有员工抱怨无法访问互联网，故障检查的结果显示，客户端 PC 上缓存的网关的 ARP 绑定条目是错误的，怀疑网络中出现了 ARP 欺骗攻击，请解决。

任务分析

当局域网内某台主机运行 ARP 欺骗的木马时，会欺骗局域网内所有主机和路由器，让所有上网的流量必须经过病毒主机。其他用户原来直接通过路由器上网，现在转由通过病毒主机上网，切换时用户会断线一次。由于 ARP 欺骗的木马程序发作时会发出大量的数据包，导致局域网通信拥塞，加上其自身处理能力的限制，用户会感觉上网速度越来越慢。对于 ARP 欺骗攻击，可以利用交换机中的 ARP 检查机制来避免。

任务实现

配置 ARP 检查。

```
S2126# configure terminal[JFY1]
S2126 (config)# port-security arp-check          //启用 ARP 检查功能
S2126 (config)# interface fastEthernet 0/9
S2126 (config-if)# switchport port-security          //启用端口安全功能
S2126 (config-if)# switchport port-security mac-address 0008.0df9.4c64    ip-address 172.16.1.64
                                                 //为 ARP 检查配置安全地址绑定
S2126 (config-if)# end
```

小贴士

1. 不要把网络安全信任关系建立在 IP 基础上或 MAC 基础上（rarp 同样存在欺骗的问题），理想的关系应该建立在 IP+MAC 基础上。

2. 设置静态的 MAC→IP 对应表，不要让主机刷新设定好的转换表。

3. 除非很有必要，否则停止使用 ARP，将 ARP 作为永久条目保存在对应表中。

4. 使用 ARP 服务器。通过该服务器查找自己的 ARP 转换表来响应其他机器的 ARP 广播。确保这台 ARP 服务器不被黑。

5. 使用 "proxy" 代理 IP 的传输。

6. 使用硬件屏蔽主机。设置好你的路由，确保 IP 地址能到达合法的路径。静态配置路由 ARP 条目。注意：使用交换集线器和网桥无法阻止 ARP 欺骗。

7. 管理员定期用响应的 IP 包中获得一个 rarp 请求，然后检查 ARP 响应的真实性。

8. 管理员定期轮询，检查主机上的 ARP 缓存。

9. 使用防火墙连续监控网络。注意在使用 SNMP 的情况下，ARP 的欺骗有可能导致陷阱包丢失。

知识链接

ARP 检查功能需要依赖交换机端口安全特性，在全局模式下开启 ARP 检查的命令格式为 port-security arp-check[cpu]。

在端口模式下启用端口安全功能的命令格式为 switchport port-security；启用端口安全特性后，需要为 ARP 检查配置安全地址绑定，命令格式为 switchport port-security mac-address *mac-address* ip-address *ip-address*；对于 ARP 检查，必须使用 ip-address 关键字配置 IP 地址类型的安全地址。

任务回顾

以太网是一种广播介质，攻击者接入网络中很容易侦听到网络中传送的信息，在局域网中使用的各种协议和技术（如 ARP、STP 等）都存在安全隐患，容易被攻击者利用。配置交换机端口安全和端口绑定及 ARP 检查机制能有效防止此类攻击。

比赛心得

本项目在竞赛中每次都会出现，占 5 分左右，配置口令是最基本的。如端口安全、多播风暴等却要求选手特别注意，对所涉及的知识点，都要掌握得非常熟练，否则比赛时很难得到分数，选手往往会做却不知道原理，试卷中出现这些知识点时，有时不会直接告诉你做什么，要选手自己分析，所以对原理也要非常了解，这样可以得到事半功倍的效果。

实训

如图 3-2 所示为碧海软件公司企业网络拓扑，为实现网络设备安全及对全网的安全控制，要求：（1）对所有网络设备实行有密码控制的远程管理；（2）对接入层设备的端口进行 MAC 地址绑定；（3）防止网络中存在伪 DHCP 服务器的问题；（4）防止网络中出现的数据泛洪现象和 ARP 欺骗攻击。

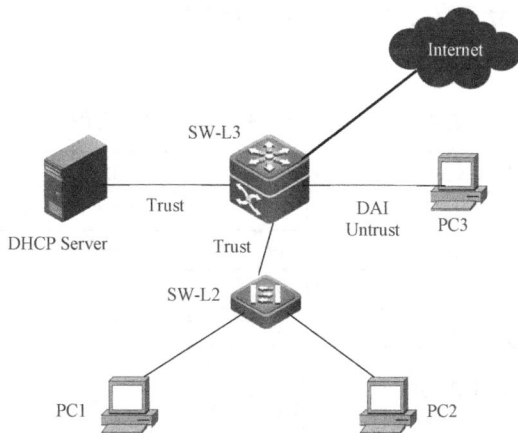

图 3-2　远程管理、端口安全和风暴控制

项目四　IP 访问列表

在大多数情况下，对于网络中的信息流，都要从以下几方面进行规范和管理：安全（允许或不允许哪些信息流）、服务质量（QoS，即对不同的信息流提供不同的服务）、时限（何时允许或不允许哪些信息流）等，这些看似复杂而又各不相同的需求，实现时都要用到同一个基本技术：访问控制列表。为了更清晰地掌握这项基本技术，本项目分四个任务来介绍访问控制列表的各种类型及其用法。

任务一　利用 IP 标准访问列表进行网络流量的控制

任务描述

天驿公司有人事部、创意部、市场部和财务部四个部门，每个部门的办公计算机都被连接到同一个 VLAN。公司要求：只允许人事部访问财务部。

任务分析

几乎所有企业都是这种多部门结构，建议使用 VLAN 对部门进行分隔，部门之间的通信在第三层实现，这就需要使用三层交换机或路由器等三层设备来实现。对于本任务，如果网络规模不大，建议使用三层交换机实现网络的构建，对于只允许人事部访问财务部的情况，可以通过三层交换机利用 IP 标准访问控制列表来实现此功能。

在本实验中，使用一台三层交换机（RG-S3760-24）来实现。其 VLAN 的划分及 IP 地址的使用如表 4-1 所示。

表 4-1　VLAN 的划分及 IP 地址的使用

编　号	部　门	VLAN	交换机端口范围	IP 地址	网　关
1	人事部	10	1～5	192.168.10.0 / 24	192.168.10.254
2	创意部	20	6～10	192.168.20.0 / 24	192.168.20.254
3	市场部	30	11～15	192.168.30.0 / 24	192.168.30.254
4	财务部	40	16～20	192.168.40.0 / 24	192.168.40.254

网络结构示意图如图 4-1 所示。

任务实现

步骤 1：创建 VALN，具体见项目一。
步骤 2：端口划分，具体见项目一。

步骤 3：创建 VLAN 接口。分别创建各 VLAN 的接口，并配置其 IP 地址，同时在每个
VLAN 中接上一台 PC，并为其配置好 IP 设置。

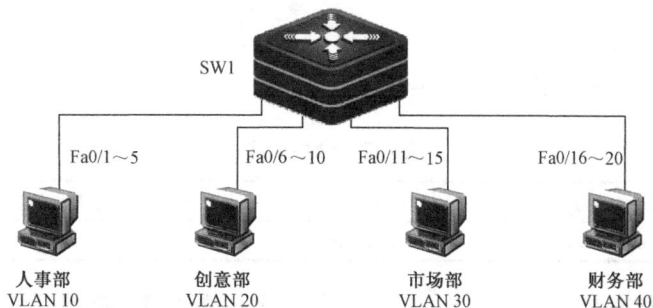

图 4-1　天驿公司网络结构图

配置：

```
sw1(config)#interface vlan 10
sw1(config-if)#ip address 192.168.10.254 255.255.255.0
sw1(config-if)#no shutdown
……
sw1(config-if)#interface vlan 40
sw1(config-if)#ip address 192.168.40.254 255.255.255.0
sw1(config-if)#no shutdown
```

验证：

```
sw1#show ip route

Type:   C - connected, S - static, R - RIP, O - OSPF, IA - OSPF inter area
        N1 - OSPF NSSA external type 1, N2 - OSPF NSSA external type 2
        E1 - OSPF external type 1, E2 - OSPF external type 2

Type Destination IP      Next hop         Interface Distance Metric    Status
---- ----------------- --------------- --------- -------- -------- --------
C    192.168.1.0/24        0.0.0.0          VL1       0        0        Inactive
C    192.168.10.0/24       0.0.0.0          VL10      0        0        Inactive
C    192.168.20.0/24       0.0.0.0          VL20      0        0        Inactive
C    192.168.30.0/24       0.0.0.0          VL30      0        0        Inactive
C    192.168.40.0/24       0.0.0.0          VL40      0        0        Inactive
```

从上面显示的路由表可以看出，所有的 VLAN 接口已经正确建立。

步骤 4：创建标准访问控制列表。

```
sw1(config)#ip access-list standard 11
sw1(config-std-nacl)#permit 192.168.10.0 0.0.0.255
sw1(config-std-nacl)#deny any
sw1#show ip access-lists 或 show access-lists    //查看 ACL 配置是否成功
Standard IP access list: 11
    permit 192.168.10.0 0.0.0.255
    deny any
```

可以看到，已经按要求创建了编号为 11 的标准访问控制列表。

小贴士

1. 创建标准访问控制列表。

命令格式：由三部分组成，如表 4-2 所示。

表 4-2　命令格式

命令关键字	访问控制列表类型	访问控制列表的名称
ip access-list	Standard	<自己定义>

访问控制列表被创建的同时，自动进入访问控制列表条目的配置模式。

配置访问控制列表的条目。

命令基本格式：由两部分组成，如表 4-3 所示。

表 4-3　命令基本格式

命令关键字	源 "地址"
Permit | deny	<IP 地址>　<反掩码> | any | host <IP 地址>

说明：① "|" 表示由其分隔的部分任选其一（下同）；

② 一个访问控制列表可以有多项条目，即一个列表由多条 permit 或 deny 命令组成；

③ 每个列表执行时，系统会先在末尾追加一条列表条目：deny any。但在 RG-S3760-24 上，必须明确写出该条目。

步骤 5：将访问控制列表应用在合适的接口。

```
sw1(config)#interface vlan 40
sw1(config-if)#ip access-group 11 out
```

验证（实测）：

从 VLAN 10、VLAN 20、VLAN 30 中的 PC 向 VLAN 40 中的 PC 执行 ping 测试，此时会发现只有 VLAN 10 中的 PC 能得到回复，这样，就对流向 VLAN 40 的数据流量起到了一种控制作用。

小贴士

访问控制列表必须应用到端口才能发挥作用。

应用访问控制列表时，注意理解方向，弄清是 in 还是 out，进设备的接口就用 in，出设备的接口就用 out。

知识链接

标准访问控制列表是依据源地址进行控制的。

因为 VLAN 间的通信是通过第三层实现的，所以本任务还可以用其他三层设备（如路由器）实现。

本节所讲的流量控制仅仅局限在 "允许" 与 "不允许" 之间。其实，访问控制列表可以用来对网络中的数据流量进行更精确的控制，此内容将在项目五中详细讲解。

实际应用中，注意任务的表述，实现"只允许"和实现"不允许"，其访问控制列表的写法，在很多设备上是略有差别的。

任务回顾

从本任务的实现过程可以看到，使用访问控制列表的一般步骤是先创建访问控制列表，然后将其应用到适当的接口上。这样就会在相应的接口处按照访问控制列表规定的规范对信息流进行控制。

任务二 利用 IP 扩展访问列表实现应用服务的控制

任务描述

天驿公司有创意部、市场部、研发部和财务部四个部门，每个部门的办公计算机都被连接到同一个 VLAN。公司领导发现研发部的 FTP 公司的所有人都可以访问，这样研发部的机密资料很有可能外泄，但又不得不让销售部访问，因为销售部需要向外推销，但不能让销售部访问其他部门的 FTP 和任何其他服务，但可以访问其他部门的 Web 服务，领导让管理员解决此问题。

任务分析

销售部的机器只能访问研发部 FTP 服务和任何网段的 Web 服务，但不能访问其他任何网络服务。本任务与任务一类似，所不同的是，它要求"只允许（或不允许）访问某项服务"，因此是一种更精确、更具体的访问控制。实现这种访问控制，需要使用"扩展访问控制列表"。本任务在网络规模不大的情况下，可以使用一台三层交换机来实现。

在本实验中，使用一台三层交换机（RG-S3760-24）来实现。其 VLAN 的划分及 IP 地址的使用如表 4-4 所示。

表 4-4 VLAN 的划分及 IP 地址的使用

编 号	部 门	VLAN	交换机端口范围	IP 地址	网 关
1	创意部	20	6～10	192.168.20.0 / 24	192.168.20.254
2	市场部	30	11～15	192.168.30.0 / 24	192.168.30.254
3	财务部	40	16～20	192.168.40.0 / 24	192.168.40.254

网络结构示意图如图 4-2 所示。

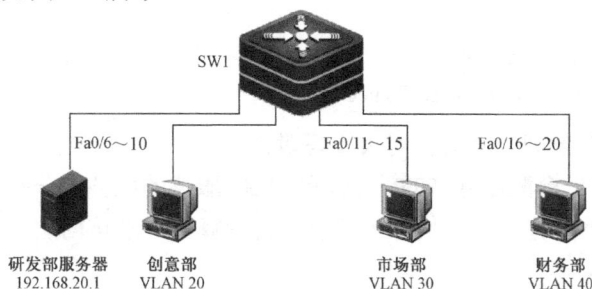

图 4-2 天驿公司网络结构图

任务实现

步骤1：创建VALN。创建VLAN 20～40，具体命令参见前面的章节。

步骤2：端口划分。将规定的端口加入到指定的VLAN，具体命令参见前面的章节。

步骤3：创建VLAN接口。分别创建各VLAN的接口，并配置其IP地址，同时为每个VLAN中的PC或服务器配置好IP设置，具体配置参见任务一。

步骤4：创建扩展访问控制列表。

```
sw1(config)#ip access-list extended forSomeDep    //创建了名称为"forSomeDep"的扩展访问控制列表

sw1(config-ext-nacl)#permit tcp 192.168.30.0 0.0.0.255 192.168.20.0 0.0.0.255 eq ftp

sw1(config-ext-nacl)#permit tcp 192.168.30.0 0.0.0.255 any eq www

sw1(config-ext-nacl)#deny ip any any

sw1#show ip access-lists 或 show access-lists    //验证配置

Extended IP access list: forSomeDep
    permit tcp 192.168.30.0 0.0.0.255    192.168.20.0 0.0.0.255 eq ftp
    permit tcp 192.168.30.0 0.0.0.255    any eq www
    deny ip any    any
```

小贴士

1. 如何创建扩展访问控制列表，如表4-5所示。

表4-5　命令格式

命令关键字	访问控制列表类型	访问控制列表的名称
ip access-list	Extended	<自己定义>

访问控制列表被创建的同时，自动进入访问控制列表条目的配置模式。

2. 如何配置访问控制列表的条目。配置命令一般由5部分组成，如表4-6所示。

表4-6　配置命令

命令关键字	协 议 名	源	目　标	端口范围
Permit｜deny	如：TCP	<IP地址><反掩码>｜host <IP地址>｜any	格式同左	eq（端口号｜端口别名）

步骤5：将访问控制列表应用在合适的接口。

配置：

```
sw1(config)#interface vlan 30
sw1(config-if)#ip access-group forSomeDep in
```

注意：引用访问控制列表名时，对大小写敏感。

验证（实测）：将一台配制好FTP服务和Web服务的服务器分别连接到研发部、财务部，并做好相应的IP配置，从销售部的任意一台计算机分别访问它，可以发现达到了预期的访问控制目的。

知识链接

1．扩展访问控制列表的控制依据远多于标准访问控制列表，它可以依据源地址、目标地址、协议、协议端口等对数据流进行控制。

2．扩展访问控制列表的条目配置命令一般由 5 部分组成，但是当协议为 IP、ICMP、IGMP 时，自然就不需要端口范围了。

3．扩展访问控制列表可以用来对网络中的数据流量进行更精确的控制，此内容将在项目五中详细讲解。

4．其他类似设备的配置命令可能略有差别，具体可参见相应设备的命令手册。

任务回顾

虽然扩展访问控制列表对数据流的控制更加精确，但是，其使用方法和标准访问控制列表是相同的，不同的只是创建访问控制列表的条目的命令略为复杂。

扩展访问控制列表还是理解 OSI 模型传输层的好教材。

任务三 基于时间的访问控制列表

任务描述

天驿公司的领导发现员工在上班时间经常访问外网，且多数是与工作无关的，领导要求网管员解决这个问题，这样可以保证员工在上班期间潜心工作，但员工在上班时间之外可以随意访问外部网络。

任务分析

使员工在上班时间不能访问外网，以便潜心工作，但在上班时间之外可以随意访问外网，这主要是想办法在时间上进行限制，上班时间为 8:00～17:00，那就将此时间段禁止上网，其他时间允许上网，便可解决此问题，可以使用基于时间的访问控制列表来实现。

为了突出所要讲解的重点知识，假设：

1．全公司的办公计算机都位于网络的同一个 VLAN：VLAN 10；

2．使用 VLAN 20 模拟外部网络；

3．在本实验中，使用一台三层交换机（RG-S3760-24）来实现，其 VLAN 的划分及 IP 地址的使用如表 4-7 所示。

表 4-7 VLAN 的划分及 IP 地址的使用

编 号	网 络	VLAN	交换机端口范围	IP 地址	网 关
1	内部	10	1～10	192.168.10.0 / 24	192.168.10.254
2	外部	20	11～15	192.168.20.0 / 24	192.168.20.254

内、外网结构图如图 4-3 所示。

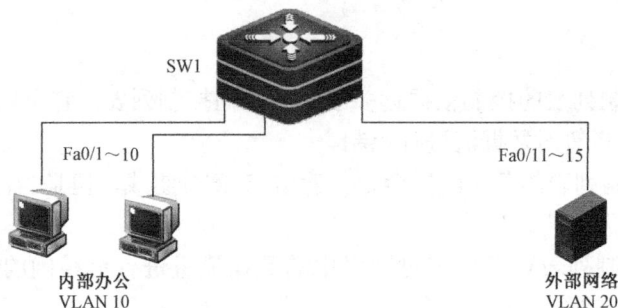

图 4-3　天驿公司内、外网结构图

任务实现

步骤 1：创建 VALN。创建 VLAN 10、VLAN 20，具体命令参见前面的章节。

步骤 2：端口划分。将规定的端口加入到指定的 VLAN，具体命令参见前面的章节。

步骤 3：创建 VLAN 接口。分别创建各 VLAN 的接口，并配置其 IP 地址，配置方法见前面的章节。同时在每个 VLAN 中接上一台 PC，并为其配置好 IP 设置。

步骤 4：定义时间段。

```
sw1(config)#time-range freeTime    //创建了一个名为 freeTime 的时间段
sw1(config- time-range)#periodic daily 0:00 to 8:00
sw1(config- time-range)#periodic daily 17:00 to 23:59
sw1#show time-range         //验证配置
time-range name: freeTime
    periodic Daily 0:00 to 8:00
    periodic Daily 17:00 to 23:59
```

小贴士

1. 定义时间段。

命令格式：由两部分组成，如表 4-8 所示。

表 4-8　命令格式

命令关键字	时间段名称
time-range	<名称>

2. 定义具体时间段。时间段的定义分为两种情况：绝对时间段和周期性时间段。

定义绝对时间段的命令格式如下：

　　　　　　absolute start <时>:<分 日 月 年> end <时>:<分 日 月 年>

定义周期性时间段的命令格式如下：

　　　　　　periodic <周期> <时>:<分> to <时>:<分>

其中，周期为下列单词之一：Daily、Weekdays、Weekend、Sunday、Monday……

3. 绝对时间段和周期性时间段可以共存于同一个时间段定义中。

4. 一个时间段中只能定义一个绝对时间段。

5. 一个时间段中可以定义多个周期性时间段。

6. 时间段定义后，被访问控制列表引用，以起到按时间控制数据流的作用。

步骤5：创建访问控制列表。

```
sw1(config)#ip access-list standard forWork
sw1(config-std-nacl)#permit any time-range freeTime
sw1(config-std-nacl)#deny any
sw1#show ip access-lists 或 show access-lists      //验证配置
Standard IP access list: forWork
    permit any time-range freeTime <inactive> [或<active>，当前时间在时间段 freeTime 内。]
    deny any
```

可以看到，已经创建了一个名为 forWork 的标准访问控制列表，其中有一个条目是基于时间的，在该条目末尾可能是<active>或<inactive>，依当前时间是否在所定义的时间段 forWork 之内而定。

小贴士

1. 基于时间的访问控制列表和普通的访问控制列表的创建方法完全相同。

2. 标准和扩展访问控制列表都可以基于时间。

3. 基于时间的访问控制列表和普通的访问控制列表的不同之处在于创建列表条目时，通过关键字 time-range 来引用预先定义的时间段。如下例所示，其中 freeTime 为自定义时间段名称：

```
sw1(config-std-nacl)#permit any time-range freeTime
```

步骤6：将访问控制列表应用到网络接口。

```
sw1(config)#interface vlan 10
sw1(config-if)#ip access-group forWork in
```

验证（实测）：在模拟外部网络的 VLAN 中连接一台服务器，分别调整设备的时间：上班时间内和在上班时间外，从模拟内部网络的计算机访问外网的服务器，就可以发现，上班时间内访问不成功，而非上班时间内就能访问成功。

知识链接

1. 请掌握如何配置设备的时间和日期，不同的设备配置方法可能略有不同。

2. 可否考虑使用时间服务器？

任务回顾

从任务的实现过程可以看出，基于时间的访问控制比起其他访问控制列表技术多了一个配置步骤：定义时间段。此外，创建访问控制列表条目的命令中要使用关键字 time-range 来引用预先定义的时间段。

任务四　专家级访问控制列表

任务描述

天驿公司有创意部、市场部、研发部和财务部四个部门，已经实现了销售部的机器只能访问研发部 FTP 服务和任何网段的 Web 服务，不能访问其他任何网络服务。但管理员发现销售部的机器还是可以访问其他部门的 FTP，这让管理员很头疼，管理员非常希望彻底解决此问题。

任务分析

管理员发现扩展的访问控制列表只能限制机器的 IP 地址，但如果员工修改了 IP 地址，当然可以访问研发部的 FTP 服务器，所以管理员想到通过一种新的访问控制列表来实现。专家级访问控制列表可以按物理地址及网络地址禁止主机访问某服务器，但允许其他访问。这样就可以解决遇到的问题了。网络管理员发现网卡 MAC 地址为 00e8.8888.8888 的主机访问研发部公司 FTP 服务器，IP 地址为 192.168.20.1。

为说明如何实施这一网管任务，简单地假设网络结构图，如图 4-4 所示。

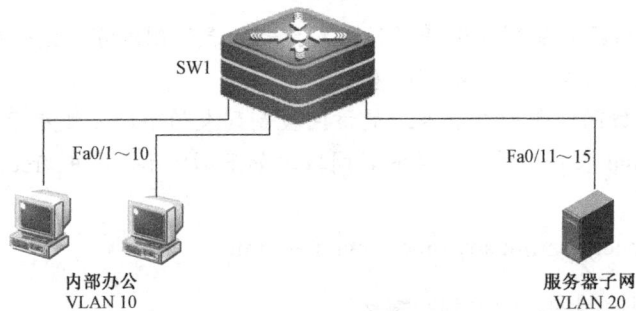

图 4-4　天驿公司内部网络结构图

在本实验中，使用一台三层交换机（RG-S3760-24）来实现。其 VLAN 的划分、IP 地址的使用如表 4-9 所示。

表 4-9　VLAN 的划分及 IP 地址的使用

编　号	网　络	VLAN	交换机端口范围	IP 地址	网　关
1	内部办公子网	10	1～10	192.168.10.0 / 24	192.168.10.254
2	服务器子网	20	11～15	192.168.20.0 / 24	192.168.20.254

任务实现

步骤 1：创建 VALN。创建 VLAN 10、VLAN 20，具体命令参见前面的章节。

步骤 2：端口划分。将规定的端口加入到指定的 VLAN，具体命令参见前面的章节。

步骤 3：创建 VLAN 接口。分别创建各 VLAN 的接口，并配置其 IP 地址，配置方法见前面的章节。同时在 VLAN 10 中接上两台 PC，在 VLAN 20 中接上一台服务器，并为其配置好 IP 设置。

步骤 4：创建访问控制列表。

配置：

```
sw1(config)#expert access-list extended forIPMAC
sw1(config-exp-nacl)#deny ip any host 00e8.8888.8888 host 192.168.20.1 any
sw1(config-std-nacl)#permt any any any any
```

验证：

```
sw1#show access-lists
Expert access list: forPMAC
    deny ip any host 00e0.8888.8888 host 192.168.20.1 any
    permit any any any any
```

可以看到，已经创建了一个名为 forPMAC 的专家级访问控制列表。

小贴士

1. 创建专家级访问控制列表的命令格式，如表 4-10 所示。

表 4-10 命令格式

命令关键字	访问控制列表类型	访问控制列表的名称
expert access-list	Extended	<自己定义>

访问控制列表被创建的同时，自动进入访问控制列表条目的配置模式。

2. 如何配置访问控制列表的条目。

配置命令一般由以下 7 部分组成：

命令关键字　　[协议名|以太网类型]　　源 IP　　源 MAC　　目标 IP　　目标 MAC　　传输端口

各部分具体内容如表 4-11 所示。

表 4-11 配置命令

命令关键字	[协议名|以太网类型]
Permit	deny	如：TCP
源 IP	源 MAC
<IP 地址><反掩码>	host <IP 地址>	any	host <IP 地址>	any
目标 IP	目标 MAC
<IP 地址><反掩码>	host <IP 地址>	any	host <IP 地址>	any
传输端口	
eq （端口号	端口名）	

其中，[ ] 中的部分可选；传输端口部分仅在使用传输层协议时需要。

3. 专家级扩展访问控制列表也可以基于时间，其条目的配置命令在上述格式的末尾增加关键字 time-range 来引用预先定义的时间段即可。

步骤 5：将访问控制列表应用到网络接口。

配置：

```
sw1(config)#interface vlan 10
sw1(config-if)#expert access-group forIPMAC in
```

小贴士

将专家级访问控制列表应用到网络接口的命令有所不同，格式如表 4-12 所示，注意命令关键字的第一个单词。

表 4-12　命令格式

命令关键字	访问控制列表名	方向
expert access-group	<预先定义的专家级访问控制列表名>	in | out

验证（实测）：分别从办公网的被控制计算机和其他任何一台计算机访问服务器 192.168.20.1，会发现访问控制列表已经按预定要求发挥作用。

知识链接

1．专家级访问控制列表不仅可以通过源 IP 地址、目标 IP 地址、协议类型、传输端口等对数据流进行控制，而且还可以通过 MAC 地址、以太网类型、VLAN 号等对数据流进行访问控制，使得网络访问控制更加灵活、更加安全。

2．不同厂家的不同设备，对专家级访问控制列表的实现程度也有较大差别。使用时请参考相应设备的命令手册。

任务回顾

专家级访问控制列表条目的定义命令是最复杂的，它对信息的检测涉及 OSI 模型的三个层次的字段内容。

比赛心得

值得注意的是，选手往往没有将访问控制列表应用到合适的端口，而产生一些非预期的效果。选手无法分析出题目的要求，不知道使用哪种 ACL 来实现，这也是很多选手最容易犯的错误，这就要求选手对每种 ACL 的原理和所能实现的功能掌握得非常清楚，这样可以起到事半功倍的效果。对于基于时间的 ACL，按照题目的要求，准确定义出时间段，是对选手的理解能力和表达能力的考验。

实训

1．请使用一台路由器配合一台二层交换机实现任务一的要求。

2．将本任务一的"任务描述"中的"只允许"换为"不允许"，然后使用一台三层交换机实现。

3．需求描述：公司内部只能使用 FTP 服务器传输文件，关闭其他所有服务和端口，如下图所示。

4．需求分析。公司安全方面考虑要求：限定不同的部门能访问的服务器，网络管理员可以访问所有服务器，网络设备只允许网管区 IP 地址可以通过 TELNET 登录，只有网络管理名能使用远程桌面、TELNET、SSH 等管理服务器，所有部门之间不能互通，但可以和网络管理名互通，公司信息安全员可以访问服务器，不能访问 Internet，外网只能访问特定服

务器的特定服务，限制员工上网时间为工作日的 8:00～18:00，如下图所示。

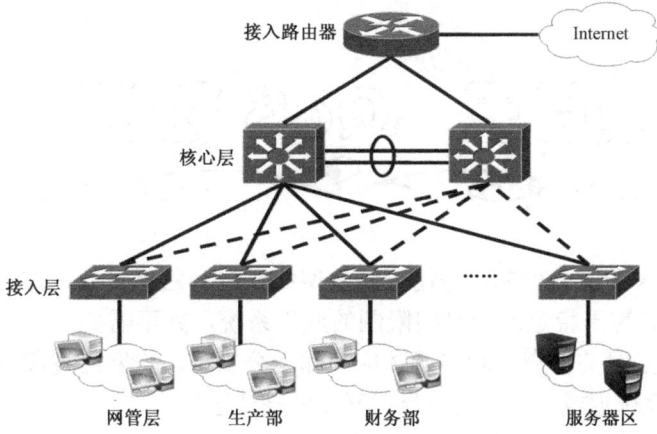

项目五　QoS 和组播

QoS 是网络的一种安全机制，是用来解决网络延迟和阻塞等问题的一种技术。在正常情况下，如果网络只用于特定的无时间限制的应用系统，并不需要 QoS，如 Web 应用或 E-mail 设置等，但是对关键应用和多媒体应用却十分重要。当网络过载或拥塞时，QoS 能确保重要业务量不受延迟或丢弃，同时保证网络的高效运行。

组播协议分为主机–路由器之间的组成员关系协议和路由器–路由器之间的组播路由协议。组成员关系协议包括 IGMP（互联网组管理协议）。组播路由协议分为域内组播路由协议及域间组播路由协议。域内组播路由协议包括 PIM-SM、PIM-DM、DVMRP 等，域间组播路由协议包括 MBGP、MSDP 等。

任务一　在交换机上实现 QoS

任务描述

天驿公司的网络管理员最近收到财务部的投诉，他们抱怨网络变得很慢，不论是收发邮件还是上网查资料，速度都很慢，影响到了工作效率。对此，网络管理员进行了调查，发现有一台交换机连接员工部门的端口的数据流量很大，严重影响了网络性能，现要解决此问题。管理员认为，对员工部的端口进行速率限制就可以解决。

任务分析

管理员知道通过在交换机上设置端口速率限制来优化网络性能，保证主要服务的有效带宽，限制不重要的网络数据流量的带宽占用量，可以提高网络效率。管理员决定对员工部的端口进行速率限制，设定财务部占有网络带宽的 20%，从而改进网络性能。

本任务以一台 S2126 交换机为例，交换机命名为 Switch A。假设 PC1 为员工部门的计算机通过网线连接到交换机的 0/1 端口，IP 地址范围和网络掩码分别为 192.168.1.0，交换机实现 QoS 如图 5-1 所示。

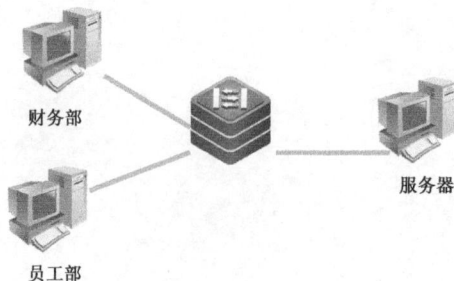

财务部

服务器

员工部

图 5-1　交换机实现 QoS

任务实现

步骤 1：采用访问控制列表（ACL）定义需要限速的数据流。

```
switchA(config)#ip access-list standard yuangong          //定义标准访问控制列表名
switchA(config-std-ipacl)#permit host 192.168.1.0         //定义限速的数据流
switchA(config)#ip access-list standard caiwu             //定义标准访问控制列表名
switchA(config-std-ipacl)#permit host 192.168.2.0         //定义限速的数据流
```

小贴士

验证 ACL 配置的正确命令如下：

```
switchA#show access-lists
```

步骤 2：设置带宽限制和猝发数据量。

```
switchA(config)#class-map yuangong                        //定义类图 yuangong
switchA(config-cmap)#match access-group yuangong          //关联匹配的列表
switchA(config-cmap)#exit
switchA(config)#class-map caiwu                           //定义类图 caiwu
switchA(config-cmap)#match access-group caiwu             //关联匹配的列表
switchA(config-cmap)#exit
switchA(config)#policy-map policymap1                     //定义策略表
switchA(config-pmap)#class yuangong                       //关联类图
switchA(config-pmap)#police 1000000 655356 exceed-action drop    //设置数据流量限制
switchA(config-pmap)#class caiwu                          //关联类图
switchA(config-pmap)#bandwidth 20 percent                 //设置所占带宽
```

小贴士

验证分类映射图和分类映射图的配置命令如下：

```
switchA#show class-map
switchA#show policy-map
```

步骤 3：将带宽限制策略应用到相应的端口上。

```
switchA(config)#internet fastethernet 0/1,10
switchA(config-if)#mls qos trust cos    //开启信任 COS 值
switchA(config-if)#service-policy input policymap1    //应用策略表
```

小贴士

验证端口 fastethernet 0/1,10 设置的正确性命令。

步骤 4：验证带宽限制策略的效果。

在配置了带宽限制策略的情况下，从 PC1 和 PC2 同时传一个较大的文件给服务器，计算传输时间和平均传输速率。

知识链接

QoS（Quality of Service，服务品质保证）是指一个网络能够利用各种各样的技术向选定的网络通信提供更好的服务的能力。QoS 是服务品质保证，提供稳定、可预测的数据传送服务，满足使用程序的要求，QoS 不能产生新的带宽，而是根据应用的需求及网络管理的设置来有效地管理网络带宽。

所有的限速，只对端口的 input 有效，即对进入交换机端口的流有效。目前无法做到对单一端口的 input/output 双向控制。若需对 output 方向控制，可以在另一端的交换机端口对 input 方向控制。限速配置可以基于 IP、MAC、TCP 及 7 层应用流，配置方法与前面相同。

任务回顾

从任务的实现可以看出，限速配置的第一步是定义需要限速的流，这项是通过 QoS 的 ACL 列表来完成的。对于不在 QoS ACL 列表中的流，交换机依旧转发，只是限速功能无效。

任务二　在路由器上实现 QoS

任务描述

由于网络规模扩大，天驿公司不再使用 ADSL 宽带接入上网，现想通过一台路由器连接到公司外的另一台路由器上，要在路由器上进行适当配置，实现公司内部主机与公司外部主机的通信。

任务分析

该网络存在的问题是：当公司内部主机与公司外部主机通信时，小数据量对延时敏感的应用得不到应有的服务质量。例如，在对主机进行远程登录访问时，输入命令后很长时间内无法得到主机的响应，这种情况可采用加权公平队列实现网络的互联互通，从而实现信息的共享和传递，并且使小数据量对延时敏感的应用得到应有的服务质量。

本任务以两台 R20 路由器为例，路由器分别为 Router1 和 Router2，路由器之间通过串口采用 V35 DCE/DTE 电缆连接。PC1 的 IP 地址和默认网关分别为 192.168.1.11 和 192.168.1.1，PC2 的 IP 地址和默认网关分别为 192.168.3.22 和 192.168.3.2，网络掩码都是 255.255.255.0，路由器 QoS 的配置如图 5-2 所示。

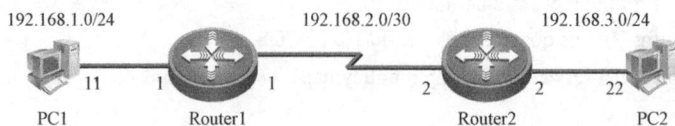

图 5-2　路由器 QoS 的配置

任务实现

1. 配置加权公平队列（WFQ）

步骤 1：在路由器 Router1 上配置接口的 IP 地址和串口上的时钟频率。

```
Router1(config)# interface fastethernet 0/0
Router1(config-if)# ip address 192.168.1.1 255.255.255.0
Router1(config)# no shutdown
```

Router1(config)# interface serial 0/0

Router1(config-if)# ip address 192.168.2.1 255.255.255.252

Router1(config-if)#clock rate 64000　　//配置 Router1 的时钟频率（DCE）

Router1(config)# no shutdown

小贴士

验证路由器接口的配置命令如下：

Router1#show ip interface brief

Router1#show　interface serial 0

步骤 2：在路由器 Router1 上配置静态路由。

Router1(config)#ip route 192.168.3.0 255.255.255.0 192.168.2.2

小贴士

验证 Router1 上的静态路由的配置命令如下：

Router1#show ip route

步骤 3：在路由器 Router2 上配置接口的 IP 地址和串口上的时钟频率。

Router2(config)# interface fastethernet 0/0

Router2(config-if)# ip address 192.168.3.2 255.255.255.0

Router2(config)# no shutdown

Router2(config)# interface serial 0/1

Router2(config-if)# ip address 192.168.2.2 255.255.255.252

Router2(config)# no shutdown

小贴士

验证路由器接口的配置命令如下：

Router2#show ip interface brief

Router2#show interface serial 0/1

步骤 4：在路由器 Router2 上配置静态路由。

Router2(config)#ip route 192.168.1.0 255.255.255.0 192.168.2.1

小贴士

验证 Router2 上的静态路由的配置命令如下：

Router2#show ip route

步骤 5：测试网络的互联互通性。

C:\>ping 192.168.3.22　　//从 PC1 ping PC2

Pinging 192.168.3.22 with 32 bytes of data:

Reply from 192.168.3.22: bytes=32 time<10ms TTL=126

Reply from 192.168.3.22: bytes=32 time<10ms TTL=126

Reply from 192.168.3.22: bytes=32 time<10ms TTL=126

Reply from 192.168.3.22: bytes=32 time<10ms TTL=126

```
C:\>ping 192.168.1.11         //从 PC2 ping PC1
Pinging 192.168.1.11 with 32 bytes of data:

Reply from 192.168.1.11: bytes=32 time<10ms TTL=126
Reply from 192.168.1.11: bytes=32 time<10ms TTL=126
Reply from 192.168.1.11: bytes=32 time<10ms TTL=126
Reply from 192.168.1.11: bytes=32 time<10ms TTL=126
```

步骤 6：从 PC1 对 PC2 进行 Telnet，同时从 PC2 中复制文件，观察 Telnet 的响应效果。

步骤 7：在 Router1 的 WAN0 接口上启用 WFQ。

```
Router1(config)# interface serial 0/0
Router1(config-if)# fair-queue          //启用加权公平队列
```

小贴士

查看接口中队列应用的命令如下：

```
Router1#show queue serial 0/0
    Input queue: 0/75/0 (size/max/drops); Total output drops: 0
    Queueing strategy: weighted fair
    Output queue: 0/64/0 (size/threshold/drops)
        Conversations   0/0 (active/max active)
        Reserved Conversations 0/0 (allocated/max allocated)
```

步骤 8：从 PC1 对 PC2 进行 Telnet，同时从 PC2 中复制文件，再次观察 Telnet 的响应效果，发现响应速度高于先前的速度。

2. 配置基于类的加权公平队列（CBWFQ）

步骤 1：在路由器 Router1 上配置接口的 IP 地址和串口上的时钟频率。

```
Router1(config)# interface fastethernet 0/0
Router1(config-if)# ip address 192.168.1.1 255.255.255.0
Router1(config)# no shutdown
Router1(config)# interface serial 0/0
Router1(config-if)# ip address 192.168.2.1 255.255.255.0
Router1(config-if)#clock rate 64000          //配置 Router1 的时钟频率（DCE）
Router1(config)# no shutdown
```

小贴士

验证路由器接口的配置命令如下：

```
Router1#show ip interface brief
Router1#show interface serial 0/0
```

步骤 2：在路由器 Router1 上配置静态路由。

```
Router1(config)#ip route 192.168.3.0 255.255.255.0 192.168.2.2
```

小贴士

验证 Router1 上的静态路由的配置命令如下：

Router1#show ip route

步骤 3：在路由器 Router2 上配置接口的 IP 地址和串口上的时钟频率。

Router2(config)# interface fastethernet 0/0

Router2(config-if)# ip address 192.168.3.2 255.255.255.0

Router2(config)# no shutdown

Router2(config)# interface serial 0/1

Router2(config-if)# ip address 192.168.2.2 255.255.255.30

Router2(config)# no shutdown

小贴士

验证路由器接口的配置命令如下：

Router2#show ip interface brief

Router2#show interface serial 0/1

步骤 4：在路由器 Router2 上配置静态路由。

Router2(config)#ip route 192.168.1.0 255.255.255.0 192.168.2.1

小贴士

验证 Router2 上的静态路由的配置命令如下：

Router2#show ip route

步骤 5：测试网络的互联互通性。

C:\>ping 192.168.3.22   //从 PC1 ping PC2

Pinging 192.168.3.22 with 32 bytes of data:

Reply from 192.168.3.22: bytes=32 time<10ms TTL=126

Reply from 192.168.3.22: bytes=32 time<10ms TTL=126

Reply from 192.168.3.22: bytes=32 time<10ms TTL=126

Reply from 192.168.3.22: bytes=32 time<10ms TTL=126

C:\>ping 192.168.1.11   //从 PC2 ping PC1

Pinging 192.168.1.11 with 32 bytes of data:

Reply from 192.168.1.11: bytes=32 time<10ms TTL=126

Reply from 192.168.1.11: bytes=32 time<10ms TTL=126

Reply from 192.168.1.11: bytes=32 time<10ms TTL=126

Reply from 192.168.1.11: bytes=32 time<10ms TTL=126

步骤 6：从 PC1 对 PC2 进行 Telnet，同时从 PC2 中复制文件，观察 Telnet 的响应效果。

步骤 7：在 Router1 上定义 CBWFQ。

Router1(config)#access-list 100 permit tcp any any eq telnet   //定义 Telnet 数据流

Router1(config)#access-list 101 permit tcp any any eq ftp

Router1(config)#access-list 101 permit tcp any any eq ftp-data   //定义 Ftp 数据流

Router1(config)#class-map class1

Router1(config-cmap)#match access-group 100   //定义类映射 class1

Router1(config)#class-map class2

```
Router1(config-cmap)#match access-group 101          //定义类映射 class1
Router1(config)#policy-map policy1                    //定义策略映射 policy1
Router1(config-pmap)#class class1
Router1(config-pmap-c)#bandwidth 64                   //为类映射 class1 分配 64k 的带宽
Router1(config-pmap)#class class2
Router1(config-pmap-c)#bandwidth 512                  //为类映射 class2 分配 512k 的带宽
```

步骤 8：在 Router1 的 WAN0 接口上启用 CBWFQ。

```
Router1(config)# interface serial 0/0
Router1(config-if)#service-policy output policy1      //启用 CBWFQ
```

步骤 9：从 PC1 对 PC2 进行 Telnet，同时从 PC2 中复制文件，再次观察 Telnet 的响应效果。

3. 配置可定制队列（CQ）

步骤 1：在路由器 Router1 上配置接口的 IP 地址和串口上的时钟频率。

```
Router1(config)#interface fastethernet 0/0
Router1(config-if)#ip address 192.168.1.1 255.255.255.0
Router1(config)#no shutdown
!
Router1(config)#interface serial 0/0
Router1(config-if)#ip address 192.168.2.1 255.255.255.252
Router1(config-if)#clock rate 64000          //配置 Router1 的时钟频率（DCE）
Router1(config)#no shutdown
```

小贴士

试验证路由器接口的配置命令如下：

```
Router1#show ip interface brief
Router1#show interface serial 0/0
```

步骤 2：在路由器 Router1 上配置静态路由。

```
Router1(config)#ip route 192.168.3.0 255.255.255.0 192.168.2.2
```

小贴士

验证 Router1 上的静态路由的配置命令如下：

```
Router1#show ip route
```

步骤 3：在路由器 Router2 上配置接口的 IP 地址和串口上的时钟频率。

```
Router2(config)#interface fastethernet 0/0
Router2(config-if)#ip address 192.168.3.2 255.255.255.0
Router2(config)#no shutdown
Router2(config)#interface serial 0/1
Router2(config-if)#ip address 192.168.2.2 255.255.255.252
Router2(config)#no shutdown
```

小贴士

验证路由器接口的配置命令如下：

```
Router2#show ip interface brief
Router2#show interface serial 0/1
```

步骤 4：在路由器 Router2 上配置静态路由。

```
Router2(config)#ip route 192.168.1.0 255.255.255.0 192.168.2.1
```

小贴士

验证 Router2 上的静态路由的配置命令如下：

```
Router2#show ip route
```

步骤 5：测试网络的互联互通性。

```
C:\>ping 192.168.3.22        ! 从 PC1 ping PC2
Pinging 192.168.3.22 with 32 bytes of data:

Reply from 192.168.3.22: bytes=32 time<10ms TTL=126
Reply from 192.168.3.22: bytes=32 time<10ms TTL=126
Reply from 192.168.3.22: bytes=32 time<10ms TTL=126
Reply from 192.168.3.22: bytes=32 time<10ms TTL=126

C:\>ping 192.168.1.11        //从 PC2 ping PC1
Pinging 192.168.1.11 with 32 bytes of data:

Reply from 192.168.1.11: bytes=32 time<10ms TTL=126
Reply from 192.168.1.11: bytes=32 time<10ms TTL=126
Reply from 192.168.1.11: bytes=32 time<10ms TTL=126
Reply from 192.168.1.11: bytes=32 time<10ms TTL=126
```

步骤 6：从 PC1 对 PC2 进行 WWW 访问，同时从 PC2 中复制文件，观察 WWW 的响应效果。

步骤 7：在 Router1 上定义 CQ。

```
Router1(config)#queue-list 1 protocol ip 1 tcp www        //将 WWW 应用的数据流放入 1 队列
Router1(config)#queue-list 1 protocol ip 2 tcp telnet     //将 Telnet 应用的数据流放入 2 队列
Router1(config)#queue-list 1 protocol ip 3 tcp ftp
Router1(config)#queue-list 1 protocol ip 3 tcp ftp-data   //将 Ftp 应用的数据流放入 3 队列
Router1(config)#queue-list 1 queue 3 byte-count 4500      //定义 3 队列的服务门限值为 4500 字节，
其余的队列均为 1500 字节
Router1(config)#queue-list 1 default 4                    //将未指定的数据流放入 4 队列
```

步骤 8：在 Router1 的 WAN0 接口上启用 CQ。

```
Router1(config)#interface serial 0/0
Router1(config-if)#custom-queue-list 1     //启用可定制队列
```

小贴士

查看接口应用命令：

```
Router1#show interfaces serial 0/0
```

步骤 9：从 PC1 对 PC2 进行 WWW 访问，同时从 PC2 中复制文件，再次观察 WWW 的响应效果。

4．配置优先级队列（PQ）

步骤 1：在路由器 Router1 上配置接口的 IP 地址和串口上的时钟频率。

```
Router1(config)# interface fastethernet 0/0
Router1(config-if)# ip address 192.168.1.1 255.255.255.0
Router1(config)# no shutdown
Router1(config)# interface serial 0/0
Router1(config-if)# ip address 192.168.2.1 255.255.255.252
Router1(config-if)#clock rate 64000        //配置 Router1 的时钟频率（DCE）
Router1(config)# no shutdown
```

小贴士

验证路由器接口的配置命令如下：

```
Router1#show ip interface brief
Router1#show interface serial 0/0
```

步骤 2：在路由器 Router1 上配置静态路由。

```
Router1(config)#ip route 192.168.3.0 255.255.255.0 192.168.2.2
```

小贴士

验证 Router1 上的静态路由的配置命令如下：

```
Router1#show ip route
```

步骤 3：在路由器 Router2 上配置接口的 IP 地址和串口上的时钟频率。

```
Router2(config)# interface fastethernet 0/0     //进入接口 F0/0 的配置模式
Router2(config-if)# ip address 192.168.3.2 255.255.255.0        //配置路由器接口 F0/0 的 IP 地址
Router2(config)# no shutdown          //开启路由器 fastethernet0/0 接口
Router2(config)# interface serial 0/1      //进入接口 S0/1 配置模式
Router2(config-if)# ip address 192.168.2.2 255.255.255.252        //配置路由器接口 S0/1 的 IP 地址
Router2(config)# no shutdown
```

小贴士

验证路由器接口的配置命令如下：

```
Router2#show ip interface brief
Router2#show    interface serial 0/1
```

步骤 4：在路由器 Router2 上配置静态路由。

```
Router2(config)#ip route 192.168.1.0 255.255.255.0 192.168.2.1
```

小贴士

验证 Router2 上的静态路由的配置命令如下：

Router2#show ip route

步骤 5：测试网络的互联互通性。

C:\>ping 192.168.3.22   //从 PC1 ping PC2

Pinging 192.168.3.22 with 32 bytes of data:

Reply from 192.168.3.22: bytes=32 time<10ms TTL=126
Reply from 192.168.3.22: bytes=32 time<10ms TTL=126
Reply from 192.168.3.22: bytes=32 time<10ms TTL=126
Reply from 192.168.3.22: bytes=32 time<10ms TTL=126

C:\>ping 192.168.1.11   //从 PC2 ping PC1

Pinging 192.168.1.11 with 32 bytes of data:

Reply from 192.168.1.11: bytes=32 time<10ms TTL=126
Reply from 192.168.1.11: bytes=32 time<10ms TTL=126
Reply from 192.168.1.11: bytes=32 time<10ms TTL=126
Reply from 192.168.1.11: bytes=32 time<10ms TTL=126

步骤 6：从 PC1 对 PC2 进行 WWW 访问，同时从 PC2 中复制文件，观察 WWW 的响应效果。

步骤 7：在 Router1 上定义 PQ。

Router1(config)#priority-list 1 protocol ip high tcp www   //将 WWW 应用的数据流放入 high 队列
Router1(config)#priority-list 1 protocol ip medium tcp telnet
                                          //将 Telnet 应用的数据流放入 medium 队列
Router1(config)#priority-list 1 protocol ip normal tcp ftp
Router1(config)#priority-list 1 protocol ip normal tcp ftp-data
                                          //将 Ftp 应用的数据流放入 normal 队列
Router1(config)#priority-list 1 default low   //将未指定的数据流放入 low 队列

步骤 8：在 Router1 的 WAN0 接口上启用 PQ。

Router1(config)# interface serial 0/0
Router1(config-if)#priority-group 1   //启用优先级队列

小贴士

查看接口应用命令：

Router1#show interfaces serial 0/0

步骤 9：从 PC1 对 PC2 进行 WWW 访问，同时从 PC2 中复制文件，再次观察 WWW 的响应效果。

知识链接

基于类的加权公平队列（CBWFQ）：可根据网络的实际需求，来实现不同类型的服务享有不同的服务质量。通过配置，可以实现敏感数据占有较大的带宽，重要数据占有较大的带宽。实现网络的互联互通，从而实现信息的共享和传递，并且使小数据量对延时敏感的应用得到应有的服务质量。

可定制队列（CQ）：对于不同的网络服务实现不同的网络服务质量这类问题，也可以通过配置可定制队列（CQ）实现不同的服务对应不同的队列和服务质量，通过配置可以实现不同的服务享有相应队列的数据流量，从而实现信息的共享和传递，并且使小数据量对延时敏感的应用得到应有的服务质量。

优先级队列（PQ）：对于不同服务要有不同的服务质量要求，但又没有具体带宽大小规定的网络，可以通过配置优先级队列（PQ）来实现不同的服务享有不同的优先级。从而实现重要服务能以较高的优先级来转发数据。

任务回顾

本任务主要通过在路由器上实现 QoS 来讲解，讲述了 WFQ、CBWFQ、CQ 和 PQ 的应用，四种方式的应用大同小异，选手要注意区别。路由器同步串口默认启用 WFQ。

比赛心得

QoS 在竞赛中都会考到，这是一个难点，选手往往因没有复习到而丢掉此处的分数，所以希望选手要特别注意此处的知识点，不仅要熟练，还要达到举一反三的程度，这样才能在比赛时拿到高分，选手对每一个命令和每一种方式都要熟悉，不能混淆，在审题时，一定要分清使用哪种方法来实现，否则即使做了配置也得不到分。

实训

1. 任务：交换机 QoS。

在骨干端口上，将所有网段的报文带宽限制为 10Mbps，突发值设为 4kbps，超过带宽的该网段内的报文一律丢弃。

2. 任务：路由器上实现 QoS。

为内网出外网时设置 QoS，分别为 VLAN 10 保留 20%的带宽、VLAN 20 保留 30%的带宽、VLAN 30 保留 800kbps 的带宽。

3. 任务：路由器上实现 QoS。

在骨干端口上设置 QoS，使得 Web 应用有最高的优先级，FTP 有中等的优先级，其他服务为普通优先级。

项目六 路由协议

路由协议通过在路由器之间共享路由信息来支持路由协议。路由信息在相邻路由器之间传递，确保所有路由器知道到其他路由器的路径。总之，路由协议创建了路由表，描述了网络拓扑结构；路由协议与路由器协同工作，执行路由选择和数据包转发功能。路由协议主要运行于路由器上，路由协议是用来确定到达路径的，包括静态路由和动态路由。

任务一 配置静态路由

任务描述

天驿公司刚成立不久，由于规模小，购置的路由器不多，只有两台路由器和两台接入层的交换机，用来搭建公司的内部网络，实现公司内部网络的互相访问，公司的两台路由器将内部网络分隔为两个网段，现网络管理员想通过路由器来使这两个网段互相访问，为了满足公司的需求，现需要实现此功能。

任务分析

由于天驿公司网络规模较小，只有两台路由器和两台接入层交换机，所以使用静态路由比较合适。如果使用动态路由，路由器会发送路由更新信息，这样会占用网络带宽。

任务实现

配置静态路由如图 6-1 所示。

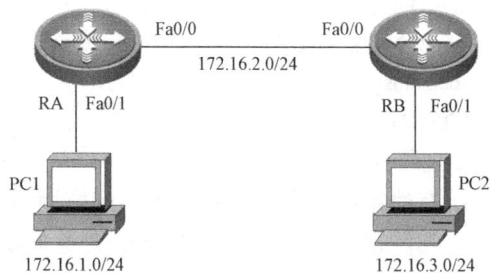

图 6-1 配置静态路由

步骤 1：在 RA、RB 接口上配置 IP 地址。
步骤 2：配置静态路由。

```
RA(config)#ip route 172.16.3.0 255.255.255.0 172.16.2.2
RB(config)#ip route 172.16.1.0 255.255.255.0 172.16.2.1
```

命令 ip route 告诉我们这是一个静态路由。

小贴士

在配置静态路由时，下一跳路由器的地址指的是与本路由器直接相连的下一跳路由器的接口；配置静态路由的命令是：

ip route 目的网络号 子网掩码 接口或下一跳 IP 地址

步骤 3：验证测试。用命令 show ip route 来验证配置。

```
RA#show ip route
Codes:   C - connected, S - static, R - RIP, B - BGP
         O - OSPF, IA - OSPF inter area
         N1 - OSPF NSSA external type 1, N2 - OSPF NSSA external type 2
         E1 - OSPF external type 1, E2 - OSPF external type 2
         i - IS-IS, su - IS-IS summary, L1 - IS-IS level-1, L2 - IS-IS level-2
         ia - IS-IS inter area, * - candidate default
Gateway of last resort is no set
C      172.16.1.0/24 is directly connected, FastEthernet 0/1
C      172.16.1.1/32 is local host.
C      172.16.2.0/24 is directly connected, FastEthernet 0/0
C      172.16.2.1/32 is local host.
S      172.16.3.0/24 [1/0] via 172.16.2.    //S 表示是静态路由
RB#show ip route
Codes:   C - connected, S - static, R - RIP, B - BGP
         O - OSPF, IA - OSPF inter area
         N1 - OSPF NSSA external type 1, N2 - OSPF NSSA external type 2
         E1 - OSPF external type 1, E2 - OSPF external type 2
         i - IS-IS, su - IS-IS summary, L1 - IS-IS level-1, L2 - IS-IS level-2
         ia - IS-IS inter area, * - candidate default
Gateway of last resort is no set
S      172.16.1.0/24 [1/0] via 172.16.2.1        //S 表示是静态路由
C      172.16.2.0/24 is directly connected, FastEthernet 0/0
C      172.16.2.2/32 is local host.
C      172.16.3.0/24 is directly connected, FastEthernet 0/1
C      172.16.3.1/32 is local host.
```

可以看到两台路由器已经学习到路由信息了。

步骤 4：测试网络的互联互通性。

在配置静态路由之前，所有的路由器和主机都不能与远端网络正常通信，当配置静态路由以后，所有的路由器和主机都能正常通信。可以用 ping 命令来验证网络的连通性。

知识链接

静态路由协议，当网络的拓扑结构发生变化时，路由器的路由信息不会发生改变，需要管理员手工修改路由信息。

任务回顾

本任务主要讲解静态路由，在配置静态路由时最关键的地方是要理解下一跳路由器的接口或接口的 IP 地址，下一跳路由器接口的 IP 地址就是与本路由器直接相连的接收数据包并转发到远程网络的下一跳路由器的地址。

任务二　配置 RIP 路由协议、RIP 被动接口

任务描述

天驿公司业绩很好，公司为了发展，在上海和北京成立了两家分公司，公司总部连接服务器子网，公司网络管理员希望在连接了两个分公司后能够使路由自动学习，不需要人为干预，以减轻他的工作负担，且要求不要将 RIP 的更新向服务器子网发布。

任务分析

该公司网络管理员希望路由自动学习，不需要人为干预，以减轻他的工作负担，这就要求使用动态路由协议，因为静态路由不能满足此要求。动态路由有 OSPF、EIGRP 等路由协议，这些都适合大型的网络，且路由学习和维护的操作比较复杂，而 RIP 协议配置简单，当出现问题时故障排除也很简单，同时 RIP V2 路由协议改正了 RIP V1 的缺点，使 RIP 路由协议能够学习子网的路由，在这一点上也使 RIP 路由协议与 OSPF 路由协议没有什么区别了。

任务实现

1. 配置 RIP

配置 RIP 如图 6-2 所示。

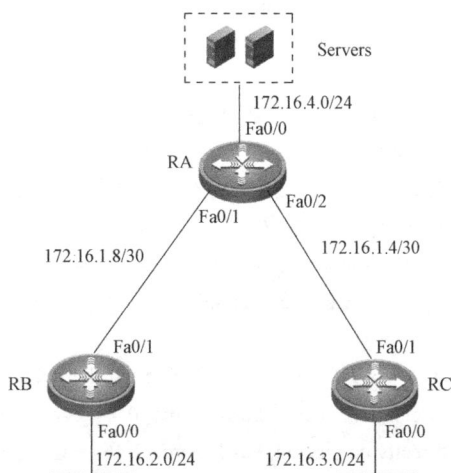

图 6-2　配置 RIP

步骤 1：在 RA、RB、RC 接口上配置 IP 地址，此处略。
步骤 2：在 RA 上，配置 RIP。

```
RA(config)#router rip
RA(config-router)#version 2
RA(config-router)#network 172.16.0.0
RA(config-router)#no auto-summary          //关闭自动汇总
```

步骤 3：在 RB 上，配置 RIP。

```
RB(config)#router rip
RB(config-router)#version 2
RB(config-router)#network 172.16.0.0
RB(config-router)#no auto-summary          //关闭自动汇总
```

步骤 4：在 RC 上，配置 RIP。

```
RC(config)#router rip
RC(config-router)#version 2
RC(config-router)#network 172.16.0.0
RC(config-router)#no auto-summary          //关闭自动汇总
```

步骤 5：验证测试。用 show ip route 来验证测试。

```
RA#show ip route
Codes:   C - connected, S - static, R - RIP, B - BGP
         O - OSPF, IA - OSPF inter area
         N1 - OSPF NSSA external type 1, N2 - OSPF NSSA external type 2
         E1 - OSPF external type 1, E2 - OSPF external type 2
         i - IS-IS, su - IS-IS summary, L1 - IS-IS level-1, L2 - IS-IS level-2
         ia - IS-IS inter area, * - candidate default

Gateway of last resort is no set
C     172.16.1.4/30 is directly connected, FastEthernet 0/2
C     172.16.1.8/30 is directly connected, FastEthernet 0/1
R     172.16.2.0/24 [120/1] via 172.16.1.10, 00:00:09, FastEthernet 0/1
R     172.16.3.0/24 [120/1] via 172.16.1.6, 00:00:17, FastEthernet 0/2
C     172.16.4.0/24 is directly connected, FastEthernet 0/0
RB#show ip route
Codes:   C - connected, S - static, R - RIP, B - BGP
         O - OSPF, IA - OSPF inter area
         N1 - OSPF NSSA external type 1, N2 - OSPF NSSA external type 2
         E1 - OSPF external type 1, E2 - OSPF external type 2
         i - IS-IS, su - IS-IS summary, L1 - IS-IS level-1, L2 - IS-IS level-2
         ia - IS-IS inter area, * - candidate default
Gateway of last resort is no set
R     172.16.1.4/30 [120/1] via 172.16.1.9, 00:00:06, FastEthernet 0/1      //R 代表 RIP 路由
C     172.16.1.8/30 is directly connected, FastEthernet 0/1
C     172.16.2.0/24 is directly connected, FastEthernet 0/0
R     172.16.3.0/24 [120/2] via 172.16.1.9, 00:00:06, FastEthernet 0/1
R     172.16.4.0/24 [120/1] via 172.16.1.9, 00:00:06, FastEthernet 0/1
RC#show ip route
Codes:   C - connected, S - static, R - RIP, B - BGP
```

O - OSPF, IA - OSPF inter area

N1 - OSPF NSSA external type 1, N2 - OSPF NSSA external type 2

E1 - OSPF external type 1, E2 - OSPF external type 2

i - IS-IS, su - IS-IS summary, L1 - IS-IS level-1, L2 - IS-IS level-2

ia - IS-IS inter area, * - candidate default

Gateway of last resort is no set

C   172.16.1.4/30 is directly connected, FastEthernet 0/1

R   172.16.1.8/30 [120/1] via 172.16.1.5, 00:00:03, FastEthernet 0/1

C   172.16.3.0/24 is directly connected, FastEthernet 0/0

R   172.16.4.0/24 [120/1] via 172.16.1.5, 00:00:03, FastEthernet 0/1

小贴士

在配置 RIP V2 路由协议时，先声明使用 RIP 路由协议，再启用 RIP V2 路由协议，最后发布网段，要注意关闭自动汇总功能。

步骤 6：测试网络的连通性。在配置 RIP V2 路由协议之前，所有的路由器和主机都不能与远端网络正常通信，因为它们没有路由信息。当配置 RIP V2 路由协议以后，所有的路由器和主机都有了正确的路由表。此时，所有的路由器和主机都能正常通信。我们用 ping 命令来验证网络的连通性。

2. 配置 RIP 被动接口

passive-interface 命令可以阻止 RIP 更新广播从该接口发送到外界，但是该接口仍可以接收 RIP 更新。

配置 RIP 如图 6-2 所示。

RA(config)#router rip

RA(config-router)#passive-interface   FastEthernet 0/0

任务回顾

此任务是一个综合项目，涉及 RIP V2 路由协议和被动接口的配置问题。在此任务中，RIP 可以很好地运转，但需要注意的是，它不能用在大型的网络中，因为该技术允许的最大跳计数为 15 跳，16 跳为不可达的。在配置 RIP 路由协议时，先配置各个路由器接口的 IP 地址，再配置 RIP 路由协议，在配置 RIP 路由协议时，先声明使用 RIP 路由协议，再启用 RIP V2 路由协议，最后发布网段和关闭自动汇总功能。

任务三   配置 OSPF 单区域、配置 OSPF 被动接口

任务描述

天驿公司规模越来越大，使用路由器也越来越多，其中公司总部路由器连接有服务器子网，为了实现路由的快速收敛，公司网络管理员计划在网络中使用链路状态路由协议实现路由信息交换。

任务分析

为了实现路由的快速收敛，可以使用 OSPF 路由协议。同时，由于公司网络属于中小型网络，因此可以将网络中的路由器配置在单个区域中。路由器连接服务器子网的接口由于启用了 OSPF，导致所有服务器都会收到路由器发送的 Hello 报文和 LSA。由于服务器不需要接收到这些 OSPF 报文，所以需要禁止连接服务器子网的接口发送 OSPF 报文。

任务实现

1. 配置 OSPF

配置 OSPF 如图 6-3 所示。

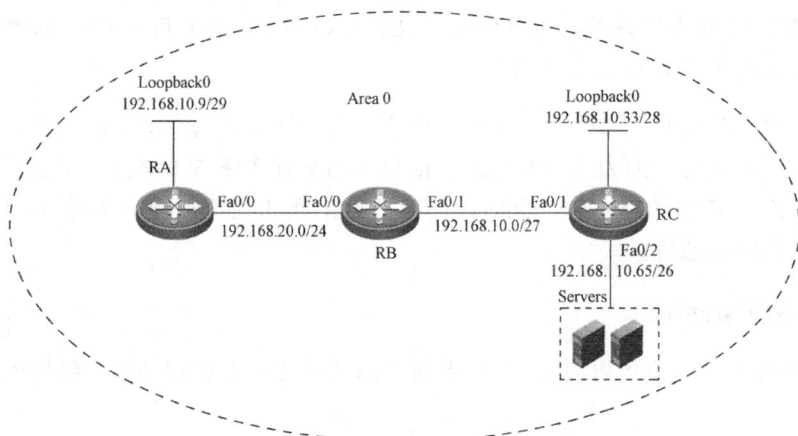

图 6-3　配置 OSPF

步骤 1：在 RA、RB、RC 接口上配置 IP 地址，此处略。

步骤 2：在 RA 上配置 OSPF。

```
RA(config)#router ospf 10
RA(config-router)#network 192.168.10.8 0.0.0.7 area 0.
RA(config-router)#network 192.168.20.0 0.0.0.3 area 0
```

步骤 3：在 RB 上配置 OSPF。

```
RB(config)#router ospf 10
RB(config-router)#network 192.168.20.0 0.0.0.3 area 0
RB(config-router)#network 192.168.30.0 0.0.0.31 area 0
```

步骤 4：在 RC 上配置 OSPF。

```
RC(config)#router ospf 10
RC(config-router)#network 192.168.30.0 0.0.0.31 area 0
RC(config-router)#network 192.168.30.32 0.0.0.15 area 0
RC(config-router)#network 192.168.30.64 0.0.0.63 area 0
```

小贴士

在配置 OSPF 通告相应网络时要确保通配符掩码的配置正确，且要说明路由器所在的区域。

步骤 5：验证测试。使用命令 show ip route 和 show ip ospf neighbor 来验证配置。

```
RA#show ip route
Codes:    C - connected, S - static, R - RIP, B - BGP
          O - OSPF, IA - OSPF inter area
          N1 - OSPF NSSA external type 1, N2 - OSPF NSSA external type 2
          E1 - OSPF external type 1, E2 - OSPF external type 2
          i - IS-IS, su - IS-IS summary, L1 - IS-IS level-1, L2 - IS-IS level-2
          ia - IS-IS inter area, * - candidate default
Gateway of last resort is no set
O      192.168.10.0/27 [110/2] via 192.168.20.2, 00:02:30, FastEthernet 0/0   //O 代表 OSPF
C      192.168.10.8/29 is directly connected, Loopback 0
C      192.168.10.9/32 is local host.
O      192.168.10.33/32 [110/2] via 192.168.20.2, 00:01:59, FastEthernet 0/0
O      192.168.10.64/26 [110/3] via 192.168.20.2, 00:01:43, FastEthernet 0/0
C      192.168.20.0/30 is directly connected, FastEthernet 0/0
C      192.168.20.1/32 is local host.
RC#show ip route
Codes:    C - connected, S - static, R - RIP, B - BGP
          O - OSPF, IA - OSPF inter area
          N1 - OSPF NSSA external type 1, N2 - OSPF NSSA external type 2
          E1 - OSPF external type 1, E2 - OSPF external type 2
          i - IS-IS, su - IS-IS summary, L1 - IS-IS level-1, L2 - IS-IS level-2
          ia - IS-IS inter area, * - candidate default
Gateway of last resort is no set
C      192.168.10.0/27 is directly connected, FastEthernet 0/1
C      192.168.10.2/32 is local host.
O      192.168.10.9/32 [110/2] via 192.168.10.1, 00:02:48, FastEthernet 0/1
C      192.168.10.32/28 is directly connected, Loopback 0
C      192.168.10.33/32 is local host.
C      192.168.10.64/26 is directly connected, FastEthernet 0/2
C      192.168.10.65/32 is local host.
O      192.168.20.0/30 [110/2] via 192.168.10.1, 00:02:48, FastEthernet 0/1
RB#show ip ospf neighbor
OSPF process 10, 2 Neighbors, 2 is Full:
```

Neighbor ID	Pri	State	Dead Time	Address	Interface
192.168.10.33	1	Full/BDR	00:00:35	192.168.10.2	FastEthernet 0/1
192.168.10.9	1	Full/DR	00:00:39	192.168.20.1	FastEthernet0/0

步骤 6：测试网络的连通性。在配置 OSPF 路由协议之前，所有的路由器和主机都不能与远端网络正常通信，因为它们没有路由信息。当配置 OSPF 路由协议以后，所有的路由器和主机都有了正确的路由表。此时，所有的路由器和主机都能正常通信。可以用 ping 命令来验证网络的连通性。

2. 配置 OSPF 被动接口

配置 OSPF 如图 6-3 所示。

```
RC(config)#router ospf 10
RC(config-router)#passive-interface FastEthernet 0/0
```

知识链接

在配置 OSPF 时，先声明使用 OSPF，即 router ospf 进程号，进程号的数值范围为 1～65535，在网络中每台路由器上的进程号可以相同也可以不同。然后发布网段，即 network 直连网络号通配符掩码 area 区域号。

任务回顾

此任务主要讲解 OSPF 路由协议和被动接口的配置，OSPF 必须要有一个 area 0，如果可能，所有的路由器都应该连接到这个区域。

任务四　配置 OSPF 多区域

任务描述

天驿公司总部设在北京，上海分公司网络通过路由器 RA 接入总部网络，广东分公司网络通过路由器 RB 接入总部网络。由于公司网络较大，为了提高路由收敛速度，网络管理员计划采用链路状态路由协议实现路由选择。

任务分析

在大中型网络中，为了实现路由的快速收敛，可以使用 OSPF 路由协议，并将路由器配置在不同的区域中，实现层次化的网络结构。

任务实现

配置 OSPF 多区域如图 6-4 所示。

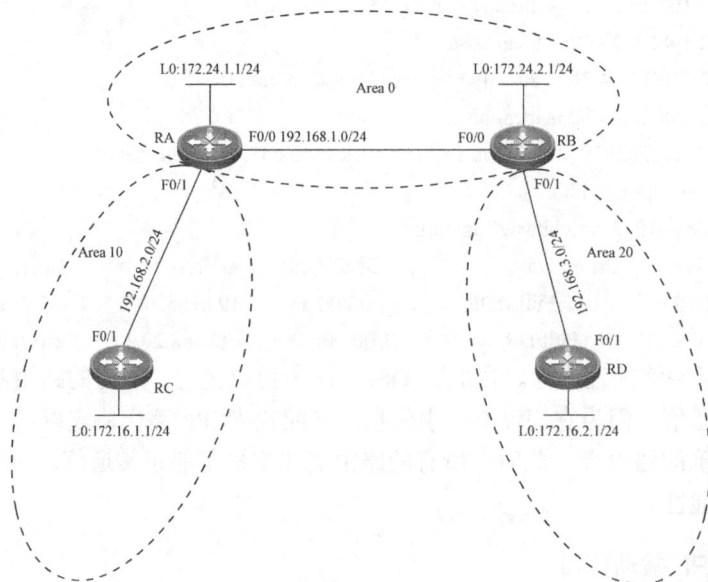

图 6-4　配置 OSPF 多区域

步骤 1：在 RA、RB、RC、RD 接口上配置 IP 地址，此处略。

步骤 2：在 RA 上配置 OSPF。

```
RA(config)#router ospf 10
RA(config-router)#network 172.24.1.0 0.0.0.255 area 0
RA(config-router)#network 192.168.1.0 0.0.0.255 area 0
RA(config-router)#network 192.168.2.0 0.0.0.255 area 10
```

步骤 3：在 RB 上配置 OSPF。

```
RB(config)#router ospf 10
RB(config-router)#network 172.24.2.0 0.0.0.255 area 0
RB(config-router)#network 192.168.1.0 0.0.0.255 area 0
RB(config-router)#network 192.168.3.0 0.0.0.255 area 20
```

步骤 4：在 RC 上配置 OSPF。

```
RC(config#router ospf 10
RC(config-router)#network 172.16.1.0 0.0.0.255 area 10
RC(config-router)#network 192.168.2.0 0.0.0.255 area 10
```

步骤 5：在 RD 上配置 OSPF。

```
RD(config)#router ospf 10
RD(config-router)#network 172.16.2.0 0.0.0.255 area 20
RD(config-router)#network 192.168.3.0 0.0.0.255 area 20
```

小贴士

在配置 OSPF 多区域时，骨干区域（area 0）只有一个，且要为每个路由器指定所在的区域。

步骤 6：验证测试。使用 show ip route 命令验证 OSPF 路由。

```
RA#show ip route
Codes:   C - connected, S - static, R - RIP, B - BGP
         O - OSPF, IA - OSPF inter area
         N1 - OSPF NSSA external type 1, N2 - OSPF NSSA external type 2
         E1 - OSPF external type 1, E2 - OSPF external type 2
         i - IS-IS, su - IS-IS summary, L1 - IS-IS level-1, L2 - IS-IS level-2
         ia - IS-IS inter area, * - candidate default
Gateway of last resort is no set
O     172.16.1.1/32 [110/1] via 192.168.2.2, 01:27:51, FastEthernet 0/1
O IA 172.16.2.1/32 [110/2] via 192.168.1.2, 00:01:43, FastEthernet 0/0
C     172.24.1.0/24 is directly connected, Loopback 0
C     172.24.1.1/32 is local host.
O     172.24.2.1/32 [110/1] via 192.168.1.2, 01:28:35, FastEthernet 0/0
C     192.168.1.0/24 is directly connected, FastEthernet 0/0
C     192.168.1.1/32 is local host.
C     192.168.2.0/24 is directly connected, FastEthernet 0/1
C     192.168.2.1/32 is local host.
O IA 192.168.3.0/24 [110/2] via 192.168.1.2, 00:02:04, FastEthernet 0/0
RA#show ip ospf neighbor
```

OSPF process 10, 2 Neighbors, 2 is Full:

Neighbor ID	Pri	State	Dead Time	Address	Interface
172.24.2.1	1	Full/BDR	00:00:40	192.168.1.2	FastEthernet 0/0
172.16.1.1	1	Full/BDR	00:00:37	192.168.2.2	FastEthernet 0/1

RB#show ip route

Codes:　C - connected, S - static, R - RIP, B - BGP

　　　　　O - OSPF, IA - OSPF inter area

　　　　　N1 - OSPF NSSA external type 1, N2 - OSPF NSSA external type 2

　　　　　E1 - OSPF external type 1, E2 - OSPF external type 2

　　　　　i - IS-IS, su - IS-IS summary, L1 - IS-IS level-1, L2 - IS-IS level-2

　　　　　ia - IS-IS inter area, * - candidate default

Gateway of last resort is no set

O IA 172.16.1.1/32 [110/2] via 192.168.1.1, 01:28:19, FastEthernet 0/0

O　　172.16.2.1/32 [110/1] via 192.168.3.2, 00:02:13, FastEthernet 0/1

O　　172.24.1.1/32 [110/1] via 192.168.1.1, 01:29:04, FastEthernet 0/0

C　　172.24.2.0/24 is directly connected, Loopback 0

C　　172.24.2.1/32 is local host.

C　　192.168.1.0/24 is directly connected, FastEthernet 0/0

C　　192.168.1.2/32 is local host.

O IA 192.168.2.0/24 [110/2] via 192.168.1.1, 01:29:04, FastEthernet 0/0

C　　192.168.3.0/24 is directly connected, FastEthernet 0/1

C　　192.168.3.1/32 is local host.

RB#show ip ospf neighbor

OSPF process 10, 2 Neighbors, 2 is Full:

Neighbor ID	Pri	State	Dead Time	Address	Interface
172.24.1.1	1	Full/DR	00:00:30	192.168.1.1	FastEthernet 0/0
172.16.2.1	1	Full/DR	00:00:38	192.168.3.2	FastEthernet 0/1

RC#show ip route

Codes:　C - connected, S - static, R - RIP, B - BGP

　　　　　O - OSPF, IA - OSPF inter area

　　　　　N1 - OSPF NSSA external type 1, N2 - OSPF NSSA external type 2

　　　　　E1 - OSPF external type 1, E2 - OSPF external type 2

　　　　　i - IS-IS, su - IS-IS summary, L1 - IS-IS level-1, L2 - IS-IS level-2

　　　　　ia - IS-IS inter area, * - candidate default

Gateway of last resort is no set

C　　172.16.1.0/24 is directly connected, Loopback 0

C　　172.16.1.1/32 is local host.

O IA 172.16.2.1/32 [110/3] via 192.168.2.1, 00:02:41, FastEthernet 0/1

O IA 172.24.1.0/24 [110/1] via 192.168.2.1, 01:28:39, FastEthernet 0/1

O IA 172.24.2.1/32 [110/2] via 192.168.2.1, 01:28:39, FastEthernet 0/1

O IA 192.168.1.0/24 [110/2] via 192.168.2.1, 01:28:39, FastEthernet 0/1

C　　192.168.2.0/24 is directly connected, FastEthernet 0/1

C　　192.168.2.2/32 is local host.

O IA 192.168.3.0/24 [110/3] via 192.168.2.1, 00:03:02, FastEthernet 0/1

RD#show ip route

```
Codes:   C - connected, S - static, R - RIP, B - BGP
         O - OSPF, IA - OSPF inter area
         N1 - OSPF NSSA external type 1, N2 - OSPF NSSA external type 2
         E1 - OSPF external type 1, E2 - OSPF external type 2
         i - IS-IS, su - IS-IS summary, L1 - IS-IS level-1, L2 - IS-IS level-2
         ia - IS-IS inter area, * - candidate default
Gateway of last resort is no set
O IA 172.16.1.1/32 [110/3] via 192.168.3.1, 00:03:10, FastEthernet 0/1
C      172.16.2.0/24 is directly connected, Loopback 0
C      172.16.2.1/32 is local host.
O IA 172.24.1.1/32 [110/2] via 192.168.3.1, 00:03:10, FastEthernet 0/1
O IA 172.24.2.0/24 [110/1] via 192.168.3.1, 00:03:10, FastEthernet 0/1
O IA 192.168.1.0/24 [110/2] via 192.168.3.1, 00:03:10, FastEthernet 0/1
O IA 192.168.2.0/24 [110/3] via 192.168.3.1, 00:03:10, FastEthernet 0/1
C      192.168.3.0/24 is directly connected, FastEthernet 0/1
C      192.168.3.2/32 is local host.
```

步骤 7：测试网络的互联互通性。在配置 OSPF 多区域之前，所有的路由器和主机都不能与远端网络正常通信，因为它们没有路由信息。当配置 OSPF 多区域以后，所有的路由器和主机都有了正确的路由表。此时，所有的路由器和主机都能正常通信。可以用 ping 命令来验证网络的连通性。

知识链接

在配置 OSPF 多区域时，先在各个路由器上配置接口 IP 地址，再配置 OSPF 多区域。在配置 OSPF 多区域时，先配置骨干区域（area 0），再配置其他区域。

OSPF 路由协议是开放标准的链路状态路由协议，具有收敛时间短、适用范围广的优点。OSPF 路由协议把大规模的网络划分成多个小范围的区域，以避免大规模网络所带来的弊端，从而提高网络性能。

RIP 路由协议是距离矢量路由协议，具有原理简单、应用方便的特性。RIP 路由协议适用于小型的网络，且配置和故障排除也较简单，而 OSPF 路由协议适合中、大规模的网络，且配置和故障排除都比较麻烦，原理也比较复杂。

任务回顾

此任务是一个关于 OSPF 多区域配置的问题。在 OSPF 多区域中，必须要有一个骨干区域（area 0）。骨干区域是其他区域的核心，骨干区域接收所有其他非骨干区域的路由信息，并负责把路由信息传递到另外的非骨干区域，是非骨干区域的转接区域。

比赛心得

在训练和比赛过程中，学生容易漏配接口的 IP 地址、发布网段错误和计算通配符掩码错误，也容易只配骨干区域而忘记配其他区域，导致有些路由器无法学习到路由信息，在此处丢分。因此，在平时训练过程中，应让学生养成良好的配置习惯。

实训

1．任务：配置静态路由。

背景和需求：飞翔公司规模很小，只有一家上海分公司，经理决定组建一个网络实现公司总部和分公司的通信，公司网络管理员经过分析，决定使用静态路由协议，如图 6-5 所示。

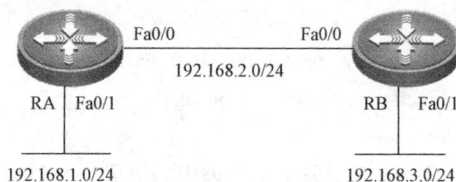

图 6-5　配置静态路由

完成标准：各网段能相互通信。

2．任务：RIP V2 路由协议和被动接口。

背景和需求：蓝翔公司的总部计划和它的两个分公司联网，服务器放置在公司总部，分公司的路由器相对比较低端，由于资金短缺，无法进行设备更新，因此网络管理员希望分公司用静态路由协议和总路路由器相连，公司总部使用 RIP V2 路由协议发布路由信息，且不希望连接服务器的子网发布路由更新的信息，如图 6-6 所示。

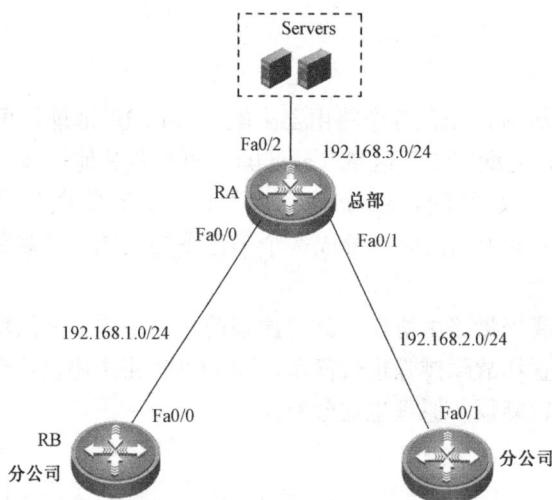

图 6-6　RIP V2 路由协议和被动接口

完成标准：公司总部和分公司能够实现相互访问；公司总部连接服务器的子网只接收而不发布路由更新信息。

3．任务：配置 OSPF 单区域和 OSPF 被动接口。

背景和需求：蓝翔公司有两个分公司，它们的子网分别为 172.16.4.0/24、172.16.5.0/24，服务器群的地址为 172.16.3.0/24，为了节省 IP 地址，公司采用了 VLSM，为了便于管理，公司网管采用 OSPF 动态路由协议，为了提高性能、节省网络带宽和提高安全性，在连接服务器群的接口配置被动接口，如图 6-7 所示。

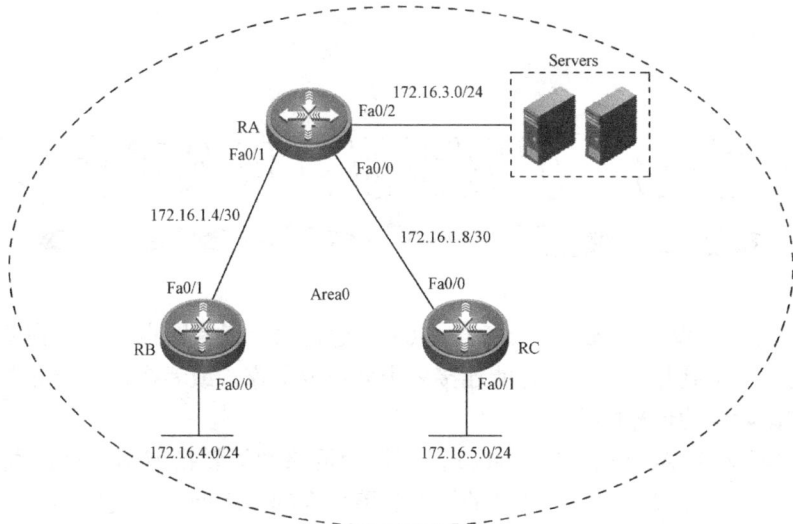

图 6-7 配置 OSPF 单区域和 OSPF 被动接口

完成标准：各网段能相互通信；不要让 OSPF 的更新报文和 hello 报文向服务器群传播。

4. 任务：配置 OSPF 多区域。

背景和需求：飞翔公司总部设在美国，中国分公司网络通过路由器 RA 接入总部网络，加拿大分公司通过路由器 RB 接入到总部网络。由于公司网络规模较大且设备的厂商不同，为了解决路由收敛速度和设备厂商的兼容性问题，该公司的网络管理员打算采用链路状态路由协议实现路由选择，如图 6-8 所示。

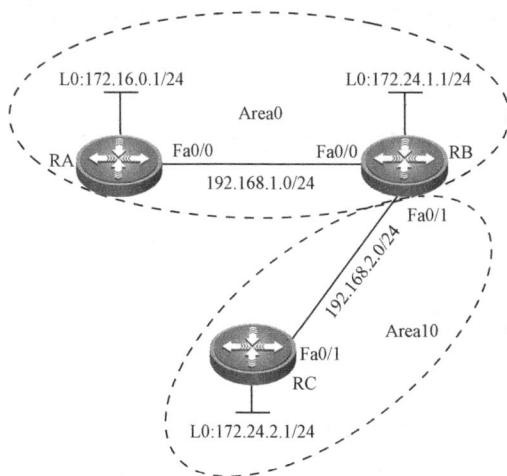

图 6-8 配置 OSPF 多区域

完成标准：各网段能相互通信。

项目七 广域网与 NAT 技术

广域网（WAN，Wide Area Network）也称为远程网。通常跨接很大的物理范围，所覆盖的范围从几十千米到几千千米，它能连接多个城市或国家，或者横跨几个洲并能提供远距离通信，形成国际性的远程网络。

NAT 即 Network Address Translation，可译为网络地址转换或网络地址翻译。当前的 Internet 面临两大问题，即可用 IP 地址的短缺和路由表的不断增大，这使得众多用户的接入出现困难。使用 NAT 技术可以使一个机构内的所有用户通过有限的数个（或 1 个）合法 IP 地址访问 Internet，从而节省了 Internet 上的合法 IP 地址；另一方面，通过地址转换，可以隐藏内网上主机的真实 IP 地址，从而提高网络的安全性。

任务一 PPP PAP 认证

任务描述

天驿公司为了满足不断增长的业务需求，申请了专线接入，公司的客户端路由器与 ISP 进行链路协商时要验证身份，配置路由器保证链路建立并考虑其安全性。

任务分析

天驿公司为了实现与 ISP 之间连接的安全性，采用了 PPP 协议对链路进行封装，并且在链路建立完毕后，启用了 PPP 会话密码验证协议——PAP。

任务实现

天驿公司的网络结构图如图 7-1 所示。

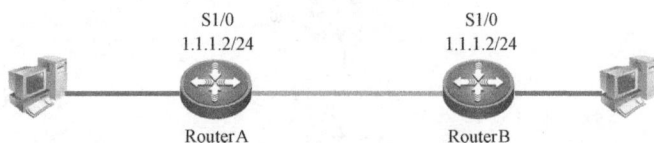

图 7-1 天驿公司网络结构图

步骤 1：配置 RouterA 为被认证方。

```
RouterA#config terminal
RouterA(config)#interface Serial1/0
RouterA(config-if)#ip address 1.1.1.2 255.255.255.0
RouterA(config-if)#encapsulation ppp
RouterA(config-if)#ppp pap sent-username Ruijie password 0 Router //将用户名和口令发送到对端
```

步骤2：配置 RouterB 为认证方。

```
RouterB#config terminal
RouterB(config)#username Ruijie password 0 Router //为本地口令数据库添加记录
RouterB(config)#interface Serial1/0
RouterB(config-if)#ip address 1.1.1.1 255.255.255.0
RouterB(config-if)#encapsulation ppp
RouterB(config-if)#ppp authentication pap //启动 PPP 验证，并指定 PPP PAP 验证方式
```

步骤3：验证。路由器两端能够互相 ping 则证明实验成功。

任务回顾

本任务使用 PPP 的口令验证协议 PAP，PAP 认证进程只在双方的通信链路建立初期进行。如果认证成功，在通信过程中不再进行认证。如果认证失败，则直接释放链路。PAP 的弱点是用户的用户名和密码是明文发送的，有可能被协议分析软件捕获而导致安全问题。但是，因为认证只在链路建立初期进行，节省了宝贵的链路带宽。

任务二 PPP CHAP 认证

任务描述

天驿公司为了满足不断增长的业务需求，申请了专线接入，公司的客户端路由器与 ISP 进行链路协商时要验证身份，由于 PAP 在验证用户身份时信息以明文传输，这样，在验证过程中很有可能被第三方窃取验证信息，公司希望完全不要出现此现象，提出了新的安全要求。

任务分析

天驿公司为了实现与 ISP 之间连接的安全性，采用了 PPP 协议对链路进行封装；由于公司在网络设计之时提出了更高的安全性要求，因此工程师决定采用 PPP 协议中的 CHAP 认证协议；CHAP 认证协议的验证过程中采用加密验证，因此能更好地保证网络的安全。

任务实现

天驿公司的网络结构图如图 7-2 所示。

图 7-2 天驿公司网络结构图

步骤1：配置 RouterA 为认证方。

```
Ruijie(config)#hostname RouterA
RouterA(config)#username RouterB password 0 Router //创建用户数据库记录
RouterA(config)#interface serial1/0
```

```
RouterA(config-if)#encapsulation ppp
RouterA(config-if)#ip address 1.1.1.1 255.255.255.0
RouterA(config-if)#ppp authentication chap //启动 PPP 验证，并指定 PPP CHAP 验证方式
```

步骤 2：配置 RouterB 为被验证方。

```
Ruijie#config terminal
Ruijie(config)#hostname RouterB
RouterB(config)#username RouterA password 0 Router
RouterB(config)#interface serial1/0
RouterB(config-if)#encapsulation ppp
RouterB(config-if)#ip address 1.1.1.2 255.255.255.0
```

小贴士

如果要保留管理的主机名，那么在 CHAP 认证时设定的本地主机名可用命令 ppp chap hostname hostname 来指定，RouterB 作为被验证方采用默认的主机名，而 CHAP 验证时的主机用 RouterB。

```
Ruijie#config terminal
Ruijie(config)#username RouterA password 0 Router
Ruijie(config)#interface serial1/0
Ruijie(config-if)#encapsulation ppp
Ruijie(config-if)#ip address 1.1.1.2 255.255.255.0
Ruijie(config-if)#ppp chap hostname RouterB
```

步骤 3：验证。路由器两端能够互相 ping 则证明实验成功。

任务回顾

本任务使用了质询握手协议 CHAP，CHAP 认证比 PAP 认证更安全，因为 CHAP 不在线路上发送明文密码，而是发送经过摘要算法加工过的随机序列，也被称为"挑战字符串"。同时，身份认证可以随时进行，包括双方正常通信的过程中。因此，即使非法用户截获并成功破解了一次密码，此密码也将在一段时间内失效。CHAP 对端系统要求很高，因为需要多次进行身份质询、响应。这需要耗费较多的 CPU 资源，因此只用在对安全性要求很高的场合。

任务三　动态内部源地址转换

任务描述

天驿公司因为业务需要，公司从 ISP 处申请到了一条专线，同时专线配有一个固定IP——200.168.12.1；公司内部大概有 100 台主机，根据需要，网络内部全部要实现上网。

任务分析

由于申请的网络专线只能提供一个公网地址，而公司内部又有大量的主机需要联网，根据具体的需要，工程师决定采用 NAT 技术，通过 NAT 地址转换技术实现内部全体上网。

任务实现

天驿公司的网络结构图如图 7-3 所示。

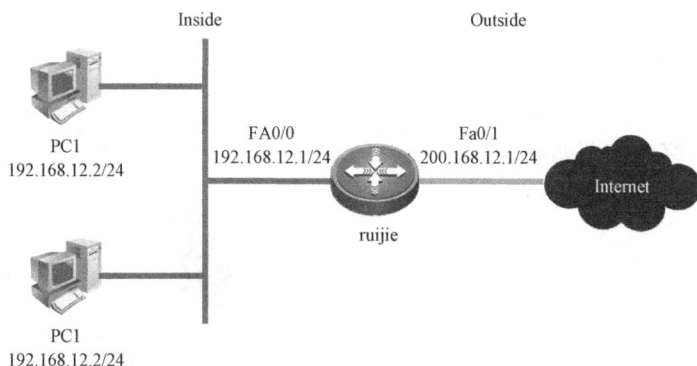

图 7-3 天驿公司网络结构图

步骤 1：定义内部需要进行转换的网段。

```
Ruijie#config terminal
Ruijie(config)#access-list 1 permit 192.168.12.0 0.0.0.255 //定义内部需要进行转换的内网
```

步骤 2：启用地址转换协议。

```
Ruijie(config)#interface FastEthernet 0/0
Ruijie(config-if)#ip address 192.168.12.1 255.255.255.0
Ruijie(config-if)#ip nat inside
Ruijie(config-if)#interface FastEthernet 1/0
Ruijie(config-if)#ip address 200.168.12.1 255.255.255.0
Ruijie(config-if)#ip nat outside
Ruijie(config)#ip nat inside source list 1 interface fastethernet 1/0 //定义源地址动态转换关系
```

步骤 3：验证。PC1，PC2 能够 ping 通处于 Internet 的主机，实验即成功。

任务回顾

本任务采用了动态内部源地址转换技术，在动态内部源地址转换的方式下，一组内部本地地址与一个内部全局地址池之间建立起一种动态的一一映射关系。在这种地址转换形式下，内部主机可以访问外部网络，外部主机也能对内部网络进行访问，但只有在内网 IP 地址与内部全局地址之间存在映射关系时才能成功，并且这种映射关系是动态的。

任务四 重叠地址转换

任务描述

天驿公司建立了自己的公司内部网络，但是工程师在给内部网络规划 IP 时，采用非注册的 192.198.12.0/24 网络地址，而外部网络已经分配了该地址，这就造成了地址重叠。

任务分析

天驿公司为了能够在不改动原来内部网络规划的情况下，实现对外部网络重叠地址的访问，工程师采用了重叠地址转换技术。

任务实现

天驿公司的网络结构图如图 7-4 所示。

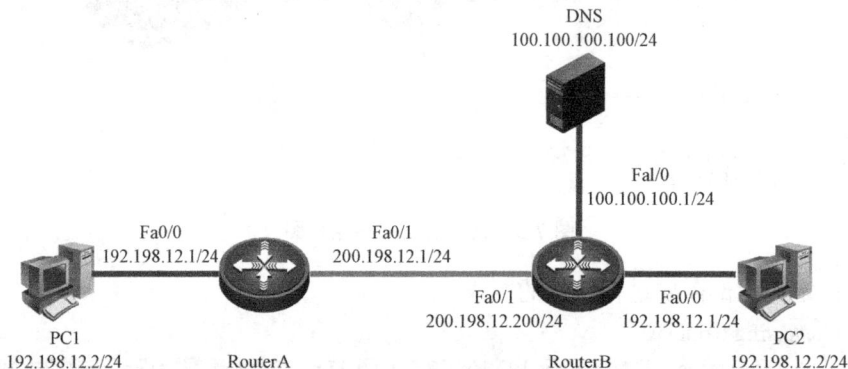

图 7-4　天驿公司网络结构图

步骤 1：配置 RouterA，实现公司内网对外网的访问。

```
Ruijie#config terminal
Ruijie(config)#hostname RouterA
RouterA(config)#interface fastethernet 0/0
RouterA(config-if)#ip address 192.198.12.1 255.255.255.0
RouterA(config-if)#ip nat inside
RouterA(config-if)#interface fastethernet 1/0
RouterA(config-if)#ip address 200.198.12.1 255.255.255.0
RouterA(config-if)#ip nat outside
RouterA(config)#access-list 1 permit 192.198.12.0 0.0.0.255
RouterA(config)#ip nat pool net200 200.198.12.2 200.198.12.100 netmask 255.255.255.0
RouterA(config)#ip nat inside source list 1 pool net200 //内网向外访问时通过 net200 地址池的地址
```

步骤 2：配置 RouterA，实现重叠地址转换为地址池 net172 中的地址。

```
RouterA(config)#ip nat pool net172 172.16.198.2 172.16.198.100 netmask 255.255.255.0 //定义外网的
重叠地址转换为地址池 net172 的地址
RouterA(config)#ip nat outside source list 1 pool net172 //执行外部到内部的转换
RouterA(config)#ip route 172.16.198.0 255.255.255.0 200.198.12.2
```

小贴士

在以上配置中，如果没有配置到 172.16.198.0/24 的静态路由，从内部接口接收到目标地址为该网络的数据包，路由器不能判断出该数据将往哪个接口转发，导致通信失败。所以当配置重叠地址时，必须配置静态路由或在 outside 接口配置 IP 地址，使得路由器知道地址转换以后该往哪个接口转发数据包。

步骤 3：验证。内部 PC1 通过域名使用 FTP 协议成功访问 PC2 即代表实验成功。

任务回顾

本任务采用了重叠地址转换技术，内部网使用的地址与外部网重叠，这时需要把与外部重叠的 IP 地址进行变换。在 NAT 路由器上，将外部网的重叠 IP 重新映射成不重叠的 IP 地址。

任务五　TCP 负载均衡地址转换

任务描述

天驿公司由于经营得当，知名度不断提高，因此公司内部的网站流量越来越大，原有的一台服务器已经不能处理这么大的数据流量了。

任务分析

公司多次收到客户的反馈，告知访问公司网站时速度缓慢甚至有不能访问的情况。工程师分析后认为公司的服务器性能不足，不能处理大量的访问数据，为了能保证客户的正常访问，决定添加一台服务器并采用 TCP 负载均衡地址转换技术来解决此问题。

任务实现

天驿公司的网络结构图如图 7-5 所示。

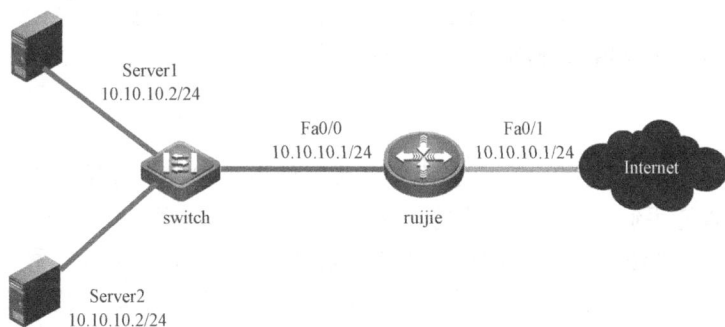

图 7-5　天驿公司网络结构图

步骤 1：定义虚拟的服务器地址。

```
Ruijie(config)#access-list 1 permit 10.10.10.100
```

步骤 2：实现真实服务器到虚拟服务器地址的转换。

```
Ruijie(config)#interface FastEthernet 0/0
Ruijie(config-if)#ip address 10.10.10.1 255.255.255.0
Ruijie(config-if)#ip nat inside
Ruijie(config-if)#Ruijie(config)#interface FastEthernet 1/0
Ruijie(config-if)#ip address 200.198.12.1 255.255.255.0
Ruijie(config-if)#ip nat outside
Ruijie(config)#ip nat pool realhosts 10.10.10.2 10.10.10.3 netmask 255.255.255.0 type rotary //定义真
```

实主机的地址

> Ruijie(config)#ip nat inside destination list 1 pool realhosts //执行虚地址转换

步骤 3：显示 NAT 映射表，可以看到是否能够正确建立转换记录。

> Ruijie# sh ip nat translations
>
> Pro Inside global Inside local Outside local
>
> Outside global
>
> tcp 10.10.10.100:23 10.10.10.2:23 100.100.100.100:1178
>
> 100.100.100.100:1178
>
> tcp 10.10.10.100:23 10.10.10.3:23 200.200.200.200:1024
>
> 200.200.200.200:1024

步骤 4：验证。显示 NAT 映射表，可以看到是否能够正确建立转换记录。

> Ruijie# sh ip nat translations
>
> Pro Inside global Inside local Outside local
>
> Outside global
>
> tcp 10.10.10.100:23 10.10.10.2:23 100.100.100.100:1178
>
> 100.100.100.100:1178
>
> tcp 10.10.10.100:23 10.10.10.3:23 200.200.200.200:1024
>
> 200.200.200.200:1024

任务回顾

本任务主要讲述了 NAT 地址转换协议中包含的多种转换方式，其中常见的有：动态内部源地址转换——着力解决大量内部私有地址上网访问的问题；重叠地址转换——着力解决内部网络采用非注册外部地址，并且访问外部重叠地址的问题；TCP 负载均衡地址转换——着力解决单台内部服务器无法解决外部访问流量的问题。

比赛心得

PPP 的内容是非常重要的，选手也比较熟悉，但不可忽视，如果因为熟悉的内容而丢分，很不值，所以选手们还是要多做多练，达到非常熟练的程度。PPP 的 PAP 和 CHAP 配置都是相当容易的，PAP 是一种二次握手协议，安全性较差，CHAP 是一种三次握手协议，安全性比较好，而且两边的路由器配置基本一样，对此选手要特别注意，千万不可配置错误，另外，一定要注意配置时是写对方的主机名，密码是两边相同的，NAT 技术在比赛中每次都会考到，但往往不会直接说出用此技术来实现，是需要选手通过题意分析出来的，这就要求选手对题意的理解要非常恰当，否则此处就无法得到分了，此处的丢分也会导致其他地方跟着丢分，千万不能忽视。

实训

任务一：

背景和需求：BENET 公司对互联网的访问需求逐步提升，新申请了一段合法 IP 地址用于连接互联网。作为网络管理员，需要对路由器上的 NAT 配置进行重新规划。

使用实验拓扑图进行 BENET 网络环境的模拟，10.1.1.0 和 172.16.1.0 子网分别作为内部子网，通过地址翻译访问对方的网络，如图 7-6 所示。

（1）配置静态 NAT；

（2）配置动态 NAT；

（3）配置 PAT。

完成标准：网络正确连通；内部网络经过 NAT 后，每个小组的内部 PC 能与外部地址通信。使用 show ip nat translations 命令可以查看到相应的地址转换。

任务二：配置 PPP 协议。

连接 BENET 上海办事处和公司总部，如图 7-7 所示。

（1）使用 PPP 协议；

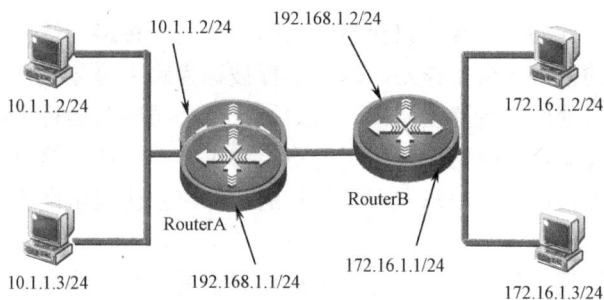

图 7-6

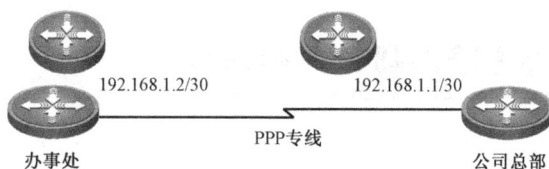

图 7-7　配置 PPP 协议

（2）使用 CHAP 方式认证用户；

（3）使用 IP 地址协商方式，由总部为办事处分配 IP 地址。

完成标准：PPP 连接能够正常建立；办事处和总部间路由器可以相互 ping 通。

项目八 路由重分发与策略路由的选择

路由重分发：将一种路由选择协议获悉的网络告知另一种路由选择协议，以便网络中每台工作站能到达其他的任何一台工作站，这一过程被称为路由重分发。一般来说，一个组织或一个跨国公司很少只使用一种路由协议，而如果一个公司同时运行了多种路由协议，或者一个公司和另外一个公司合并时两个公司用的路由协议并不一样，这时该怎么办呢？必须采取一种方式来将一种路由协议的信息发布到另外的一种路由协议里面去，这样，重分发的技术就诞生了。

策略路由是一种比基于目标网络进行路由更加灵活的数据包路由转发机制。应用了策略路由，路由器将通过路由图决定如何对需要路由的数据包进行处理，路由图决定了一个数据包的下一跳转发路由器。

任务一 配置静态路由和 RIP 重分发

任务描述

天驿公司兼并了一家公司，现在需要在两个公司之间建立起网络连接，但是由于两家公司所采用的网络协议不同，使得建立连接的工作出现困难。

任务分析

天驿公司原来所采用的网络协议为 RIP，而新兼并过来的公司采用的路由协议是静态路由协议。为了成功完成网络连接，工程师采用静态路由和 RIP 重分发的技术来解决此问题。

任务实现

天驿公司的网络结构图如图 8-1 所示。

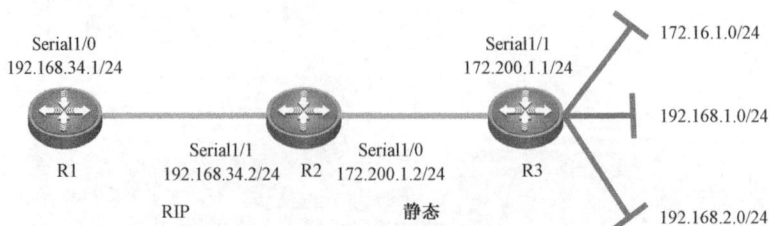

图 8-1 天驿公司网络结构图

步骤 1：在 R2 上配置静态路由到兼并公司。

```
R2(config)# ip route 172.16.1.0 255.255.255.0 172.200.1.2
```

R2(config)# ip route 192.168.1.0 255.255.255.0 172.200.1.2

R2(config)# ip route 192.168.2.0 255.255.255.0 172.200.1.2

步骤 2：在 R2 上配置 RIP 路由和重分发。

R2(config)# router rip

R2(config-router)# version 2

R2(config-router)# redistribute static　//把静态路由重分发进 rip 路由

R2(config-router)# network 192.168.34.0

R2(config-router)# no auto-summary

R2(config)# access-list 10 permit 192.168.1.0

R2(config)# access-list 10 permit 192.168.1.0

R2(config)# access-list 10 permit 172.16.1.0

小贴士

RIP 配置中的版本指定与关闭自动汇总是必须的，因为访问列表中允许的路由是172.16.1.0/24 的路由，RIP 要对外通告该路由，首先得支持无类路由的存在，而且在通告时不能被汇总成 172.16.0.0/16 网络。

步骤 3：验证。在 R1 路由上可以看到 R3 所连接的静态路由即代表实验成功。

任务回顾

本任务采用了静态路由和 RIP 重分发技术，在企业网络环境中，可能在同一网内使用多种路由协议，为了实现多种路由协议之间能够相互配合、协同工作，可以在路由器之间使用路由重分发（Route Redistribution）技术将其学习到的一种路由协议的路由通过另一种路由协议广播出去，这样，网络的所有部分就都可以连通了。

任务二　配置静态路由和 OSPF 重分发

任务描述

天驿公司兼并了一家公司，现在需要在两个公司之间建立起网络连接，但是由于两家公司所采用的网络协议不同，使得建立连接的工作出现困难。

任务分析

天驿公司原来所采用的网络协议为 OSPF，而新兼并过来的公司采用的路由协议是静态路由协议。为了成功完成网络连接，工程师采用静态路由和 OSPF 重分发的技术来解决此问题。

任务实现

天驿公司的网络结构图如图 8-2 所示。

步骤 1：路由器 R1 的配置。

R1(config)#interface FastEthernet0/0

R1(config-if)#ip address 192.168.1.2 255.255.255.0

```
R1(config-if)#exit
R1(config)#interface FastEthernet0/1
R1(config-if)#ip address 192.168.2.1 255.255.255.0
R1(config-if)#exit
R1(config)#router ospf 1
R1(config-router)#network 192.168.1.0 0.0.0.255 area 0
R1(config-router)#network 192.168.2.9 0.0.0.255 area 0
```

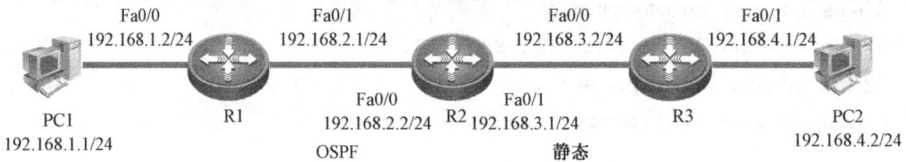

图 8-2　天驿公司网络结构图

步骤 2：路由器 R2 的配置。

```
R2(config)#interface fastEthernet 0/0
R2(config-if)#ip address 192.168.2.2 255.255.255.0
R2(config)#interface fastEthernet 0/1
R2(config-if)#ip address 192.168.3.1 255.255.255.0
```

步骤 3：路由器 R3 的配置。

```
R3(config)#interface fastEthernet 0/0
R3(config-if)#ip address 192.168.3.2 255.255.255.0
R3(config-if)#no shut
R3(config-if)#interface fastEthernet 0/1
R3(config-if)#ip address 192.168.4.1 255.255.255.0
R3(config-if)#no shut
R3(config-if)#exit
R3(config)#ip route 0.0.0.0 0.0.0.0 fastEthernet 0/0
```

步骤 4：在 R2 上配置静态路由和 OSPF 重分发。

```
R2(config)#router ospf 1
R2(config-router)#redistribute static //把静态路由重分发进 ospf 路由
R2(config-router)#network 192.168.2.0 0.0.0.255 area 0
R2(config-router)#exit
R2(config)#ip route 192.168.4.0 255.255.255.0 fastEthernet 0/1
```

步骤 5：验证。在 R1 路由上可以看到 R3 所连接的静态路由即代表实验成功。

任务回顾

本任务采用了静态路由和 OSPF 重分发技术，在企业网络环境中，可能在同一网内使用多种路由协议，为了实现多种路由协议之间能够相互配合、协同工作，可以在路由器之间使用路由重分发技术将其学习到的一种路由协议的路由通过另一种路由协议广播出去，这样，网络的所有部分就都可以连通了。

任务三 配置 RIP 与 OSPF 重分发

任务描述

天驿公司兼并了一家公司，现在需要在两个公司之间建立起网络连接，但是由于两家公司所采用的网络协议不同，使得建立连接的工作出现困难。

任务分析

天驿公司原来所采用的网络协议为 OSPF，而新兼并过来的公司采用的路由协议是 RIP。为了成功完成网络连接，工程师采用 RIP 和 OSPF 重分发技术来解决此问题。

任务实现

天驿公司的网络结构图如图 8-3 所示。

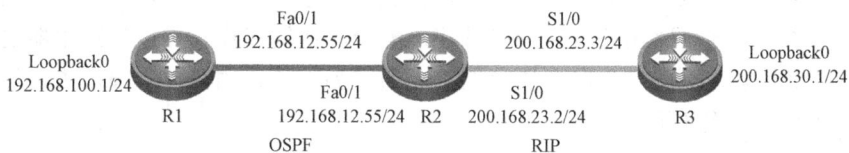

图 8-3 天驿公司网络结构图

步骤 1：路由器 R1 的配置。

```
R1(config)# interface loopback 0
R1(config-if)# ip address 192.168.100.1 255.255.255.0
R1(config-if)# exit
R1(config)# interface FastEthernet 0/1
R1(config-if)# ip address 192.168.12.55 255.255.255.0
R1(config-if)# exit
R1(config)# router ospf 1
R1(config-router)# network 192.168.12.0 0.0.0.255 area 0
R1(config-router)# network 192.168.100.0 0.0.0.255 area 0
```

步骤 2：路由器 R2 的配置。

```
R2(config)# interface FastEthernet 0/0
R2(config-if)# ip address 192.168.12.5 255.255.255.0
R2(config-if)# exit
R2(config)# interface Serial 1/0
R2(config-if)# ip address 200.168.23.2 255.255.255.0
```

步骤 3：路由器 R3 的配置。

```
R3(config)# interface loopback 0
R3(config-if)# ip address 200.168.30.1 255.255.255.0
R3(config)# interface Serial 1/0
R3(config-if)# ip address 200.168.23.3 255.255.255.0
R3(config)# router rip
```

```
R3(config-router)# network 200.168.23.0
R3(config-router)# network 200.168.30.0
```

步骤 4：在 R2 上配置 RIP 与 OSPF 重分发。

```
R2(config)# router ospf 1
R2(config-router)# redistribute rip metric 100 metric-type 1 subnets //把 rip 路由重分发进 ospf 路由，
度量值视实际情况而定
R2(config-router)# network 192.168.12.0 0.0.0.255 area 0

R2(config)# router rip
R2(config-router)# redistribute ospf 1 metric 10 //把 ospf 路由重分发进 rip 路由
R2(config-router)# network 200.168.23.0
R2(config-router)# no auto-summary
```

步骤 5：验证。在 R1 路由上可以看到 R3 所连接的静态路由即代表实验成功。

任务回顾

本任务采用了 RIP 与 OSPF 重分发技术，在企业网络环境中，可能在同一网内使用多种路由协议，为了实现多种路由协议之间能够相互配合、协同工作，可以在路由器之间使用路由重分发技术将其学习到的一种路由协议的路由通过另一种路由协议广播出去，这样，网络的所有部分就都可以连通了。

任务四　配置基于源地址的策略路由

任务描述

由于天驿公司业务地域范围大，主要分成南方客户和北方客户；PC1 主要负责北方的业务，PC2 主要负责南方的业务。公司网络出口开设两条专线，分别是网通和电信。按理，公司的网络出口多了，应该在对外访问时速度更快。但是从运行一段时间的情况来看，网络速度并没有绝对加快。

任务分析

由于南方客户主要使用电信的网络，北方客户主要使用网通的网络，因此要实现更快的访问速度，需要采用基于源地址的策略路由技术；让 PC1 走网通（R2）的线路，让 PC2 走电信（R3）的线路。

任务实现

天驿公司的网络结构图如图 8-4 所示。

步骤 1：配置基本网络连接路由。

```
R1#conf t
R1(config-if)#router ospf 1
R1 (config-if)#network 192.168.100.0 0.0.0.255 area 0
R1 (config-if)#network 192.168.2.0 0.0.0.255 area 0
R1 (config-if)#network 192.168.3.0 0.0.0.255 area 0
```

R1 (config-if)#exit

R1 (config)#access-list 1 permit host 192.168.100.2

R1 (config)#access-list 2 permit host 192.168.100.3

R1 (config)#route-map ruijie permit 10 //10 为序号

R1 (config-route-map)#match ip address 1 //配备策略 1 的源地址

R1 (config-route-map)#set ip next-hop 192.168.2.2

R1 (config-route-map)#route-map ruijie permit 20

R1 (config-route-map)#match ip address 2 //配备策略 1 的源地址

R1 (config-route-map)#set ip next-hop 192.168.3.2

R1 (config-route-map)#interface fastethernet 0/0

R1 (config-if)#ip policy route-map ruijie //运用策略路由

R1 (config-if)#end

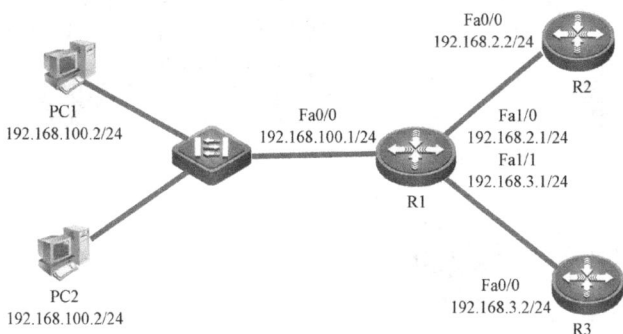

图 8-4　天驿公司网络结构图

步骤 2：在 R2、R3、配置端口地址及 OSPF 路由协议即可（略）。

步骤 3：验证。PC 上采用 TRACERT 命令即可显示出数据走向的路径。

任务回顾

　　本任务采用了基于源地址的策略路由技术，首先建立策略定义源地址，然后在建立的路由图 ruijie 中调用，最后定义该源地址的下一跳地址，并在端口应用。基于策略的路由为网络管理者提供了比传统路由协议对报文的转发和存储更强的控制能力，传统上，路由器利用从路由协议派生出来的路由表，根据目的地址进行报文的转发。基于策略的路由比传统路由强，使用更灵活，它使网络管理者能够根据目的地址而且能够根据报文大小、应用或 IP 源地址来选择转发路径。

任务五　配置基于目的地址的策略路由

任务描述

　　由于天驿公司业务地域范围大，主要分成南方客户和北方客户；PC1 主要为北方的客户，PC2 主要是南方的客户。公司网络出口开设两条专线，分别是网通和电信。按理，公司的网络出口多了应该在对外访问的时候速度更快。但是从运行一段时间的情况看，网络速度并没有绝对加快。

任务分析

由于南方客户主要使用电信的网络，北方客户主要使用网通的网络，因此要实现更好的访问速度，需要采用基于目的地址的策略路由技术，让访问 PC1 的数据走网通（R2）的线路，让访问 PC2 的数据走电信（R4）的线路。

任务实现

天驿公司的网络结构图如图 8-5 所示。

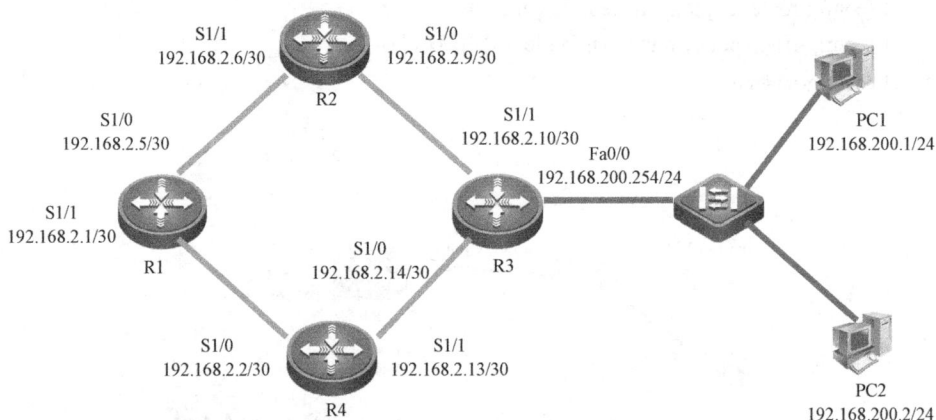

图 8-5　天驿公司网络结构图

步骤 1：建立基本路由连接。在 R1、R2、R3、R4 配置端口地址及 OSPF 路由协议即可（略）。

步骤 2：配置基于目的地址的策略路由。

```
R1 #conf t
R1 (config)#access-list 101 permit ip any host 192.168.200.1
R1 (config)#access-list 102 permit ip any host 192.168.200.2
R1 (config)#route-map ruijie permit 10 //10 为序号
R1 (config-route-map)#match ip address 101 //匹配策略 101 的目的地址
R1 (config-route-map)#set ip next-hop 192.168.2.6
R1 (config-route-map)#route-map ruijie permit 20 //20 为序号
R1 (config-route-map)#match ip address 102 //匹配策略 102 的目的地址
R1 (config-route-map)#set ip next-hop 192.168.2.2
R1 (config-route-map)#int fa 0/0
R1 (config-if)#ip policy route-map ruijie //应用策略路由
R1 (config-if)#end
```

步骤 3：验证。在连接路由器 R1 的 PC 上采用 TRACERT 来检验经过的路径。

任务回顾

本任务中采用了基于目的地址的策略路由技术，首先需要用策略来定义目标地址，其次是建立路由图匹配目的地址的策略，并且相应地设置好下一跳地址；最后在端口上应用。

任务六 配置基于报文长度的策略路由

任务描述

随着天驿公司业务的增多，公司网络出口原来的一条电话线已经显得带宽不足，为此公司另外开设一条专线。为了使资源合理使用，公司要求两条线路都能正常运作起来。

任务分析

由于两条出口线路的带宽不一样，为了合理使用带宽又不造成出口堵塞，工程师决定采用基于报文长度的策略路由，让外访数据包为 0～100 字节时从 R2 走，外访数据包为 100～600 字节时从 R3 走。

任务实现

天驿公司的网络结构图如图 8-6 所示。

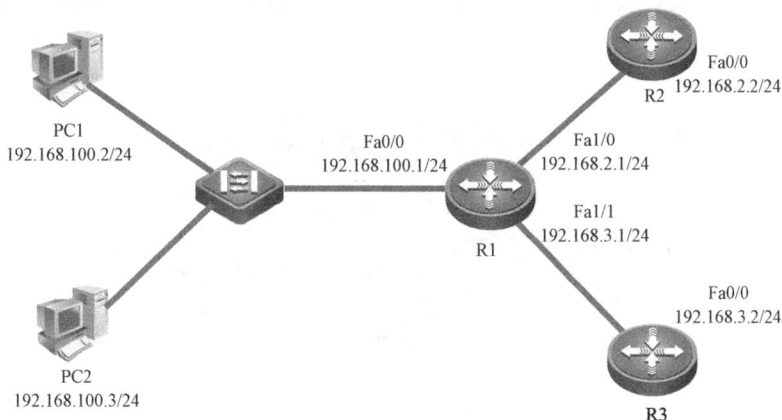

图 8-6 天驿公司网络结构图

步骤 1：配置各路由间端口及 OSPF 路由（略）。

步骤 2：在边界路由器 R1 配置基于报文长度的策略路由。

```
R1(config)#route-map ruijie permit 10 //10 为序号
R1 (config-route-map)#match length 0 100 //匹配长度 0～100 字节的访问
R1 (config-route-map)#set ip next-hop 192.168.2.2
R1 (config-route-map)#route-map ruijie permit 20
R1 (config-route-map)#match length 100 600 //匹配长度 100～600 字节的访问
R1 (config-route-map)#set ip next-hop 192.168.3.2
R1 (config-route-map)#interface fastethernet 0/0
R1 (config-if)#ip policy route-map ruijie //应用策略路由
R1 (config-if)#end
```

任务回顾

本任务主要介绍了路由重分发和策略路由选择的内容，在路由重分发里，静态到 RIP、静态到 OSPF 是常见的情况，把静态路由注入到两种动态路由协议即可；RIP 到 OSPF 的重分发则需要两种动态路由协议间互相注入，其中度量值的问题要视具体情况设置。在策略路由里，包含了基于源地址、目的地址和数据长度来确定路由下一跳的具体情况。其中策略路由的序号和下一跳地址都是需要注意的地方，并且最终还要把策略路由应用到端口之上。

比赛心得

路由重分发和策略路由选择对于中职的学生来说是个难点，虽然在竞赛时也涉及，但并不是每组都可以完成的，第一是因为选手没有复习到，第二是因为教练对此并不很熟悉，也常常因为想着超出大纲了就不讲授给选手，这也是丢分的主要原因，教练和选手必须注意，全面掌握此项目的知识点，而且要达到非常熟练，否则很难在竞赛中脱颖而出。

实训

背景与需求：BENET 公司总部位于北京，在上海、广州有分公司。总部与分公司通过路由器相连，运行的是 OSPF 路由协议，总部内部采用的是 RIP 路由协议。网络结构如图 8-7 所示，图中的 SH 代表上海，GZ 代表广州，BJ 代表北京。作为管理员要完成总公司到分公司的互联，在此处采用了重分发技术。注：GZ 路由器上的环回地址与 BJ 采用 RIP 技术互联。

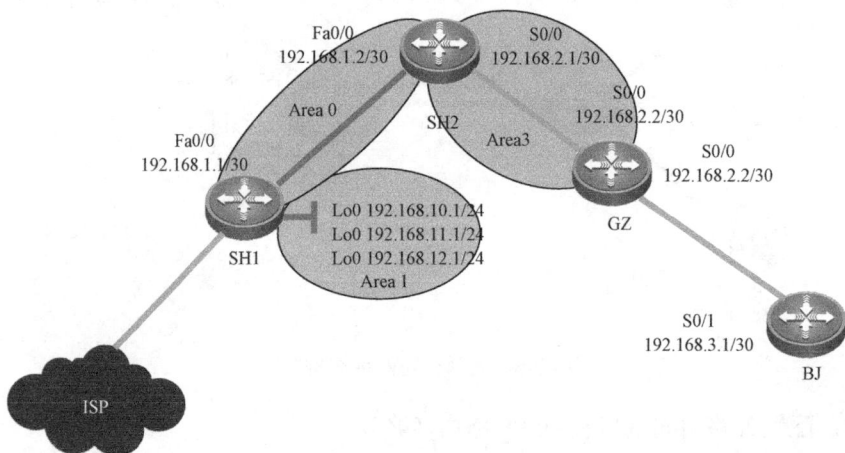

图 8-7　BENET 网络结构图

（1）配置多区域 OSPF；

（2）配置 RIP；

（3）配置 RIP 和 OSPF 的重分发。

完成标准：网络正确连通；在 SH1 上能够使用 show ip route 命令查看到 BJ 的 RIP 的路由。

项目九 VPN、防火墙与无线 AP

　　虚拟专用网（VPN）被定义为通过一个公用网络（通常是互联网）建立一个临时的、安全的连接，是一条穿过混乱的公用网络的安全、稳定的隧道。虚拟专用网是对企业内部网的扩展。虚拟专用网可以帮助远程用户、公司分支机构、商业伙伴及供应商同公司的内部网建立可信的安全连接，并保证数据的安全传输。虚拟专用网可用于不断增长的移动用户的全球互联网接入，以实现安全连接；可用于实现企业网站之间安全通信的虚拟专用线路；可用于经济有效地连接到商业伙伴和用户的安全外连网虚拟专用网。

　　防火墙指的是一个由软件和硬件设备组合而成、在内部网和外部网之间、专用网与公共网之间的界面上构造的保护屏障，是一种获取安全性方法的形象说法，它是一种计算机硬件和软件的结合，使 Internet 与 Intranet 之间建立起一个安全网关（Security Gateway），从而保护内部网免受非法用户的侵入，防火墙主要由服务访问规则、验证工具、包过滤和应用网关4 部分组成。

　　无线 AP（Access Point）即无线接入点，它是用于无线网络的无线交换机，也是无线网络的核心。无线 AP 是移动计算机用户进入有线网络的接入点，主要用于宽带家庭、大楼内部及园区内部，典型距离为覆盖几十米至上百米，目前主要技术为 802.11 系列。大多数无线 AP 还带有接入点客户端模式（AP Client），可以和其他 AP 进行无线连接，延展网络的覆盖范围。

任务一　PPTP 配置

任务描述

　　天驿公司内部网络将一台路由器作为公司局域网网关，并使用 PPTP 协议提供 VPDN 拨入服务。现要在路由器上做适当配置，实现公司外部主机能与公司内部网络上的主机之间的安全通信。

任务分析

　　点对点隧道协议（PPTP）是一种支持多协议虚拟专用网的网络技术，它工作在第二层。通过该协议，远程用户能够通过 Microsoft Windows NT 工作站、Windows 95 和 Windows 98 操作系统及其他装有点对点协议的系统安全访问公司网络，并能拨号连入本地 ISP，通过 Internet 安全连接到公司网络。本任务以 PC1 为远程客户端创建到 Router1 的 PPTP 隧道，并访问公司内部的服务器 PC2。PPTP 配置如图 9-1 所示。

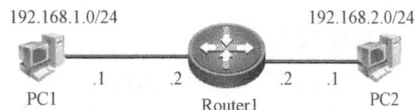

图 9-1　PPTP 配置

任务实现

步骤 1：配置 VPN 相关参数。

R1762(config)#vpdn enable	
R1762(config)#vpdn-group pptp	//创建一个 VPDN 组，命名为 pptp
R1762(config-vpdn)#accept-dialin	//允许拨号
R1762(config-vpdn-acc-in)#protocol pptp	//协议为 pptp
R1762(config-vpdn-acc-in)#virtual-template 1	//引用虚模板 1

步骤 2：配置用户和地址池。

R1762(config)#username PC password 0 dial123

----创建一个账户，用户名为 PC 密码 dial123

R1762(config)#ip local pool vpn 1.1.1.100 1.1.1.110

----创建 vpn 拨入的地址池，命名为 vpn，范围是 1.1.1.100-110

步骤 3：配置路由器接口地址。

R1(config)#interface FastEthernet 0/0

R1(config-if)#ip address 192.168.1.2 255.255.255.0

R1(config-if)#exit

R1(config)#interface FastEthernet 0/1

R1(config-if)#ip address 192.168.2.2 255.255.255.0

R1(config-if)#exit

步骤 4：配置虚拟模板。

R1762(config)#interface virtual-template 1	//创建虚模板 1
R1762(config-if)#ppp authentication pap	//加密方式为 PAP
R1762(config-if)#ip unnumbered fastEthernet 1/0	//关联内网接口
R1762(config-if)#peer default ip address pool vpn	

步骤 5：配置默认路由。

R1762(config-if)# ip route 0.0.0.0 0.0.0.0 FastEthernet0/0	//设定默认路由

步骤 6：设置 PC1 的 IP 地址为 192.168.1.1，网关为 192.168.1.2。在 PC1 的"网络和拨号连接"中新建连接，"网络连接类型"选择"通过 Internet 连接到专用网络"，"公用网络"选择"不拨初始连接"，输入目标地址为 192.168.1.2，命名此连接为 Dialer。在 Dialer 的属性中，指定 VPDN 服务器的类型为 PPTP，并在安全设置中定义使用 PAP 认证及可选加密。在单击呼叫时，输入路由器所配置的用户名 PC 和密码 dial123。配置完成，PC1 拨入到路由器后，即可访问学校内部网的服务器。

注意：为使远程 VPDN 用户能够访问校园内部的服务器，这些服务器必须配置可以到达远程拨入用户的路由。一般情况下，只要将这些服务器的默认网关设置为路由器的内部网关地址就可以了。

🐟 小贴士

验证配置命令：

Ruijie# show vpdn tunnel	//显示当前所有的 VPDN Tunnel 的信息
Ruijie# show vpdn session	//显示当前 VPDN Session 的信息
Ruijie# show vpdn	//显示当前所有的 VPDN Tunnel 和 VPDN Session 的信息

PC1 命令提示符下输入：ipconfig/all。

任务回顾

本任务主要讲解 PPTP 的配置，在配置时应记住关键的配置步骤，这样，在做题时可以防止一些关键命令的遗漏，在基本配置都已配置好时，应按先配置 VPN 相关参数，然后配置用户和地址池，最后配置虚拟模板的顺序进行。验证是否成功，关键看 PC1 能否获取地址池中的地址。

任务二 L2TP 配置

任务描述

天驿公司内部网络通过一台路由器连接到公司外的另一台路由器上，现要在路由器上进行适当配置，实现公司内部主机与公司外部主机之间的安全通信。

任务分析

本任务通过在 Router1 和 Router2 上配置 VPN，由 Router1 作为 LNS（L2TP Network Server），Router2 作为 LAC（L2TP Access Concentrator），实现 A、B 网络之间通过 L2TP 的 VPN 方式保护总公司与子公司之间的数据通信。L2TP 配置如图 9-2 所示。

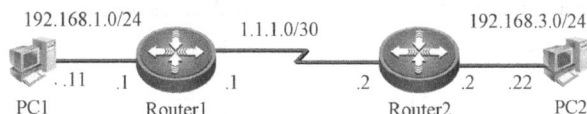

192.168.1.0/24   1.1.1.0/30   192.168.3.0/24

..11   .1   .1   .2   .2   .22
PC1   Router1   Router2   PC2

图 9-2 L2TP 配置

任务实现

步骤 1：Server 端串口 IP。

```
R1 (config)#interface s 4/0
R1 (config-if)#ip add 1.1.1.1 255.255.255.252
R1 (config-if)#clock rate 64000
```

步骤 2：Server 端路由器配置 VPN 相关参数。

```
R1 (config)#vpdn enable
R1 (config)#vpdn-group l2tp                    //创建一个 VPDN 组，命名为 l2tp
R1 (config-vpdn)#accept-dialin                 //允许拨号
R1 (config-vpdn-acc-in)#protocol l2tp          //协议为 l2tp
R1 (config-vpdn-acc-in)#virtual-template 1     //引用虚模板 1
```

步骤 3：Server 端路由器配置用户和地址池。

```
R1 (config)#username test password 0 test
----创建一个账户，用户和密码都是 test
R1 (config)#ip local pool vpn 192.168.1.100 192.168.1.110
----创建 vpn 拨入的地址池，命名为 vpn，范围是 192.168.1.100-110
```

步骤 4：Server 端路由器配置虚拟模板。

R1 (config)#interface virtual-template 1	//创建虚模板 1
R1(config-if)#ppp authentication chap	//加密方式为 CHAP
R1(config-if)#ip unnumbered fastEthernet 1/0	//关联内网接口
R1 (config-if)#peer default ip address pool vpn	//引用地址范围
R1 (config-if)#ip nat inside	//参与 NAT

步骤 5：客户端串口 IP。

R2(config)#interface s 4/0	
R2(config-if)#ip add 1.1.1.2 255.255.255.252	

步骤 6：Client 端路由器 VPN 配置。

R2(config)#l2tp-class l2tp	//创建拨号模板，命名为 l2tp
R2(config)#pseudowire-class vpn-l2tp	//创建虚线路，命名为 vpn-l2tp
R2(config-pw-class)#encapsulation l2tpv2	//封装 l2tpv2 协议
R2(config-pw-class)#protocol l2tpv2 l2tp	
R2(config-pw-class)#ip local interface 1/0	//关联路由器外网接口

步骤 7：Client 路由创建虚拟拨号口。

R2(config)#interface virtual-ppp 1	//创建虚拟 ppp 接口
R2(config)#pseudowire 1.1.1.1 11 encapsulation l2tpv2 pw-class vpn-l2tp	
----L2TP 服务器路由器的地址	
R2(config)#ppp chap hostname test	//用户名
R2(config)# ppp chap password 0 test	//密码
R2(config)# ip mtu 1460	
R2(config)# ip address negotiate	//IP 地址商议获取
R2(config)# ip nat outside	//参与 NAT

小贴士

验证配置命令：

R1# show vpdn tunnel；

R1# show vpdn session；

R1# show vpdn 。

任务回顾

本任务主要讲解 L2TP 的配置，在配置时，要注意 Server 端和 Client 端的参数应一致，如果在路由器两端都配置了通道认证，必须在两边通道配置一致的密码，认证才能成功。

任务三　IPsec 配置

任务描述

由于规模的扩大，天驿公司采用以前的 VPN 方法已经不能满足需要，公司内部网络通过一台路由器连接到公司外的另一台路由器上，出于安全性的考虑，管理员想更换一种更安全的 VPN 连接方式，管理员认为 IPsec VPN 可以实现此功能。

任务分析

IKE 技术提供额外的特性，使配置 IPsec 更加灵活和容易。本实验通过在 Router1 和 Router2 上配置 VPN，实现网络之间通过 IPsec 的 VPN 方式保护总公司与子公司之间的数据通信。IPsec VPN 配置如图 9-3 所示。

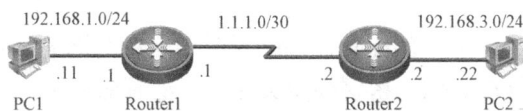

图 9-3 IPsec VPN 配置

任务实现

步骤 1：配置访问控制列表，定义需要 IPsec 保护的数据。

```
R1(config)#access-list 101 permit ip 192.168.1.0 255.255.255.0 192.168.3.0 255.255.255.0
```

步骤 2：定义安全联盟和密钥交换策略。

```
R1(config)#crypto isakmp policy 1
R1(isakmp-policy)#authentication pre-share              //认证方式为预共享密钥
R1(isakmp-policy)#hash md5                              //采用 MD5 的 HASH 算法
```

步骤 3：配置预共享密钥为 jinneng，对端路由器地址为 1.1.1.2。

```
R1(config)#crypto isakmp key 0 jinneng address 1.1.1.2
```

步骤 4：定义 IPsec 的变换集，名字为 jineng。

```
R1(config)#crypto ipsec transform-set jineng    ah-md5-hmac esp-des
```

步骤 5：配置加密映射，名字为 jineng。

```
R1(config)#crypto map jineng 1 ipsec-isakmp
R1(config-crypto-map)#set transform-set jineng         //应用之前定义的变换集
R1(config-crypto-map)#match address 101                //定义需要加密的数据流
R1(config-crypto-map)#set peer 1.1.1.2                  //设置对端路由器地址
```

步骤 6：在外网口上使用该加密映射。

```
R1(config-if)#crypto map jineng
R1(config-if)#ip add 1.1.1.1 255.255.255.252
```

步骤 7：R2 路由器设置。

```
R2(config)#access-list 101 permit ip 192.168.3.0 255.255.255.0    192.168.1.0 255.255.255.0
R2(config)#crypto isakmp policy 1
R2(isakmp-policy)#authentication pre-share
R2(isakmp-policy)#hash md5
R2(config)#crypto isakmp key 0 jineng address 1.1.1.1
R2(config)#crypto ipsec transform-set jineng    ah-md5-hmac esp-des
R2(config)#crypto map jineng 1 ipsec-isakmp
R2(config-crypto-map)#set transform-set jineng
R2(config-crypto-map)#match address 101
R2(config-crypto-map)#set peer 1.1.1.1
R2(config-if)#crypto map jineng
R2(config-if)#ip add 1.1.1.2 255.255.255.252
```

小贴士

验证配置命令：

R1# show crypto isakmp sa 　　　 //浏览存在的 IKE 连接
R1# show crypto isakmp policy 　 //浏览所有 IKE 策略参数

任务回顾

本任务主要讲解 IPsec VPN 的配置，在配置时要注意两端的参数要一致，ACL 的作用是要确定哪些数据需要经过 VPN，密钥要交叉对应。配置顺序为：先定义 ACL，其次配置 IKE 策略，接着设置共享密钥，然后设置变换集，再配置 IPsec 加密映射，最后绑定 IPsec 加密映射。

比赛心得

VPN 技术在企业网搭建及应用项目中，还是非常重要的，随着历年竞赛的开展，这类知识点也随着出现，所以选手和教练不可忽视，VPN 技术是在现今 IT 技术中也得到了更多的应用。

实训

1. 任务：IPsec VPN。

将本项目任务三用手工配置密钥的方式重新配置一次。

2. 任务：VPN。

假设你是公司的网络管理员，公司因业务扩大，建立了一个分公司，公司的业务数据很重要，公司总部与分公司传输数据时需要加密，采用 IPsec VPN 技术对数据进行加密。总公司要加密的子网为 10.1.1.0/24，子公司要加密的子网为 10.1.2.0/24。

3. 任务：PPTP。

假设你是公司的网络管理员，公司要求员工在家能通过 Internet 拨号接入公司的 VPN 服务器，实现在家和出差都能连到公司内网的要求。

项目十 IPv6

IPv6（Internet Protocol Version 6）协议是取代 IPv4 的下一代网络协议，它具有许多新的特性与功能。由 IP 地址危机产生和发展起来的 IPv6 作为下一代互联网协议已经得到了各方的公认，未来互联网的发展离不开 IPv6 的支持和应用。

本项目主要介绍 IPv6 静态路由、默认路由、IPv6 的 OSPFv3 单区域和 IPv6 隧道。

任务一 IPv6 静态路由

任务描述

天驿公司准备对公司网络进行升级，引入新的网络架构——采用 IPv6 来建立公司的网络，工程师通过配置完成了网络的连接。

任务分析

由于网络发展的需要，IPv6 已经成为一种必然的选择，天驿公司利用公司内部的三台路由器（依次为 R1、R2、R3）先行建立起了内部的 IPv6 网络。为了建立起网络连接，工程师在这个项目中采用了静态路由来完成任务。

任务实现

天驿公司的网络结构图如图 10-1 所示。

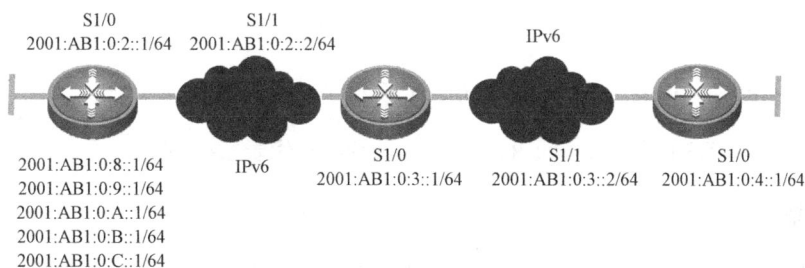

图 10-1 天驿公司网络结构图

步骤 1：配置设备端口 IPv6 地址。

```
R1(config)#interface loopback 0    //配置环回端口 IPv6 地址
R1(config-if)#ipv6 address 2001:ab1:0:8::1/64
R1(config-if)#ipv6 address 2001:ab1:0:9::1/64
R1(config-if)#ipv6 address 2001:ab1:0:a::1/64
R1(config-if)#ipv6 address 2001:ab1:0:b::1/64
R1(config-if)#ipv6 address 2001:ab1:0:c::1/64
```

```
R1(config-if)#exit
R1(config)#interface serial 1/1
R1(config-if)#ipv6 address 2001:ab1:0:2::1/64
R1(config-if)#no shutdown
R1(config-if)#exit
R2(config)#interface serial 1/0
R2(config-if)#ipv6 address 2001:ab1:0:2::2/64
R2(config-if)#no shutdown
R2(config-if)#exit
R2(config)#inter s 1/1
R2(config-if)#ipv6 address 2001:ab1:0:3::1/64
R2(config-if)#no shutdown
R2(config-if)#exit
R3(config)#interface loopback 0
R3(config-if)#ipv6 address 2001:ab1:0:4::1/64
R3(config-if)#exit
R3(config)#inter serial 1/0
R3(config-if)#ipv6 address 2001:ab1:0:3::2/64
R3(config-if)#no shutdown
R3(config-if)#exit
```

步骤 2：配置各设备间静态路由。

```
R1(config)#ipv6
R1(config)#ipv6 route 2001:ab1:0:3::/64 2001:ab1:0:2::2 //基于 IPv6 静态路由
R1(config)#ipv6 route 2001:ab1:0:4::/64 2001:ab1:0:2::2
R2(config)#ipv6 route 2001:ab1:0:4::/64 2001:ab1:0:3::2
R2(config)#ipv6 route 2001:ab1:0:8::/62 2001:ab1:0:2::1    //路由汇总
R2(config)#ipv6 route 2001:ab1:0:c::/64 2001:ab1:0:2::1
R3(config)#ipv6 route ::/0 2001:ab1:0:3::1
```

🐦 小贴士

ipv6 route 2001:ab1:0:8::/62 2001:ab1:0:2::1 采用了路由汇总技术。

步骤 3：验证。R3 能够 ping 通 R1 的 Loopback0 即代表实验成功。

任务回顾

本任务主要使用基于 IPv6 的静态路由技术，与 IPv4 时的静态路由技术编写格式是一样的，难度比较低，属于扩展性知识，参赛选手可以选择性训练。

任务二　IPv6 默认路由

任务描述

天驿公司准备对公司网络进行升级，引入新的网络架构——采用 IPv6 来建立公司的网络，工程师通过配置完成了网络的连接。

任务分析

由于网络发展的需要，IPv6 已经成为一种必然的选择，天驿公司利用公司内部的两台路由器（R1、R2）先行建立起了内部的 IPv6 网络。为了建立起网络连接，工程师在这个项目中采用了默认路由来完成任务。

任务实现

天驿公司网络结构图如图 10-2 所示。

图 10-2　天驿公司网络结构图

步骤 1：配置各设备 IPv6 地址。

```
R1(config-if)#inter lo0
R1(config-if)#ipv6 address 2006:bbbb::1/64
R1(config-if)#inter lo1
R1(config-if)#ipv6 address 2007:cccc::1/64
R1(config-if)#inter s1/1
R1(config-if)#ipv6 address 2008:dddd::1/64
R1(config-if)#no shut
R1(config-if)#exi
R1(config)#end
R2(config-if)#inter lo1
R2(config-if)#ipv6 address 2005:dddd::1/64
R2(config-if)#inter lo0
R2(config-if)#ipv6 address 2007:aaaa::2/64
R2(config-if)#inter s1/1
R2(config-if)#ipv6 address 2008:dddd::2/64
R2(config-if)#no shut
R2(config-if)#exi
```

步骤 2：建立设备间默认路由。

```
R1(config)#ipv6 route ::/0 s1/1
R2(config)#ipv6 route ::/0 s1/1
```

步骤 3：验证。R1 与 R2 之间的 Loopback0 能互相 ping 通即代表试验成功。

任务三　IPv6 OSPFv3 单区域

任务描述

天驿公司准备对公司网络进行升级，引入新的网络架构——采用 IPv6 来建立公司的网络，工程师通过配置完成了网络的连接。

任务分析

由于网络发展的需要，IPv6 已经成为一种必然的选择，天驿公司利用公司内部的三台路由器（R1、R2、R3）先行建立起了内部的 IPv6 网络。为了建立起网络连接，工程师在这个项目中采用了单区域的 OSPFv3 路由协议来完成此任务。

任务实现

天驿公司网络结构图如图 10-3 所示。

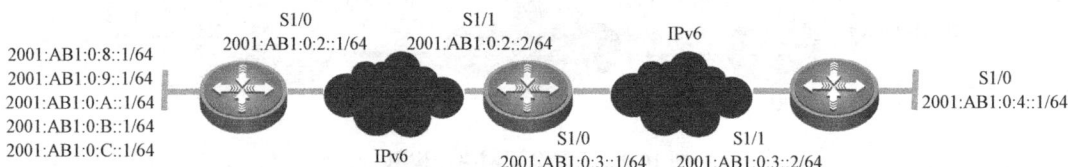

图 10-3　天驿公司网络结构图

步骤 1：在各设备建立 OSPFv3 路由协议。

```
R1(config)#ipv6 router ospf 20
R1(config-rtr)#router-id 1.1.1.1
R2(config)#ipv6 router ospf 30
R2(config-rtr)#router-id 2.2.2.2
R3(config)#ipv6 router ospf 40
R3(config-rtr)#router-id 3.3.3.3
R3(config-rtr)#exit
```

步骤 2：在各设备端口开启 OSPFv3 协议。

```
R1(config)#interface serial 1/1
R1(config-if)#ipv6 ospf 20 area 0 //启用 OSPF 协议
R1(config-if)#exit
R1(config)#interface loopback 0
R1(config-if)#ipv6 ospf 20 area 0
R1(config-if)#ipv6 ospf network point-to-point
R1(config-if)#exit
R2(config)#interface serial 1/1
R2(config-if)#ipv6 ospf 30 area 0 //启用 OSPF 协议
R2(config-if)#exit
R2(config)#interface serial 1/0
R2(config-if)#ipv6 ospf 30 area 0 //启用 OSPF 协议
R2(config-if)#exit
R3(config)#interface loopback 0
R3(config-if)#ipv6 ospf 40 area 0 //启用 OSPF 协议
R3(config-if)#ipv6 ospf network point-to-point
R3(config-if)#exit
R3(config)#interface serial 1/0
```

> R3(config-if)#ipv6 ospf 40 area 0 //启用 OSPF 协议
>
> R3(config-if)#exit
>
> R3(config)#exit

注：各设备端口 IPv6 地址如图 10-3 所示（略）。

步骤 3：验证。R3 能够 ping 通 R1 的 Loopback0 即代表实验成功。

任务回顾

本任务主要讲述了 IPv6 OSPFv3 单区域的配置，这里需要注意的是，要在端口上启用路由协议，而且和 IPv4 的配置是有区别的，选手不要混淆。

比赛心得

本项目主要介绍基于 IPv6 的路由设置，其中包括了基于 IPv6 的静态路由和默认路由，此类内容要求学生对 IPv6 地址有清晰的认识，以及适量的 IPv6 路由汇总技术，路由协议的配置与 IPv4 相近。基于 IPv6 的 OSPFv3 技术是 OSPF 协议的第三版，配置方式主要是在端口上启用协议，与 IPv4 配置时不同。IPv6 技术属于新的技术，在竞赛中还没有涉及，但随着每年竞赛的开展，此技术还是备赛的重要知识点，主要要让学生理解 IPv6 的由来和基本配置，这是至关重要的。希望选手悉心学习。

实训

任务：A 公司有 3 台路由器，通过以太网口连接起来，公司决定部署一个 IPv6 的网络，如图 10-4 所示，请你来实现。

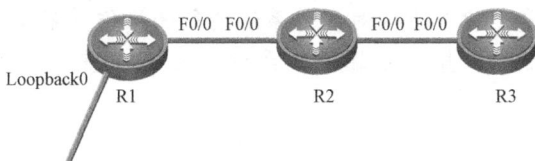

图 10-4　A 公司拓扑结构图

为路由器的接口配置 IPv6 地址，在路由器上启用 IPv6 的 RIP 路由协议，查看如表 10-1 所示的路由表。

表 10-1　路由表

R1	F0/0 ： FEC0:0:0:1001::1/64 Loopback 0: 1111:1:1:1111::1/64	R3	F0/1 : FEC0:0:0:1002::2/64
R2	F0/0 ： FEC0:0:0:1001::2/64 F0/1 : FEC0:0:0:1002::1/64		

完成标准：网络接口地址配置正确，网络的连通性可以得到证实，路由协议配置正确，查看路由表。

第三部分　Windows 系统

Microsoft 开发的 Windows 是目前世界上用户最多、且兼容性最强的操作系统。

企业网络搭建及应用项目，在 2011 年全国职业院校计算机技能大赛中使用的 Windows 系统有：Windows XP Pro（中文版）、Windows 7（中文专业版）、Windows Server 2003 R2（中文版）、Windows Server 2008（中文版）和 Windows Server 2008 R2（中文版）五个操作系统。这里需要注意的是：比赛期间对操作系统进行的操作并不都是在虚拟机环境下进行的，还提供了裸机，让选手自行安装操作系统。比赛中虚拟机使用的是：Oracle VM VirtualBox 4.0.4。

项目一　DNS 与 DHCP 配置应用

DNS（Domain Name System）是域名系统的缩写，它的主要作用就是将域名解析为 IP 地址。当 DNS 客户端与某台主机通信时，例如要访问连接到网站 www.microsoft.com，该客户端会向 DNS 服务器查询网站 www.microsoft.com 的 IP 地址，DNS 服务器收到此请求后，会负责帮客户端查找 www.microsoft.com 的 IP 地址。

DHCP 是 Dynamic Host Configuration Protocol（动态主机分配协议）的缩写，用于向网络中的计算机分配 IP 地址及一些 TCP/IP 配置信息。DHCP 提供安全、可靠和简单的 TCP/IP 网络设置，避免了 TCP/IP 网络中的地址冲突，减轻了管理上的负担，避免因手动输入错误而造成的困扰。

任务一　DNS 正、反向查找区域配置

任务描述

天驿公司为了便于公司员工可以及时了解公司内部的信息，搭建了一台 Web 服务器，但经理发现所有员工只能通过 IP 地址进行访问，无法通过域名来访问，为了满足此需求，经理找到管理员，让管理员来实现此功能，管理员认为可以通过在内部网络中配置一台 DNS 服务器来实现。

任务分析

员工想通过域名访问内部的 Web 服务器，管理员的分析完全正确，在公司内部架设一台 DNS 服务器即可实现，DNS 服务器能解析本网络内的域名，要配置一台 DNS 服务器，就要创建 DNS 正、反向查找区域配置，并新建主机记录、别名记录，设置转发器。

天驿公司的 DNS 服务器为 ty09.tianyi.com，IP 地址为 192.168.1.2，Web 服务器为：www.tianyi.com。

任务实现

1．创建正向查找区域

步骤 1：单击"开始"→"管理工具"→"DNS"，打开"DNS 管理器"窗口，如图 1-1 所示。

图 1-1　"DNS 管理器"窗口

步骤 2：右击"正向查找区域"项，从弹出的快捷菜单中选择"新建区域"，如图 1-2 所示。

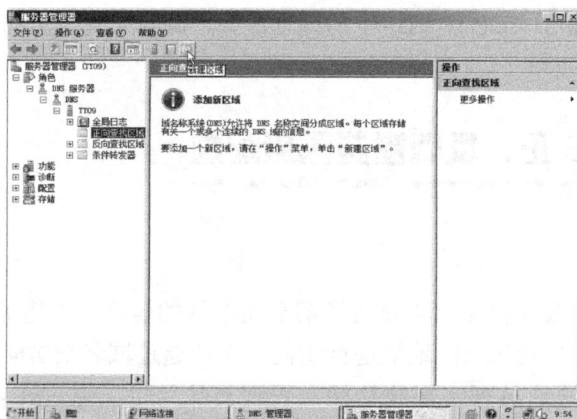

图 1-2　新建正向查找区域

步骤 3：弹出"新建区域向导"对话框，单击"下一步"按钮，打开"选择区域类型"界面，选中"主要区域"单选按钮，如图 1-3 所示。

小贴士

"主要区域"是新区域的主副本，负责在新建区域的计算机上管理和维护本区域的资源记录。如果这是一个新区域，则选中"主要区域"单选按钮。

"辅助区域"是现有区域的副本，主要区域中的 DNS 服务器将把区域信息传递给辅助区域中的 DNS 服务器。使用辅助区域的目的是提供冗余，减少包含主要区域数据库文件的 DNS 服务器上的负载。辅助 DNS 服务器上的区域数据无法修改，所有数据都从主 DNS 服务器复制而来。

"存根区域"只包含用于标识该区域的权威 DNS 服务器所需的资源记录。含有存根区域的 DNS 服务器对该区域没有管理权，它维护着该区域的权威 DNS 服务器列表，列表存放在 NS 资源记录中。

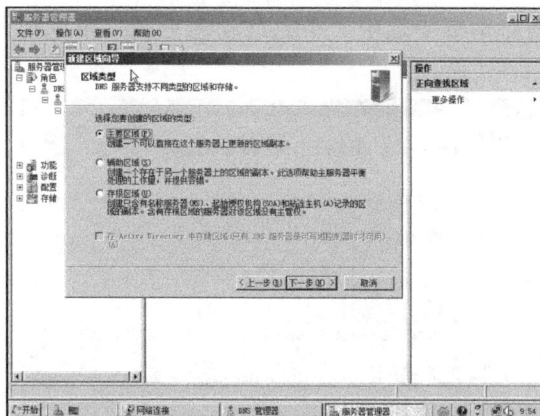

图1-3　新建主要区域

小贴士

"在 Active Directory 中存储区域"选项只有在 DNS 服务器是域控制器时可用。

步骤4：在"区域名称"文本框中输入区域名称，单击"下一步"按钮，如图1-4所示。

图1-4　区域名称

步骤5：在区域文件界面中保留文件名 tianyi.com.dns，该文件存放在%SystemRoot%\system32\dns 中，单击"下一步"按钮，如图1-5所示。

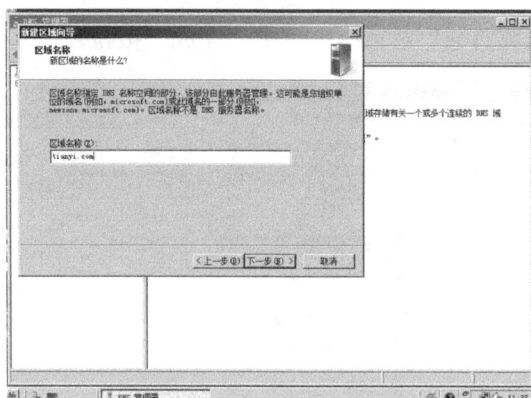

图1-5　区域文件

步骤 6：在动态更新对话框中选中"不允许动态更新"单选按钮，单击"下一步"按钮，如图 1-6 所示。

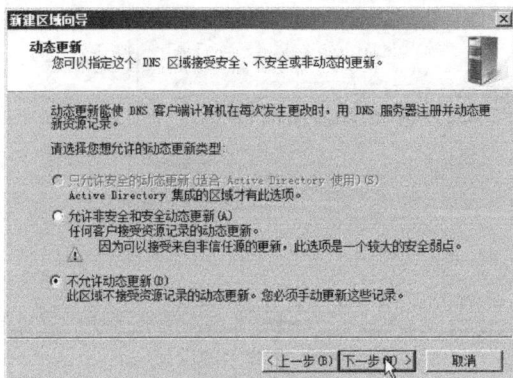

图 1-6　不允许动态更新

小贴士

动态更新是指当 DNS 客户机发生更改时，可以使用 DNS 服务器注册和动态更新其资源记录。

步骤 7：在"新建区域向导"对话框中单击"完成"按钮，如图 1-7 所示。

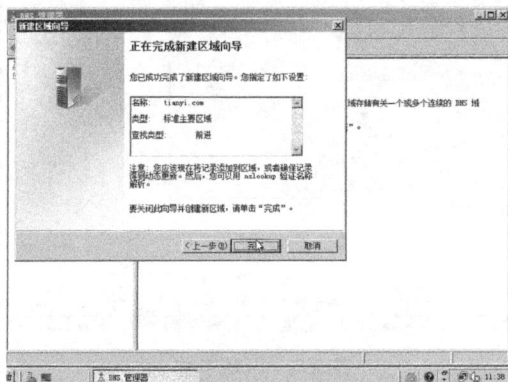

图 1-7　完成新建区域向导

步骤 8：此时，就可以在 DNS 管理控制台中看到新创建的正向查找区域 tianyi.com，如图 1-8 所示。

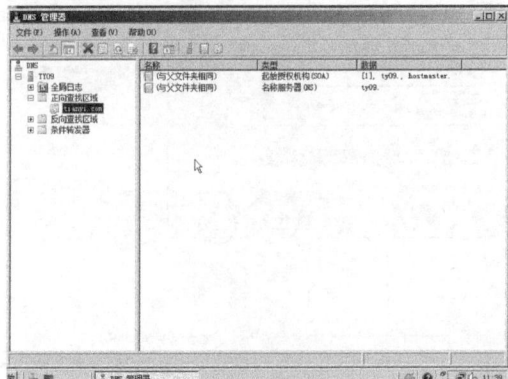

图 1-8　查看新建正向查找区域

2．创建反向查找区域

步骤 1：单击"开始"→"管理工具"→"DNS"，打开"DNS 管理器"窗口，如图 1-9 所示。

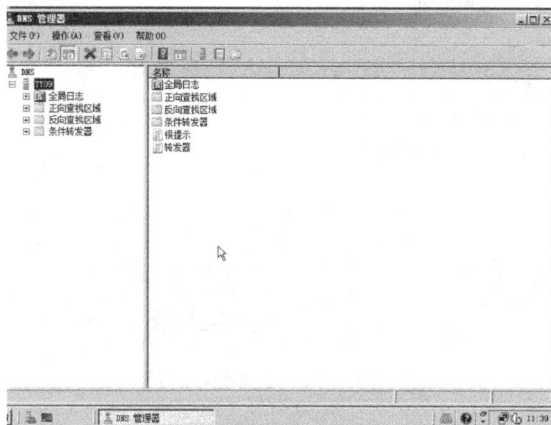

图 1-9　"DNS 管理器"窗口

步骤 2：右击"反向查找区域"，在弹出的快捷菜单中选择"新建区域"命令，如图 1-10 所示。

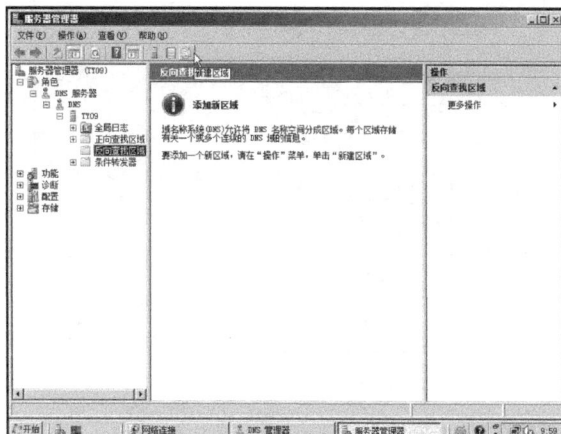

图 1-10　新建反向查找区域

步骤 3：出现新建区域向导，单击"下一步"按钮，出现选择区域类型界面，选中"主要区域"单选按钮，如图 1-11 所示。

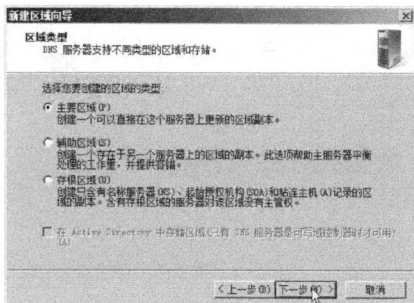

图 1-11　主要区域

步骤 4：选择是否要为 IPv4 地址或 IPv6 地址创建反向查找区域，选中"IPv4 反向查找区域（4）"单选按钮，如图 1-12 所示。

图 1-12　IPv4 反向查找区域

步骤 5：在"网络 ID"文本框中输入网络 ID。例如，要查找 IP 地址为 192.168.1.100，就应该在"网络 ID"中输入 192.168.1，这样，192.168.1.0 网络内的所有反向查询都在这个区域中被解析，单击"下一步"按钮，如图 1-13 所示。

图 1-13　网络 ID 区域名称

步骤 6：在区域文件对话框中保留文件名 1.168.192.in-addr.arpa.dns，该文件存放在 %SystemRoot%\system32\dns 中，单击"下一步"按钮，如图 1-14 所示。

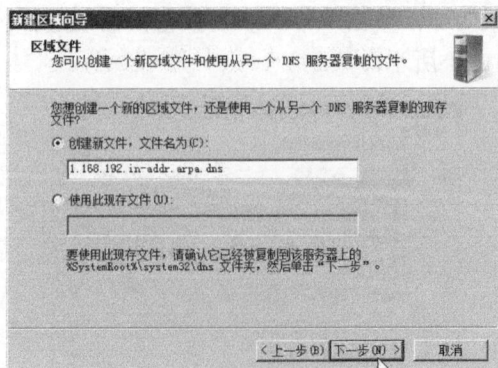

图 1-14　区域文件

步骤 7：在动态更新对话框中选中"不允许动态更新"单选按钮，单击"下一步"按钮，如图 1-15 所示。

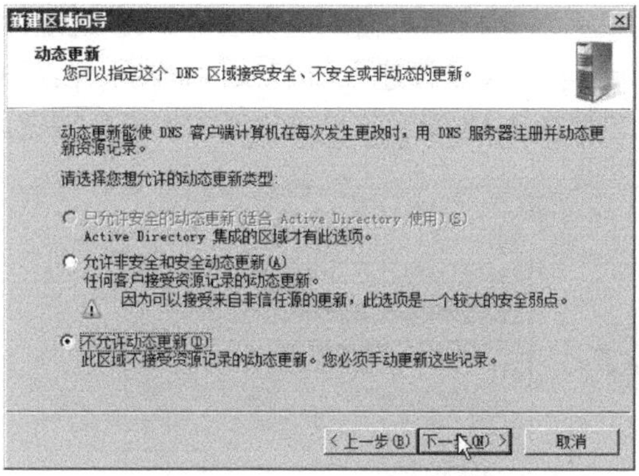

图 1-15　不允许动态更新

步骤 8：在"新建区域向导"对话框中单击"完成"按钮，如图 1-16 所示。

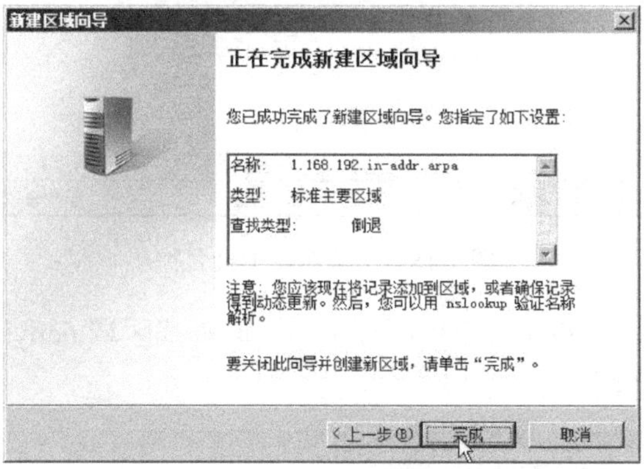

图 1-16　完成新建区域向导

步骤 9：此时，可以在 DNS 管理控制台中看到新创建的反向查找区域 1.168.192 in-addr，如图 1-17 所示。

图 1-17　查看反向查找区域

3．新建主机记录

步骤1：右击"tianyi.com"，选择"新建主机"命令。

步骤2：在"新建主机"对话框中，输入主机名称、IP 地址。勾选"创建相关的指针（PTR）记录"复选框（这样可以在新建主机记录的同时，在反向查找区域 192.168.1.X Subnet 中创建 PRT 记录），如图 1-18 所示，单击"添加主机"按钮。

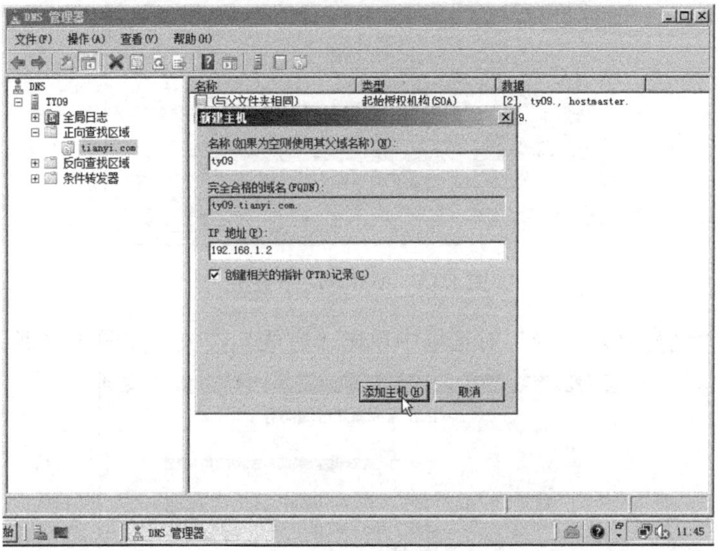

图 1-18　填写新建主机名称

步骤3：此时，可以在 DNS 管理控制台中的正向查找区域 tianyi.com 下，看到新添加主机记录 ty09，如图 1-19 所示。

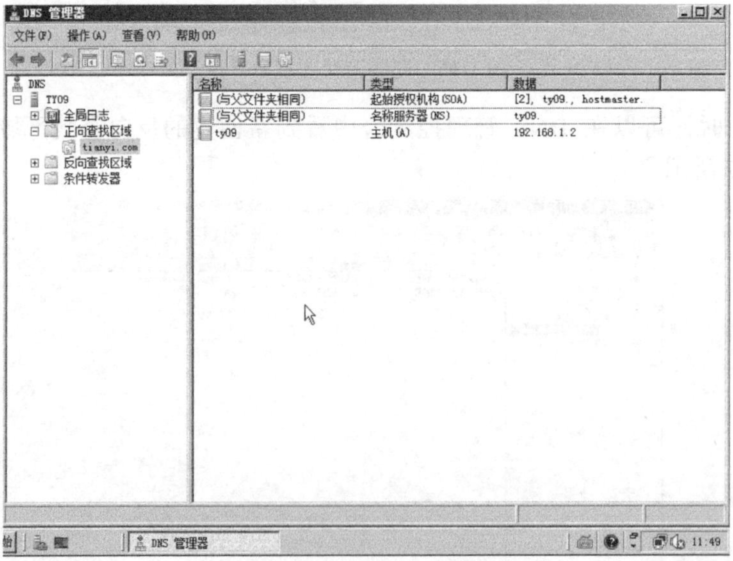

图 1-19　查看新建主机记录

步骤 4：右击"1.168.192.in-addr.arpa"，选择"新建指针（PTR）"命令，如图 1-20 所示。

图 1-20 新建指针

步骤 5：在"新建资源记录"对话框中输入主机 IP 地址和主机名，如图 1-21 所示。

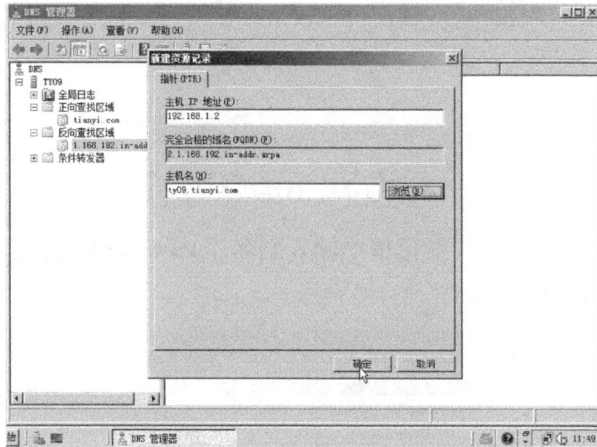

图 1-21 新建指针资源记录

步骤 6：此时，可以在 DNS 管理控制台中的反向查找区域 1.168.192.in-addr.arpa 下，看到新添加的 PTR 记录，如图 1-22 所示。

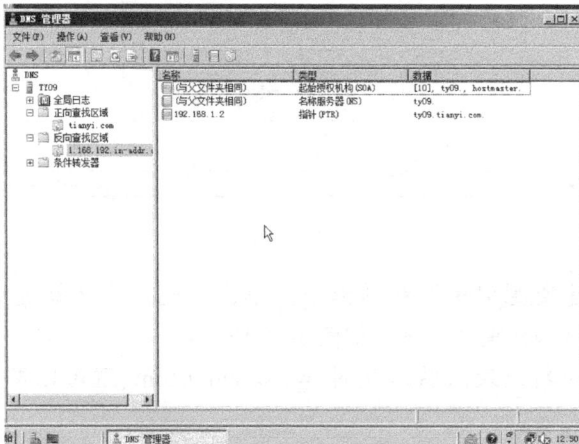

图 1-22 查看指针资源记录

4．新建别名记录

步骤 1：按照新建正向查找区域的方法创建区域 tianyi.com。

步骤 2：右击"tianyi.com."，在弹出的快捷菜单中选择"新建别名"命令，如图 1-23 所示。

图 1-23　新建别名

步骤 3：在"新建资源记录"对话框中输入别名"www"和目标主机的完全合格的域名 ty09.tianyi.com，如图 1-24 所示。

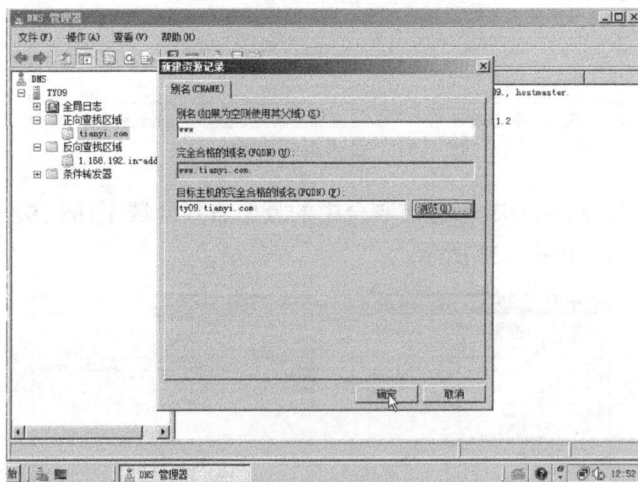

图 1-24　新建别名

步骤 4：在"新建资源记录"对话框中，单击"确定"按钮完成创建，此时就会在 tianyi.com 区域中看到 www 别名记录，如图 1-25 所示。

在创建了 Web 别名记录以后，此时 www.tianyi.com 就可以解析到 www.tianyi.com [192.168.1.2]了。

图 1-25　查看别名资源记录

5. 配置转发器

如果企业内部拥有多台 DNS 服务器，企业可能会处于安全方面考虑而只允许其中一台 DNS 服务器可以直接与外界 DNS 服务器通信，而让其他 DNS 服务器将查询请求委托给这一台 DNS 服务器来查询。也就是说，这一台 DNS 服务器是其他 DNS 服务器的转发器。

假设本地 DNS 服务器的 IP 地址为 192.168.1.2，转发器的 IP 地址为 202.96.134.133。下面介绍配置转发器的方法。

步骤 1：右击本地 DNS 服务器，选择"属性"命令，如图 1-26 所示。

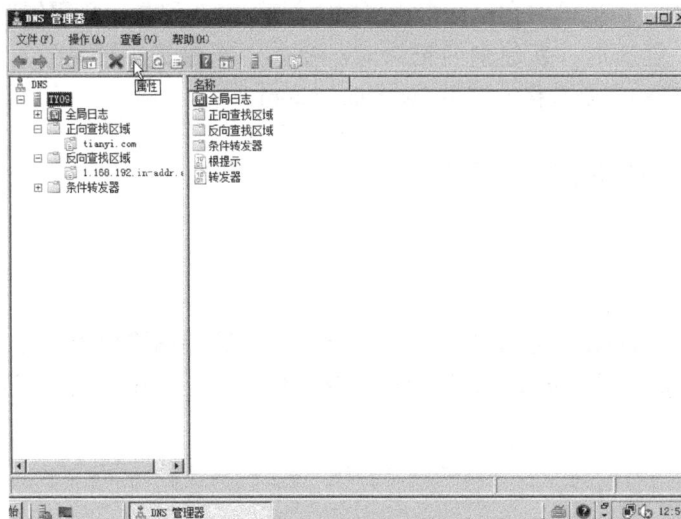

图 1-26　属性

步骤 2：在"TYOP 属性"对话框中，打开"转发器"选项卡，在所选域的转发器的 IP 地址列表中添加转发器的 IP 地址 202.96.134.133，如图 1-27 所示。

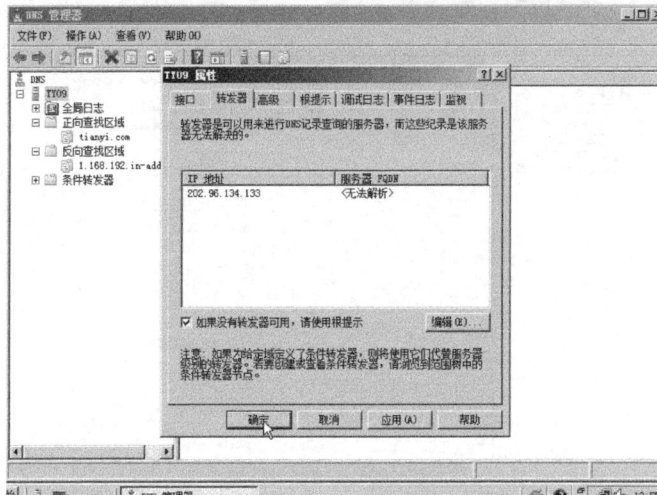

图 1-27　编辑转发器

在配置了转发器以后，如果 202.96.134.133 上有域名 ftp.tianyi.com，而本地 DNS 服务器 192.168.1.2 上没有该记录，则本地 DNS 服务器就可以通过转发器解析到域名 ftp.tianyi.com，然后该记录就会缓存到本地 DNS 服务器上，下次直接解析而不需要再查询转发器。

任务回顾

本任务主要是通过在天骥公司内部架设一台 DNS 服务器，来解析本网络内的域名。配置过程中需要注意以下几点：第一次新建区域时，要选择"主要区域"，并且不允许动态更新；"新建主机"时，可以同时在反向查找区域中创建 PRT 记录，只需勾选"创建相关的指针（PRT）记录"复选框；新建别名记录时，要在"新建资源记录"对话框中输入别名"www"和目标主机的完全合格的域名www.tianyi.com。

任务二　DNS 客户端设置

任务描述

天骥公司的内部 DNS 服务器已经配置好，但是员工还是不能用域名访问 Web 服务器，经理找到管理员问明原因，管理员经过查询后告诉经理，这是因为还没有进行 DNS 客户端设置。

任务分析

DNS 服务器配置好后还需要配置 DNS 客户机，主要是为客户机指定 DNS 服务器的 IP 地址，从而使它们能请求 DNS 服务。有两种方法来实现 DNS 客户端设置：一是动态获得 DNS 服务器地址；二是配置静态 DNS 服务器地址。

静态 DNS 服务器地址的设置非常简单，请选手自行完成。下面主要用动态获得 DNS 服务器地址实现。

任务实现

动态获得 DNS 服务器地址，就是与 DHCP 服务器结合使用，即在 DHCP 服务器上为 DHCP 客户端配置 DNS 服务器。

步骤1：在 DHCP 服务器中，右击"作用域选项"→"配置作用域选项"，如图 1-28 所示。

图 1-28　配置选项

步骤2：在 DHCP 服务器的"作用域 选项"对话框的"常规"选项卡中，选择"006 DNS 服务器"，在"IP 地址"文本框中输入 DNS 服务器的 IP 地址，单击"添加"按钮，如图 1-29 所示。

步骤3：在客户机的"Internet 协议（TCP/IP）属性"对话框中，选中"自动获得 DNS 服务器地址"单选按钮，如图 1-30 所示。

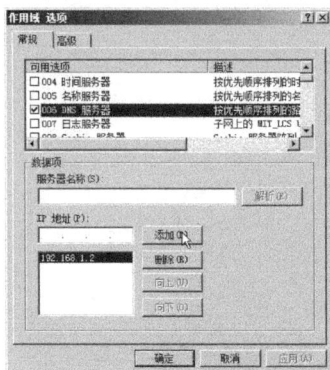

图 1-29　DNS 服务器 IP 地址

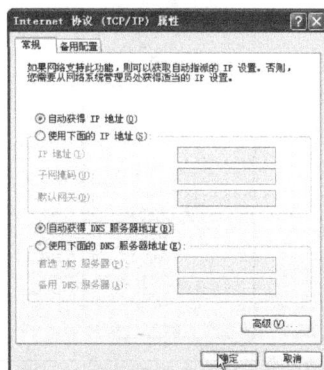

图 1-30　自动获得 DNS 服务器地址

任务回顾

本任务主要是进行 DNS 客户端设置。配置过程中需要注意以下几点：动态获得 DNS 服务器地址，要与 DHCP 服务器结合使用，即在 DHCP 服务器上为 DHCP 客户端配置 DNS 服务器。在客户机的"Internet 协议（TCP/IP）属性"对话框中，选中"自动获得 DNS 服务器地址"单选按钮。

任务三 DNS 辅助区域配置

任务描述

天骅公司的经理早晨来到公司，准备给客户发一封电子邮件，但发现上不了网，要管理员查明原因，管理员发现 DNS 服务器中毒，导致 DNS 解析失败。为了解决这个问题，管理员建议安装两台 DNS 服务器，一台作为主服务器，另一台作为辅助服务器。这样就可以解决这个问题。

任务分析

为了解决由于主 DNS 服务器发生软/硬件故障导致不能上网的问题，管理员分析非常正确，重新配置一台辅助 DNS 服务器，这样，当主 DNS 服务器正常运行时，辅助服务器只起备份作用，当主 DNS 服务器发生软/硬件故障后，辅助 DNS 服务器便立即启动，承担 DNS 解析服务，自动从主 DNS 服务器上获取相应的数据，因此，无须在辅助 DNS 服务器中添加各种主机记录。

天骅公司主 DNS 服务器 IP 为 192.168.1.2，正向查找区域为 tianyi.com。辅助 DNS 服务器 IP 设为 192.168.1.254，在主 DNS 服务器上配置区域复制属性，在辅助 DNS 服务器中创建辅助区域。

步骤 1：右击主 DNS 服务器中的"tianyi.com"，选择"属性"，如图 1-31 所示。

图 1-31 区域属性

步骤 2：在"属性"对话框中打开"区域传送"选项卡，勾选"允许区域传送"复选框，选中"只允许到下列服务器"单选按钮，在"IP 地址"文本框中输入 IP 地址 192.168.1.254，单击"编辑"按钮，如图 1-32 所示。

步骤 3：右击辅助 DNS 服务器中的"正向查找区域"，在下拉菜单中选择"新建区域"命令，如图 1-33 所示。

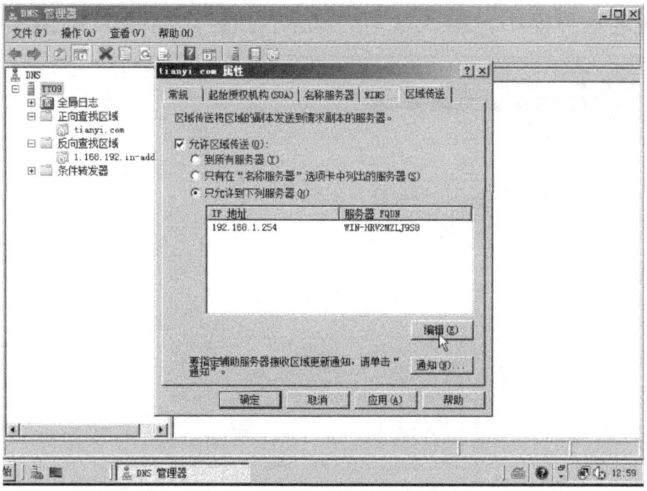

图 1-32　区域传送

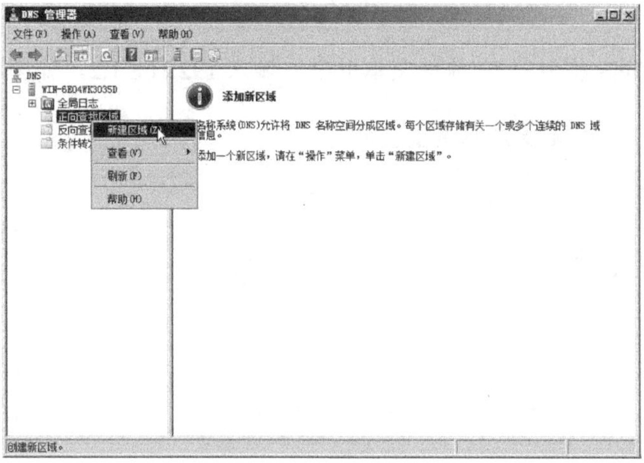

图 1-33　新建区域

步骤 4：在区域类型界面中选中"辅助区域"单选按钮，如图 1-34 所示。

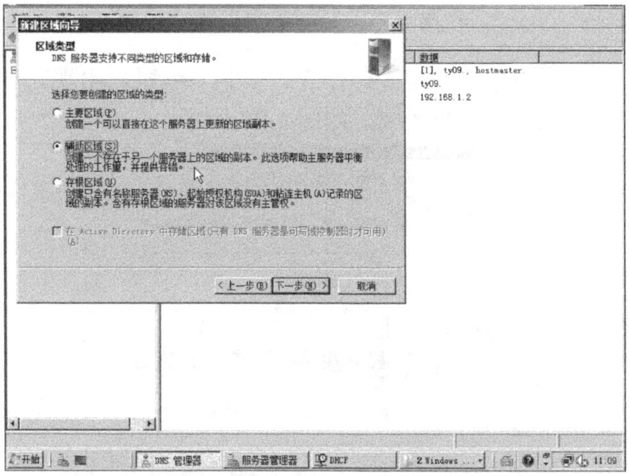

图 1-34　辅助区域

步骤5：在区域名称界面中，输入域名"tianyi.com"，如图1-35所示。

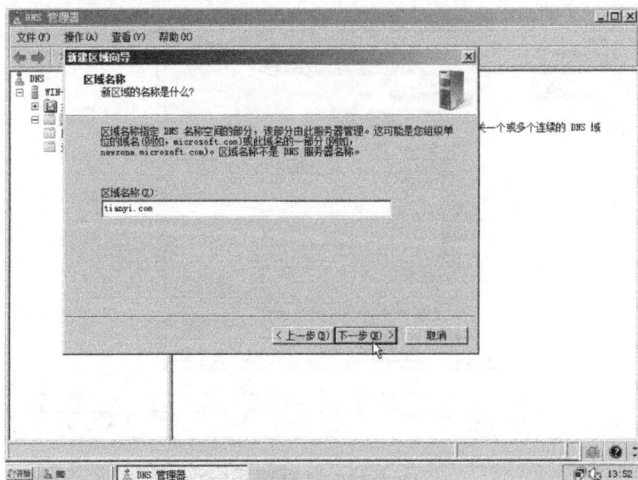

图1-35　区域名称

步骤6：在主DNS服务器IP地址文本框中，输入192.168.1.2，如图1-36所示。

图1-36　主DNS服务器

步骤7：在如图1-36所示文本框中单击"下一步"按钮，出现完成新建区域的界面，这样就创建了名为tianyi.com的辅助区域，如图1-37所示。

图1-37　辅助区域完成向导

步骤 8：在 DNS 管理控制台中的正向查找区域 tianyi.com 下，可以看到从主 DNS 服务器主要区域 tianyi.com 中复制了主机记录 www，如图 1-38 所示。

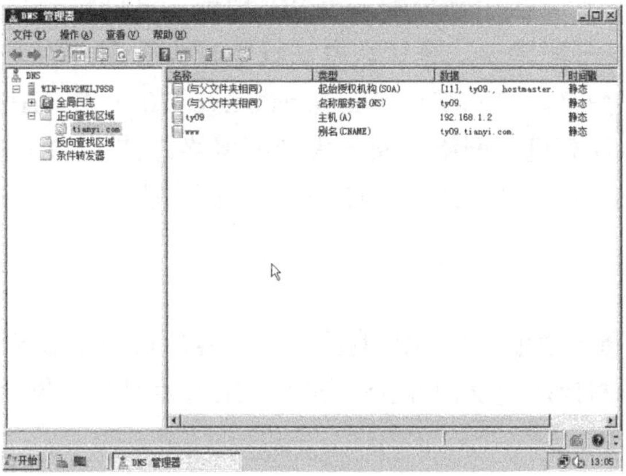

图 1-38 查看复制的主机记录

小贴士

配置完辅助区域，就可以复制区域文件了。区域文件复制在以下情况时发生。

（1）当辅助 DNS 服务器的 DNS 服务启动时，或者辅助区域的刷新间隔（默认 15min）到期时，它会向主 DNS 服务器主动请求更新。

（2）当主 DNS 服务器向辅助 DNS 服务器通知区域更改时。

（3）当在区域的辅助服务器中使用 DNS 控制台手动启动区域复制时，即右击辅助区域，从弹出的快捷菜单中选择"从主服务器复制"命令时。

步骤 9：验证辅助 DNS 是否生效。

将主 DNS 服务器关机，在客户机上的"Internet 协议（TCP/IP）属性"对话框中，选中"使用下面的 DNS 服务器地址"单选按钮，在备用 DNS 服务器选项中，填入辅助服务器的 IP 地址 192.168.1.100。然后让员工利用域名访问 Web 服务器，能访问则验证通过。

任务回顾

本任务主要是进行 DNS 辅助区域应用配置。配置过程中需要注意以下几点：在主 DNS 服务器上配置区域复制属性，在"属性"对话框中打开"区域传送"选项卡，勾选"允许区域传送"复选框，选中"只允许到下列服务器"单选按钮，在"IP 地址"文本框中输入辅助 DNS 服务器 IP 地址。在辅助 DNS 服务器中创建辅助区域，要输入主 DNS 服务器的 IP 地址。

任务四 DHCP 的作用域应用

任务描述

一天中午，天驿公司总经理发现自己的计算机"IP 地址冲突"，并且上不了网，找来管理员解决该问题，管理员认为是有员工擅自修改 IP 地址导致的，可以通过搭建一台 DHCP 服务器解决该问题。

任务分析

网络管理员为每一台计算机手动分配一个 IP 地址，这样将会大大加重网络管理员的负担，还容易导致 IP 地址分配错误，有什么办法既能减少管理员的工作量、减小输入错误的可能，还能避免 IP 地址冲突。熟练掌握 Windows Server 2008 中 DHCP 的作用域配置。

天驿公司有 100 台计算机的网络，属于大中型网络，使用 DHCP 服务器可以大大提高效率。使用 Windows Server 2008 来进行 DHCP 的作用域配置。

知识链接

DHCP 指的是由服务器控制一段 IP 地址范围，客户机登录服务器时就可以自动获得服务器分配的 IP 地址和子网掩码，从而减少管理地址配置复杂性的网络协议。

任务实现

步骤 1：单击"开始"→"管理工具"→"计算机管理"，在服务器管理器中执行添加角色，如图 1-39 所示。

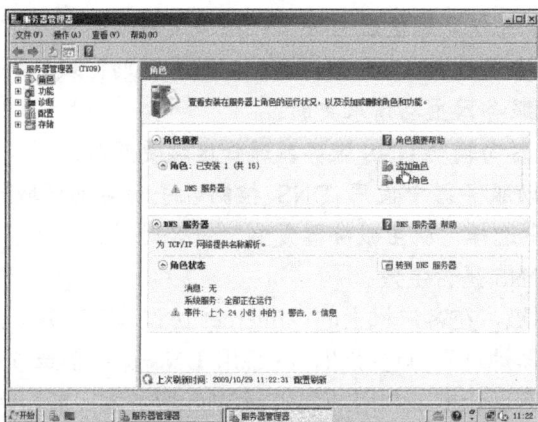

图 1-39　添加角色

步骤 2：选择"DHCP 服务器"复选框，单击"下一步"按钮，如图 1-40 和图 1-41 所示。

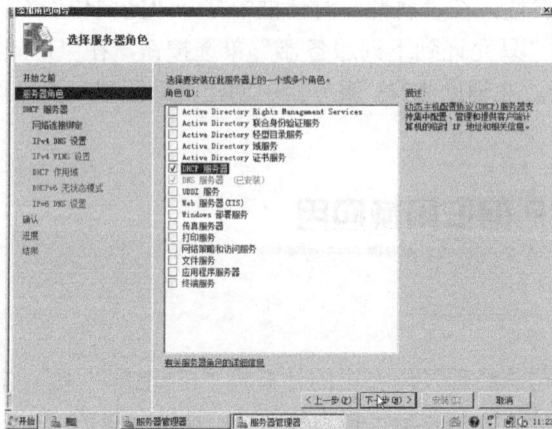

图 1-40　DHCP 服务器一

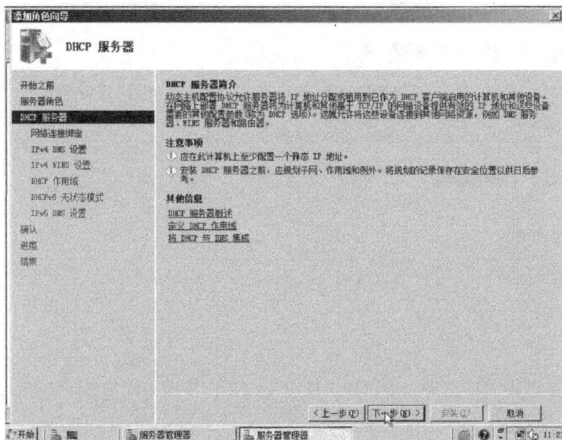

图 1-41　DHCP 服务器二

步骤 3：自动选择"网络连接绑定"后，单击"下一步"按钮，如图 1-42 所示。

图 1-42　选择网络连接绑定

步骤 4：在 IPv4 DNS 设置、IPv4 WINS 设置、DHCP 作用域、DHCPv6 无状态模式、IPv6 DNS 设置等操作步骤中，都单击"下一步"按钮，如图 1-43 至图 1-47 所示。

图 1-43　指定 IPv4 DNS 服务器设置

图 1-44　指定 IPv4 WINS 服务器设置

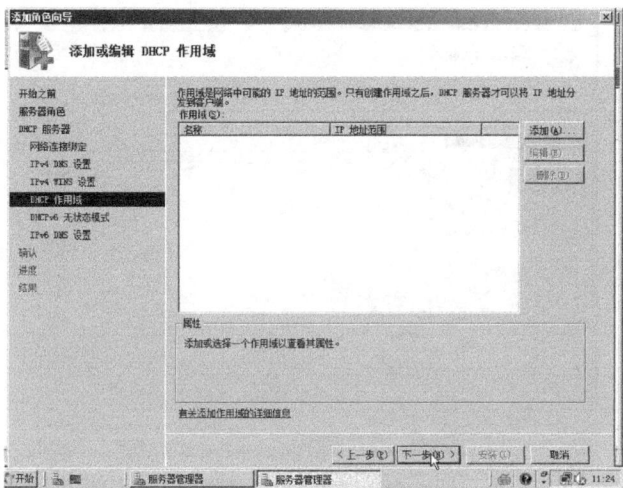

图 1-45　添加或编辑 DHCP 作用域

图 1-46　配置 DHCPv6 无状态模式

图 1-47　指定 IPv6 DNS 服务器设置

步骤 5：单击"安装"按钮，稍候片刻，完成 DHCP 角色的添加，如图 1-48 所示。

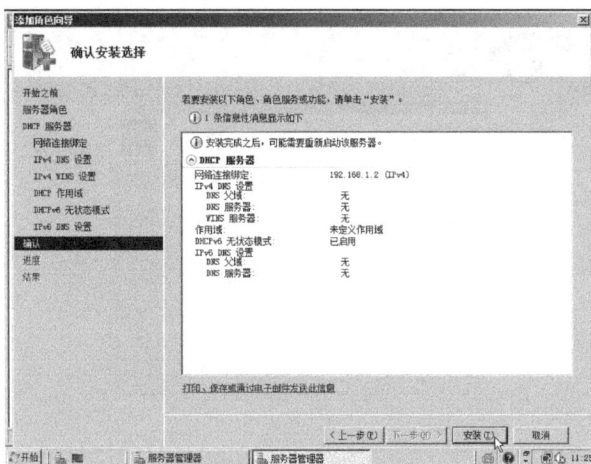

图 1-48　确认安装选择

步骤 6：展开 IPv4 选项，在快捷菜单中选择"新建作用域"命令，如图 1-49 所示。

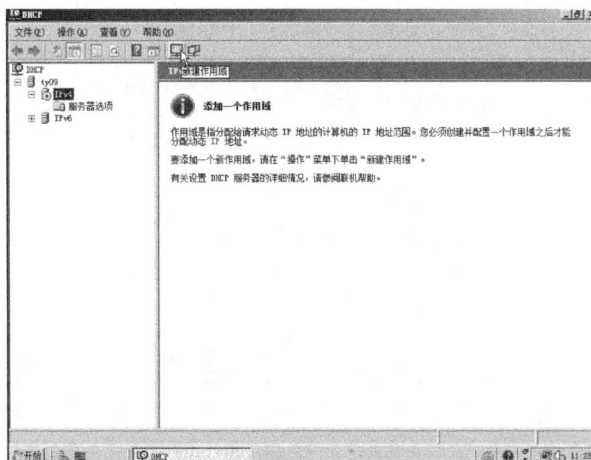

图 1-49　新建作用域

步骤 7：单击"下一步"按钮，输入作用域名称，如图 1-50 和图 1-51 所示。

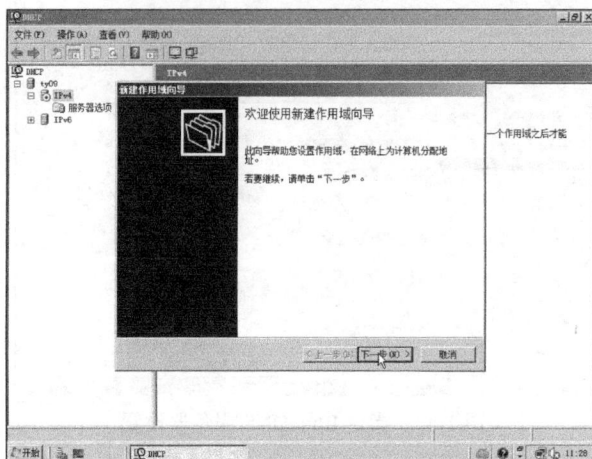

图 1-50　新建作用域向导

图 1-51　输入作用域名称

步骤 8：输入起始 IP 等信息，然后单击"下一步"按钮，如图 1-52 所示。

图 1-52　IP 地址范围

步骤 9：输入排除 IP 地址范围、服务器分配的作用域租用期限，可根据需要进行设置，此处省略。

步骤 10：选中"是，我想现在配置这些选项"单选按钮，单击"下一步"按钮，然后，输入路由网关 IP，如图 1-53 和图 1-54 所示。

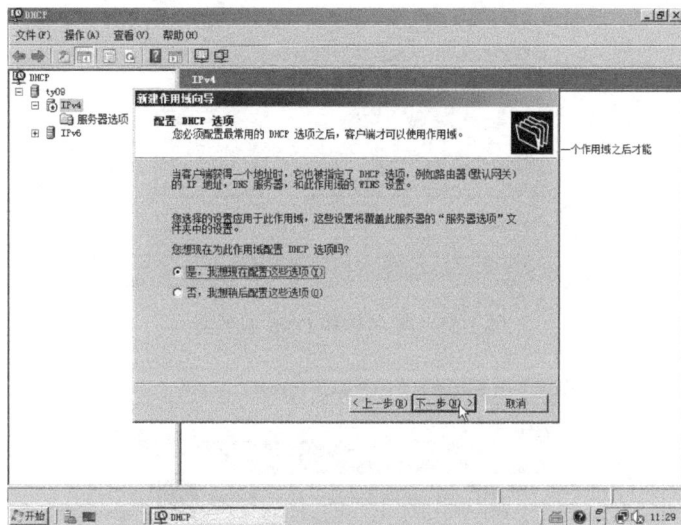

图 1-53　配置 DHCP 选项

图 1-54　默认网关

步骤11：在以下几步，连续单击"下一步"按钮，即可完成 DHCP 配置，如图 1-55 至图 1-58 所示。

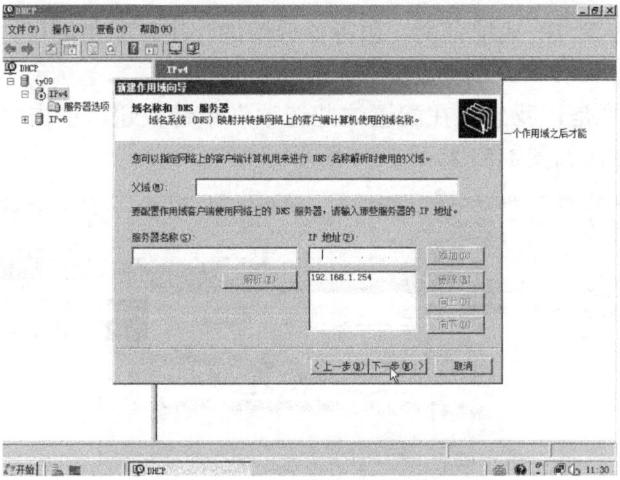

图 1-55　域名称和 DNS 服务器

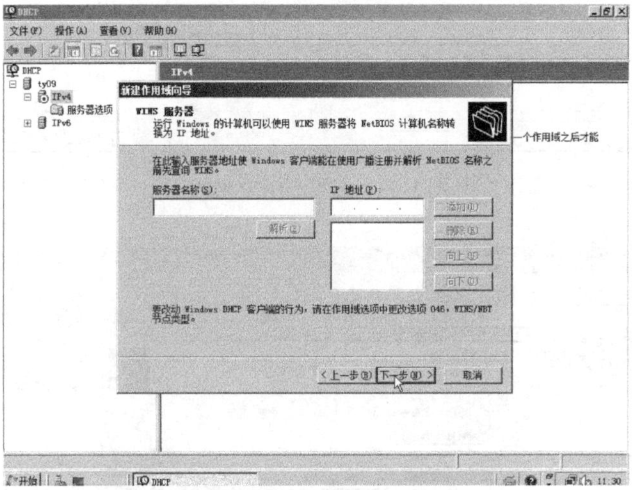

图 1-56　WINS 服务器

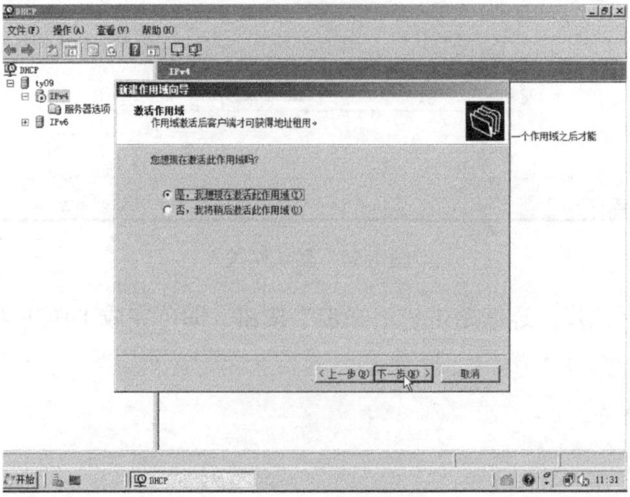

图 1-57　激活作用域

图 1-58 完成新建作用域向导

验证：在员工的计算机中单击"控制面板"，选择"网络连接"命令，右击本地连接的图标，在弹出的快捷菜单中选择"属性"命令，在打开的对话框中，选中"Internet 协议（TCP/IP）"复选框，然后单击"属性"按钮，在打开的对话框中选中"自动获得 IP 地址"及"自动获得 DNS 服务器地址"单选按钮，单击"确定"按钮。利用 ipconfig 命令来看一下员工计算机的 IP 地址分配情况。进入 DOS 模式下，在命令提示符下输入"ipconfig/all"命令，可以看到，DHCP 客户机已经成功租用了 IP 地址及一些信息，如默认网关192.168.1.1，DNS 服务器 192.168.1.2，还有子网掩码、租约期限等，打开网络能正常上网，则 DHCP 服务器配置成功。

任务回顾

本任务主要是进行 DHCP 的作用域应用配置。配置过程中需要注意以下几点：起始 IP 地址和结束 IP 地址要在同一个子网内。配置 DHCP 选项时要把网关和 DNS 一并配置完。

任务五 DHCP 配置保留 IP

任务描述

天驿公司已经配置好 DHCP 服务器，但总经理发现有时 IP 地址会变化，使用起来不方便，现想使用同一个 IP 地址。经理找到管理员，管理员认为此问题可以使用保留 IP 地址来实现。

任务分析

要实现此功能，需要在作用域中配置客户机保留地址，将指定的 IP 地址保留给某个特定的 DHCP 客户计算机。在配置过程中，需要提供客户机的 MAC 地址和支持的类型。

任务实现

步骤 1：右击"保留"项，在弹出的快捷菜单选择"新建保留"命令，如图 1-59 所示。

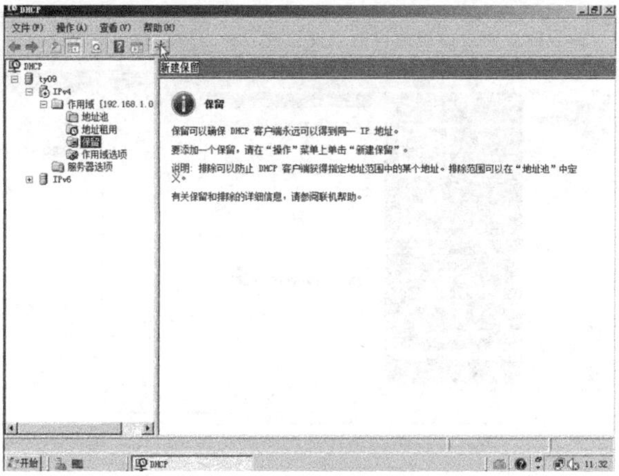

图 1-59　新建保留

步骤 2：输入如图 1-60 所示信息。保留名称任意填写，IP 地址输入起始的 IP 地址，MAC 地址是输入网卡的地址，中间不要用横杠，描述任意输入。MAC 地址：开始→运行→输入 cmd→ipconfig/all，本机网卡地址为：00-0c-29-E3-39-83。

图 1-60　填入新建保留信息

步骤 3：单击"添加"按钮，完成配置。

步骤 4：验证保留 IP 是否成功。

管理员在总经理的计算机上，进入 DOS 模式，在命令提示符下输入"ipconfig/all"命令，可以看到，总经理的计算机已经成功租用了 IP 地址及一些信息，如 IP 地址 192.168.1.100，默认网关 192.168.1.1，DNS 服务器 192.168.1.2，还有子网掩码、租约期限等，打开网络能正常上网。关机后重复上面的操作，得到的 IP 地址一样，则 DHCP 配置保留 IP 成功。

小贴士

默认情况下大部分计算机使用的一般都是自动获取 IP 地址的方式，无须进行修改。至此，DHCP 客户端计算机已经全部设置完成。在 DHCP 服务器正常运行的情况下，首次开机的客户端计算机会自动获取一个 IP 地址并拥有一定时间的使用期限。

客户端无法获得 IP 地址：如果 DHCP 客户端没有已配置的 IP 地址，这通常说明该客户端无法联系 DHCP 服务器。这可能是由网络问题导致的，也可能因为 DHCP 服务器不可用。如果 DHCP 服务器启动并且其他客户端可获得有效地址，请检查该客户端是否具备有效的网络连接，以及所有相关客户端硬件设备（包括电缆和网络适配器）是否工作正常。

任务回顾

本任务主要是进行 DHCP 配置保留 IP。配置过程中需要注意以下几点：要查看需要保留 IP 的主机 MAC 地址。MAC 地址是输入网卡的地址，中间不要用横杠。

比赛心得

在企业网项目的技能比赛中，Windows Server 服务器配置比赛中关于 DNS 与 DHCP 服务器的配置应用是比较广泛的，题目要求的参数一般比较多，临场操作时，众多考生由于阅读题意不太细心，经常在一些操作细节中由于参数的配置不到位而被扣分。所以，在平时的训练中，教练应该在配置参数上变化，让选手多练，在多次的训练中，提高选手的操作速度，同时保证考生做题的完整性、科学性。

实训

1. 某企业的网络要配置一台 DHCP 服务器，为网络内部的计算机自动分配 IP 地址。

要求如下：

（1）检查系统是否已安装 DHCP 服务，没有则先安装 DHCP 服务；

（2）设置该网络计算机 DHCP 服务器的 IP 地址；

（3）DHCP 服务器必须授权，未经授权操作的服务器无法提供 DHCP 服务；

（4）当 DHCP 服务器被授权后，还需要对它设置 IP 地址范围；

（5）给客户端计算机设置一定时间的租约；

（6）设置服务器端的路由器和 DNS；

（7）保存 DHCP 服务的所有设置；

（8）客户端必须自动获取 IP 地址；

（9）客户端用网络命令来测试 DHCP 服务。

2. 新建一个企业的 DHCP 服务器站点，要求如下：

（1）做 DHCP 服务的计算机必须安装能做服务器的操作系统 Windows Server 2008；

（2）设置客户端自动获取 IP 地址。

3. 某企业要构建一个 DNS 服务器，能进行本地域名的正向和方向解析。

（1）设置如表表 1-1 所示的主机名。

表 1-1

主　机　名	对　应　地　址
www.ks1X.com	192.168. X .37
www.ks2X.com	192.168. X .37

（2）设定以上主机的反向解释地址。

（3）启动 DNS 服务器的动态更新功能。

（4）使用 ping 命令测试 www.ks1X.com 是否成功连接。

（5）使用 ping 命令测试 www.ks2X.com 是否成功连接。

项目二　IIS 应用

WWW（万维网）正在逐步改变全球用户的通信方式，这种新的大众传媒比以往的任何一种通信媒体都要快，因而受到人们的普遍欢迎。在过去的十几年中，WWW 飞速增长，融入了大量的信息，利用 IIS 建立 Web 服务器是目前世界上使用最广泛的手段之一。

任务一　安装 IIS 并配置 FTP

任务描述

天驿公司由于规模不断扩大，员工的数量也逐渐增多，经理发现有时员工共享一些文件很麻烦，经理希望有一种技术可以满足这种需要，经理找到管理员让他来解决，管理员认为搭建一个 FTP 服务器就可以了，用 IIS 可以实现此功能。

任务分析

Windows 提供的 IIS 服务器中内嵌了 FTP 服务器软件，包括配置 FTP 站点、配置 Web 站点等功能，所以管理员的决定是正确的，管理员准备实施。

任务实现

步骤 1：右击"我的电脑"，单击"管理"，弹出"服务器管理器"窗口，如图 2-1 所示。

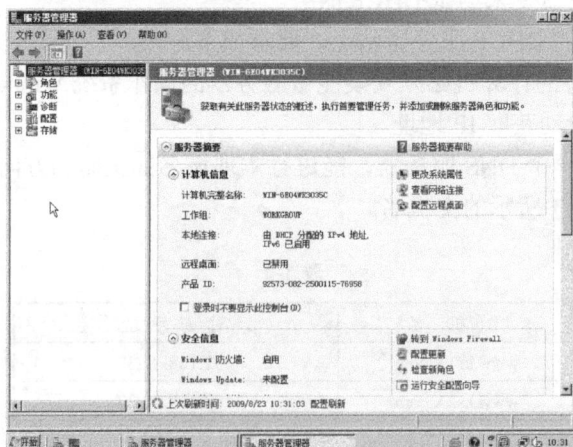

图 2-1　"服务器管理器"窗口

步骤 2：单击"角色"→"添加角色"，单击"下一步"按钮、选择"Web 服务器（IIS）"复选框，如图 2-2 所示。

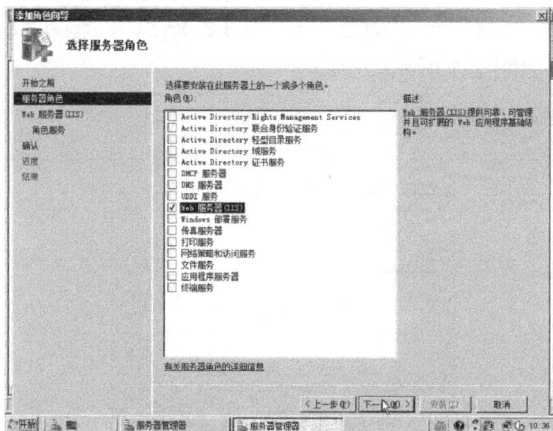

图 2-2 选择"Web 服务器（IIS）"

步骤 3：单击"下一步"按钮，选择"FTP 发布系统"、"FTP 服务器"、"FTP 管理控制台"复选框，单击"下一步"→"安装"按钮，如图 2-3 所示。

图 2-3 选择角色选项

步骤 4：安装完成后，单击"开始"→"程序"→"管理工具"，打开"Internet 信息服务（IIS）6.0 管理器"窗口，如图 2-4 所示。

图 2-4 打开"Internet 信息服务（IIS）6.0 管理器"窗口

步骤5：右击"FTP 站点"→"新建"→"FTP 站点"，输入该 FTP 的名称，设置该 FTP 的 IP 地址和端口，如图 2-5 所示。

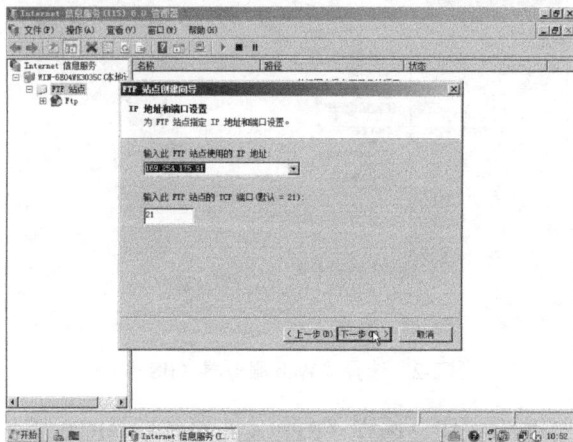

图 2-5　设置该 FTP 的 IP 地址和端口

步骤6：选择 FTP 的路径，单击"完成"按钮。FTP 站点创建完成，如图 2-6 所示。

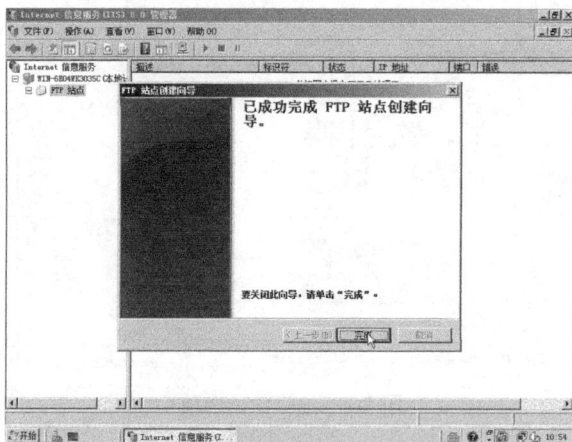

图 2-6　FTP 站点创建完成

任务回顾

本任务主要讲述了 FTP 服务器的安装和简单配置，对于选手来说还是比较简单的，但选手切不可粗心大意，要认真练习，达到非常熟练。

任务二　配置 FTP 用户权限与安全性

任务描述

管理员成功创建 FTP 站点后，发现用户的权限非常混乱，也没有什么安全性可言，这样会造成员工之间互相访问，员工也可以访问经理的文件夹，管理员决定解决这些问题，以免经理有一天找自己的麻烦。

任务分析

在 FTP 服务器中，设置用户权限和安全性是非常重要的，这样可以保护用户文件的安全，所以管理员的想法是对的，因为如果不保护好员工的文件，很容易给公司造成损失，管理员决定开始实施。

任务实现

步骤 1：右击"Ftp-新建"，选择"属性"，如图 2-7 所示。

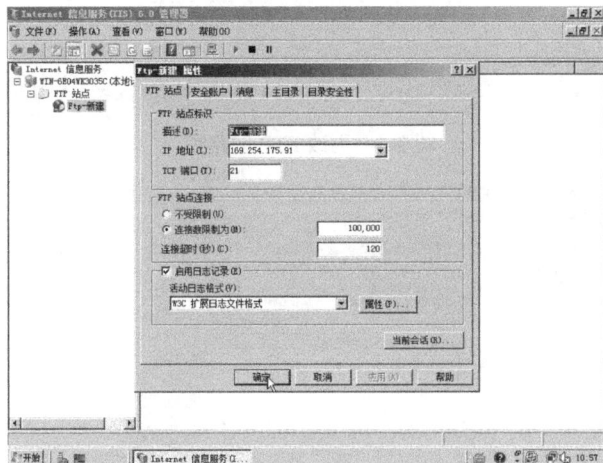

图 2-7　新建 FTP 站点

步骤 2：打开"安全账户"选项卡，更改匿名登录该 FTP 的用户，如图 2-8 所示。

步骤 3：打开"主目录"选项卡，更改该 FTP 的路径，如图 2-9 所示。

步骤 4：打开"目录安全性"选项卡，设置限制某个 IP 访问该 FTP 或只允许某个 IP 访问该 FTP，如图 2-10 所示。

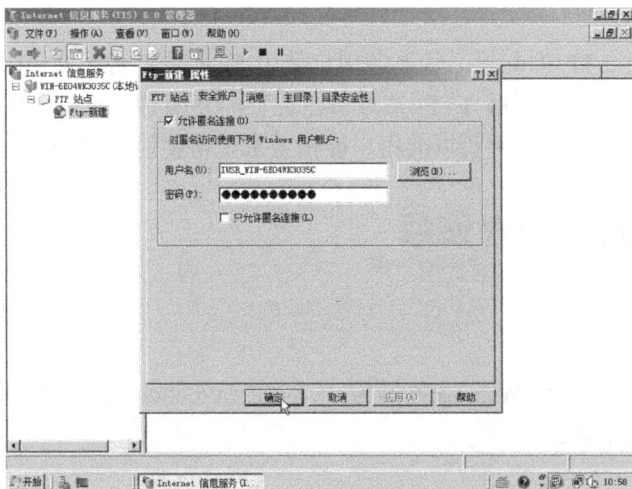

图 2-8　更改匿名登录该 FTP 的用户

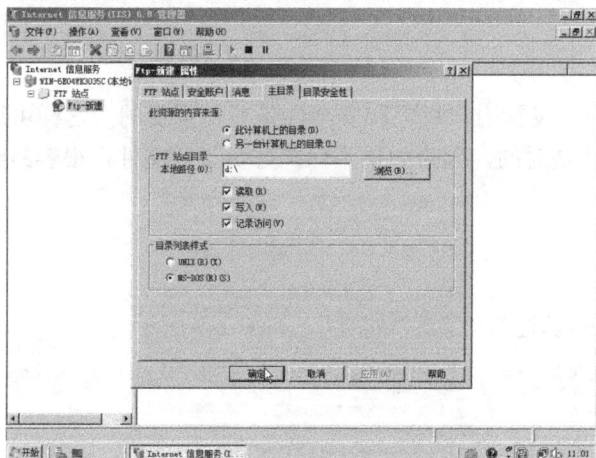

图 2-9　更改 FTP 的路径

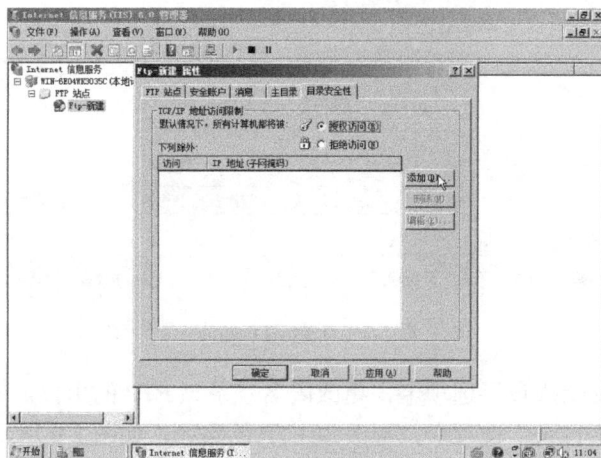

图 2-10　访问限制

任务回顾

本任务主要讲述 FTP 的配置，验证各用户使用 FTP 站点的各种权限是否正常。在本任务的配置之前，不仅要清楚了解 FTP 站点所在位置，并明确站点开放的用户或用户组，正确配置相应用户的权限，保证所要求的用户能按要求正常使用 FTP 站点。

任务三　创建 WWW 站点

任务描述

天驿公司准备搭建一个 Web 服务器为：www.tianyi.com，用来作为宣传公司的形象网站，经理让管理员去实施。

任务分析

使用 Internet 信息服务（IIS），可以很容易地创建 Web 站点，配置 Web 站点之前，必须清楚了解 Web 站点文件所在位置，正确配置首页文件。配置完成后，应及时使用网页文件，测试 Web 站点是否成功运行。

任务实现

步骤 1：在"服务器管理器"窗口中单击"角色"→"Web 服务器（IIS）"→"Internet 信息服务（IIS）"，如图 2-11 所示。

图 2-11　Internet 信息服务（IIS）管理器

步骤 2：右击"网站"，选择"添加网站"，在弹出的"添加网站"对话框中设置该站点名称、主目录、IP 地址，完成后单击"确定"按钮，如图 2-12 所示。

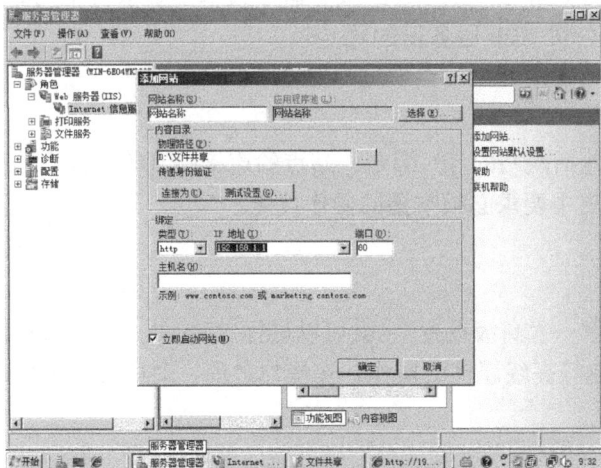

图 2-12　添加网站

步骤 3：需要浏览站点时，打开 IE 浏览器，在地址栏输入站点的 IP 地址即可访问该站点，如图 2-13 所示。

任务回顾

本任务操作完成后，必须确保所访问的网页内容正常可见，在验证时留意网页的脱机记录情况，采用刷新所访问站点的方法，力求网站浏览效果对应网页的最新状态。

图 2-13　测试网页

任务四　设置 WWW 网站高级属性

任务描述

为了更好地管理好天驿公司的 Web 服务器，技术部要求每个网络管理员设置 Web 网站高级属性，来保证公司 Web 服务器的稳定性。

知识链接

网站的高级设置包括网站的 IP 绑定、站点的连接限制等，其中连接超时、最大带宽指定、IP 绑定是技能竞赛中要求必须掌握的操作技能。

任务分析

打开"管理网站"→"高级设置"，就可以进行 Web 站点高级属性的管理操作了。本任务涉及 Web 连接限制等高级属性的操作，在操作之前，对所要求的所有属性要明确，力求一次操作成功。

任务实现

步骤 1：右击站点，选择"管理网站"→"高级设置"，弹出"高级设置"对话框，如图 2-14 所示。

步骤 2：右击站点，选择"编辑绑定"命令，在弹出的"网站绑定"对话框中可以修改该站点的 IP 地址和主机名，如图 2-15 所示。

图 2-14 "高级设置"对话框

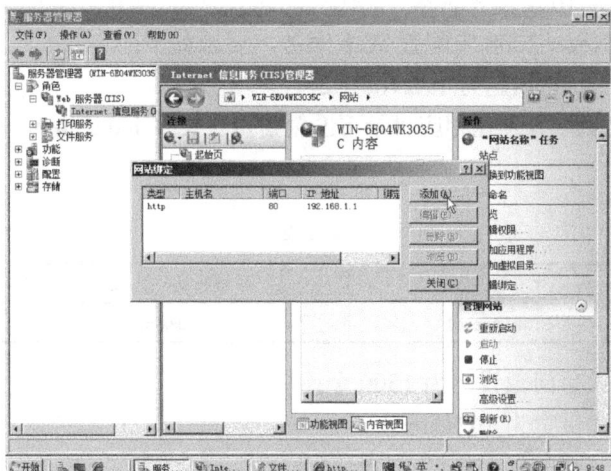

图 2-15 网站绑定

任务回顾

本任务操作涉及 Web 服务器的属性设置,在应用操作过程中,不仅要注意站点的连接限制,在网站绑定的操作中,更要注意端口和 IP 绑定的应用。

比赛心得

在企业网项目的技能比赛中,Windows Server 服务器应用知识点众多,选手接触 Windows 操作系统的初期阶段,可以先练习以下操作技能:用户与组的管理、安装 IIS、配置 FTP、配置 Web 站点,并尝试对站点的高级属性进行相应的设置,经过多次操作,选手自然会熟悉 Windows 操作系统配置环境,从而提高选手深入研究 Windows 操作系统的信心和兴趣。队员的钻研信心和兴趣是训练初期阶段的重点培养内容,这对队员在专业技能上的提高帮助极大。

实训

1．在 Windows Server 2008 中配置 FTP 服务，要求如下：

（1）FTP 服务 IP 为 192.168.1.201；

（2）设定 FTP 主机，每组的用户只能访问对应的目录，管理员可以管理所有目录，如表 2-1 所示；

表 2-1

用　户	组	目　录	访 问 性
hjselA	OfficerA	C:\www\site1	只读
HjselB	OfficerB	C:\www\site2	读/写
HjselC	OfficerC	C:\www\site3	读/写

（3）连接超时 2min；

（4）最大连接数为 100。

2．在 Windows Server 2008 中配置 Web 服务，要求如下：

（1）设定 Web 服务 IP 锁定为 192.168.1.201；

（2）设定 Web 主机，分别在相应目录下面创建网页文件 index.htm，index.html，如表 2-2 所示；

表 2-2

主 目 录	启 动 主 页
C:\www\site1	index.htm

（3）每个站点最大访问数设定为 1500 个连接；

（4）每个站点最大带宽为 1024kbps。

项目三　共享和磁盘管理

计算机联网的主要目的就是资源共享，资源共享包括软件资源和硬件资源的共享。软件资源共享主要是共享文件夹。但用户将某个文件夹共享后，网络上的用户在权限许可的情况下就可以访问该文件夹的文件、子文件夹等内容。

数据存储是操作系统的重要功能之一，网络管理员的主要工作就是保证用户和应用程序有足够的磁盘空间保存和应用数据。磁盘管理的主要功能就是磁盘分区和卷的管理、磁盘配额和磁盘的日常维护管理。

任务一　设置共享文件夹

任务描述

天驿公司的员工为了工作的方便，想有一台计算机上可以存放大家的内容，以便有需要的员工可以去访问，这样也就不用拿优盘传来传去了，于是找到管理员帮忙解决，管理员认为最简单的方法就是利用共享。

小贴士

共享配置操作较为容易，在比赛过程中，选手常由于操作失误而丢分，很多配置的参数都有默认值，而比赛一般需要更改默认值。

任务分析

管理员的决定是正确的，因为用优盘传来传去很容易让自己的计算机感染病毒，员工们之间进行最简单的信息访问就是共享了，这样可以解决员工的很多烦恼，管理员的工作量也不是很大，于是管理员决定实施。

任务实现

步骤1：右击需要共享的文件夹，选择"属性"命令，如图3-1所示。

步骤2：打开"共享"选项卡，单击"共享（S）"按钮，设置要与其共享的用户后单击"共享"按钮，如图3-2所示。

步骤3：右击共享文件夹，选择"属性"→"共享"，单击"高级共享"按钮，弹出"高级共享"对话框，如图3-3所示。

图 3-1　"文件共享 属性"对话框

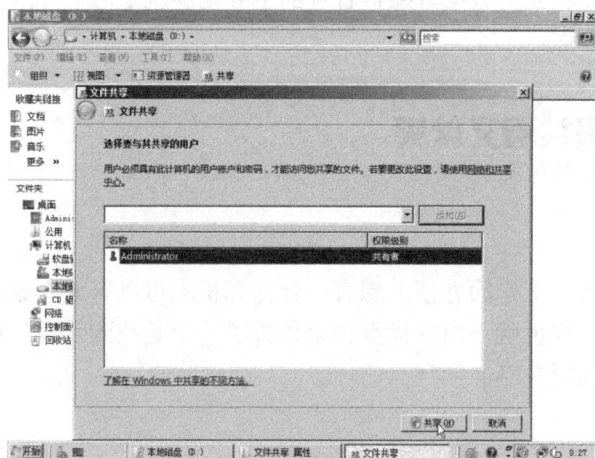

图 3-2　选择要共享的用户

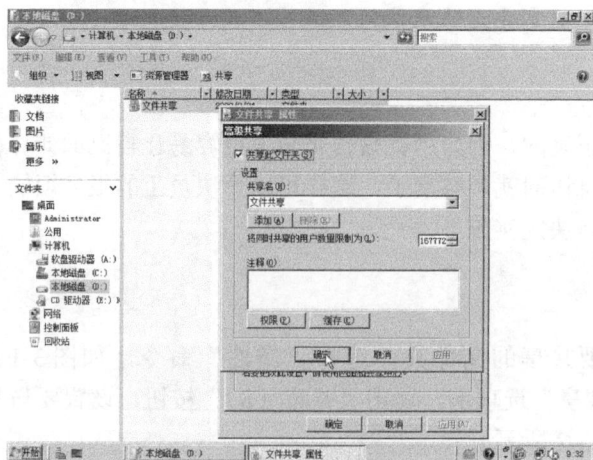

图 3-3　设置共享名

步骤 4：单击"添加"按钮，可以添加该文件的共享名称，并设置用户访问数量，再单击"确定"按钮，如图 3-4 所示。

图 3-4　添加共享名称

步骤 5：单击"权限"按钮，弹出"文件共享名称 的权限"对话框，设置用户访问该共享文件夹的权限，再单击"确定"按钮，如图 3-5 所示。

步骤 6：测试共享。采用以下办法，可以测试建立的共享是否正常。单击"开始"→"运行"，输入"\\IP 地址"（例如 IP 地址为：\\1.1.1.1），如图 3-6 所示。

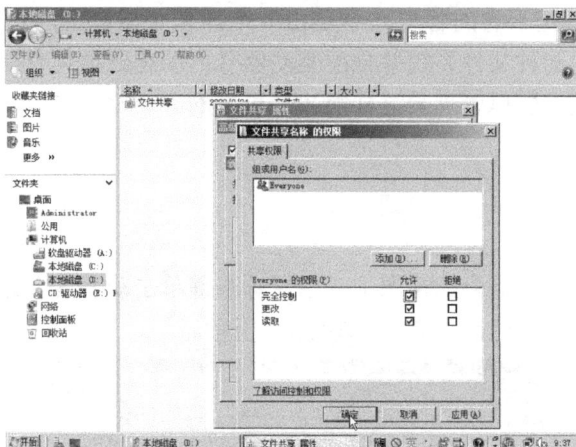

图 3-5　设置共享权限

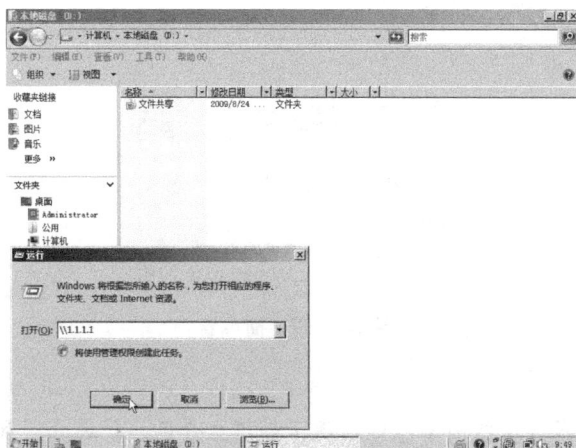

图 3-6　测试共享应用

任务回顾

本任务的实现，首先必须确定要设置共享的计算机，明确共享的目录和权限，在 Windows 的操作中实现，这个任务完成后，还要注意测试共享应用效果，这样才可以检查设置是否正确。

任务二　动态磁盘管理

任务描述

天驿公司的员工，在访问服务器时，经常抱怨速度慢，而且管理员也发现服务器的磁盘空间即将用完，管理员决定添置大容量磁盘为内部员工提供网络存储、文件共享、数据库等网络服务功能，以满足日常的办公需要，针对速度慢、空间不够等问题，管理员决定购买硬盘后使用动态磁盘进行管理。

任务分析

动态磁盘的管理是基于卷的管理。卷是由一个或多个磁盘上的可用空间组成的存储单元，可以将它格式化为一种文件系统并分配驱动器号。动态磁盘具有提供容错、提高磁盘利用率和访问效率的功能，所以管理员这样解决是正确的。

任务实现

1. 简单卷

步骤 1：在磁盘管理控制台的视图下，用鼠标右键单击动态盘上标记为"未分配"的可用空间，按照需要选择"新建简单卷"，如图 3-7 所示。

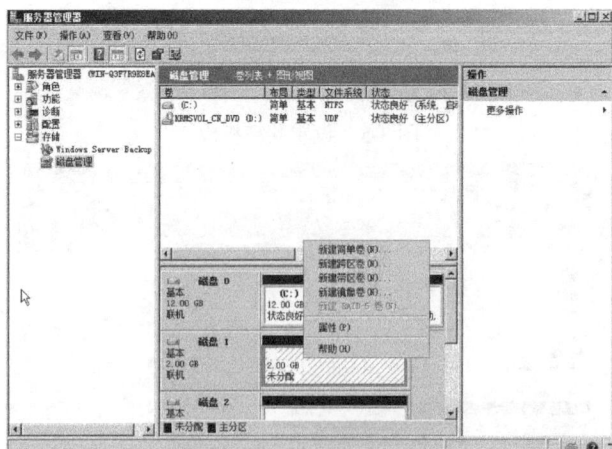

图 3-7　新建简单卷

小贴士

基本盘只支持简单卷，这些简单卷可以用于创建主分区、扩展分区和逻辑驱动器。如果把一个基本磁盘升级为动态磁盘时其已经包含有分区，则所有这些分区都将自动转化为简单卷。

步骤 2：在打开的"新建简单卷向导"对话框中列出了新建卷的最大容量和最小容量。在默认情况下，简单卷的大小等于磁盘上剩余的未指派空间的大小。设置完毕后单击"下一步"按钮，如图 3-8 所示。

小贴士

卷的大小根据需要而定。若先期创建的简单卷容量不足，则日后可扩展它的容量。

步骤 3：打开"分配驱动器号和路径"对话框，该对话框中提供了三个可选项，分别是分配以下驱动器号、装入以下空白 NTFS 文件夹中，不分配驱动器号或驱动器路径。选中"分配以下驱动器号"单选按钮，并单击"下一步"按钮，如图 3-9 所示。

图 3-8　指定简单卷大小

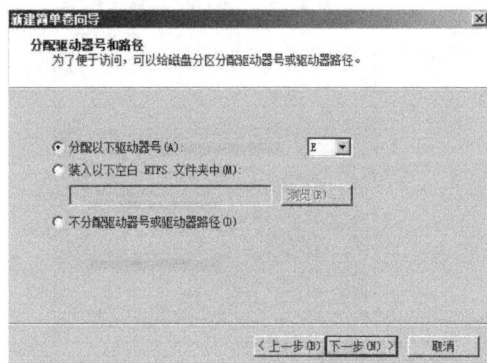

图 3-9　分配驱动器号和路径

步骤 4：在打开的"格式化分区"对话框中可以选择卷的格式化类型。另外还要指定分配单位大小和设置卷标，并可以使用快速格式化，选中"执行快速格式化"复选框，并依次单击"下一步"→"完成"按钮。向导会开始创建并配置卷，如图 3-10 所示。

小贴士

只有被格式化为 NTFS 文件系统的简单卷和跨区卷才可以被扩展。快速格式化选项不会进行磁盘错误检查。

步骤 5：在磁盘管理界面，可以看到新添加的简单卷，表示创建成功，如图 3-11 所示。

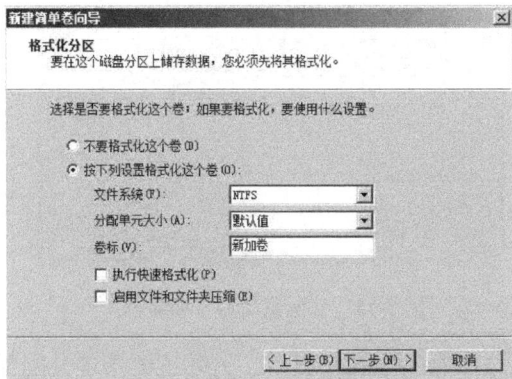

图 3-10　格式化分区

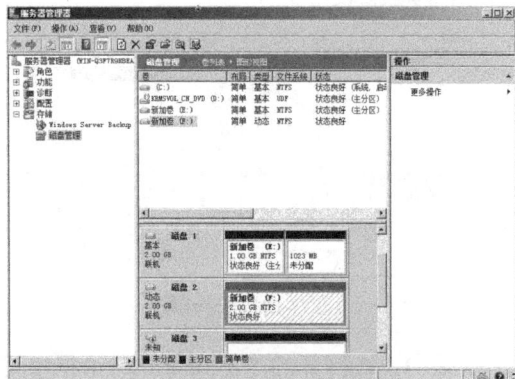

图 3-11　显示简单卷

2. 跨区卷

步骤 1：在磁盘管理控制台的图形视图下，用鼠标右键单击动态盘上标记为"未分配"的可用空间，按照需要选择"新建跨区卷"，如图 3-12 所示。

步骤 2：在打开的"新建跨区卷"对话框中列出了新建卷的最大容量和最小容量。在默认情况下，跨区卷的大小等于磁盘上剩余的未指派空间的大小。设置完毕后单击"下一步"按钮，如图 3-13 和图 3-14 所示。

图 3-12　新建跨区卷

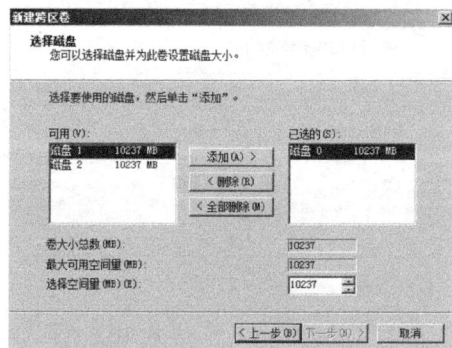

图 3-13　选择磁盘

小贴士

跨区卷可跨越多块磁盘，卷容量大小为所包含的各个磁盘选择空间量的和。

步骤 3：打开"分配驱动器号和路径"对话框，该对话框中提供了三个可选项，分别是分配以下驱动器号、装入以下空白 NTFS 文件夹中、不分配驱动器号或驱动器路径。选中"分配以下驱动器号"单选按钮，并单击"下一步"按钮，如图 3-15 所示。

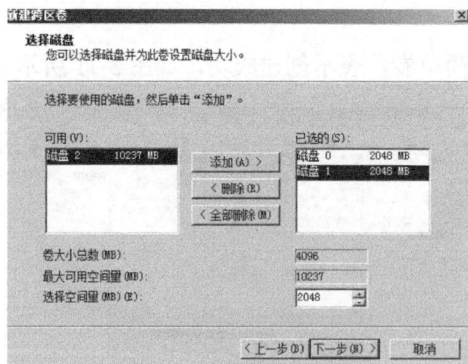

图 3-14　选择磁盘

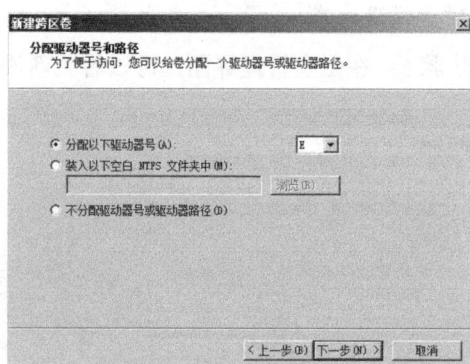

图 3-15　分配驱动器号和路径

步骤 4：在打开的"格式化"对话框中可以选择卷的格式化类型。另外还要指定分配单位大小和设置卷标，并可以使用快速格式化，选中"执行快速格式化"复选框，并依次单击"下一步"→"完成"按钮。向导会开始创建并配置卷，如图 3-16 所示。

步骤 5：点击"完成"按钮，跨区卷创建结束，如图 3-17 所示。

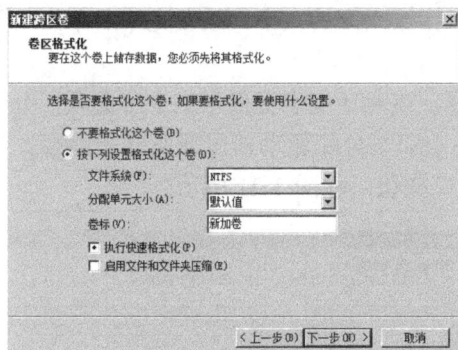

图 3-16 卷区格式化   图 3-17 完成跨区卷创建

步骤 6：在磁盘管理界面，可以看到新添加的跨区卷，表示创建成功，如图 3-18 所示。

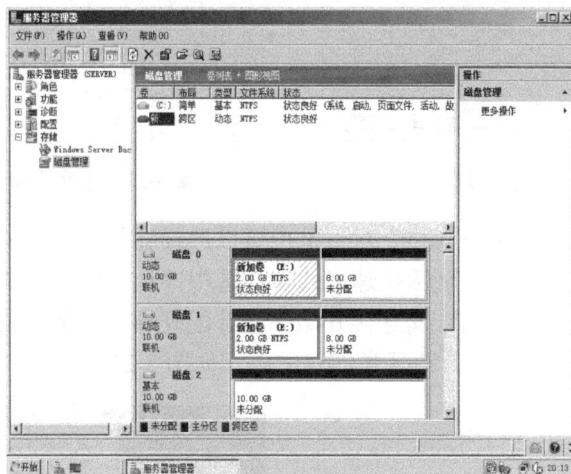

图 3-18 显示跨区卷

3．带区卷

步骤 1：在磁盘管理控制台的图形视图下，用鼠标右键单击动态盘上标记为"未分配"的可用空间，按照需要选择"新建带区卷"，如图 3-19 所示。

图 3-19 新建带区卷

步骤 2：在打开的"新建跨区卷向导"对话框中列出了新建卷的最大容量和最小容量。在默认情况下，跨区卷的大小等于磁盘上剩余的未指派空间的大小。设置完毕后单击"下一步"按钮，如图 3-20 所示。

步骤 3：打开"分配驱动器号和路径"对话框，该对话框中提供了三个可选项，分别是分配以下驱动器号、装入以下空白 NTFS 文件夹中和不分配驱动器号或驱动器路径。选中"分配以下驱动器号"单选按钮，并单击"下一步"按钮，如图 3-21 所示。

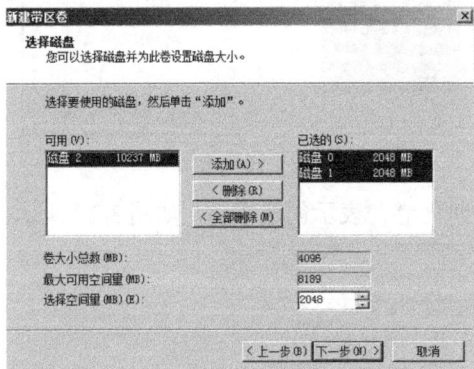

图 3-20　选择磁盘

图 3-21　分配驱动器号和路径

步骤 4：在打开的"卷区格式化"对话框中可以选择卷的格式化类型。另外还要指定分配单位大小和设置卷标，并可以使用快速格式化，选中"执行快速格式化"复选框，并依次单击"下一步"→"完成"按钮。向导会开始创建并配置卷，如图 3-22 所示。

步骤 5：单击"完成"按钮，跨区卷创建结束，如图 3-23 所示。

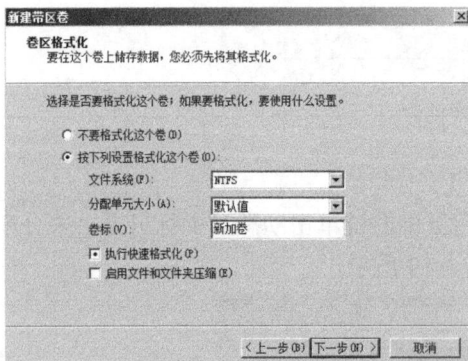

图 3-22　卷区格式化

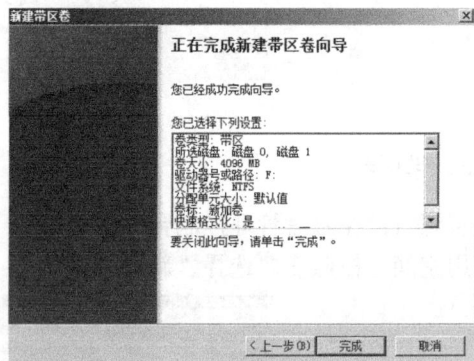

图 3-23　完成带区卷创建

步骤 6：在磁盘管理界面，可以看到新添加的跨区卷，表示创建成功，如图 3-24 所示。

4．镜像卷

步骤 1：在磁盘管理控制台的图形视图下，用鼠标右键单击动态盘上标记为"未分配"的可用空间，按照需要选择"新建镜像卷"，如图 3-25 所示。

步骤 2：在打开的"新建镜像卷向导"对话框中列出了新建卷的最大容量和最小容量。在默认情况下，跨区卷的大小等于磁盘上剩余的未指派空间的大小。设置完毕后单击"下一步"按钮，如图 3-26 所示。

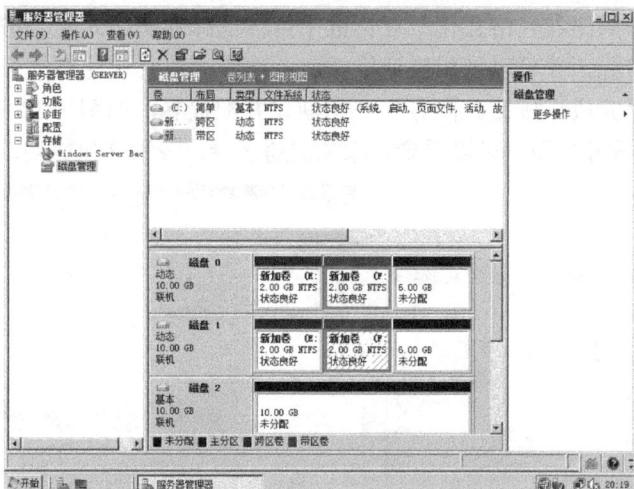

图 3-24　显示带区卷

图 3-25　新建镜像卷

步骤 3：打开"分配驱动器号和路径"对话框，选中"分配以下驱动器号"单选按钮，并单击"下一步"按钮，如图 3-27 所示。

图 3-26　选择磁盘

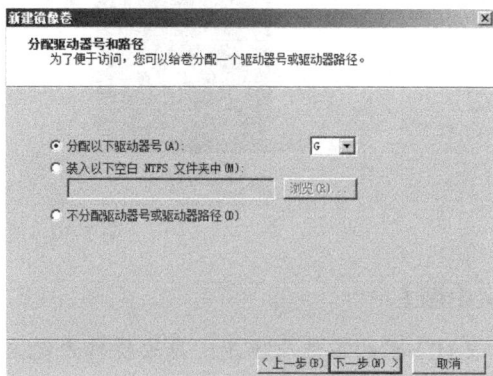

图 3-27　分配驱动器号和路径

步骤 4：在打开的"卷区格式化"对话框中可以选择卷的格式化类型。另外还要指定分配单位大小和设置卷标，并可以使用快速格式化，选中"执行快速格式化"复选框，并依次单击"下一步"→"完成"按钮。向导会开始创建并配置卷，如图 3-28 所示。

步骤 5：在磁盘管理界面，可以看到新添加的跨区卷，表示创建成功，如图 3-29 所示。

图 3-28　卷区格式化

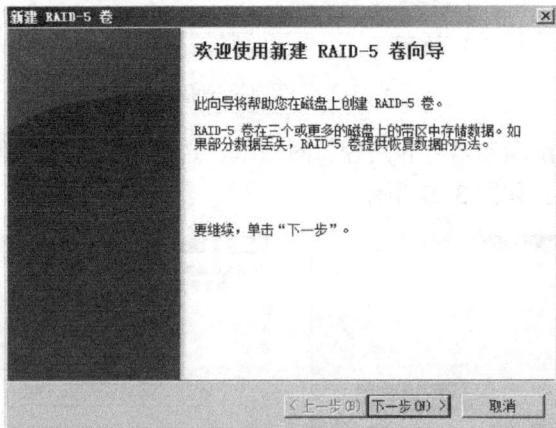

图 3-29　显示镜像卷

小贴士

要创建镜像集的卷必须是简单卷，同时在第二个动态盘上必须有和这个简单卷同等大小或者更大的一块未分配空间。

5. RDID-5

步骤 1：启动磁盘管理控制台，用鼠标右键单击动态盘上的未分配空间。然后选择"新建 RAID-5 卷"。启动新建 RAID-5 卷向导，单击"下一步"按钮，如图 3-30 所示。

图 3-30　新建 RAID-5 卷

小贴士

RAID-5 的工作原理是：每次操作系统写入 RAID-5 卷时，数据都会被写入组成集的每块磁盘上，而用于进行错误检查和纠错的数据奇偶校验信息也会被同时写入磁盘，不过校验信息和数据本身总是会被写入不同的磁盘中。

步骤 2：在打开的"选择磁盘"对话框中，使用该对话框选择需要被包含在该卷中的磁盘，以及需要多少空间用于该卷。从"可用"列表中选择一个或多个具有未分配空间的磁盘，单击"添加"按钮将其添加到"已选的"列表中，并选择空间量的大小，如图 3-31 所示。

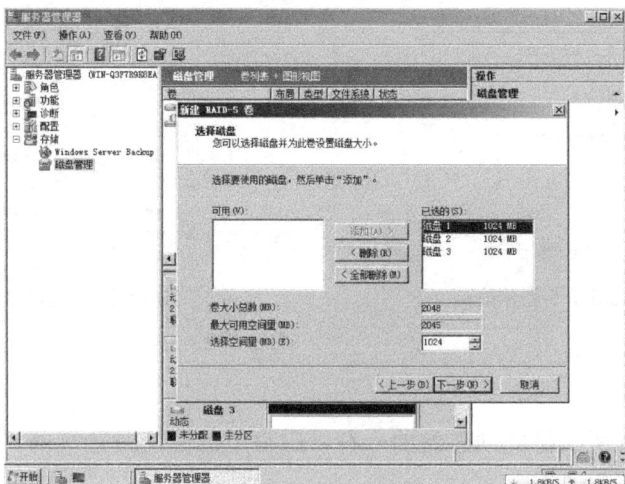

图 3-31 选择磁盘

小贴士

RAID-5 卷必须至少选择 3 个以上磁盘。

步骤 3：使用"分配驱动器号和路径"界面分配要使用的驱动器号或路径。选中"分配以下驱动器号"单选按钮，并单击"下一步"按钮，如图 3-32 所示。

步骤 4：在打开的"卷区格式化"对话框中可以选择卷的格式化类型。另外还要指定分配单位大小和设置卷标，并可以使用快速格式化，选中"执行快速格式化"复选框，并依次单击"下一步"→"完成"按钮。向导会开始创建并配置卷，如图 3-33 所示。

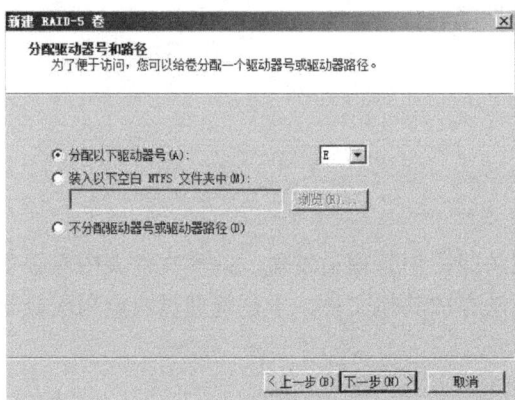

图 3-32 分配驱动器和路径

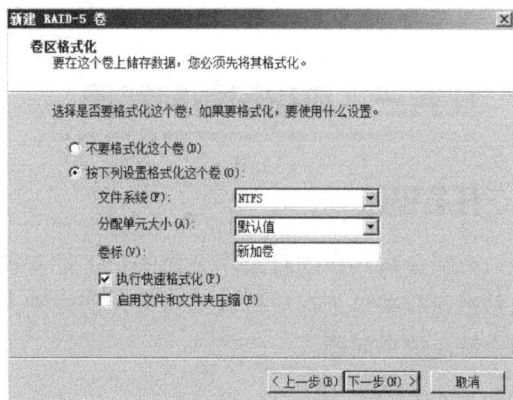

图 3-33 卷区格式化

步骤 5：单击"完成"按钮，RAID-5 创建结束，如图 3-34 所示。

步骤 6：在磁盘管理控制台可看到新添加的 RAID-5 卷，该卷跨越了 3 个磁盘，如图 3-35 所示。

图 3-34　RAID-5 创建完成　　　　图 3-35　显示 RAID-5

任务回顾

简单卷是动态盘所支持的动态卷的一种，磁盘上的空间是连续的，简单卷不提供容错能力。

跨区卷是指跨越多个驱动器或在同一个驱动器上，但空间不连续的卷。Windows 总是会首先将数据写入到跨区集中的第一个磁盘上，当该磁盘写满后，才会开始写入到第二个磁盘上，以此类推。

带区卷是指数据交错分布于两个或更多物理磁盘的卷，此类型卷上的数据交替且平均地分配到各个物理磁盘中，带区卷不能镜像或扩展。

镜像卷可以配置两个驱动器上的两个卷为完全一样的。数据会被同时写入两个驱动器中，如果一个驱动器发生故障，由于另一个驱动器包含了完全一样的数据，因此完全不会有数据丢失。

RAID-5 卷是指使用 RAID5 方式在 3 个或更多磁盘上创建的可容错带区卷。RAID5 是带奇偶校验的带区，实现比磁盘镜像更好的读取性能。

任务三　磁盘配额的管理

任务描述

天骐公司共享的目录，公司的员工都有权限访问，但管理员发现，共享文件夹中有很多总是出现有些员工存放过大的文件，造成别人无法存放其他文件，于是管理员决定用配额管理来解决这个问题。

小贴士

磁盘配额的管理经常涉及的问题有两个：磁盘配额限制和磁盘配额警告级别。例如，可以把用户的磁盘配额限制设为 300MB，把磁盘配额警告级别设为 250MB。在这种情况下，用户可在卷上存储的文件就不能超过 300MB，如果用户在卷上存储的文件超过 250MB，系统将提出警告信息。

任务分析

如果某个员工恶意占领太多的磁盘空间，将导致系统空间不足，员工使用磁盘空间的大小管理员是无法控制的，只有启用磁盘配额管理，才可以得到解决，所以管理员的想法是正确的。

任务实现

步骤 1：右击"我的电脑"→"管理"，选择"角色"，右击"文件服务"→"添加角色服务"，选择"文件服务器资源管理器"复选框，并单击"安装"按钮，如图 3-36 所示。

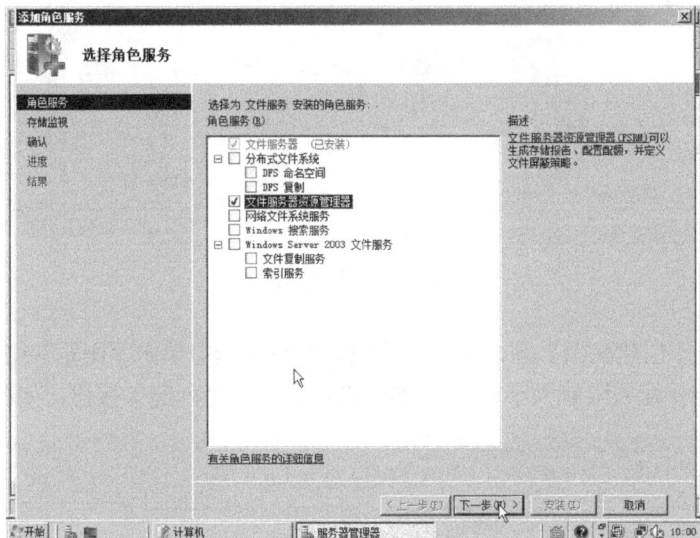

图 3-36 选择角色服务

步骤 2：在"服务器管理器"窗口中选择"角色"→"文件服务"→"共享和存储管理"→"文件服务器资源管理器"→"配额管理"→"配额"，如图 3-37 所示。

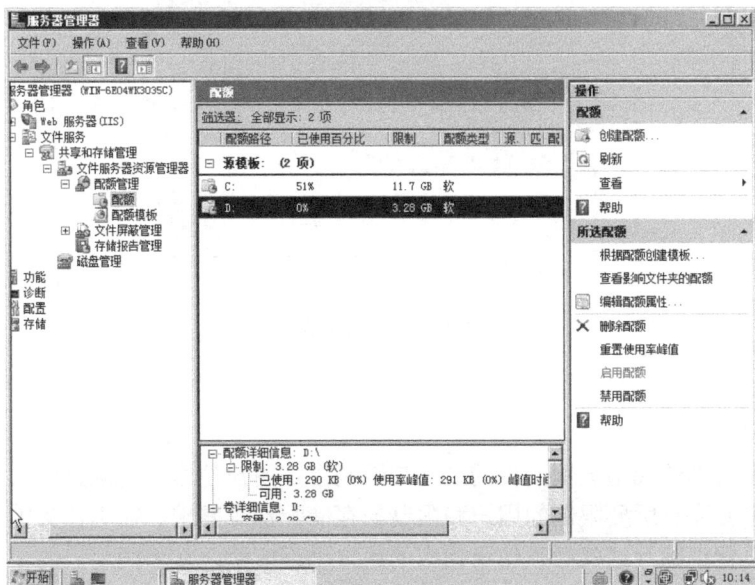

图 3-37 选择配额

步骤 3：右击"磁盘"，选择"编辑配额属性"，设置对该磁盘的配额，如图 3-38 所示。

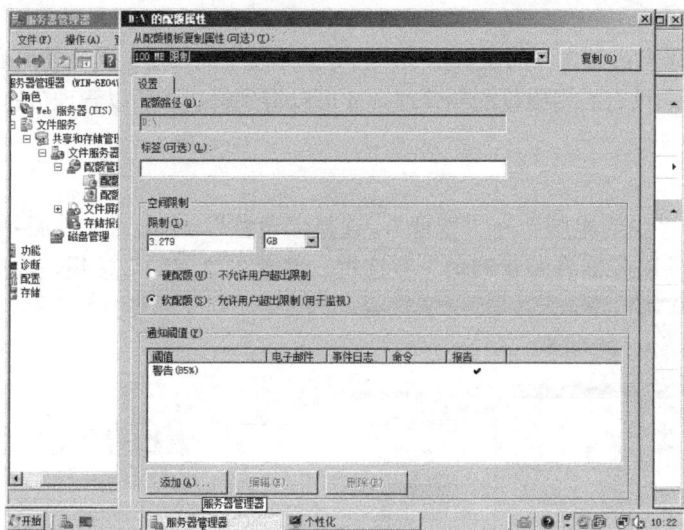

图 3-38　设置配额

步骤 4：单击"创建配额"项，在"创建配额"对话框中单击"浏览"按钮选择需要配置的文件夹路径，选择配置限制大小为 100MB，设置后单击"创建"按钮，如图 3-39 所示。

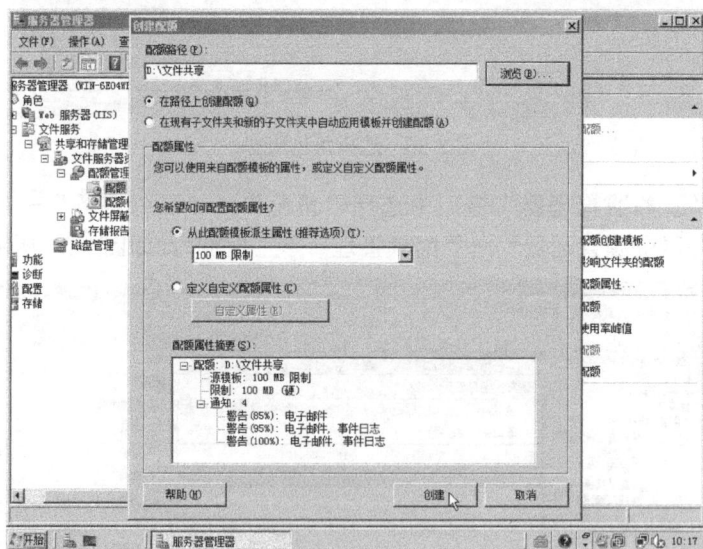

图 3-39　输入配额限制

任务回顾

配额管理是常见的应用案例，目的之一是限制指定用户使用指定磁盘的大小，所以，在操作之前，一定要注意所要限制的用户和限制的存储配额等要求。在本任务中，首先必须确保用户权限的设置正确，这就必须使用相应的用户进行应用，从不同用户的使用成败比较来验证设置是否成功。

任务四 卷影副本

任务描述

天驿公司的管理员在服务器上做了一个共享目录，以便员工们保存文件，但管理员发现，共享文件夹内的文件一旦被误删除，是无法恢复的，这是很危险的。于是管理员想到了可以使用卷影副本技术来实现。

小贴士

卷影副本服务（Volume Shadow Copy Service），它以预定的时间间隔为存储在网络共享文件中的文件创建副本文件。一旦共享文件被恶意修改或破坏，用户就能根据这些副本文件进行还原。

任务分析

大家一定记得 Windows XP 的系统还原功能吧，但它只能还原本机的文件，对共享文件却无能为力了。随着卷影副本技术的推出，这个问题迎刃而解，所以管理员的决定是正确的。

天驿公司的服务器上有共享文件夹 share，内有文件 config，但不小心在某一天被员工误删了，幸好管理员做了卷影副本，可以还原回来。

任务实现

1. 服务器端的设置

步骤1：在 C 盘上将 share 文件夹进行共享，前面已有讲解，此处略。

步骤2：开始→计算机→右击欲启用卷影副本的 C 盘→选择"属性"，单击"卷影副本"选项卡中的"启用"按钮，再单击"是"按钮，如图 3-40 所示。

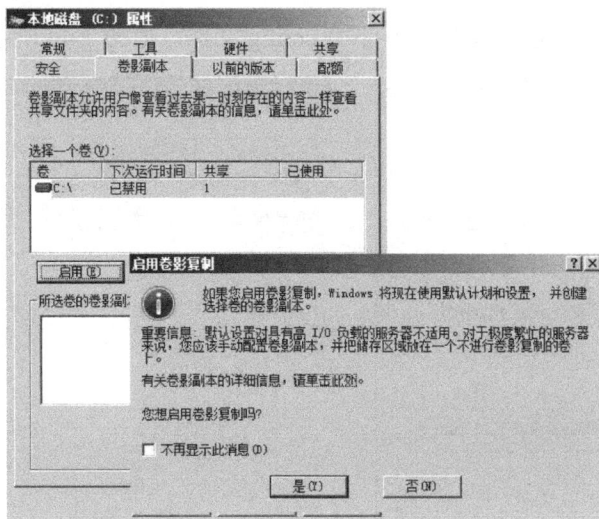

图 3-40　启动卷影副本

步骤 3：启动后，系统会自动为该磁盘创建第一个卷影副本，如图 3-41 所示。

小贴士

卷影副本内的文件只可读取，不可更改，而且一个磁盘最多只可有 64 个卷影副本。若到达此上限，最老的卷影副本会被删除。

系统默认是将卷影副本存储区创建在启动卷影副本的磁盘内，但这不是最好的做法，因为会增加该磁盘的负担、降低系统效率。所以最好将卷影副本存储区创建到另外一个未启用卷影副本的磁盘内。

步骤 4：在图 3-41 中，单击"立即创建"按钮，创建新的卷影副本，如图 3-42 所示。

图 3-41　创建第一个卷影副本

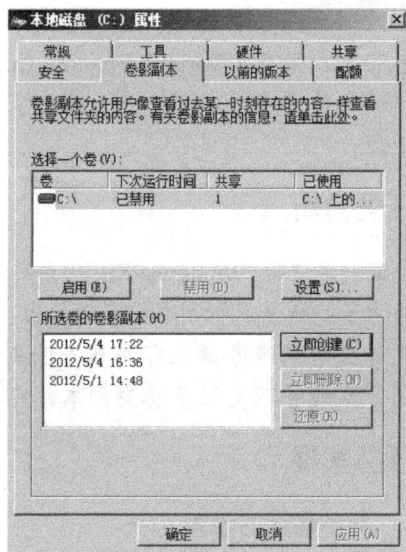

图 3-42　创建新的卷影副本

步骤 5：单击图 3-41 中的"设置"按钮，设置卷影副本存储区的容量大小，这里使用默认设置，如图 3-43 所示。

步骤 6：此时服务器端 share 文件夹下有 config 文件，如图 3-44 所示。

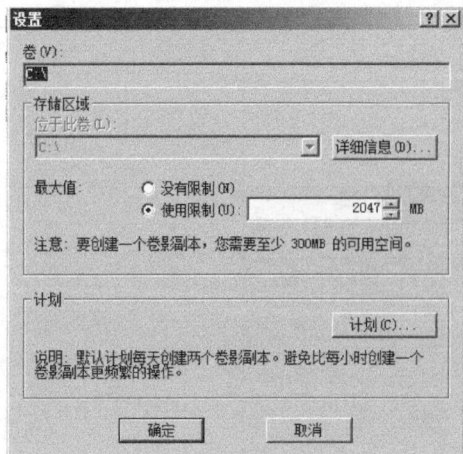

图 3-43　设置卷影副本存储区

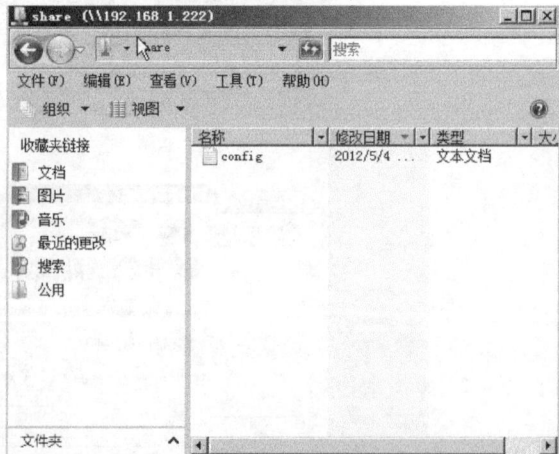

图 3-44　share 文件夹下的 config 文件

2．客户端访问卷影副本文件

客户端计算机通过网络连接共享文件夹后，不小心误删了某网络文件，可以通过以下的步骤来恢复网络文件。

步骤 1：由于员工的误操作，share 共享文件夹的 config 文件已经被误删，如图 3-45 所示。

步骤 2：右击文件（以 share 文件为例），选择"还原以前的版本"，从"文件夹版本"下拉列表中选择旧版本的文件，单击"还原"按钮，在弹出的对话框中单击"还原"按钮，再单击"确定"按钮，即可还原误删的文件，如图 3-46 所示。

图 3-45　share 文件夹下的 config 文件被误删

步骤 3：再次打开 share 文件夹，发现 config 文件已经复原了，如图 3-47 所示。

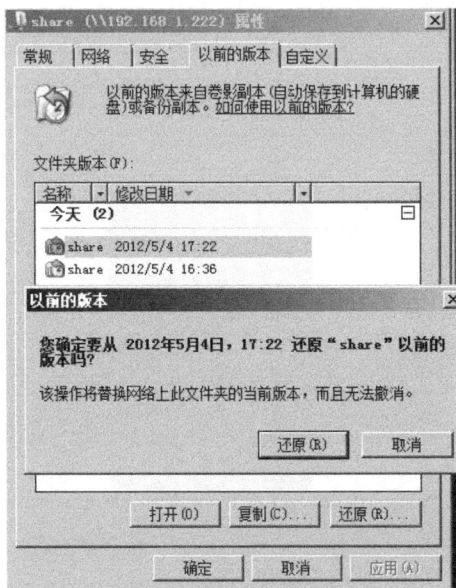

图 3-46　还原 config 文件

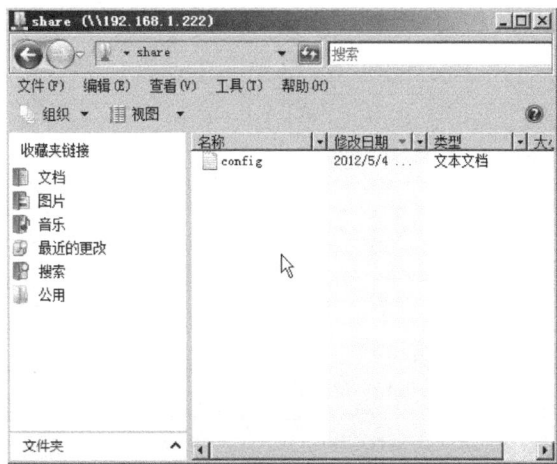

图 3-47　还原回来的 config 文件

任务回顾

卷影副本是 Windows Server 2003 开始有的技术，到了 Windows Server 2008 已经很成熟了，记得在国赛的试卷中也出现过，所以，选手还是要特别注意的，只要掌握了卷影副本的原理，实现起来并不难，主要是选手一定要学会如何验证。

比赛心得

在以往的比赛中，虽然共享配置、磁盘配额和卷影副本等操作所占比例较少，但由于大部分选手平时认为此内容简单，总有人把一些参数设置错误，或没有去更改默认值，所以选手还是要注意，免得因此知识点丢分。

实训

1．增加两块硬盘，并升级为动态磁盘，练习跨区卷的创建。
2．增加的一块硬盘升级成动态磁盘，练习卷的创建和卷的扩展。

项目四 系统安全与防火墙

采用安全策略的创建与管理是 Windows 2008 系统安全的实现方法之一，一般的网络管理员也会应用防火墙技术，为了使网络操作系统更安全地运作。本项目讲述的网络操作系统内容有系统安全策略应用技能案例和防火墙应用案例，包括创建安全策略、防火墙设置等两个任务。

任务一 创建安全策略

任务描述

天驿公司的网络操作系统并没有在安全策略上做任务配置，这并不能满足网络操作系统安全运作的需求，本任务要求使用安全配置向导，使用默认的 DNS 名称，新建安全策略，在设置时针对启动 FTP、Web 等服务器角色，采用身份验证的策略建立网络安全规则。

任务分析

安全策略的创建方法有很多，本任务使用最简单的方法，即用安全配置向导实现相关配置，在操作过程中，值得留意的是向导显示的各个步骤所包括的内容，一次操作不会涉及所有内容，但其他内容都是要求每一位网络管理员必须掌握的。

任务实现

步骤 1：单击"开始"→"管理工具"→"安全配置向导"，弹出"安全配置向导"对话框，并单击"下一步"按钮，如图 4-1 所示。

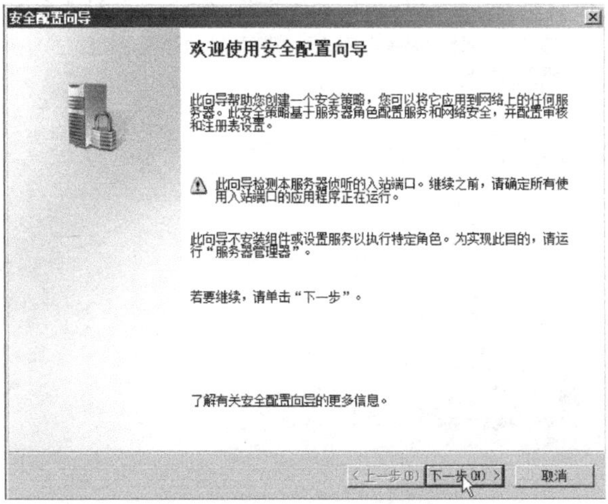

图 4-1 安全配置向导

步骤 2：选中"新建安全策略"单选按钮，并单击"下一步"按钮，如图 4-2 所示。

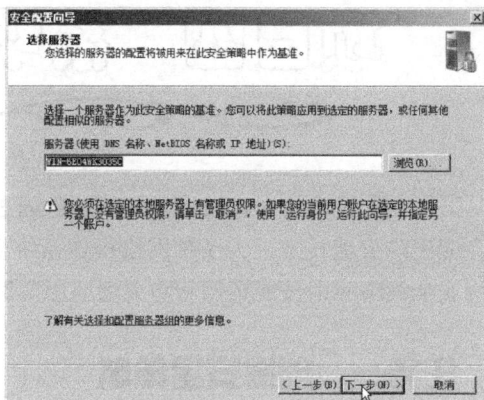

步骤 3：输入服务器的 IP 地址或 DNS 名称（可以使用默认名称）后，单击"下一步"按钮，如图 4-3 所示。

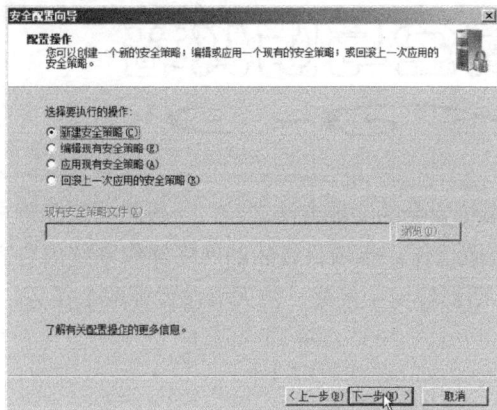

图 4-2　新建安全策略　　　　　　　图 4-3　输入服务器的 IP 地址或 DNS 名称

步骤 4：选择启用的服务器角色，单击"下一步"按钮，如图 4-4 所示。

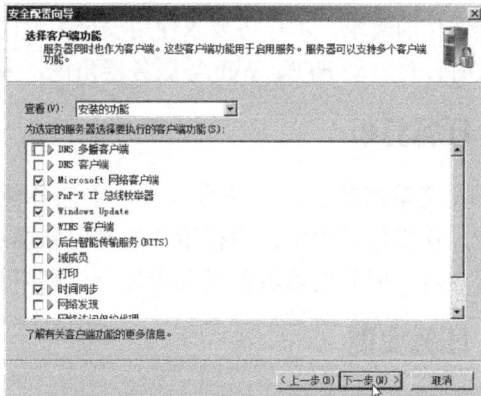

步骤 5：选择客户端功能，单击"下一步"按钮，如图 4-5 所示。

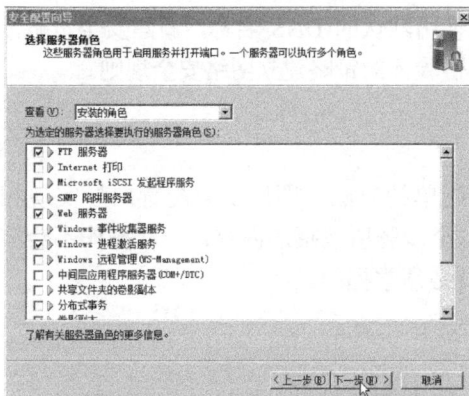

图 4-4　选择启用的服务器角色　　　　　　　图 4-5　选择客户端功能

步骤 6：选择管理和其他选项，单击"下一步"按钮，如图 4-6 所示。

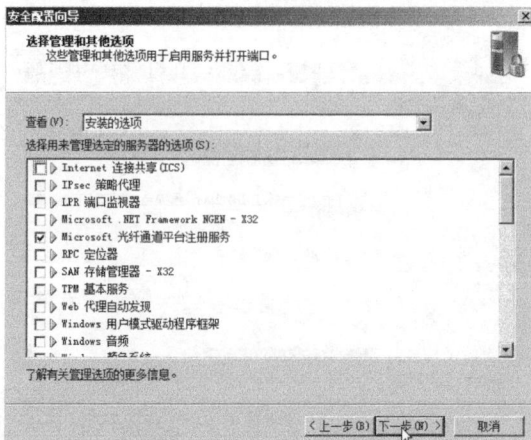

图 4-6　选择管理和其他选项

步骤 7：选择服务器需要的额外服务，单击"下一步"按钮，如图 4-7 所示。

步骤 8：确认信息是否正确，若不需要更改，单击"下一步"按钮，如图 4-8 所示。

步骤 9：选择启用的网络安全规则，单击"下一步"按钮，如图 4-9 所示。

图 4-7 选择服务器需要的额外服务

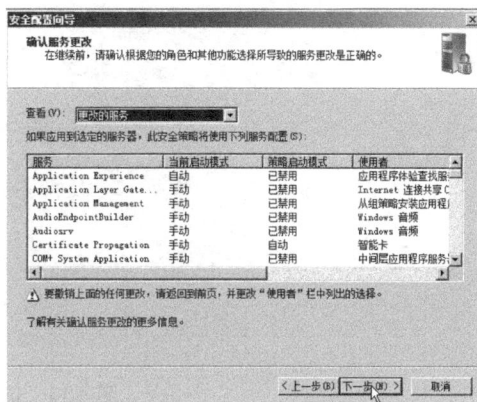

图 4-8 确认服务更改

步骤 10：选择入站身份验证方法，单击"下一步"按钮，如图 4-10 所示。

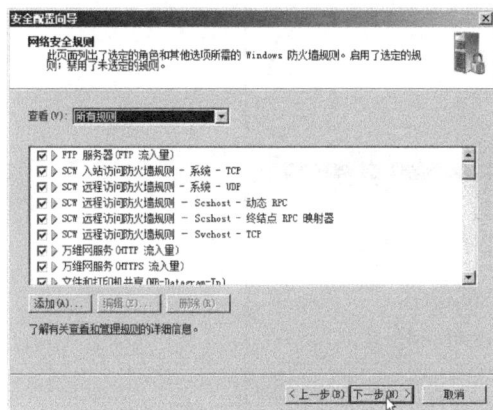

图 4-9 选择启用的网络安全规则

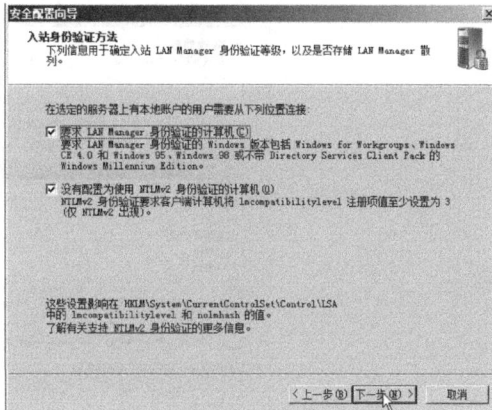

图 4-10 选择入站身份验证方法

步骤 11：确定注册表是否选用正确，单击"下一步"按钮，如图 4-11 所示。

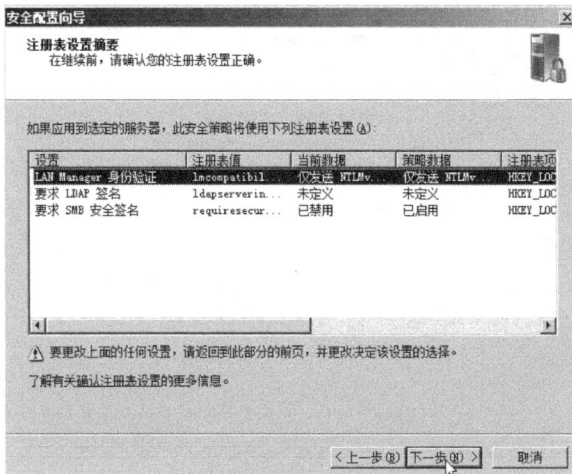

图 4-11 确定注册表是否选用正确

步骤 12：选择系统审核策略，单击"下一步"按钮，如图 4-12 所示。

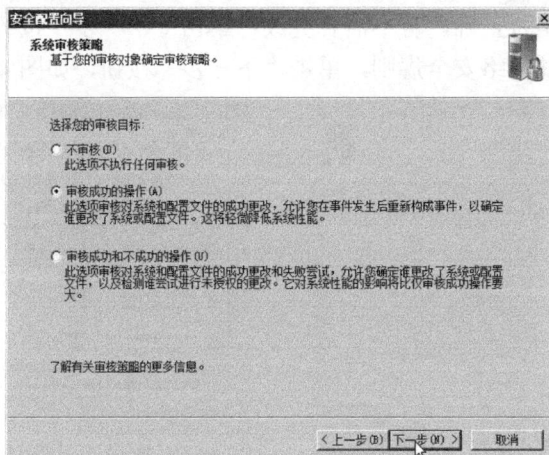

图 4-12　选择系统审核策略

步骤 13：确认审核策略摘要，单击"下一步"按钮，如图 4-13 所示。

步骤 14：单击"完成"按钮，创建系统安全策略完成，如图 4-14 所示。

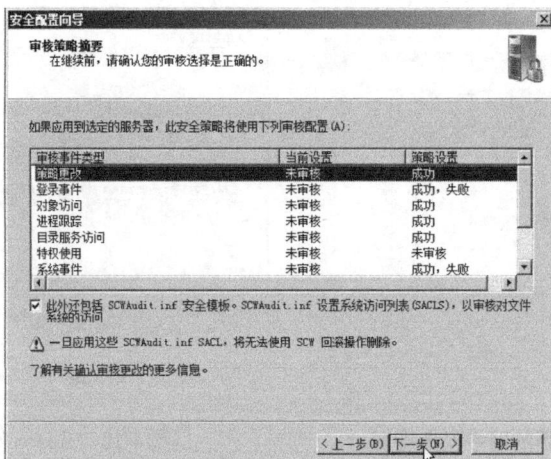

图 4-13　确认审核策略摘要

图 4-14　创建系统安全策略完成

任务回顾

使用安全配置向导实现配置，操作过程会显得比较容易，但必须重视在操作向导过程中所展示的各种专业术语的具体含义和功能，只有这样，才能理解操作的原理。

任务二　防火墙设置

任务描述

仅创建相应的安全策略来应对网络操作的安全应用是不足的，也可以采用 Windows 2008 的防火墙技术，使用"高级安全 Windows 防火墙"工具，熟练掌握设置防火墙关闭/开启的设置，掌握防火墙禁止时是否出现提示操作，以及熟练了解 IPsec 设置等。

任务分析

防火墙的应用十分广泛，本任务仅涉及高级安全 Windows 防火墙操作，操作技能并不难，一般的方法是在"管理工具"→"高级安全 Windows 防火墙"里实现，但是，关于防火墙的各种功能原理是较难理解的，网络管理员高手都是在经过多次的配置中练出来的。

任务实现

步骤 1：打开"开始"→"程序"→"管理工具"→"高级安全 Windows 防火墙"，如图 4-15 所示。

图 4-15　高级安全 Windows 防火墙

步骤 2：单击"属性"项，弹出"本地计算机上的高级安全 Windows 防火墙 属性"对话框，如图 4-16 所示。

步骤 3：设置防火墙关闭/开启，单击"自定义（设置）"按钮，在弹出的对话框中可设置防火墙禁止时是否出现提示，设置完成后单击"确定"按钮，如图 4-17 所示。

图 4-16　高级安全 Windows 防火墙属性

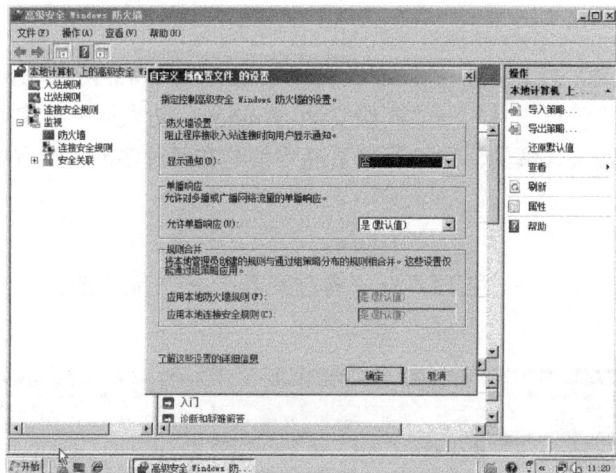

图 4-17　设置防火墙关闭/开启

步骤 4：打开"IPsec 设置"选项卡，用于 IPsec 建立安全连接的设置，如图 4-18 所示。

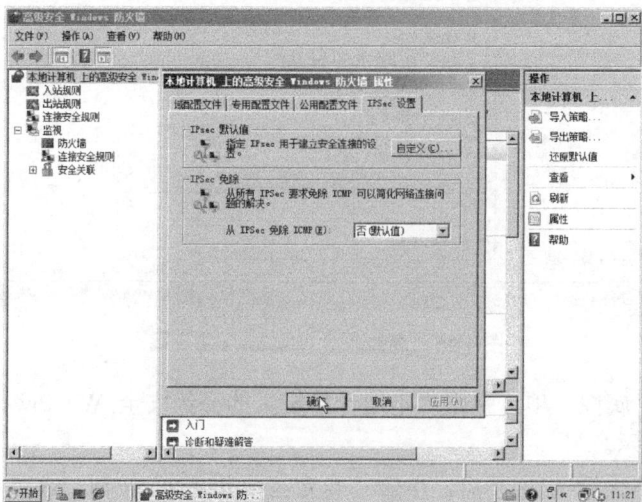

图 4-18　IPsec 设置

任务回顾

防火墙属性的安全配置直接影响到 Windows 的安全，配置完成后，有时会影响 Windows 的一些资源访问，如入站链接或出站链接的访问。所以，在发现有影响时，必须及时联想是否是由防火墙引起的。

比赛心得

安全策略、防火墙应用配置涉及网络安全的操作，是网络管理员必备的操作技能，在平时的训练中，必须让选手重点练习，不仅了解所有默认值的功能，更要了解许多自定义参数的设置和作用。在竞赛中，操作必须按题意进行，这是比赛胜出的关键，所以，必须让选手在平时的训练中养成按题意进行配置的操作习惯。

实训

1．使用安全配置向导，在本地服务器平台上新建安全策略，启动 FTP、Web 等服务器角色，采用身份验证的策略建立网络安全规则。

2．进入高级安全 Windows 防火墙属性，启用防火墙，实现出站链接允许、入站链接阻止等操作。

项目五 组策略管理

系统的组策略是管理员为用户和计算机定义并控制程序、网络资源及操作系统行为的一种系统工具。通过使用组策略可以设置各种软件、计算机和用户策略。例如，可以使用组策略从桌面删除图标，自定义"开始"菜单并简化"控制面板"。还可添加在计算机启动或停止及用户登录或注销时运行的脚本，甚至可配置 Internet Explorer。

任务一 域的安装与升级

任务描述

天骥公司的经理想让只要任何一台计算机接入网络，其他计算机就都可以访问共享资源，如共享上网等。经理明白尽管对等网络上的共享文件可以加访问密码，但是非常容易被破解，包括数据的传输也是非常不安全的。为了满足公司的需求，现需要实现此功能。

任务分析

要把服务器上的资源进行共享，并且还要确保安全性，只要在服务器上的服务器管理中安装域控制器（Domain Controller，DC）即可。它具有对整个 Windows 域及域中的所有计算机的管理权限。当计算机连入网络时，域控制器首先要鉴别这台计算机是否属于这个域、用户使用的登录账号是否存在、密码是否正确。如果以上信息有一样不正确，那么域控制器就会拒绝这个用户从这台计算机登录。不能登录，用户就不能访问服务器上有权限保护的资源，他只能以对等网用户的方式访问 Windows 共享出来的资源，这样也在一定程度上保护了网络上的资源。

知识链接

Windows 界面提供了两个向导，引导用户完成 AD DS 安装过程。第一个向导是添加角色向导，可以在服务器管理器中访问该向导。第二个向导是 Active Directory 域服务安装向导，可以通过下列方法对其进行访问：

（1）完成添加角色向导后，单击链接启动 Active Directory 域服务安装向导；

（2）单击"开始"→"运行"，输入"dcpromo.exe"，然后单击"确定"按钮。

在将 Windows Server 2008 服务器升级为域控制器前，请注意以下事项：

（1）DNS 域名。请提前为 Active Directory 域提供一个符合 DNS 格式的域名，如sayms.com。

（2）DNS 服务器。由于域控制器需要登记到 DNS 服务器内，以便让其他计算机通过

DNS 服务器来找到这台域控制器，因此必须要有一台可支持 Active Directory 的 DNS 服务器，也就是它必须支持动态更新。

任务实现

步骤1：选择"开始"→"管理工具"→"服务器管理"，单击"角色"项，在右侧的"角色"界面中单击"添加角色"项，如图 5-1 所示。

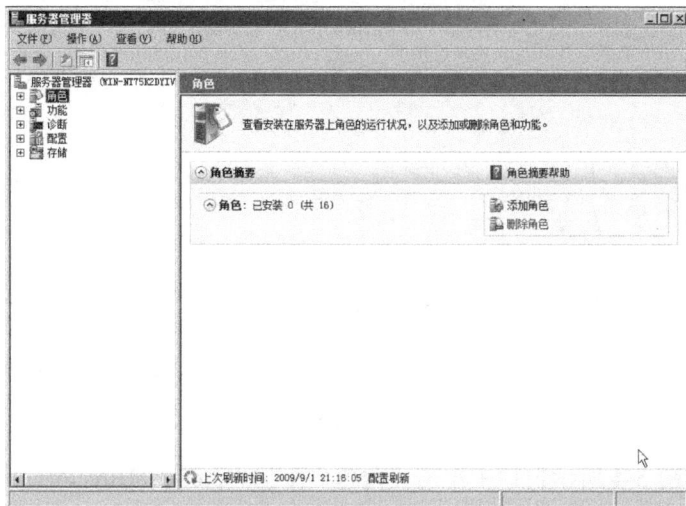

图 5-1　添加角色

步骤2：在"开始之前"界面中直接单击"下一步"按钮，在"服务器角色"界面中选择"Active Directory 域服务"复选框，如图 5-2 所示，单击"下一步"按钮。

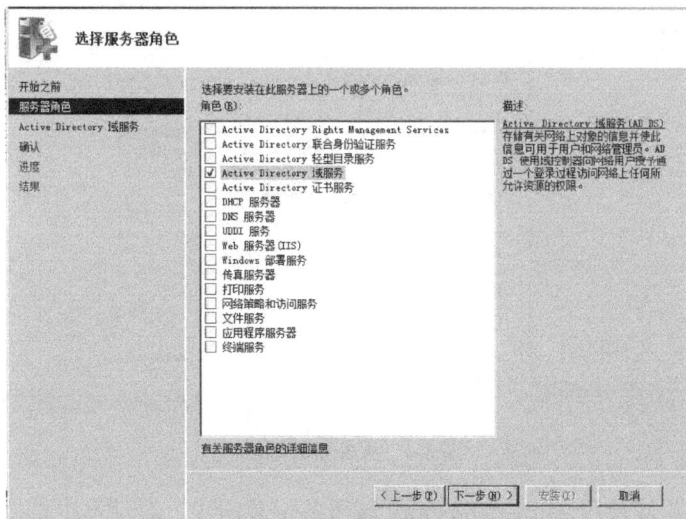

图 5-2　选择服务器角色

步骤3：在"Active Directory 域服务"界面中单击"下一步"按钮，在"确认"界面中单击"安装"按钮。

步骤4：完成安装后，直接单击"关闭"按钮。从图 5-3 所示对话框中可知，还必须运行 Active Directory 域服务安装向导（dcpromo.exe），之后这台服务器才会成为功能完善的域控制器。

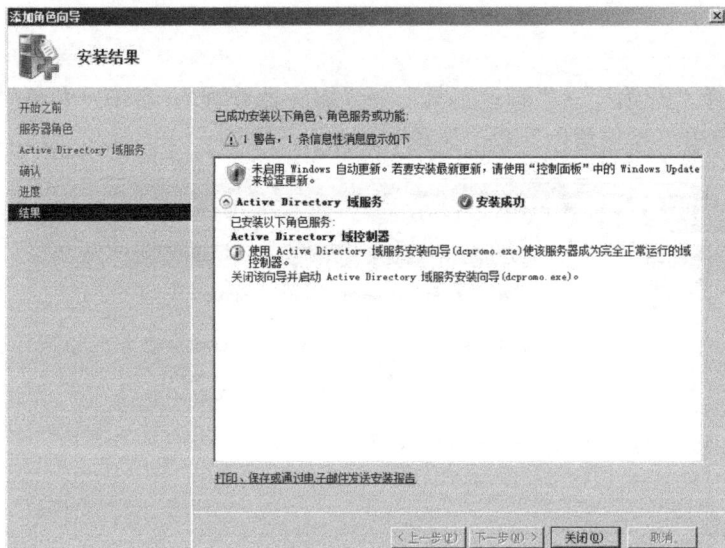

图 5-3　安装结果

步骤 5：在如图 5-4 所示窗口中单击"角色"下的"Active Directory 域服务"项，再单击"运行 Active Directory 域服务安装向导（dcpromo.exe）"。

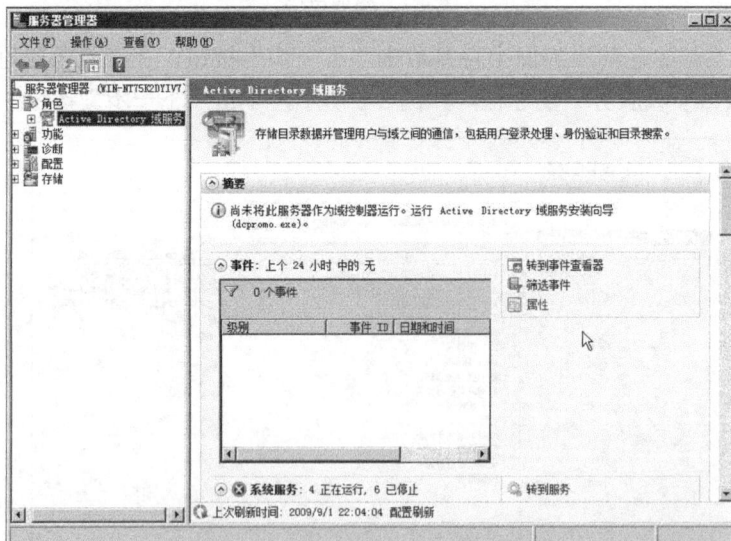

图 5-4　服务器管理器

步骤 6：在"欢迎使用 Active Directory 域服务安装向导"对话框中直接单击"下一步"按钮，出现"操作系统兼容性"界面时单击"下一步"按钮。

步骤 7：选中"在新林中新建域"单选按钮，单击"下一步"按钮，如图 5-5 所示。

步骤 8：在如图 5-6 所示界面中输入域名"sayms.com"后单击"下一步"按钮。

图 5-5　创建域控制器

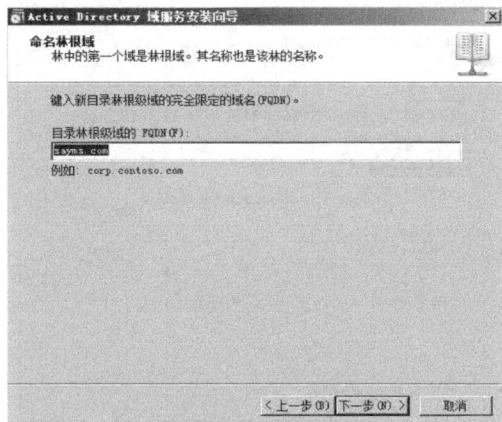

图 5-6　命名林根域

步骤 9：在如图 5-7 所示界面中，将林功能级别设置为 Windows Server 2008。

步骤 10：在如图 5-8 所示界面中直接单击"下一步"按钮。由图 5-8 可知，它会在这台服务器上安装 DNS 服务器，同时第一台域控制器也必须是全局编录服务器的角色、第一台域控制器不可以是只读域控制器。

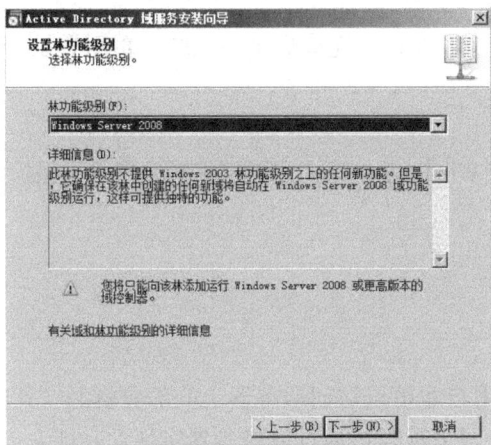

图 5-7　设置林功能级别

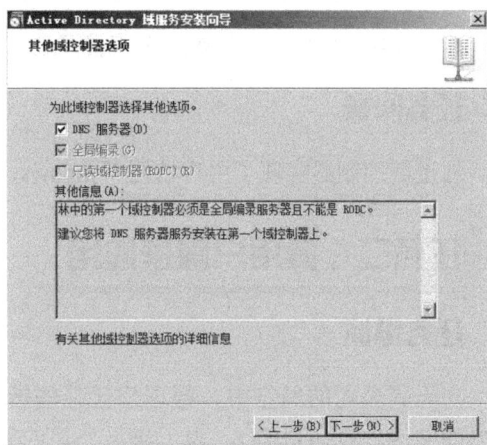

图 5-8　其他域控制器选项

步骤 11：出现如图 5-9 所示的界面时，直接单击"是"按钮。

步骤 12：在如图 5-10 所示的对话框中，直接单击"下一步"按钮，其中，数据库文件夹用来存储 Active Directory 数据库；日志文件文件夹用来存储 Active Directory 的变更日志，此日志文件可用来修复 Active Directory；SYSVOL 文件夹用来存储域共享文件（如与组策略有关的文件），注意它必须位于 NTFS 磁盘内。

图 5-9　DNS 服务器委派域

步骤 13：在如图 5-11 所示界面中设置目录服务还原模式的管理员密码，完成后单击"下一步"按钮，目录服务还原模式是一个安全模式，进入此模式可以修复 Active Directory 数据库。用户可以在系统启动时按 F8 键来选择此模式，不过必须输入此处所设置的密码。

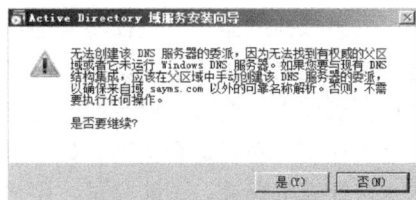

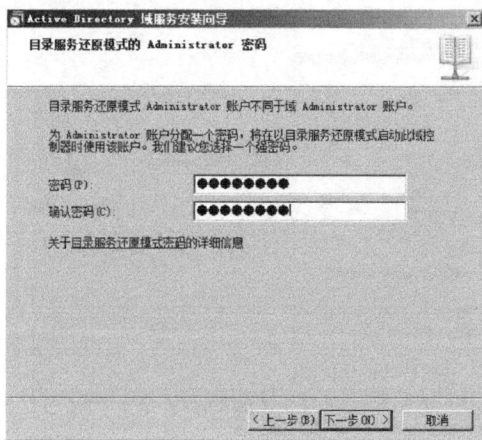

图 5-10   域控制器的位置

图 5-11   设置密码

小贴士

域用户的密码默认必须至少有 7 个字符，且不可包含用户账户名称中超过两个以上的连续字符，另外，至少要包含 A~Z、a~z、0~9、非字母数字（如!、$\#、%）等 4 组字符中的 3 组，如 ABCabc123 就是一个有效的密码，而 1234567 则是无效的密码。

步骤 14：在"摘要"界面中直接单击"下一步"按钮，完成后重启系统、重新登录。

任务回顾

通过域控制器实现了用户访问 Windows，并使 Windows 共享出来的网络资源得到了保护。

任务二   域用户管理应用

任务描述

在天驿公司的网络中，经理想让某些指定的用户才可以访问服务器上的部分资源（计算机内的文件、打印机等），为了满足公司的需求，网络管理员通过域控制器实现此功能。

任务分析

安装域控制器后，只需将其他计算机加入到域中，域控制器就可以对每个域用户进行管理。域控制器中包含了由这个域的账户、密码、属于这个域的计算机等信息构成的数据库。当计算机连入网络时，域控制器首先要鉴别这台计算机是否属于这个域，用户使用的登录账号是否存在、密码是否正确。如果以上信息有一样不正确，那么域控制器就会拒绝这个用户从这台计算机登录。不能登录，用户就不能访问服务器上有权限保护的资源，这样就在一定程度上保护了网络上的资源。

任务实现

步骤 1：将 Windows 计算机加入到域。

Windows 系统的计算机加入域后，便可以访问 Active Directory 数据库与其他域资源，例如，用户可以在这些计算机上使用域用户账号来登录域，并使用此域用户来访问域内其他计算机内的资源。

（1）选择"开始"→"控制面板"→"系统"，打开"系统"窗口，如图 5-12 所示，单击"改变设置"项。

图 5-12　"系统"窗口

🌸 **小贴士**

必须是 Administrator 才有权限改变设置。因为 Windows Server 2008 计算机默认已经启动用户账户控制，因此它会先要求输入 Administrator 的密码。

（2）在如图 5-13 所示的"系统属性"对话框中单击"更改"按钮。

（3）在如图 5-14 所示的"计算机名称更改"对话框中，选择隶属于"域"，输入域名"sayms.com"，单击"确定"按钮；再输入 Administrator 与其密码，单击"确定"按钮。

（4）出现提醒用户需要重新启动计算机的画面时，单击"确定"按钮。

步骤 2：脱离域。

脱离域的方法与加入域的方法大同小异，其方法同样是通过"开始"→"控制面板"→"系统"，单击"改变设置"项，选择图 5-14 中的"工作组"单选按钮，输入工作组名后出现欢迎加入工作组画面时，单击"确定"按钮后重新启动计算机，然后在这台计算机上就只能使用本地用户账户登录了，无法再使用域用户账户登录。

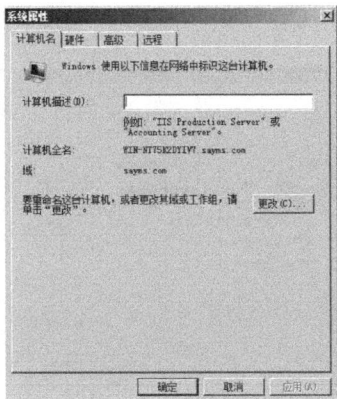

图 5-13　系统属性

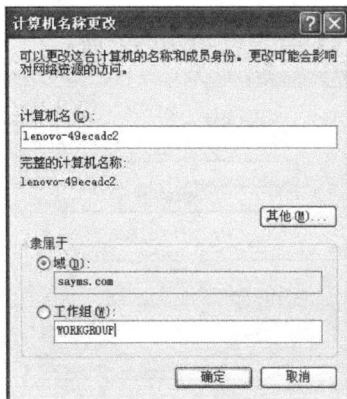

图 5-14　计算机名称更改

小贴士

必须是 Enterprise Admins、Domain Admins 的成员或本地系统管理员才有权限将此计算机脱离域。还有，因为 Windows Server 2008 或 Windows Vista 计算机默认已经启用用户账户控制，因此若没有将此计算机脱离域的权限，系统会先要求输入账户与密码。

图 5-14 中的工作组名可自行设置或输入网络上现有的工作组名，将计算机设置为同一个工作组的好处是，在浏览网络上的计算机时，可以比较迅速地找到同一个工作组的计算机。

步骤 3：管理 Active Directory 内的域用户账户。

可以使用 Active Directory 用户和计算机控制台来管理域账户，如用户账户、组账户与计算机账户等，不过只有域控制器才有这个控制台，因此需到域控制器计算机上运行此控制台，运行方法为"开始"→"管理工具"→"Active Directory 用户和计算机"。

（1）选择"开始"→"管理工具"→"Active Directory 用户和计算机"，右击域名 sayms.com，选择"新建"→"组织单位"项，输入组织单元名"销售部"，并单击"确定"按钮。

（2）右击"销售部"，在弹出的快捷菜单中选择"新建"→"用户"命令，如图 5-15 所示。

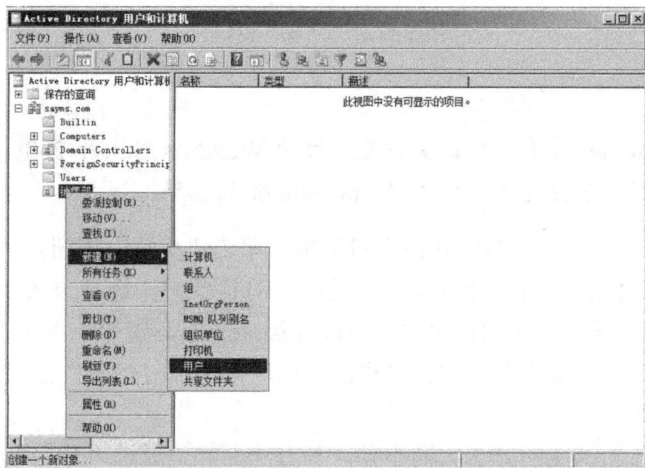

图 5-15　新建用户

（3）弹出如图 5-16 所示的"新建对象-用户"对话框时，进行设置后，单击"下一步"按钮。

（4）出现如图 5-17 所示的界面。

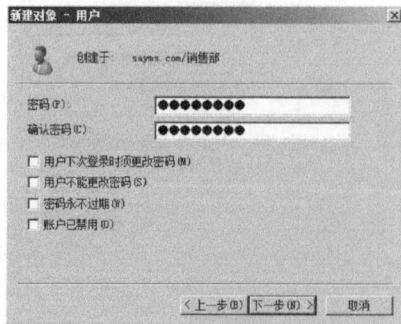

图 5-16　新建用户　　　　图 5-17　新用户设置密码

在登录画面中，单击"切换用户"按钮，选择"其他用户"，如图 5-18 所示，输入用户名：sayms\dalin，密码：××××××××后进行登录。

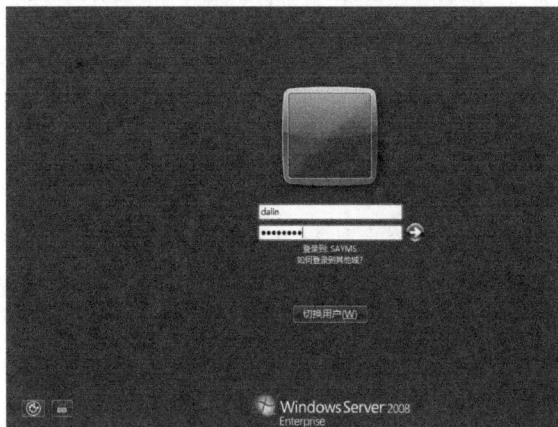

图 5-18　新用户登录界面

小贴士

用前面的用户名和密码登录时会发现登录不上去，除了域 Administrator 组内的成员外，其他一般域用户默认是无法在域控制器上登录的。

（5）单击"开始"→"管理工具"→"组策略管理"，在打开的窗口中展开"林：sayms.com"，展开"域"→"sayms.com"→"Domain Controllers"，如图 5-19 所示，右击"Default Domain Controllers Policy"项，在弹出的快捷菜单中选择"编辑"命令。

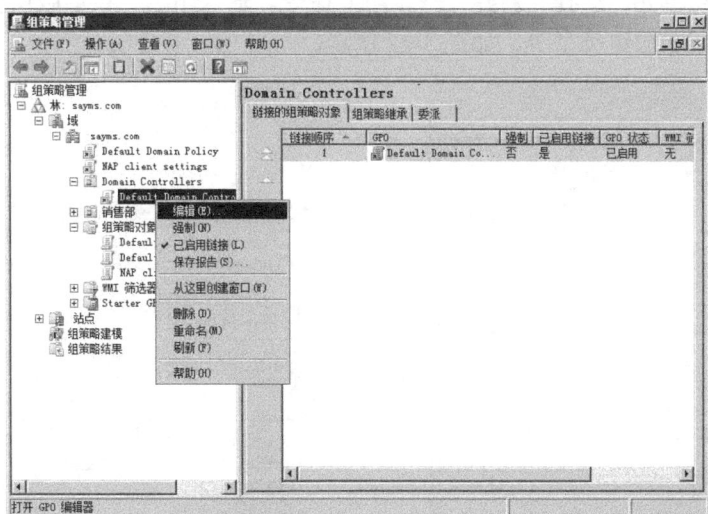

图 5-19　组策略管理

（6）在"组策略管理"窗口中双击"计算机配置"中的"策略"项，选择"Windows设置"→"本地策略"→"用户权限分配"，双击"从网络访问此计算机"项，单击"添加用户或组"，然后将用户或组添加到列表内，如图 5-20 所示。

图 5-20　组策略设置

完成设置后，还必须等设置值被应用到域控制器后才生效，具体方法：

单击"开始"→"命令提示符"，然后运行命令 gpupdate 或 gpupdate/force 。

最后，用前面创建的用户名和密码来测试新用户是否可以正常登录。

（7）域用户也可以更改属性设置，如图 5-21 所示。

（8）域组的创建与管理。

域内的组可分为三种：本地域组、全局组、通用组。

单击"开始"→"管理工具"→"Active Directory 用户和计算机"，单击域名，右击任意一个容器或组织单元，选择"新建"→"组"命令。输入组名、供旧版操作系统访问的组名、选择组作用域和域组类型等，如图 5-22 所示。

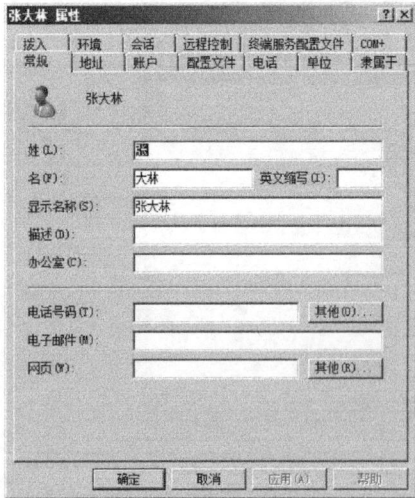

图 5-21　域用户属性

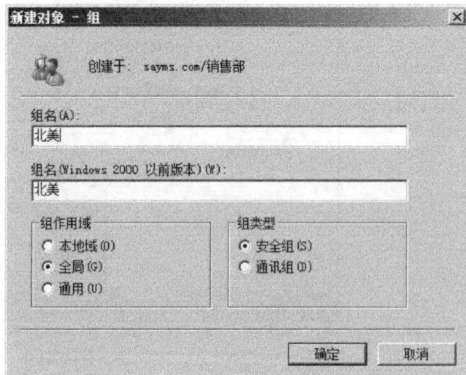

图 5-22　新建对象组

右击组账户，选择"重命名"项可更改组名，也可以选择"删除"选项将组删除。

任务回顾

用户可以加入到域控制器中，域控制器可以对加入的域用户进行管理和限制，当然，域用户也可以脱离域控制器独立出来。

比赛心得

在企业网项目的技能比赛中，Windows Server 2008 服务器应用知识点众多，通过练习如何加入到域、脱离域、域用户管理等多次的操作，选手自然会熟练 Windows 操作系统配置环境，从而提高选手深入研究 Windows 操作系统的兴趣。

实训

1. 首先在 Windows Server 2008 中创建一个域控制器（DC），然后将局域网的另一台计算机加入到这个域中，最终以域用户的方式登录。要求如下：

（1）在 Windows Server 2008 系统中安装域控制器服务，域控制器为 dc01；

（2）将 Windows XP 加入到 dc01 中；

（3）将 Windows XP 以域用户的方式登录系统。

项目六　NLB 负载平衡

网络负载平衡（NLB）服务增强了 Web、FTP、防火墙、代理、VPN 和其他关键任务服务器之类的 Internet 服务器应用程序的可用性和可伸缩性。运行 Windows 的单个计算机可提供有限的服务器可靠性和可伸缩的性能。但是，通过将两个或多个运行一种 Windows Server 2003 家族产品的计算机资源组合为单个群集，网络负载平衡可以提供 Web 服务器和其他关键任务服务器所需的性能和可靠性。

任务一　网络负载平衡群集创建与参数设置

任务描述

天驿公司市场部目前的 Web 服务器 Server1 并发访问业务量相当大，常常出现服务器响应缓慢甚至死机现象。为了解决此问题，可以增加一台 Web 服务器 Server2，但是新的问题产生了：用户只能在访问其中一台 Web 服务器响应缓慢时手动切换到第二台 Web 服务器，给用户使用造成不便，对此，管理员决定引入网络负载平衡（NLB）来解决此问题。

任务分析

在本任务中，可以引入网络负载平衡群集（NLB）来解决问题。网络负载平衡群集是各独立服务器之间的一套统一的资源调配机制，能让各个服务器充分发挥其性能，达到优势互补的目的。网络负载平衡群集有很多实现方式，此处可使用 Windows Server 2008 中提供的网络负载平衡群集来实现。

拓扑结构图如图 6-1 所示，服务器、客户机安装及配置如表 6-1 所示，服务器、客户机 IP 设置如表 6-2 所示。

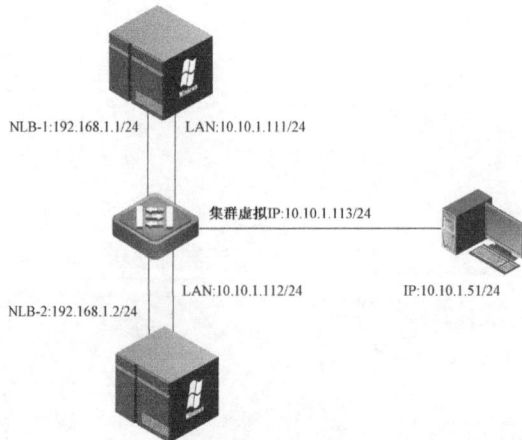

图 6-1　项目拓扑图

表 6-1　服务器、客户机安装及配置

服务器/客户端	设备与服务			
NLB-1	网卡 1（NBL）	网卡 2（LAN）	IIS 信息服务	编写测试网页、架设测试网站
NLB-2	网卡 1（NBL）	网卡 2（LAN）	IIS 信息服务	编写测试网页、架设测试网站
Client-1	网卡			

表 6-2　服务器、客户机 IP 设置

服务器/客户端	IP 地址		备　　注
NLB-1	LAN:10.10.1.111/8	NLB:192.168.1.1/24	LAN 用于设置公共网络 IP
NLB-2	LAN:10.10.1.112/8	NLB:192.168.1.2/24	
Client-1	LAN:10.10.1.51/8		NLB 用于设置专用网络 IP

任务实现

步骤 1：重命名服务器网卡显示名，以方便识别，如图 6-2 所示。

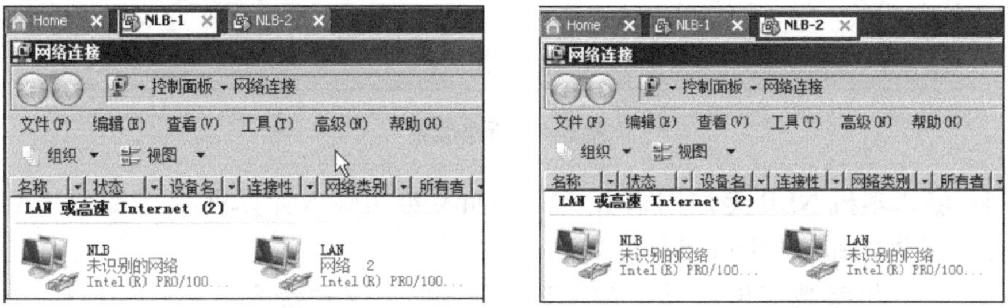

图 6-2　重命名服务器网卡显示名

步骤 2：安装网络负载平衡管理工具，如图 6-3 所示。

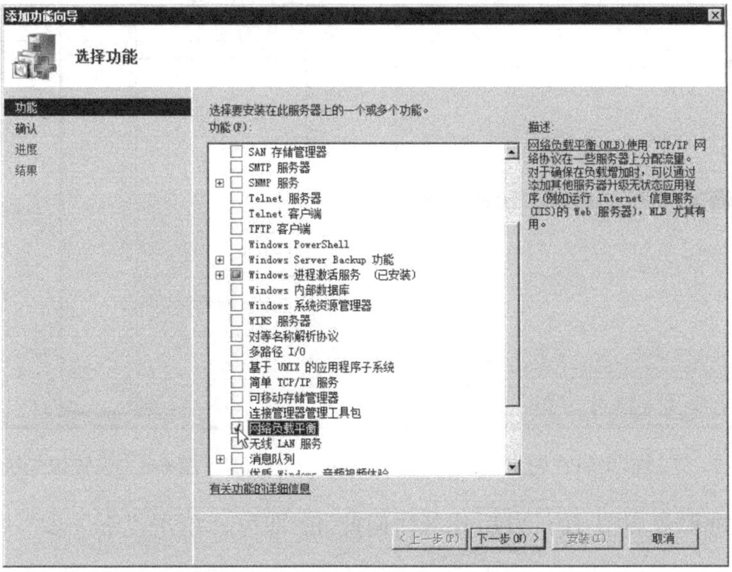

图 6-3　安装网络负载平衡管理工具

步骤 3：创建群集。在 NLB-1 的计算机上运行"nlbmgr"或选择"开始"→"管理工具"→"网络负载平衡管理器"，打开"网络负载平衡管理器"窗口，新建一个群集名称，如图 6-4 所示。

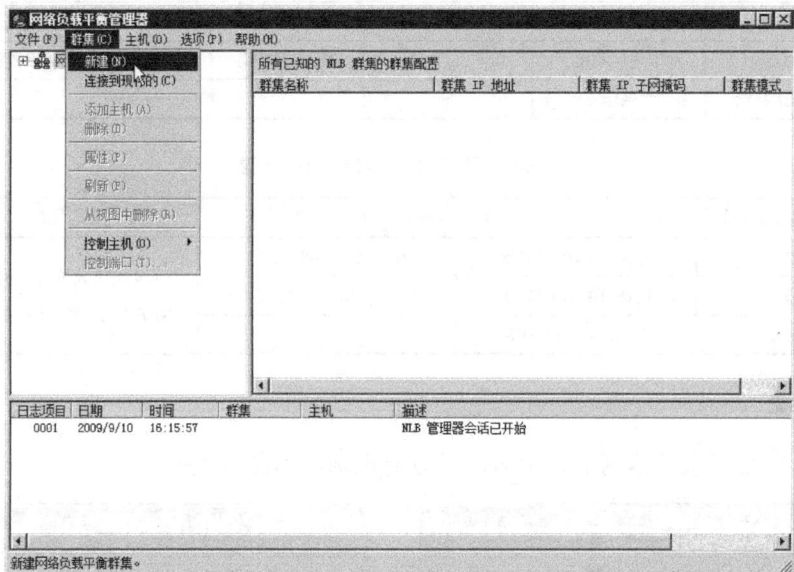

图 6-4　新建群集

步骤 4：输入本机 NLB 专用网络 IP 地址（此处亦可输入计算机名），选择 LAN 网络 IP 后单击"下一步"按钮，如图 6-5 所示。

步骤 5：在主机参数卡里可以设置 NLB 分配时的优先级别，设置完成后单击"下一步"按钮，如图 6-6 所示。

图 6-5　连接群集所在的主机

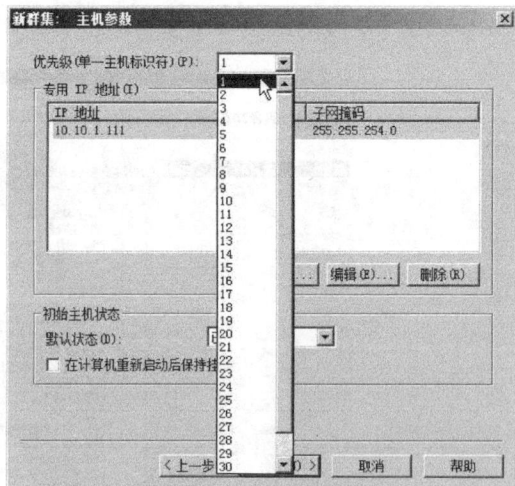

图 6-6　设置优先级别

步骤 6：设置群集虚拟 IP，以后外部访问此 IP 即可，单击"下一步"按钮，如图 6-7 所示。

步骤 7：设置完整 Internet 名称，如图 6-8 所示。

图 6-7　设置群集虚拟 IP 地址　　　　图 6-8　设置群集参数

小贴士

如果在 DNS 有设置 A 记录，则在完整 Internet 名称栏输入域名；选择群集操作模式（推荐使用双网卡单播模式），各种模式说明如下。

单播：单播模式是指各节点的网络适配器被重新指定了一个虚拟 MAC（由 02-bf 和群集 IP 地址组成，确保此 MAC 的唯一性）。由于所有绑定群集的网络适配器的 MAC 都相同，所以在单网卡的情况下，各节点之间是不能通信的，这也是推荐双网卡配置的原因之一。为了避免交换机的数据洪水，应该结合 VLAN 使用。

多播：网络适配器在保留原有 MAC 地址不变的同时，还分配了一个各节点共享的多播 MAC 地址。所以，单网卡的节点之间也可以正常通信，但是大多数路由和交换机对其支持不是太好。

IGMP 多播：IGMP 多播（只有在选中多播时，才可以选择此项），在继承多播的优点之外，NLB 每隔 60s 发送一次 IGMP 信息，使多播数据包只能发送到这个正确的交换机端口，避免了交换机数据洪水的产生。

步骤 8：在端口规则里添加端口，单击"完成"按钮，如图 6-9 所示。

步骤 9：添加/编辑端口规则，如图 6-10 所示。

图 6-10 中的参数设置说明如下。

（1）群集 IP 地址：指定规则所针对的群集 IP。

（2）端口范围：默认为所有，可以指定群集监听的端口范围（如从 80 到 80，表示只针对 Web 服务实现负载均衡）。

（3）协议：指定群集所服务的协议类型。

（4）筛选模式。

① 多个主机。

无相似性：客户端的服务请求会平均分配到群集内的每一部服务器。假设 NLB 群集内有 2 部服务器。当接到客户端的请求时，NLB 会将第 1 个请求交由第 1 部服务器来处理，将第 2 个请求交由第 2 部服务器来处理，将第 3 个请求交由第 1 部服务器来处理……以此类推。因为所有客户端连机会平均分配到每一部服务器，因此可以达到最佳的负载平衡。如果需要执行交易处理，为了能够共享 session 状态，则必须将 session 状态集中储存在 state 或 database server 中，这种方式适用于大部分应用程序。

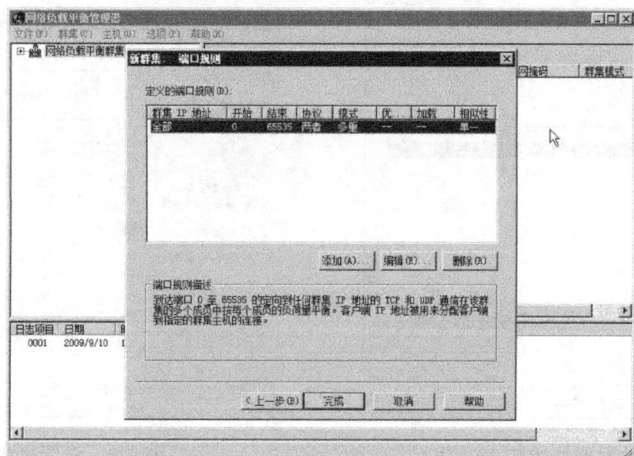

图 6-9　设置端口规则

图 6-10　添加/编辑端口规则

单一相似性：客户机的服务请求会固定分配到群集内的某一部服务器。当接到客户机的请求时，NLB 会根据客户机的 IP 来决定交由哪一部服务器来处理，也就是一部服务器只会处理来自某些 IP 的请求。因为一个 IP 的服务请求只会固定由一个服务器来处理，因此没有 session 状态共享的问题，但可能会导致负载不平衡。这种方式适用于联机需支持 SSL 集多重联机的通信协议（如 FTP 与 PPTP 等）。

网络（类 C）：根据 IP 的 Class C 屏蔽来决定交由哪一部服务器来处理，也就是一部服务器只会处理来自某些网段 C 的请求。这种方式可确保使用多重 Proxy 的客户端能导向到相同的服务器。

② 单一主机：若选择此选项，则该端口范围内的所有请求都将由一台主机进行处理，此选项将配合后面的主机优先级来进行主机判定。

③ 禁用此端口范围：一般这个选项会在端口例外中进行设置，也就是说，当指定了一个比较大的范围端口时，其中有一个或几个端口不需要客户端用户访问到，这时将利用这个规则来进行设定，以防止用户访问此端口请求。

至此，群集创建完毕。

任务回顾

本任务讲述了使用 Windows Server 2008 自带功能创建 NLB 的过程。其中群集的操作模式、筛选模式等是设置的关键点，选手可结合上文反复训练，以达到熟练掌握的目的。

任务二　管理网络负载平衡群集

任务描述

天驿公司已经创建了一个网络负载平衡群集，公司要求服务器管理员将另一台 Web 服务器 NLB-2 加入群集，并实施管理。

任务分析

任务一中已经为天驿公司市场部创建了群集，但是目前群集中只有一个成员服务器，为了使其他服务器能成为该群集的成员服务器，这里还必须将其他服务器添加至群集并实施管理。

任务实现

1．实现说明

本任务是在任务一的基础上实现的，请确保任务一已经顺利完成，此外本任务涉及"管理"的内容相对独立性较强，因此，实现过程中将它们独立开来。

2．主机连接到现有网络负载平衡群集

步骤 1：在准备连接到群集的主机上即图 6-1 中的 NLB-2 上，安装"网络负载平衡管理器"（具体方法参见任务一）。

步骤 2：依次单击"开始"→"管理工具"→"网络负载平衡管理器"，如图 6-11 所示。

小贴士

也可以通过在命令提示符下输入"Nlbmgr"打开 NLB 管理器，这种方式可以更加方便快捷地打开管理器，为日常的管理甚至竞赛赢得时间。

步骤 3：右击"网络负载平衡群集"，然后选择"连接到现存的"，如图 6-12 所示。

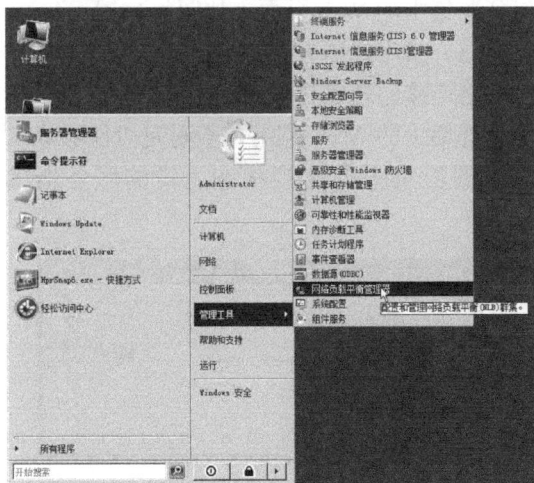

图 6-11　网络负载平衡管理器　　　　　图 6-12　连接到现存的群集

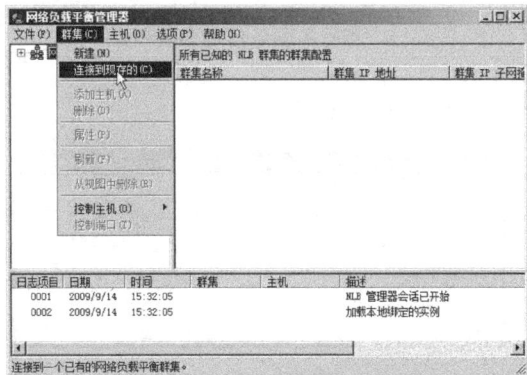

步骤 4：输入一个群集主机的名称，然后单击"连接"按钮。将在对话框的底部列出该主机上存在的 NLB 群集，如图 6-13 所示。

步骤 5：单击要从 NLB 管理器管理的群集名称，然后单击"完成"按钮，如图 6-14 所示。

图 6-13　输入一个群集主机的名称

图 6-14　选择现存群集

![小贴士]

　　主机连接到群集的方法还有很多种，如通过使用主机列表等，具体做法参见系统帮助。

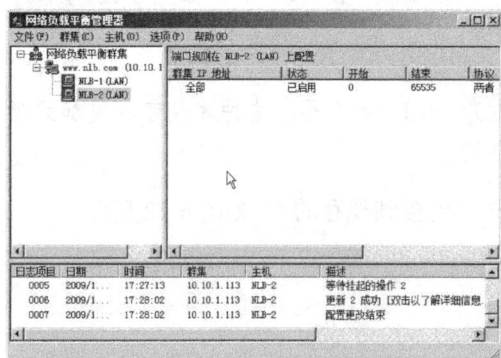

图 6-15　查看各服务器是否已聚合

步骤 6：验证。

（1）打开群集管理器，查看各服务器是否已聚合，若显示已聚合，则表示操作成功，如图 6-15 所示。

（2）在客户端"Client-1"上使用 IE 访问群集上的 Web 服务，查看是否能够成功访问到群集中的 Web 页面，如图 6-16 所示。

（3）禁用或断开 NLB-1 上名为"LAN"的网络连接，在客户端"Client-1"上使用 IE 访问群集上的 Web 服务，查看是否能够成功访问到群集中的连接状态正常的服务器的

Web 页面，如图 6-17 所示。

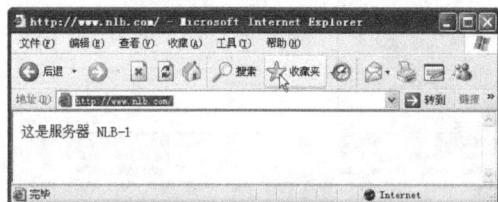

图 6-16　客户端正确访问到 NLB-1 上的 Web 站点

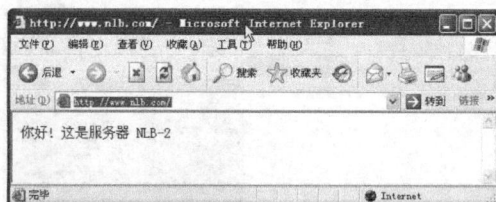

图 6-17　客户端访问到了 NLB-2 上的 Web 站点

3. 配置网络负载平衡管理器日志设置

　　记录网络负载平衡（NLB）管理器中的事件与记录 NLB 驱动程序生成的事件有所不同。NLB 管理器仅记录与使用 NLB 管理器有关的事件。若要查看与 NLB 驱动程序有关的事件，必须使用"事件查看器"。

　　步骤 1：打开 NLB 管理器（方法参见图 6-11）。

　　步骤 2：选择"选项"菜单中的"日志设置"命令，如图 6-18 所示。

步骤 3：选中"启用日志"复选框并指定日志文件的名称和位置，如图 6-19 所示。

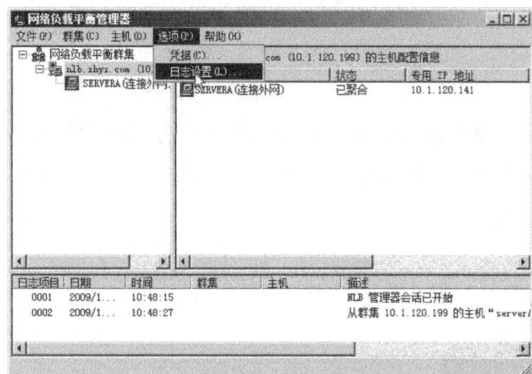

图 6-18　日志设置

图 6-19　启用日志

4．从网络负载平衡群集中删除主机

步骤 1：打开 NLB 管理器（方法参见图 6-11）。

步骤 2：如果网络负载平衡管理器没有列出群集，则连接群集（方法参见图 6-12）。

步骤 3：若要删除单个主机，则右击要禁用网络负载平衡的主机，然后在弹出的快捷菜单中选择"删除主机"命令，如图 6-20 所示。

5．删除网络负载平衡群集

步骤 1：打开 NLB 管理器（方法参见图 6-11）。

步骤 2：如果网络负载平衡管理器没有列出群集，则连接群集（方法参见图 6-12）。

步骤 3：若要删除群集，则右击要禁用网络负载平衡的群集，然后在弹出的快捷菜单中选择"删除群集"命令。这时将丢失与该群集中主机的所有现有连接，并且该群集将不再存在，如图 6-21 所示。

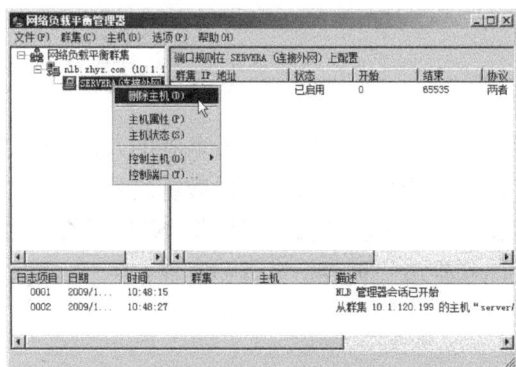

图 6-20　删除主机

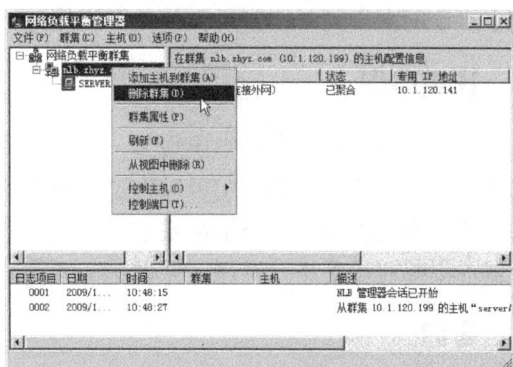

图 6-21　删除群集

任务三　NLB 应用实例

任务描述

恒发技术有限公司是一家网游技术公司，由于其开发的游戏服务现在已经面向广大用户

使用，公司要求为用户提供 24 小时不间断的网游服务，所以公司提出要搭建适合本业务的服务器。

任务分析

针对公司提出的要求，技术工程师选择用 Windows Server 2008 企业版操作系统，并且暂时选用两台服务器做 Windows 群集（主要是有故障的切换功能），并且在服务器上安装 SQL Server 2005 的数据库，以存储用户的数据。

拓扑结构如图 6-22 所示。

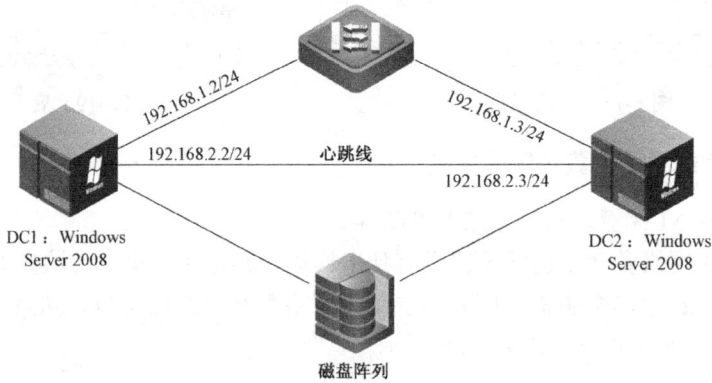

图 6-22　拓扑结构

任务回顾

目前可以用来实现 NLB 的产品、设备有很多，包括软件和硬件等，本项目采用 Windows Server 2008 自带的功能来实现 NLB，实现的关键在于采取哪一种群集操作模式（往往取决于所使用的交换设备是否对多播有良好的支持），因为它决定了需要在服务器上安装多少块网卡，同时决定后面的关键设置。

比赛心得

本项目在全国的竞赛中出现过一次，但能做出来的组不多，因为很多备赛的人是不会想到这个知识点的，群集在实现时也是有难度的，选手可能很难掌握，所以教练还是要特别注意，要从原理入手，让选手彻底理解群集的概念和配置，更希望教练可以将 NLB 群集和服务器群集都对选手进行讲述，并说明二者的区别，这样选手更容易掌握和实现。

实训

任务描述：某公司目前有三台使用 IIS 搭建的 Web 服务器，由于客户访问量逐渐增多，网站响应速度越来越慢。公司决定使用两台 Web 服务器供客户访问。这两台服务器提供相同的网站内容，利用网络负载平衡技术，根据每台服务器的负载情况来决定客户具体访问哪台服务器。实训拓扑图如图 6-23 所示。

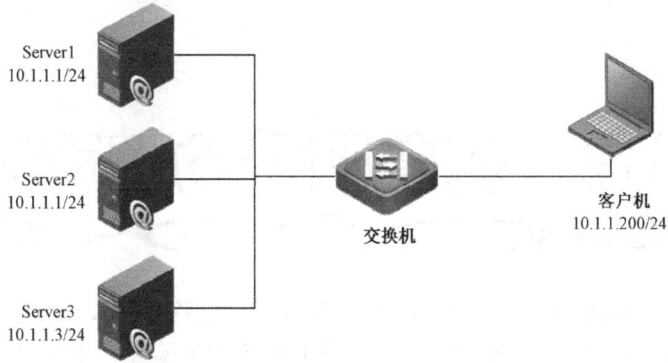

图 6-23   实训拓扑图

完成标准：群集中的服务器能够在适当的时候响应客户端的请求。

项目七 证书服务的配置应用

CA（Certificate Authority）即"认证机构"，是负责签发证书、认证证书、管理已颁发证书的机构，是 PKI 的核心。CA 要制定政策和具体步骤来验证、识别用户的身份，对用户证书进行签名，以确保证书持有者的身份和公钥的拥有权。CA 也拥有自己的证书（内含共钥）和私钥，网上用户通过验证 CA 的签字从而信任 CA，任何用户都可以得到 CA 的证书，用以验证它所签发的证书。CA 必须是各行业各部门及公众共同信任的、认可的、权威的、不参与交易的第三方网上身份认证机构。

任务一 CA 服务器配置

任务描述

天驿公司的电子商务网站在平时的应用过程中发现有用户信息在通信过程中泄露，造成重大的损失，经查明，该网站在传输信息时并未采取必要的加密措施，加之 TCP/IP 协议在传输数据时以明文方式进行，这无疑给用户信息泄露提供了机会，为了使用户与服务器之间的通信更加安全可靠，管理员决定在原有的基础上引入证书服务，对数据进行必要的加密，确保万无一失。

任务分析

在通常情况下，证书都是向权威机构申请并有偿使用的，但为了节约成本，可以考虑自己架设证书颁发机构来为自己颁发证书，这种情况下证书无须由外部证书颁发机构（CA）颁发，有助于降低证书的颁发成本，并且方便了证书的部署，管理员准备开始实施。

项目拓扑图如图 7-1 所示。

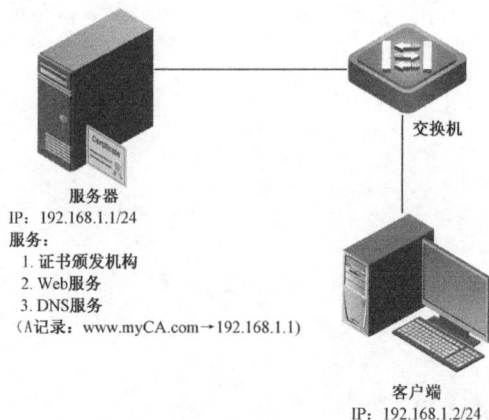

图 7-1 项目拓扑图

设备与服务安装如表 7-1 所示。

表 7-1　设备与服务安装

服务器/客户端	设　　备	IP 地址	服　　务
服务器	网卡（1 块）	192.168.1.1/24	DNS 服务 （A 记录：www.myca.com）
客户机	网卡（1 块）	192.168.1.2/24	—

任务实现

步骤 1：安装证书颁发机构：打开"服务器管理器"窗口，单击窗口右侧的"添加角色"项，单击"下一步"按钮，然后单击"Active Directory 证书服务"。再单击"下一步"按钮，如图 7-2 所示。

图 7-2　服务器管理器

小贴士

CA 的名称中虽然有"Active Directory"，但并不表示一定要在域环境下才能正常运行。

步骤 2：在"选择角色服务"界面中，选中"证书颁发机构"复选框，单击"下一步"按钮，如图 7-3 所示。

步骤 3：在"指定安装类型"界面中，选中"独立"或"企业"单选按钮，单击"下一步"按钮，如图 7-4 所示。

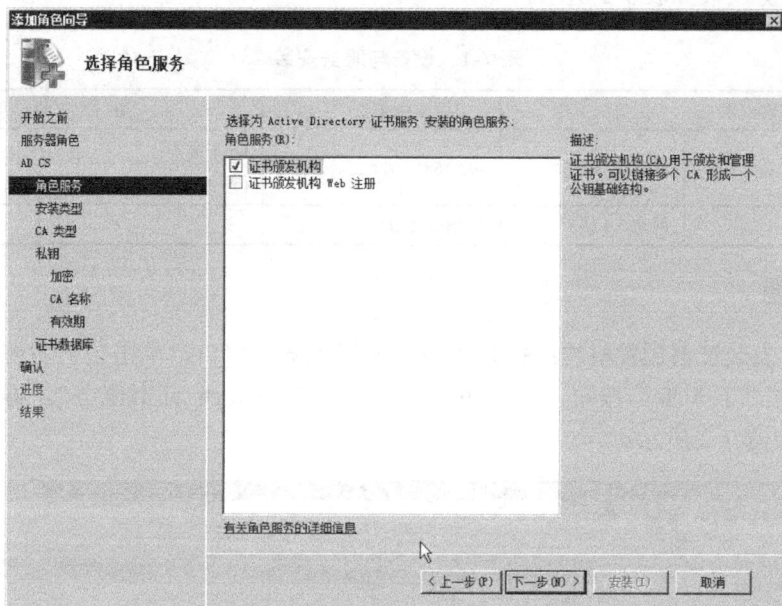

图 7-3　选择角色服务

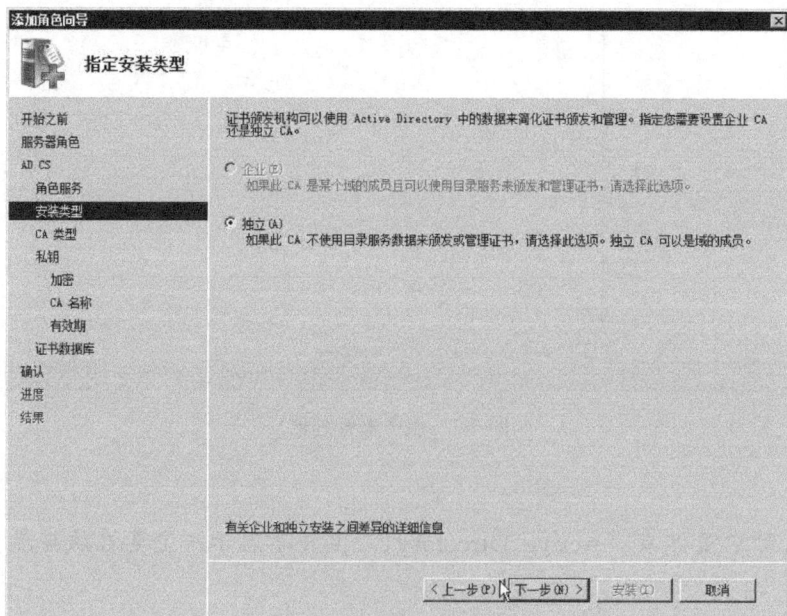

图 7-4　指定安装类型

小贴士

网络必须连接到域控制器，才能安装企业 CA。

步骤 4：在"指定 CA 类型"界面中，选中"根 CA"单选按钮，单击"下一步"按钮，如图 7-5 所示。

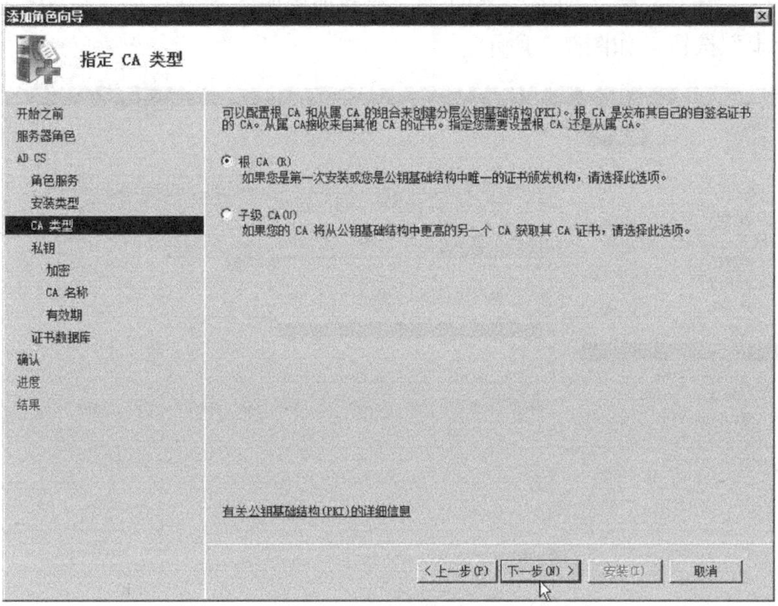

图 7-5　指定 CA 类型

小贴士

由于所有颁发机构都必须是"根 CA"或"根"的"子级 CA"，因此创建颁发机构的首要任务是创建"根 CA"。出于对安全的考虑，往往会创建"子级 CA"，并通过"子级 CA"为用户颁发证书，而"根 CA"常常会设置为离线状态。

步骤 5：在"设置私钥"界面中，选中"新建私钥"单选按钮，单击"下一步"按钮，如图 7-6 所示。

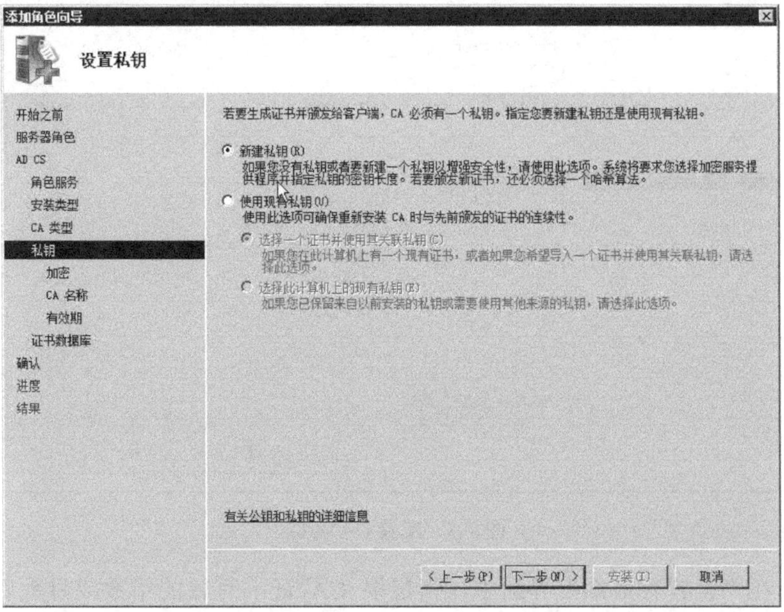

图 7-6　新建私钥

步骤 6：在"为 CA 配置加密"界面上，选择加密服务提供程序、密钥长度和哈希算法后单击"下一步"按钮，如图 7-7 所示。

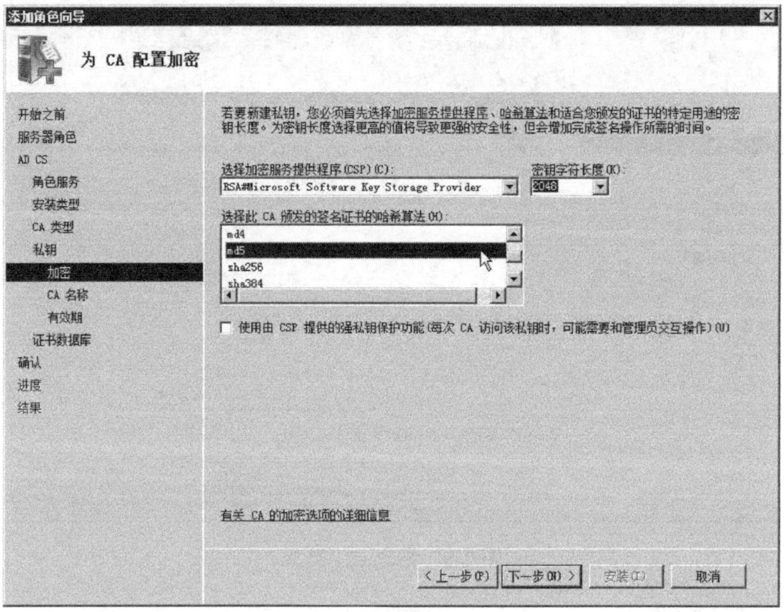

图 7-7　配置加密算法

步骤 7：在"配置 CA 名称"界面中，创建标识 CA 的唯一名称后单击"下一步"按钮，如图 7-8 所示。

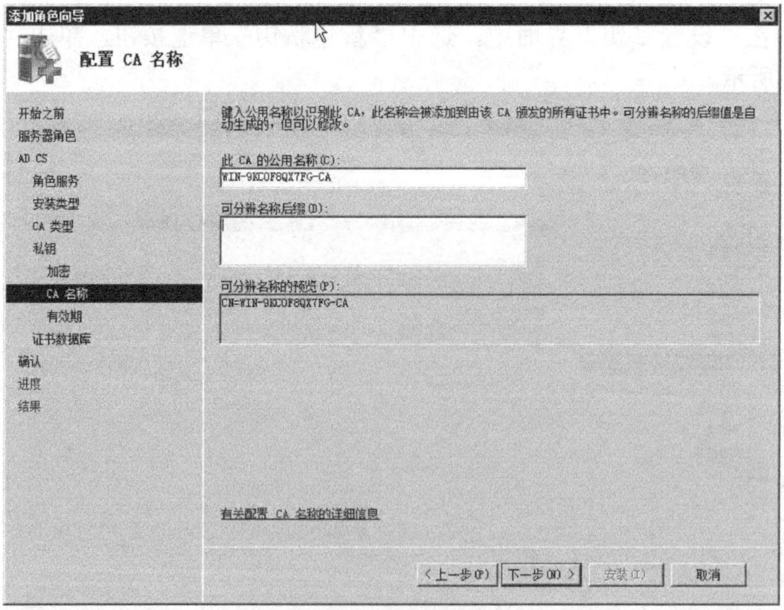

图 7-8　配置 CA 名称

步骤 8：在"设置有效期"界面中，指定根 CA 证书有效的年数或月数后单击"下一步"按钮，如图 7-9 所示。

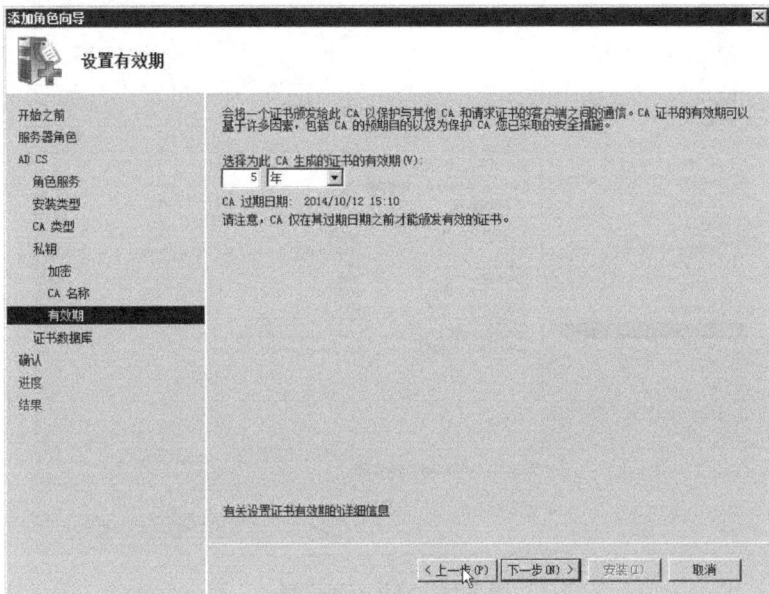

图 7-9 设置有效期

步骤 9：在"配置证书数据库"界面上，设置加密服务提供程序、密钥长度和哈希算法，单击"下一步"按钮，如图 7-10 所示。

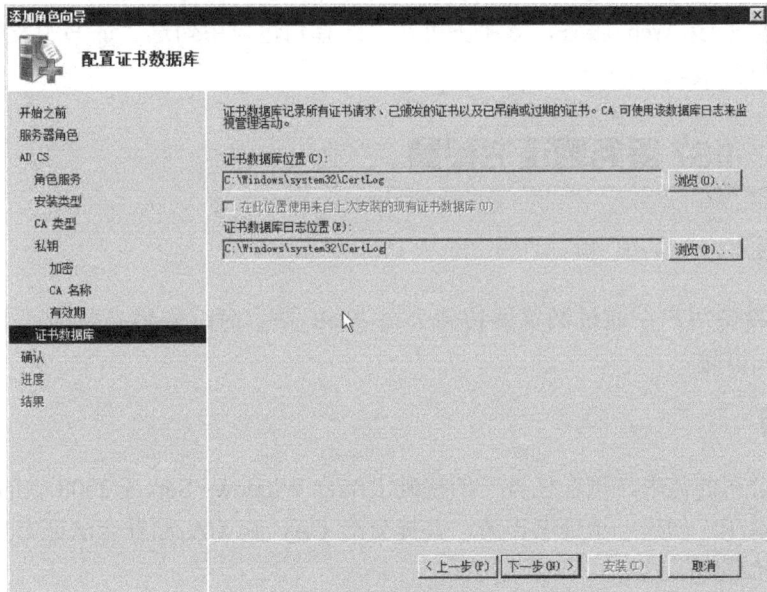

图 7-10 配置证书数据库

步骤 10：在"确认安装选择"界面上，查看选择的所有配置设置，如果要接受所有这些选项，则单击"安装"按钮，然后等待安装过程完成，如图 7-11 所示。

步骤 11：完成安装并重启服务器，至此证书颁发机构安装完毕。

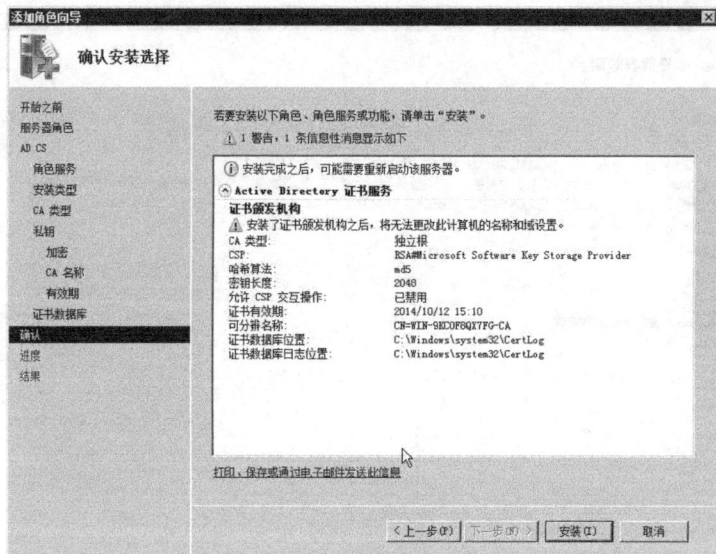

图 7-11　确认安装选择

任务回顾

本任务通过 Windows Server 2008 的角色添加向导添加了证书服务，到目前为止，该证书颁发机构已经可以为客户进行证书颁发、吊销等操作了。值得注意的是，在添加证书服务之前可以不预先安装 Web 服务，该服务可在"选择角色"中勾选"证书颁发机构 Web 注册"复选框进行安装。

任务二　IIS7 服务器证书配置

任务描述

天驿公司希望用户在通过浏览器访问公司 Web 站点时，安装必要的证书并只能使用 https://域名方式访问。

任务分析

针对天驿公司的需求，可在任务一的基础上结合 Windows Server 2008 中的 IIS 7.0 加以实现。首先通过 IIS 创建一个证书申请，并提交给 CA，在 CA 颁发合法证书后将证书绑定到需要使用 SSL 的站点上。

任务实现

1. 在 IIS 7.0 中创建务器证书申请。

步骤 1：启动 IIS 管理器，选择"开始菜单"→"所有程序"→"管理工具"→"Internet 信息服务（IIS）管理器"命令，打开"Internet 信息服务（IIS）管理器"窗口，如图 7-12 所示。

图 7-12　"Internet 信息服务（IIS）管理器"窗口

步骤 2：选择"服务器证书"，如图 7-13 所示。

图 7-13　选择"服务器证书"

步骤 3：在右边窗口中选择"创建域证书"，如图 7-14 所示。

步骤 4：输入证书请求信息，在"通用名称"文本框中输入完整的域名（包含主机名），企业名称可以用中文，国家代码一般用 CN（请按照 ISO 3166-1 A2），如图 7-15 所示。

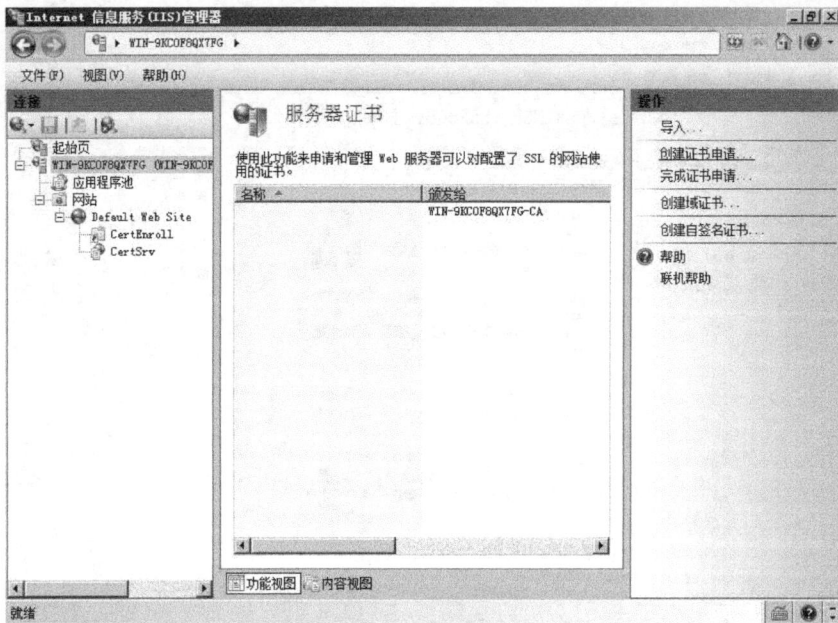

图 7-14　创建域证书

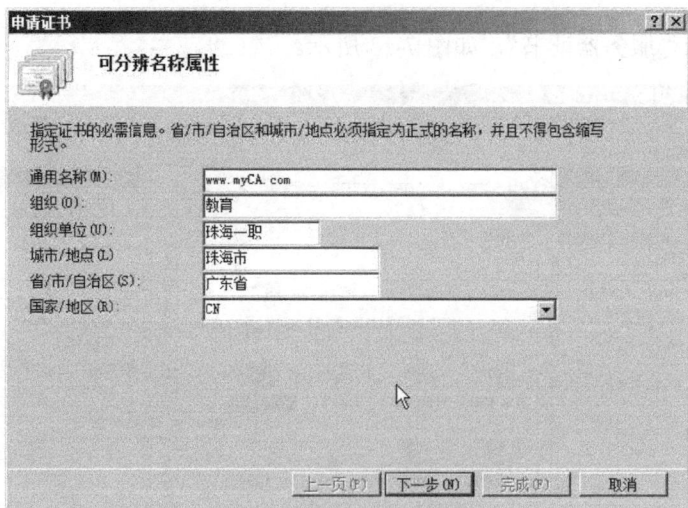

图 7-15　输入证书信息

步骤 5：选择加密服务程序和密钥长度，加密服务程序选择默认的 Microsoft RSA SChannel Cryptographic Provider，加密位长一般可以为 1024 位，如果申请 EV 证书则至少 2048 位。单击"下一步"按钮，如图 7-16 所示。

步骤 6：输入申请书的文件名称，然后单击"完成"按钮，如图 7-17 所示。

2．向 CA 提交申请。

步骤 1：在 IE 中输入 http://www.myca.com/certsrv 访问 CA 颁发机构，单击"申请证书"→"高级证书申请"→"使用 base64 编码的 CMC 或 PKCS #10 文件提交一个证书申请，或使用 base64 编码的 PKCS #7 文件续订证书申请"，打开如图 7-18 所示的窗口。

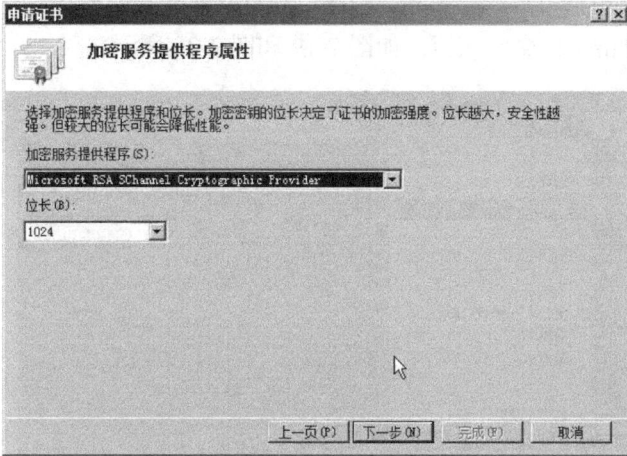

图 7-16 选择加密服务程序和密钥长度

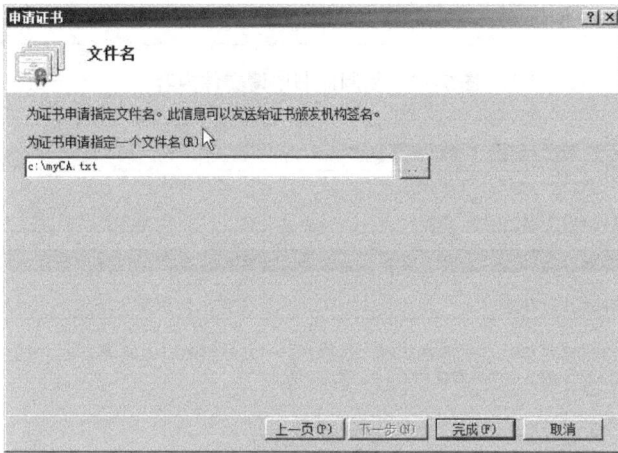

图 7-17 制定申请的文件名

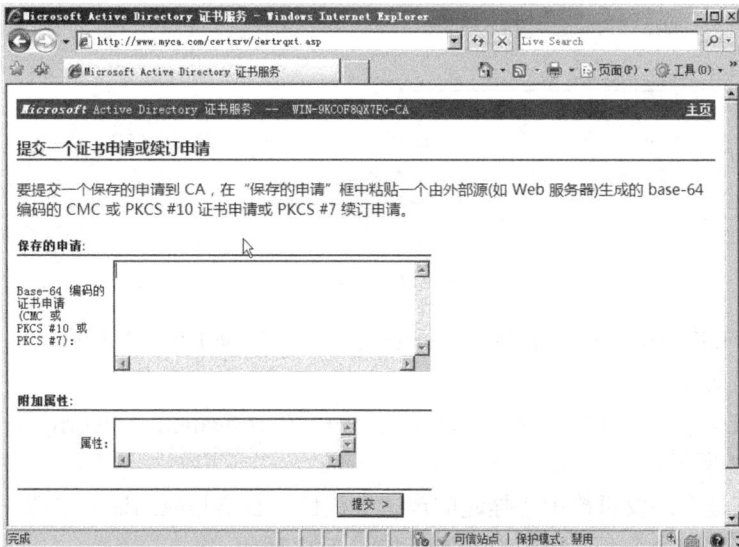

图 7-18 保存证书申请

步骤 2：复制"申请书"（即 c:\myca.txt）中的内容并粘贴到图 7-18 中的"保存的申请"文本框中，并单击"提交"按钮，如图 7-19 和图 7-20 所示。

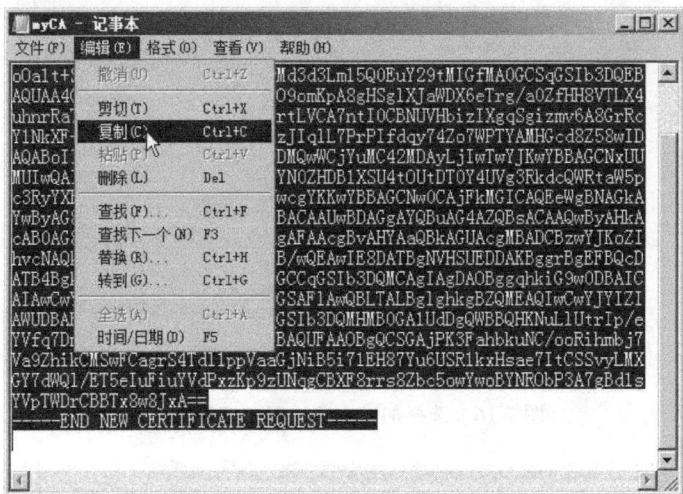

图 7-19　复制证书申请文件内容

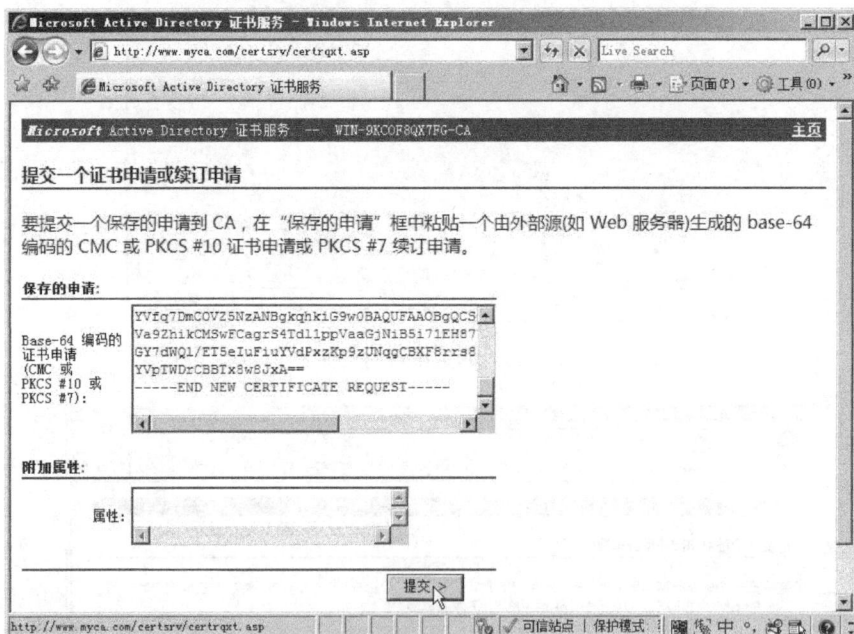

图 7-20　提交申请

步骤 3：证书申请提交成功后显示"证书正在挂起"，如图 7-21 所示。

3．CA 颁发证书。

步骤 1：依次单击"开始"→"管理工具"→"Certification Authority"，打开证书颁发机构，如图 7-22 所示。

步骤 2：在证书颁发机构中"挂起的申请"栏目下右击相应的证书申请，然后选择"所有任务"→"颁发"命令，完成证书颁发，如图 7-23 所示。

图 7-21　证书正在挂起

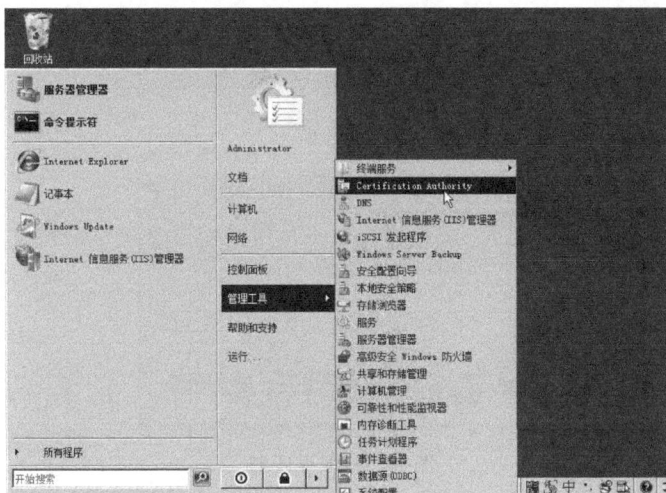

图 7-22　打开证书颁发机构

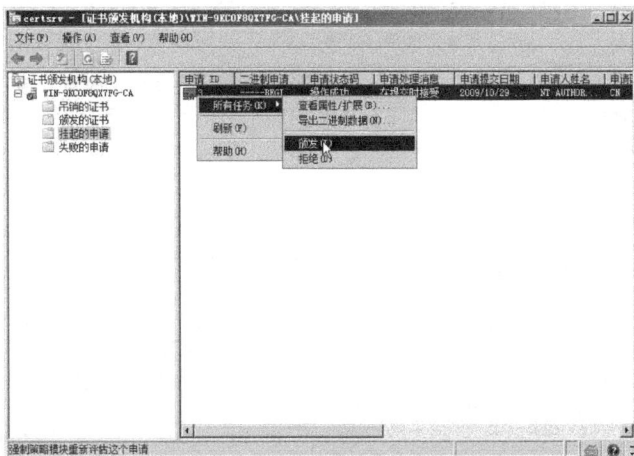

图 7-23　颁发证书

步骤 3：重新登录证书颁发机构申请界面，单击"查看挂起的证书申请的状态"→"保存申请的证书"→"下载证书"，如图 7-24 所示。

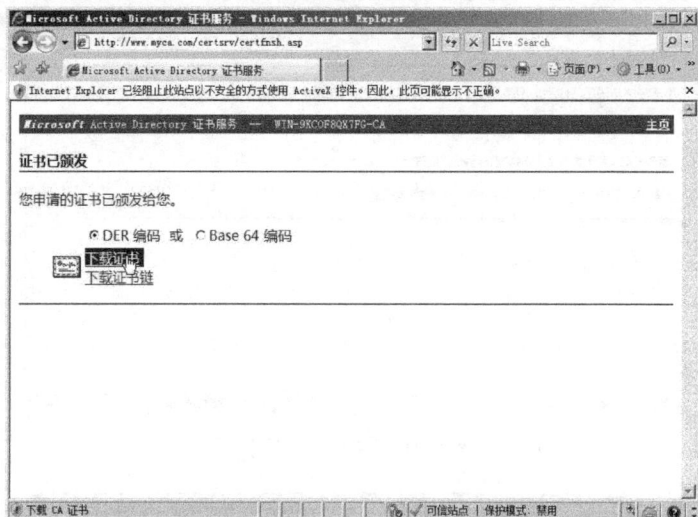

图 7-24　证书下载

步骤 4：保存证书，如图 7-25 和图 7-26 所示。

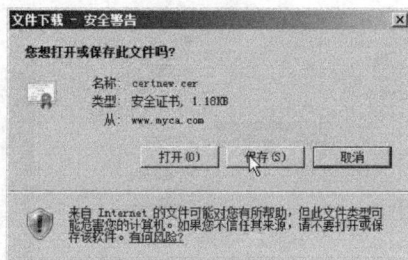

图 7-25　保存证书

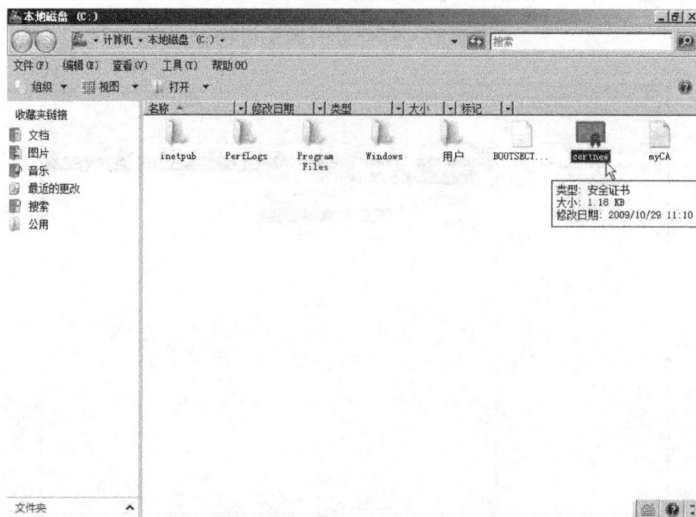

图 7-26　保存在本地硬盘上的证书

4. 完成申请。

步骤 1：在图 7-14 所示窗口中，单击"完成证书申请"项，如图 7-27 所示。

图 7-27 完成证书申请

步骤 2：输入 CA 签好的证书文件（刚才保存好的 certnew.cer），如图 7-28 所示。

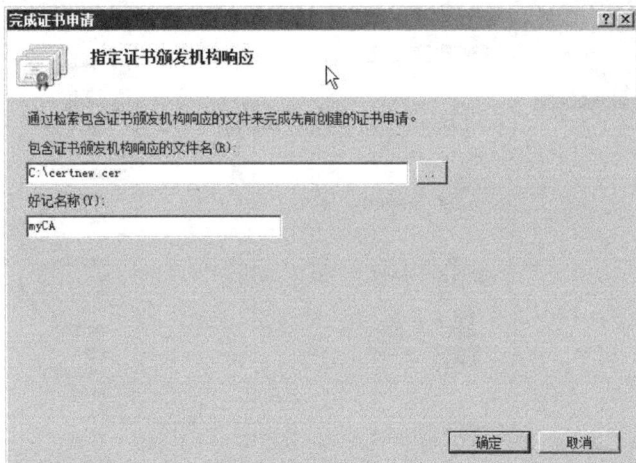

图 7-28 指定证书颁发机构响应

步骤 3：证书导入成功，如图 7-29 所示。

5. 将 SSL 证书和网站绑定。

步骤 1：选择需要使用证书的网站，单击"SSL 设置"图标，如图 7-30 所示。

步骤 2：单击"添加"按钮，添加一个新的绑定，如图 7-31 所示。

步骤 3：将类型改为"https"，端口改为"443"，然后选择刚才导入的 SSL 证书，单击"确定"按钮，则 SSL 证书安装完成，如图 7-32 所示。

6. 设置 SSL 参数及验证。

步骤 1：启动 IIS 管理器，选择"网站"，双击"SSL 设置"图标，如图 7-33 所示。

步骤 2：显示 SSL 高级设置，如图 7-34 所示。

图 7-29　证书导入成功

图 7-30　SSL 设置

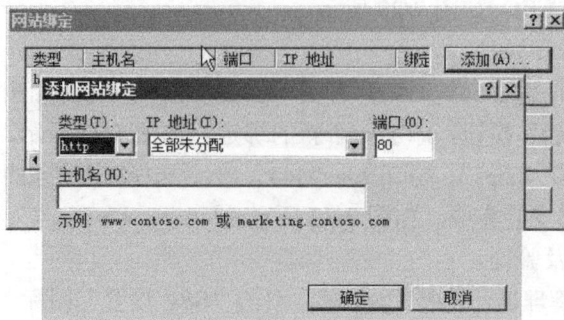

图 7-31　添加网站绑定一

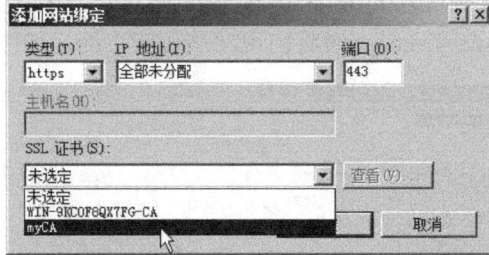

图 7-32　添加网站绑定二

图 7-33　双击"SSL 设置"

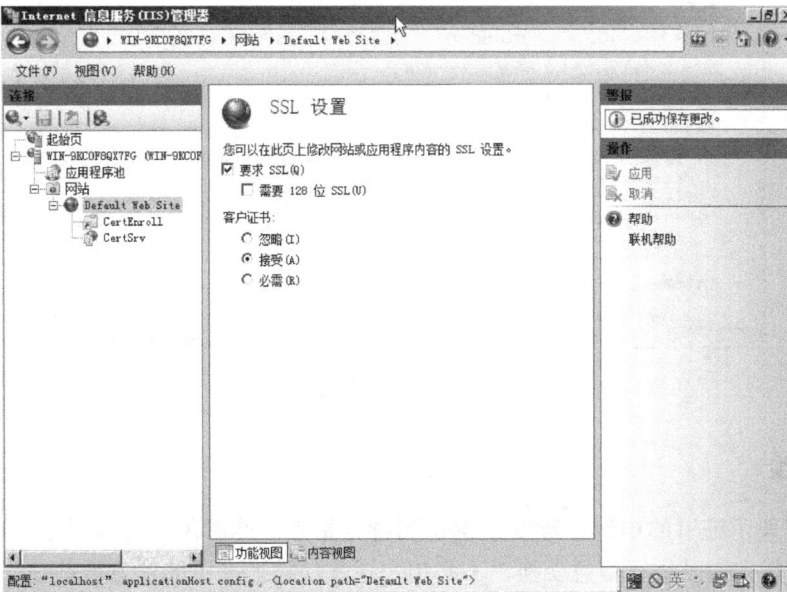

图 7-34　SSL 设置

步骤 3：为了使用户只能通过 https 来访问 Web 站点，勾选"要求 SSL"复选框。在客户端访问网址：https://www.myca.com 时将出现网站相应页面，如图 7-35 所示。

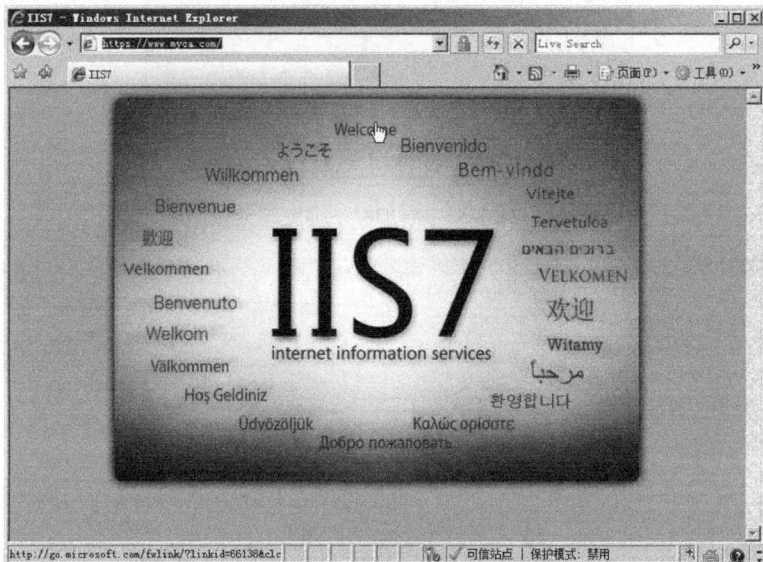

图 7-35　正确访问站点

步骤 4：此时若用户通过 http 访问，或当客户端试图访问http://www.myca.com时，将会出现访问错误，如图 7-36 所示。

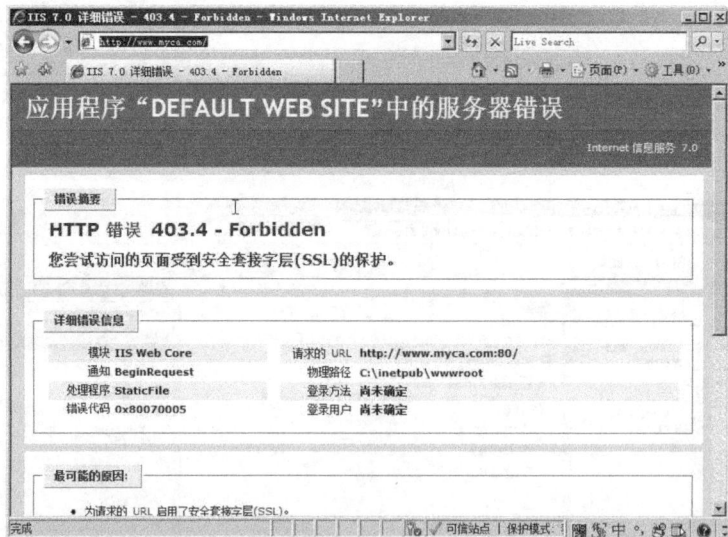

图 7-36　错误信息

任务回顾

本任务实现了证书的申请、颁发及绑定到特定站点。此时用户可以通过 https://域名的方式安全地与特定网站进行信息交换，不必担心这些已被加密了的信息被截获。值得注意的是，在 IIS 中对 SSL 参数的不同设置将影响到客户端的访问方式。

任务三　证书应用案例

任务描述

浙江盐业公司强烈希望能有一个对集团的信息进行保护的解决方案，并提出以下建设目标：

（1）手段安全可靠，能有效弥补单纯的用户名/密码手段的缺点，且可信赖；

（2）成本经济、建设周期短，原有系统无须进行大的改造，以避免对使用造成大的影响，使用方便，且不增加使用者的工作强度。

任务分析

首先，可以考虑搭建制发证系统，通过该制发证系统可以实现盐业集团 ERP 系统所有用户的数字证书的发放。制发证系统的构建策略采用租用模式，租用汇信科技 PKI 系统实现，盐业集团的管理员远程登录汇信科技数字证书签发系统，管理并维护盐业集团所有数字证书。

其次，完成盐业集团 ERP 系统身份认证应用接入。通过在 ERP 系统服务器上配置服务器证书并开通数字证书客户端认证，以实现 ERP 系统用户必须通过数字证书才能登录 ERP 系统的目标。在数字证书认证后，用户必须再次输入账号和口令，以实现双重认证，保证 ERP 系统安全。

任务实现

系统的拓扑结构如图 7-37 所示。

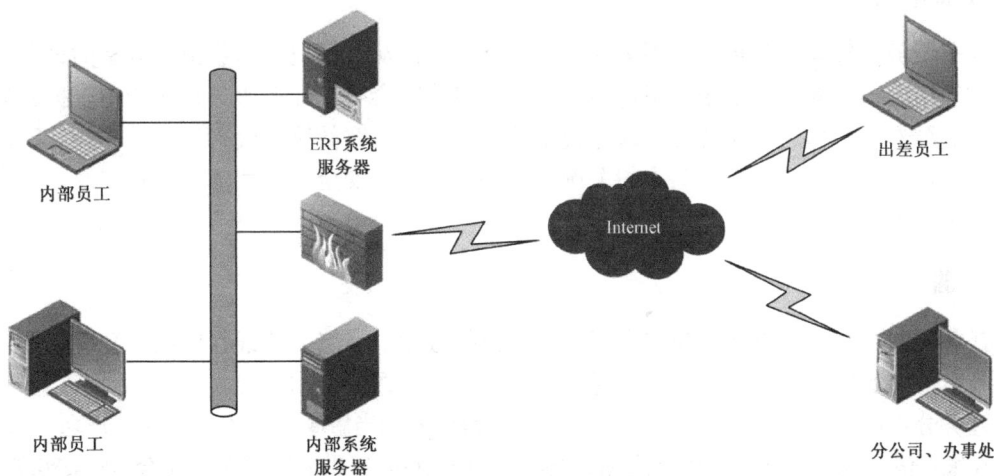

图 7-37　拓扑结构

项目建设成效：针对 ERP 管理系统，完成制发证系统的搭建及 ERP 管理系统身份认证应用接入，并配置服务器证书，建立 SSL 通道，保障客户端与系统之间数据传输的安全性。

本项目为盐业集团资金管理信息系统申请了一张 SSL 服务器证书，并替客户在服务器上进行相关配置。效果如图 7-38 和图 7-39 所示。

图 7-38　通过安全的 https 连接访问系统，并表明系统安全性

图 7-39　可验证的服务器证书，表明连接加密

采用制发证系统平台，为集团员工颁发电子工作证，并帮助盐业集团完成资金系统身份认证应用接入，使系统对申请登录的用户首先以数字证书方式进行认证，避免了因用户名/密码被窃取而造成损失。

比赛心得

证书服务在每年的竞赛中是不可缺少的一项内容，从这里也可以看出，竞赛的试题是和企业的应用分不开的，如果企业用得多，竞赛中自然就会有，证书服务在比赛中占据的分值大概有 5 分左右，但选手在备赛时却忽视了此知识点，有时教练也没有给选手讲解，所以还是要引起注意的，这都是取得名次的关键。另外，像邮件安全，虽然本书没有涉及，但也是不容忽视的内容。

实训

任务描述：某银行正准备为客户开通网络银行服务，请您为该银行提供一套符合安全要求的方案，并实现，此处使用证书可通过自行部署证书颁发机构实现。

任务分析：考虑到网络银行与客户之间的通信内容相当敏感，采用传统的用户名+密码方式已经很难满足要求，此处可以采用 Windows Server 2008 提供的证书服务配合 IIS 来实现。

建议步骤如下：

（1）安装并配置 CA；

（2）在 IIS 中创建域服务器证书并进行必要的安装和配置；

（3）在客户端测试。

完成标准：客户端安装证书后能够通过 https://域名或 IP 地址与网络银行系统进行通信。

项目八 Hyper-V 配置与管理

虚拟化是一个广义的术语，是指计算元件在虚拟的基础上而不是真实的基础上运行，是一个为了简化管理，优化资源的解决方案。如同空旷、通透的写字楼，整个楼层几乎看不到墙壁，用户可以用同样的成本构建出更加自主适用的办公空间，进而节省成本，发挥空间最大利用率。这种把有限的固定的资源根据不同需求进行重新规划以达到最大利用率的思路，在 IT 领域就叫做虚拟化技术。

Hyper-V 是微软最新推出的服务器虚拟化解决方案，微软具有全面的从数据中心到桌面虚拟化的产品，桌面有 Virtual PC，服务器有 Virtual Server。Hyper-V 和 Virtual Server 虽同为服务器虚拟化产品，Hyper-V 在构架上相比后者 Virtual Server 有了突破性的进展。使用 Hyper-V 发布的虚拟机是可以看成与宿主机具有同等地位，只是管理权限不同的宿主机。

任务一　安装 Hyper-V 服务角色

任务描述

天驿公司由于规模的扩大，购置了一批配置高的计算机，其中有支持 64 位操作系统的，恰好管理员想试试微软的虚拟化功能，于是派到用场了，管理员可以实现这个想法了。管理员把 Windows Server 2008 R2 操作系统完成安装后，发现默认没有安装 Hyper-V 角色，需要单独安装 Hyper-V 角色。

小贴士

Windows Server 虚拟化需要特定的 CPU：

基于 x64： Windows Server 虚拟化功能只在 x64 版本的 Windows Server 2008 标准版、企业版和数据中心版中提供。

硬件辅助虚拟化：需要具有虚拟化选项的特定 CPU，即包含 Intel VT(Vanderpool Technology)或 AMD Virtualization（AMD-V，代号"Pacifica"）功能的 CPU。

硬件数据执行保护(DEP)，而且被开启(如果 CPU 支持 Server 2008 x64 默认开启)。

任务分析

Windows Server 2008 R2 默认是没有安装 Hyper-V 服务角色的，需要单独安装，所以管理员是正确的，这里可以通过"添加角色向导"来完成。

任务实现

步骤 1：选择"开始"→"管理工具"→"服务器管理器"→"角色"选项，如图 8-1 所示。显示窗口如图 8-2 所示。

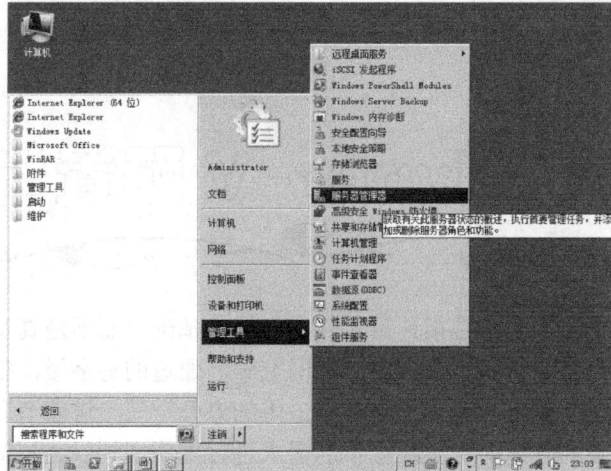

图 8-1　服务器管理器

图 8-2　"服务器管理器"窗口

步骤 2：在"角色摘要"选项区域中，单击"添加角色"超链接，启动"添加角色向导"，显示如图 8-3 所示的对话框。

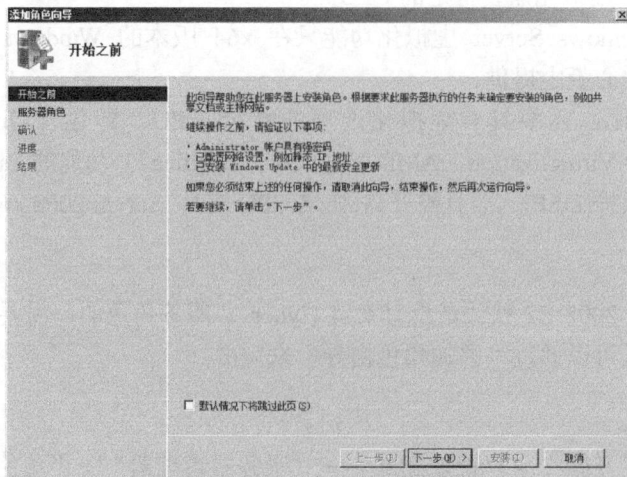

图 8-3　"添加角色向导"对话框

步骤 3：单击"下一步"按钮，显示"选择服务器角色"对话框，在"角色"列表框中选择"Hyper-V"，如图 8-4 所示。

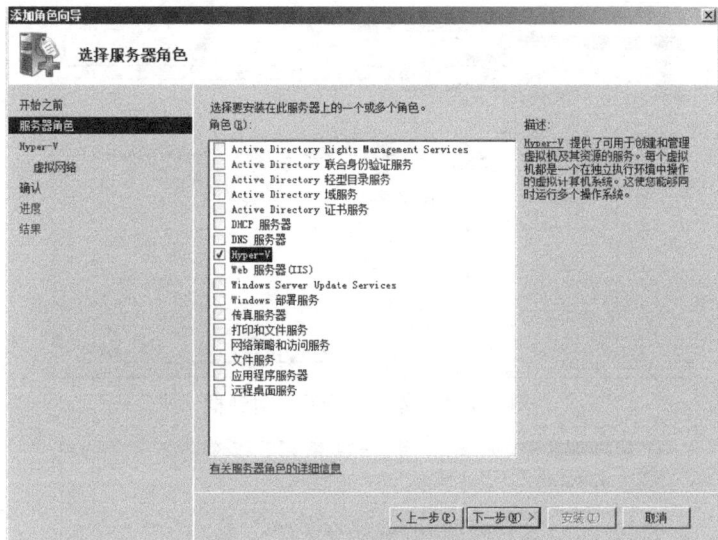

图 8-4　"选择服务器角色"对话框

步骤 4：单击"下一步"按钮，显示"Hyper-V"对话框，简要介绍 Hyper-V 的功能，如图 8-5 所示。

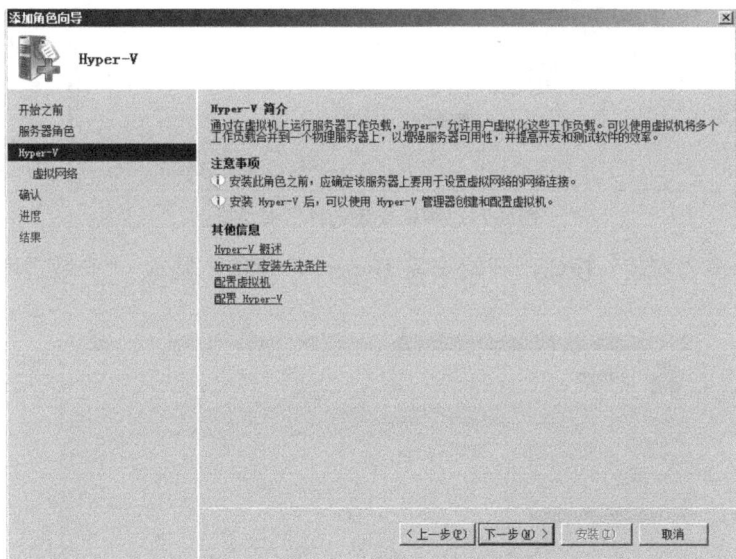

图 8-5　"Hyper-V"对话框

步骤 5：单击"下一步"按钮，显示"创建虚拟网络"对话框。在"以太网卡"列表中，选择用于虚拟网络的物理网卡，建议至少为物理计算机保留一块物理网卡，所以在部署"Hyper-V"的计算机中，至少需要两块物理网卡，如图 8-6 所示。

步骤 6：单击"下一步"按钮，显示"确认安装选择"对话框，如图 8-7 所示。

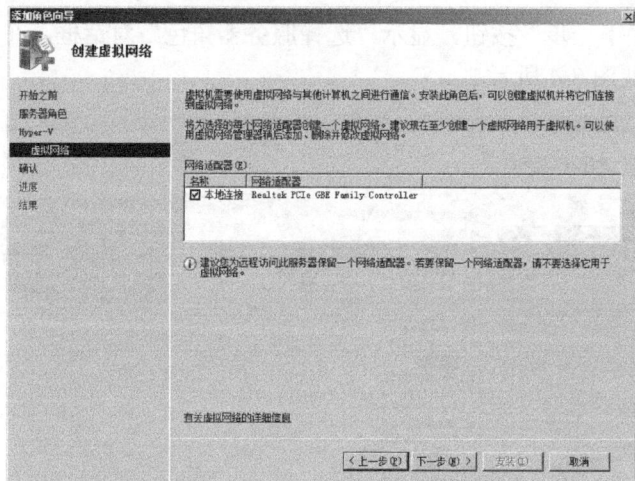

图 8-6 "创建虚拟网络"对话框

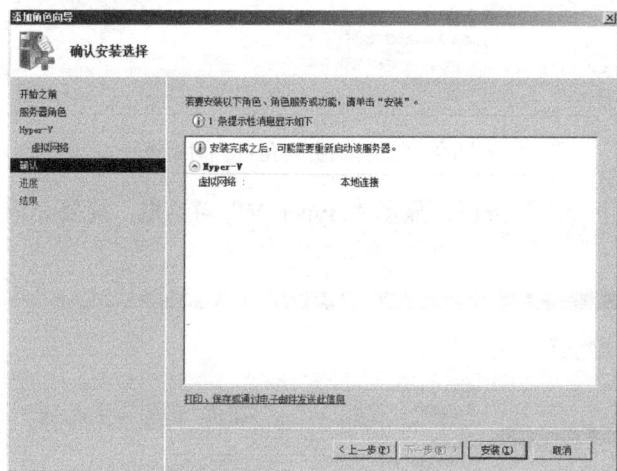

图 8-7 "确认安装选择"对话框

步骤 7：单击"安装"按钮，开始安装 Hyper-V 角色，显示 "安装进度"对话框，如图 8-8 所示。

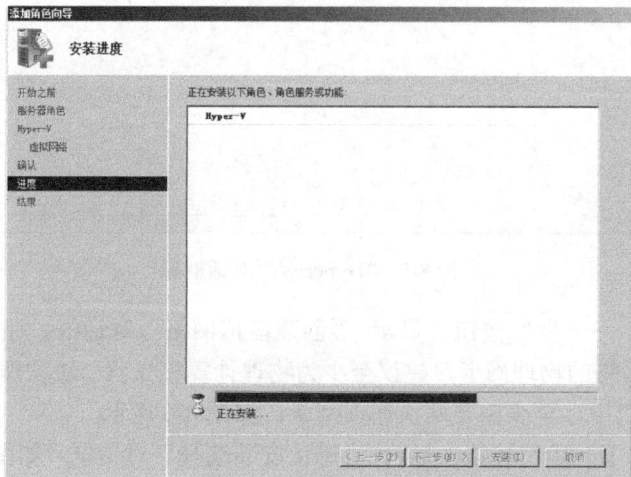

图 8-8 "安装进度"对话框

步骤 8：文件复制完成后，显示"安装结果"对话框，提示需要重启服务器完成 Hyper-V 的安装，如图 8-9 所示。

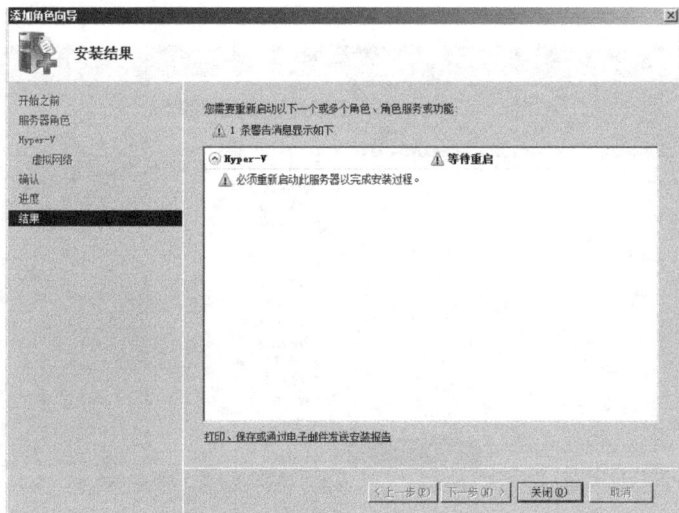

图 8-9　"安装结果"对话框

步骤 9：单击"关闭"按钮，在弹出如图 8-10 所示的"添加角色向导"对话框中，直接单击"是"按钮，完成重新启动。重启完成后，继续执行安装进程，安装完成后，弹出 "安装结果"，对话框，提示 Hyper-V 角色已经安装成功，如图 8-11 所示。

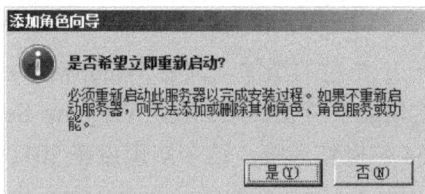

图 8-10　"添加角色向导"对话框

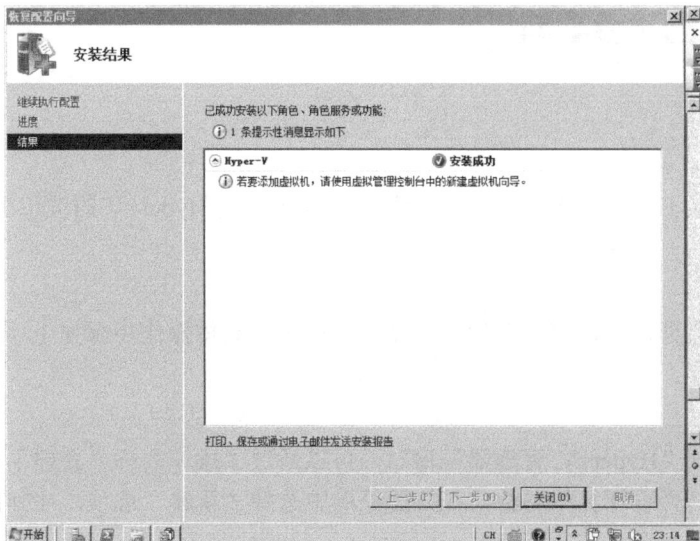

图 8-11　"安装结果"对话框

步骤 10：单击"关闭"按钮，完成 Hyper-V 角色的安装。安装成功后，在菜单中选择"开始"→"管理工具"会看到"Hyper-V 管理器"项，以后就从该处管理 Hyper-V 虚拟机，如图 8-12 所示。

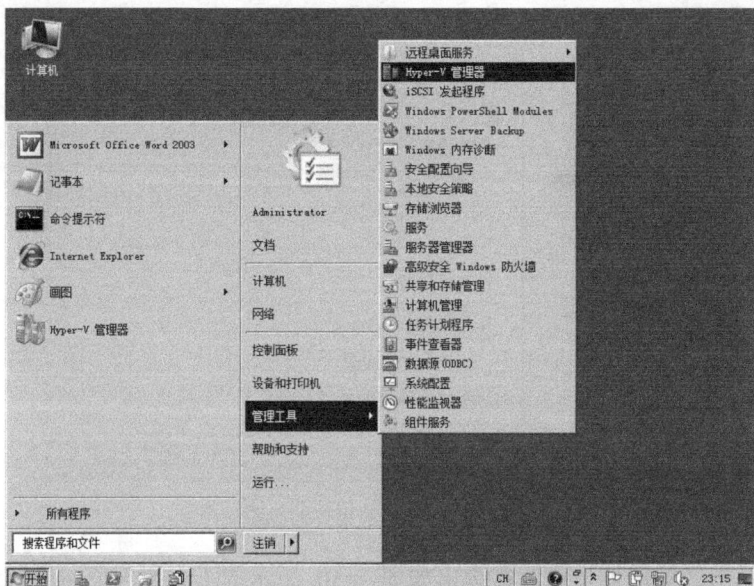

图 8-12　添加 Hyper-V 角色后的管理工具菜单

任务回顾

此任务主要介绍了 Hyper-V 角色的添加，只要 Windows Server 2008 R2 的系统安装成功，则添加此角色并不难，这里需要特别注意的是，Window Server 2008 R2 的系统必须安装在真机上，并且需要支持 64 位操作系统。这个知识点在 2011 年国赛时候就有要求，需要选手特别注意。

任务二　创建虚拟机

任务描述

管理员添加了 Hyper-V 角色之后，于是决定马上创建 Hyper-V 的虚拟机。

任务分析

使用虚拟机创建向导，根据向导即可创建虚拟机，具体操作步骤如下：

任务实现

步骤 1：打开"Hyper-V 管理器"窗口，可以通过"操作"→"新建"→"虚拟机"选项，或者右键单击当前计算机名称，在快捷菜单中选择"新建"选项，在弹出的子菜单中选择"虚拟机"项，如图 8-13 所示。

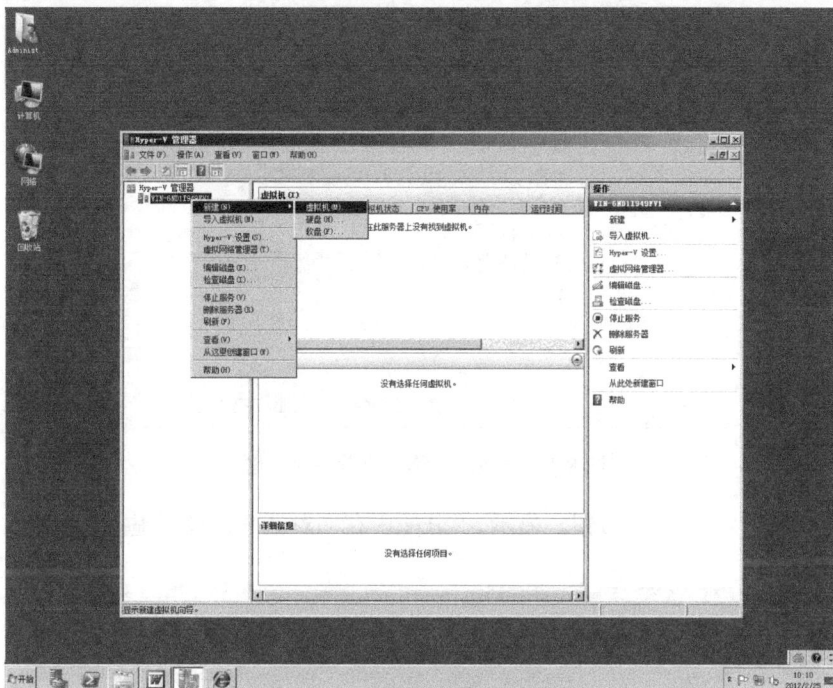

图 8-13　"Hyper-V 管理器"窗口

步骤 2：启动"新建虚拟机向导"，显示"开始之前"对话框，如图 8-14 所示。

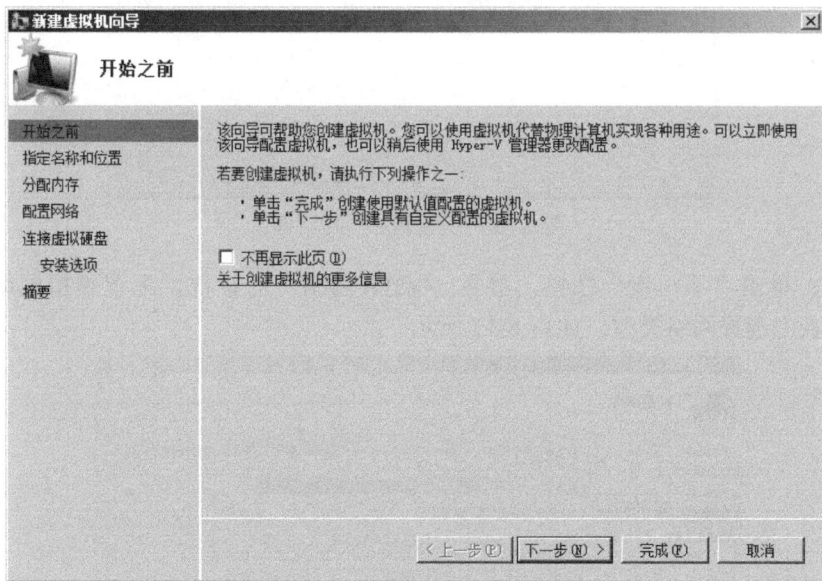

图 8-14　"开始之前"对话框

步骤 3：单击"下一步"按钮，显示 "指定名称和位置"对话框。在"名称"文本框中输入虚拟机的名称，默认虚拟机将虚拟机的文件保存到 "c:\ProgramData\Microsoft\Windows\Hyper-V\"目录中。可以选中"将虚拟机存储在其他位置"复选框，单击"浏览"按钮可以设置存储虚拟机配置文件的目标文件夹，本例选择"F:\windows7\"，如图 8-15 所示。

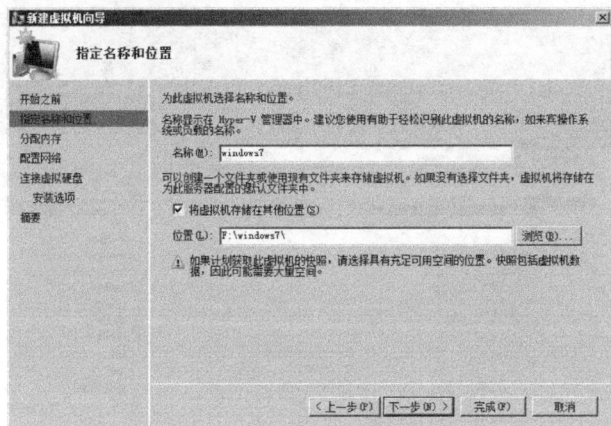

图 8-15　"指定名称和位置"对话框

步骤 4：单击"下一步"按钮，显示 "分配内存"对话框，设置虚拟机内存，如图 8-16 所示。

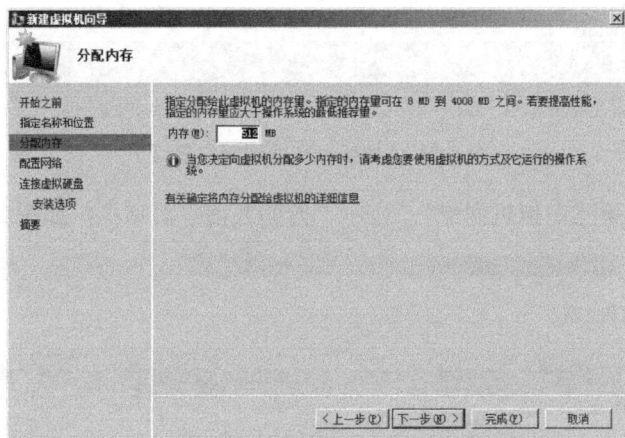

图 8-16　"分配内存"对话框

步骤 5：单击"下一步"按钮，显示 "配置网络"对话框，配置虚拟网络，在"连接"下拉列表中选择网络类型，如图 8-17 所示。

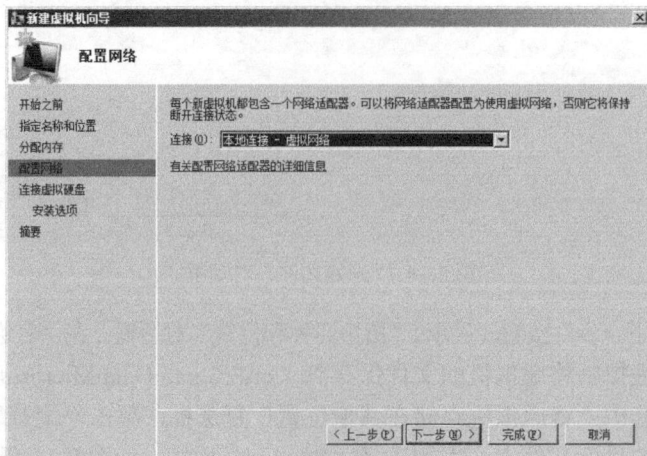

图 8-17　"配置网络"对话框

步骤 6：单击"下一步"按钮，显示"连接虚拟硬盘"对话框，设置虚拟机使用的虚拟硬盘，可以创建一个新的虚拟硬盘，也可以使用已经存在的硬盘。本例创建了新的虚拟硬盘，因此选择"创建虚拟硬盘"，系统自动分配名称和位置，若想修改也可以，本例使用默认设置，如图 8-18 所示。

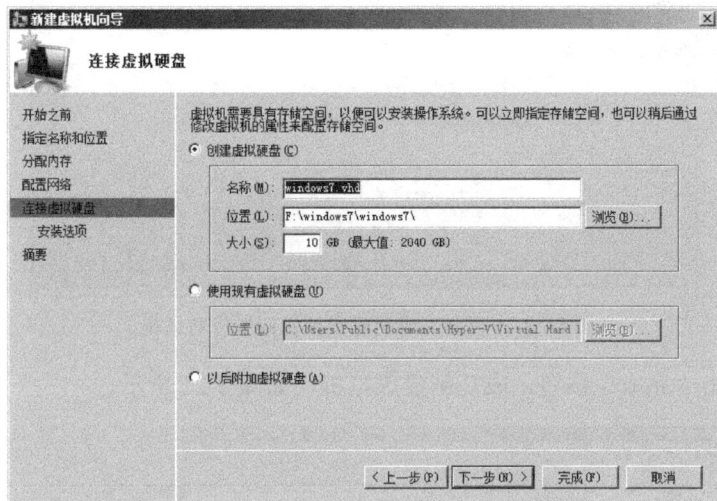

图 8-18 "连接虚拟硬盘"对话框

步骤 7：单击"下一步"按钮，显示"安装选项"对话框，选择安装操作系统的方式，本例选择"从引导 CD/DVD-ROM 安装操作系统"，并使用 iso 文件安装操作系统，如图 8-19 所示。

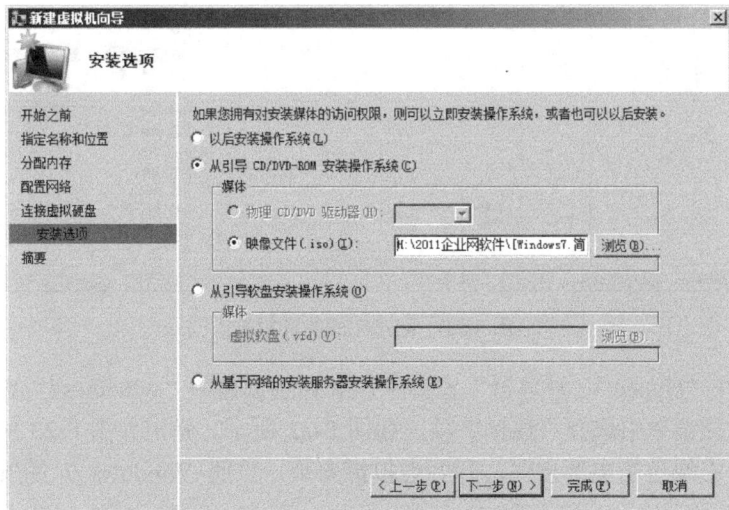

图 8-19 "安装选项"对话框

步骤 8：单击"下一步"按钮，显示"正在完成新建虚拟机向导"对话框，显示虚拟机的配置信息，如图 8-20 所示。

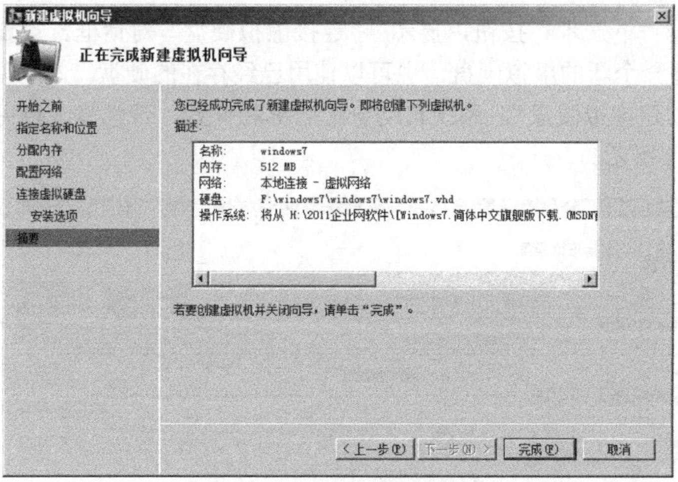

图 8-20 "正在完成新建虚拟机向导"对话框

步骤 9：单击"完成"按钮，成功创建虚拟机，如图 8-21 所示。

图 8-21 创建完成的虚拟机

步骤 10：在"Hyper-V 管理器"窗口中，选择刚创建的"windows7"虚拟机，单击右键，在弹出的快捷菜单中选择"连接"项，如图 8-22 所示。弹出如图 8-23 所示的"虚拟机连接"窗口，单击绿色的电源按钮，开始虚拟机安装，按照 Windows 7 的安装流程安装即可，如图 8-24 所示。

图 8-22　连接虚拟机

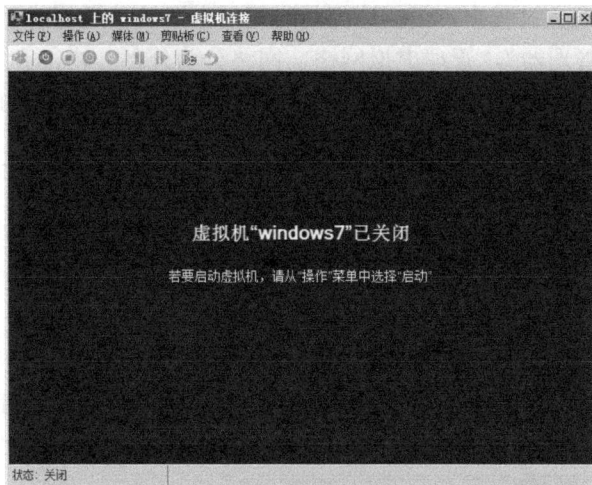

图 8-23　虚拟机连接窗口

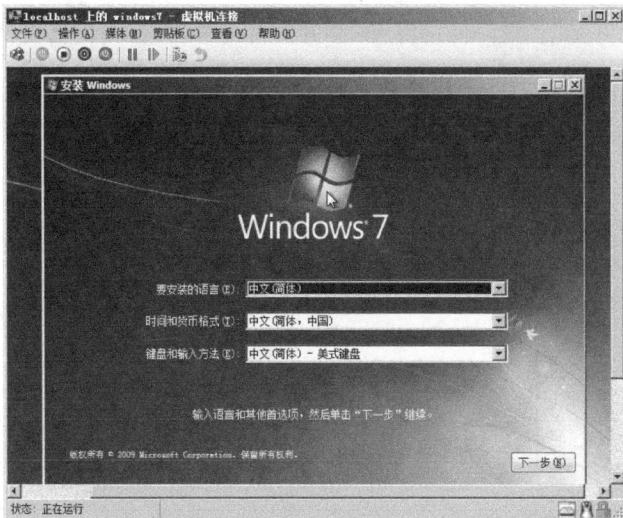

图 8-24　安装 Windows 7

任务回顾

此任务主要介绍在 Hyper-V 中安装虚拟机，其实还是比较简单的，主要就是前期的创建过程，选手一定要熟练，后面的安装就和在其他虚拟机上安装系统没有区别。

任务三　Hyper-V 网络

任务描述

天驿公司的管理员安装好了系统后，急于想试试虚拟机系统之间的局域网络情况，于是决定马上进行试验。

任务分析

Hyper-V 的虚拟网络由一个或多个配置为可访问本地、外部和专用网络资源的虚拟机组成。在安装 Hyper-V 角色过程中，根据选择的物理网卡默认已经创建了一个虚拟网络。

使用"虚拟网络管理器"，管理虚拟网络，网络分为外部、内部和专用。虚拟机系统之间的网络互通情况可以使用内部虚拟网络来实现，所以管理员需要采用此方法来实现。这里使用内部网络。

管理员使用的服务器真实网卡 IP 为：192.168.1.220，虚拟网卡 IP 为：192.168.1.250，虚拟机 TEST1 的 IP 为：192.168.1.100，虚拟机 TEST2 的 IP 为：192.168.1.200。

任务实现

1．Hyper-V 服务器的设置

步骤 1：在 Hyper-V 服务器上建立内部网络，单击"开始"→"管理工具"→"Hyper-V 管理器"，如图 8-25 所示。

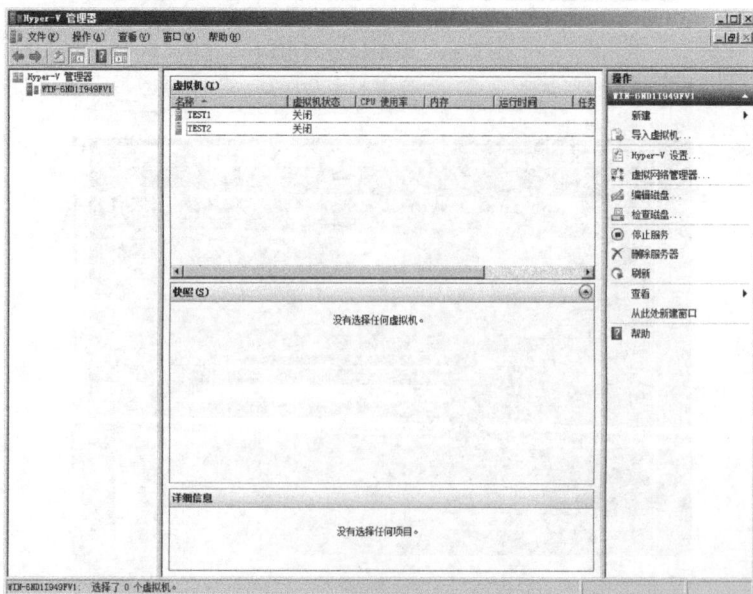

图 8-25　Hyper-V 管理器

步骤 2：单击右方"虚拟网络管理器"，打开"虚拟网络管理器"→选择"新建虚拟网络"，在右边选择"内部"，再单击"添加"按钮，如图 8-26 所示。

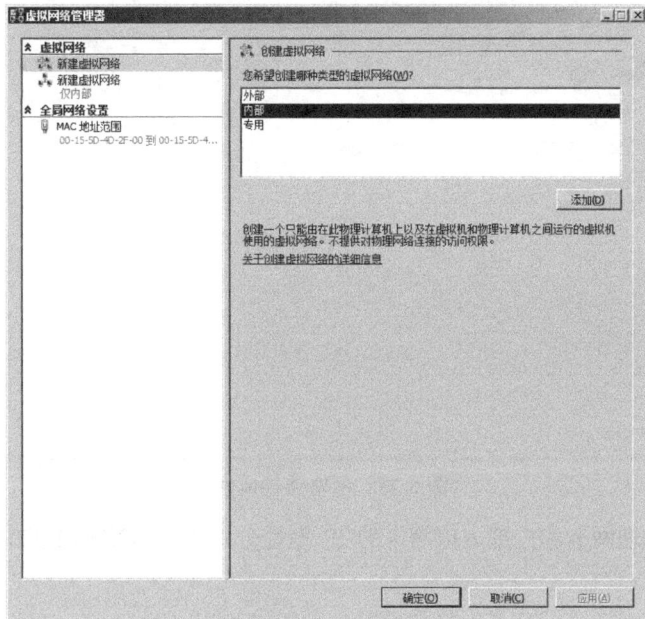

图 8-26 "虚拟网络管理器"对话框一

步骤 3：完成建立内部虚拟网络后在建立内部虚拟网络窗口下的名称中输入"内部"，连接类型选择"仅内部"，单击"应用"按钮，再单击"确定"按钮，如图 8-27 所示。

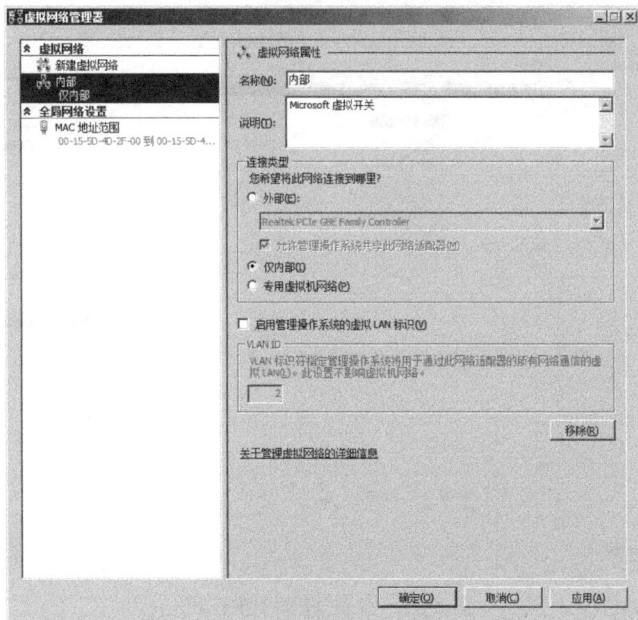

图 8-27 "虚拟网络管理器"对话框二

步骤 4：打开 Hyper-V 服务器的网络连接，在 Hyper-V 服务器的网络连接窗口有三个连接，一个是物理网卡，另一个是刚建立的内部虚拟网卡，还有一个是无线网络连接，如图 8-28 所示。

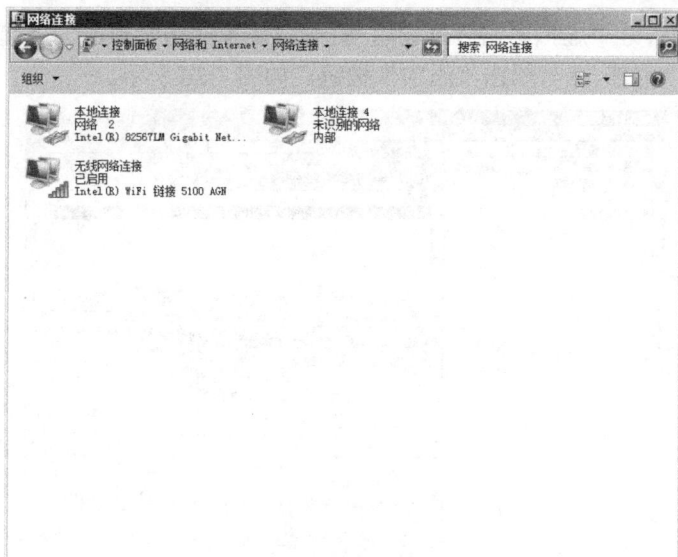

图 8-28　网络连接属性

步骤 5：设置物理网卡和内部虚拟网卡的 IP 地址分别为：192.168.1.220 和 192.168.1.250，此处略。

2. TEST1 和 TEST2 虚拟机的设置

步骤 1：进入 TEST1 虚拟机的设置窗口，在图 8-25 的界面上选择"TEST1"，单击鼠标右键，选择"设置"命令，如图 8-29 所示。

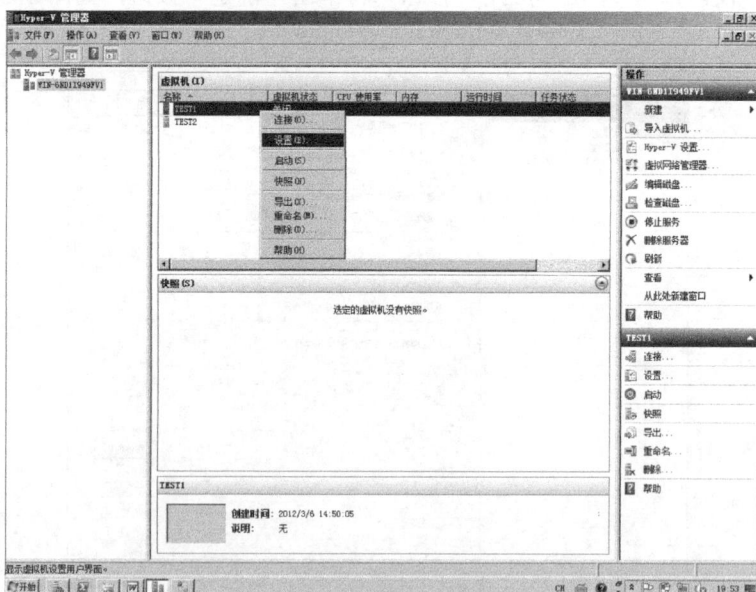

图 8-29　设置 TEST1 虚拟机

步骤 2：打开 TEST1 设置窗口，设置 TEST1 虚拟机的网卡，更改链接至内部网络，选择"网络适配器"，在右边窗体选择"内部"，单击"应用"按钮，再单击"确定"按钮，如图 8-30 所示。

步骤 3：设置 TEST2 的网络适配器的内部虚拟网络与 TEST1 的设置方法相同，此处略。

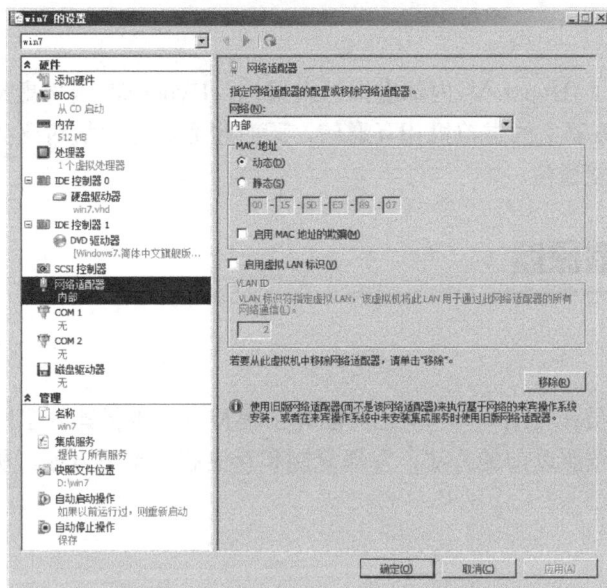

图 8-30　设置 TEST1 虚拟机内部网络

步骤 4：将 TEST1 和 TEST2 虚拟机开机，设置 TEST1 和 TEST2 的网卡 IP 设置，TSET1 的 IP 地址为 192.168.1.100，TEST2 的 IP 为 192.168.1.200。

3．验证

在 TEST1 中进行验证，打开命令行窗口，先 ping192.168.1.200（TEST2 虚拟机）通，再 ping192.168.1.250（服务器内部虚拟网卡）通，最后 ping192.168.1.220（服务器实体网卡）响应不通，此为正常，如图 8-31 所示。

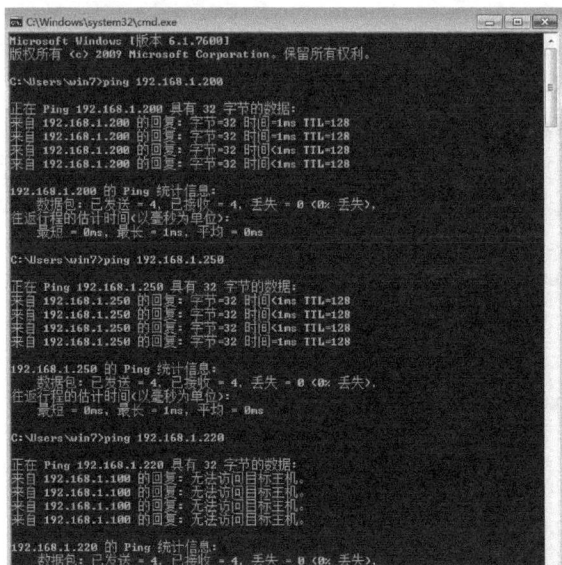

图 8-31　TEST1 虚拟机验证

小贴士

在验证时需要关闭服务器和虚拟机的防火墙，否则无法验证测试结果，具体如何关闭请参考具体操作系统的关闭方法。

任务回顾

此任务主要介绍了 Hyper-V 内部虚拟网络架构，Hyper-V 内部虚拟网络不仅允许位于同一个 Hyper-V 服务器上的虚拟机相互通信，同时也允许虚拟机对服务器通信，但虚拟机对服务器实体网卡不能通信。

任务四　虚拟硬盘

任务描述

天骥公司的管理员在 Hyper-V 上已经创建了虚拟机，也搭建好了网络，但现在想要复制数据到虚拟机中，按照以前的方法，发现复制和存储起来都不方便，所以管理员想找个更好的办法解决。

任务分析

管理员经过查找资料发现，虚拟硬盘是很好的解决方式。虚拟硬盘是虚拟机存储的主要方式，虚拟硬盘可以在服务器之间复制，并且支持压缩、转换、合并和扩展，我们可以根据具体的需要管理的虚拟硬盘，虚拟硬盘类型不同，完成的功能也将不同。

虚拟硬盘可以单独创建，也可以在创建虚拟机时创建。在"Hyper-V 管理器"中可以使用"虚拟硬盘创建向导"来完成虚拟硬盘的创建。

任务实现

1．创建虚拟硬盘

步骤1：打开 Hyper-V 管理器，右键主机，在弹出的快捷菜单里面选择"新建"→"硬盘"项，如图 8-32 所示。

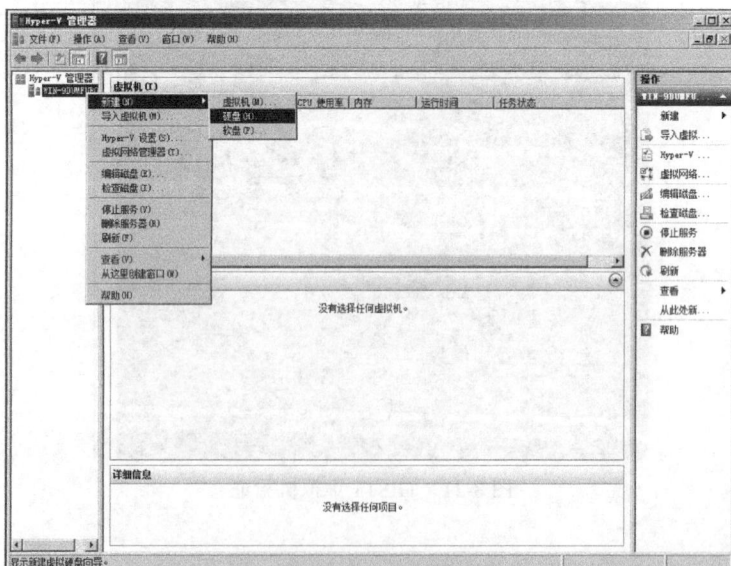

图 8-32　Hyper-V 管理器

步骤 2：启动"新建虚拟硬盘向导"对话框，创建新的虚拟硬盘，如图 8-33 所示。

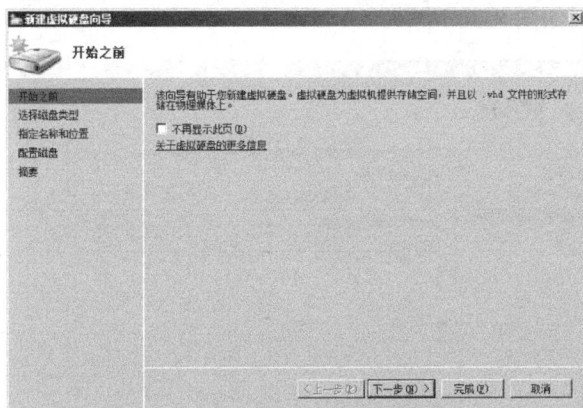

图 8-33 "开始之前"对话框

步骤 3：单击"下一步"按钮，显示"选择磁盘类型"对话框。Hyper-V 支持"固定大小"、"动态扩展"及"差异"3 种磁盘类型，本例选择"动态扩展"类型来创建动态扩展硬盘。如图 8-34 所示。

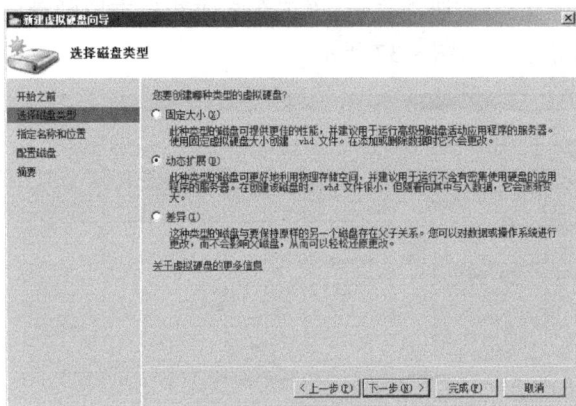

图 8-34 "选择磁盘类型"对话框

步骤 4：单击"下一步"按钮，显示"指定名称和位置"对话框，设置虚拟硬盘名称及存储的目标文件夹，更改存储位置请单击"浏览"按钮，如图 8-35 所示。

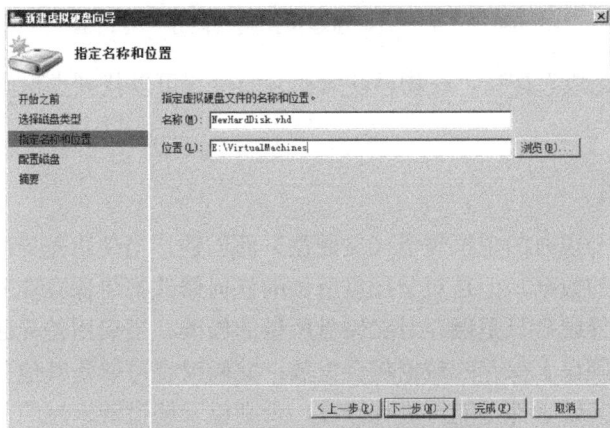

图 8-35 "指定名称和位置"对话框

步骤 5：单击"下一步"按钮，显示 "配置磁盘"对话框，本例选择"新建空白虚拟硬盘"，大小为 50GB，如图 8-36 所示。

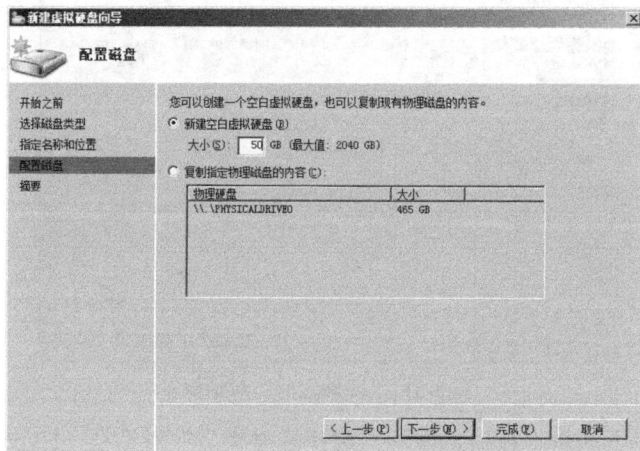

图 8-36 "配置磁盘"对话框

步骤 6：单击"下一步"按钮，显示 "正在完成新建虚拟硬盘向导"对话框，显示所创建的虚拟硬盘的配置信息，如图 8-37 所示。

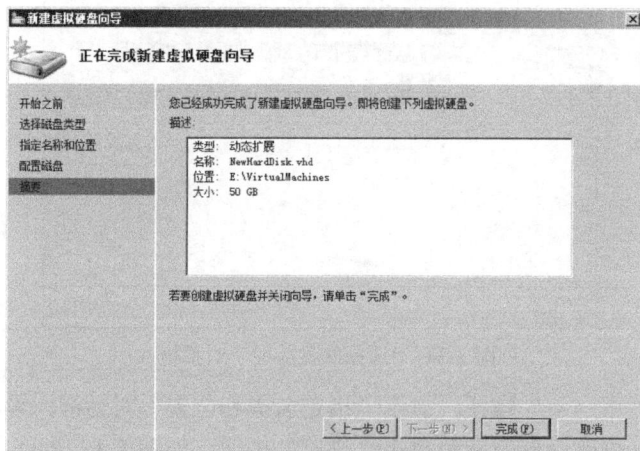

图 8-37 "正在完成新建虚拟硬盘向导"对话框

步骤 7：单击"完成"按钮，在物理硬盘相应的位置可以找到虚拟硬盘文件，如图 8-38 所示。

2．创建差异硬盘

差异硬盘基于一个现有的虚拟硬盘（父硬盘）而创建，当使用差异硬盘时，差异硬盘上的数据基于父硬盘上的数据，但是对父硬盘所做的任何修改都将保存在差异硬盘而不是提交到父硬盘中，并且差异硬盘只是保存对父硬盘所做的修改。当启用差异磁盘时，父硬盘应设置为只读，否则差异硬盘上保存的数据将会失效；父硬盘也可以是其他差异硬盘，此时，位于此硬盘链上的任何父硬盘都不能再进行修改，否则位于硬盘链末尾的差异硬盘上保存的数据将会失效。

图 8-38 虚拟硬盘文件

差异磁盘是非常有用的功能，它可以极大地减小你所创建的虚拟机测试系统所占用的磁盘空间，应该尽可能多地使用差异磁盘。本例中创建"父-子"级别的差异虚拟硬盘。

步骤 1：打开 Hyper-V 管理器，启动"新建虚拟硬盘向导"对话框，创建新的虚拟硬盘，在"选择磁盘类型"时应选择"差异"单选按钮，如图 8-39 所示。

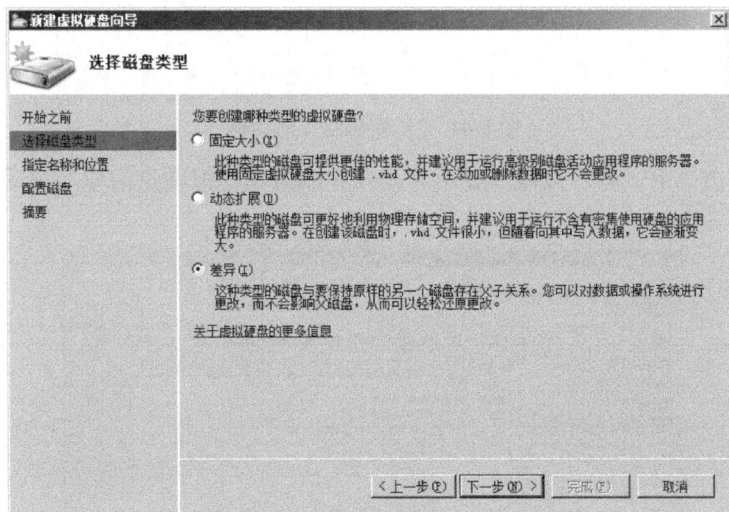

图 8-39 "选择磁盘类型"对话框

步骤 2：单击"下一步"按钮，显示 "指定名称和位置"对话框，设置虚拟硬盘名称及存储的目标文件夹时，建议"父-子"硬盘存放在同一目录下，且不同名，如图 8-40 所示。

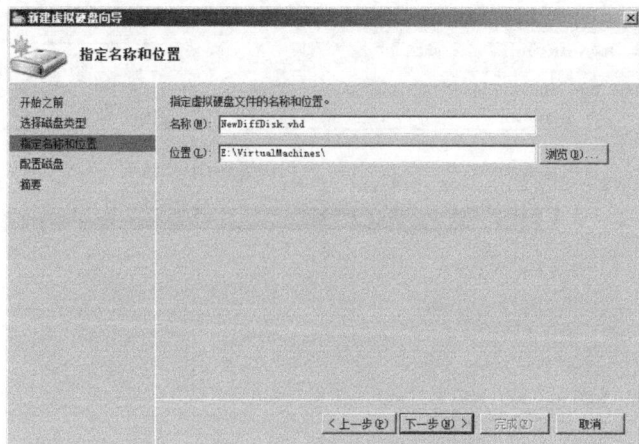

图 8-40 "指定名称和位置"对话框

步骤 3：单击"下一步"按钮，显示"配置磁盘"对话框，设置"父"虚拟硬盘，单击"浏览"按钮，找到以上创建的虚拟硬盘作为本例的父硬盘，如图 8-41 所示。

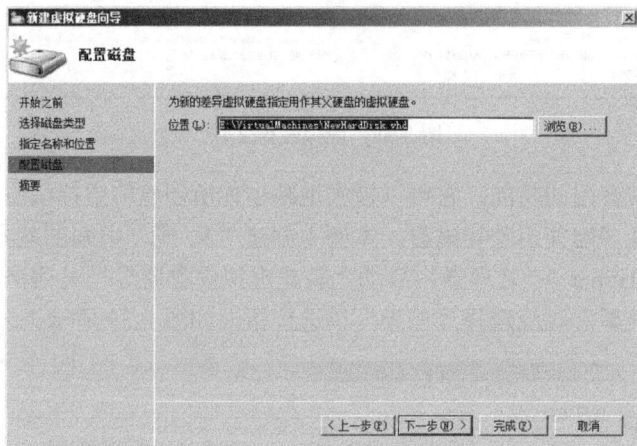

图 8-41 "配置磁盘"对话框

步骤 4：单击"下一步"按钮，显示"正在完成新建虚拟硬盘向导"对话框，如图 8-42 所示。

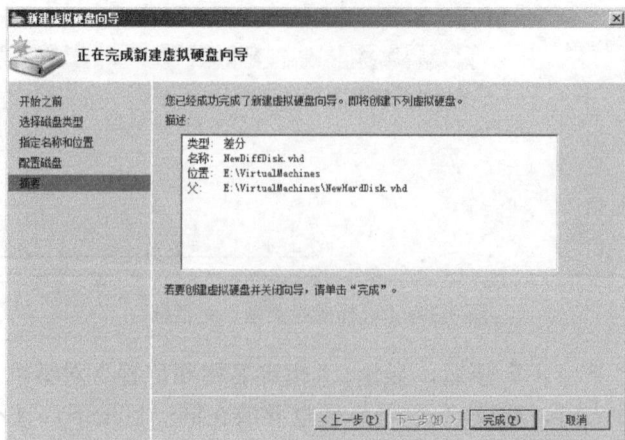

图 8-42 "正在完成新建虚拟硬盘向导"对话框

步骤 5：单击"完成"按钮，成功创建差异虚拟硬盘，如图 8-43 所示。

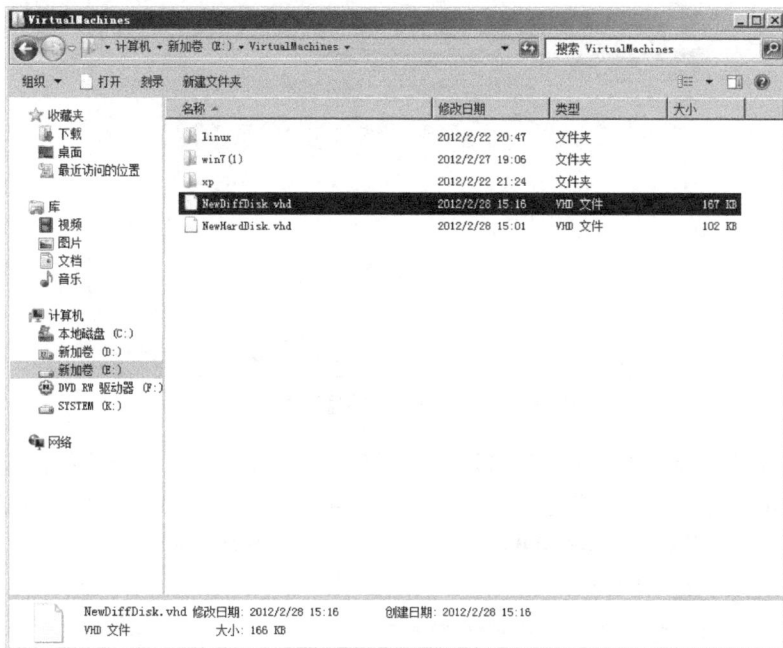

图 8-43　虚拟硬盘文件

3．管理虚拟硬盘

（1）压缩虚拟硬盘

步骤 1：打开 Hyper-V 管理器，在窗口右侧的"操作"窗口中，选择"编辑磁盘"超链接，启动"编辑虚拟硬盘向导"，如图 8-44 所示。

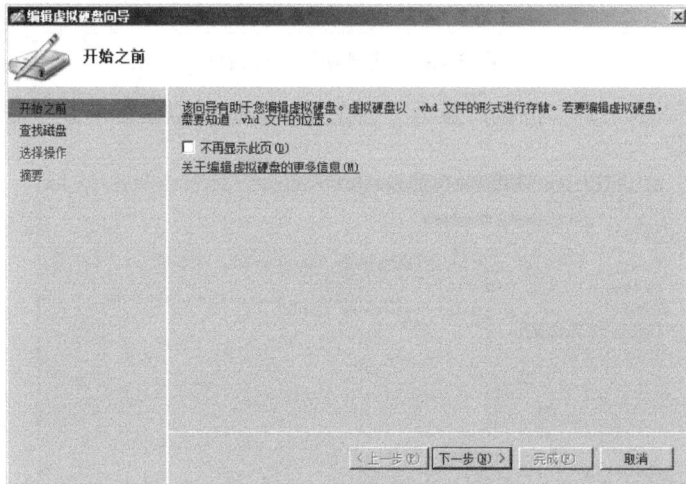

图 8-44　"开始之前"对话框

步骤 2：单击"下一步"按钮，显示"查找虚拟硬盘"对话框，单击"浏览"按钮，找到需要操作的虚拟硬盘，本例选择之前创建的虚拟磁盘，如图 8-45 所示。

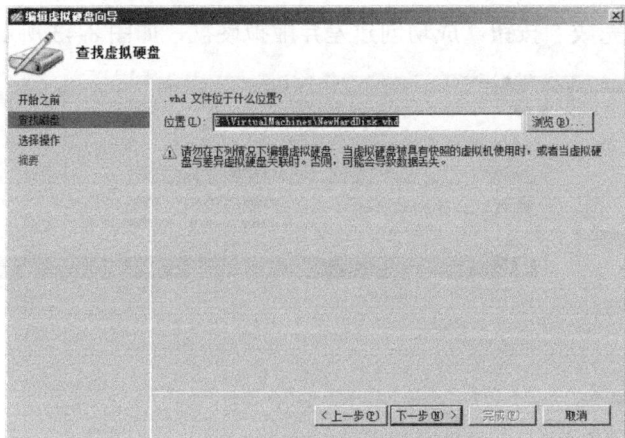

图 8-45 "查找虚拟硬盘"对话框

步骤 3：单击"下一步"按钮，显示"选择操作"对话框，由于选择的是普通虚拟硬盘，所以有压缩、转换及扩展等 3 个选项，本例选择"压缩"选项，如图 8-46 所示。

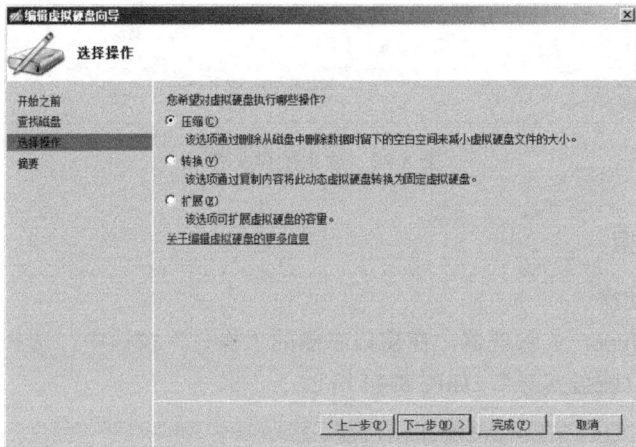

图 8-46 "选择操作"对话框

步骤 4：单击"下一步"按钮，显示"正在完成编辑虚拟硬盘向导"对话框，如图 8-47 所示。

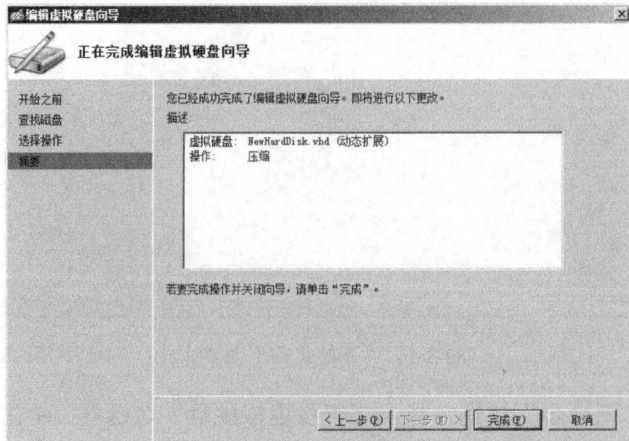

图 8-47 "正在完成编辑虚拟硬盘向导"对话框

步骤 5：单击"完成"按钮，显示"正在编辑虚拟硬盘"对话框，编辑完成自动关闭该对话框，如图 8-48 所示。

图 8-48　"正在编辑虚拟硬盘"对话框

（2）转换虚拟硬盘

步骤 1：在"选择操作"对话框中，选择"转换"，实现动态虚拟硬盘向固定虚拟硬盘的转换，如图 8-49 所示。

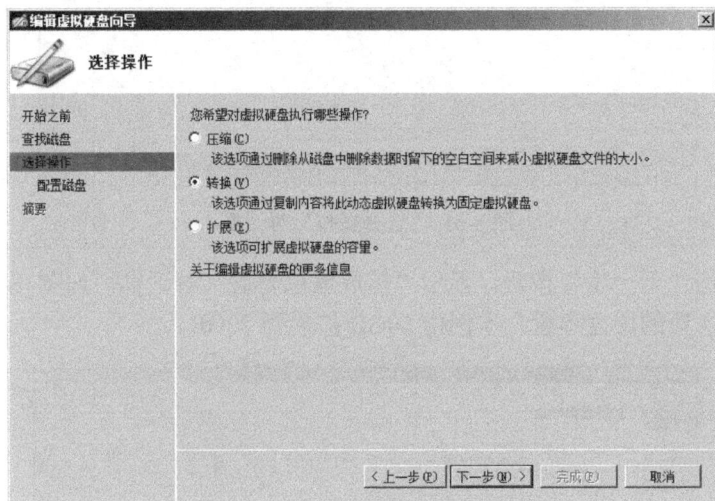

图 8-49　"选择操作"对话框

步骤 2：单击"下一步"按钮，显示"正在完成编辑虚拟硬盘向导"对话框，如图 8-50 所示，单击"完成"按钮，将完成转换，由于是分配固定大小，所以时间会稍长。

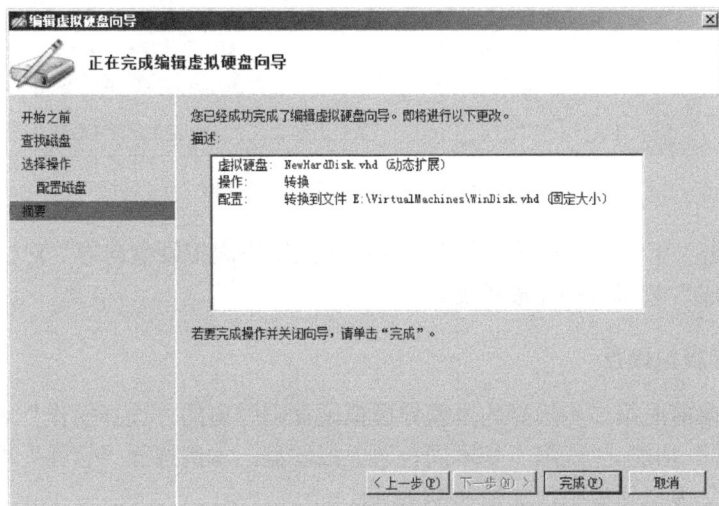

图 8-50　"正在完成编辑虚拟硬盘向导"对话框

（3）扩展虚拟硬盘

步骤 1：在"选择操作"对话框中，选择"扩展"单选按钮，以实现扩展虚拟硬盘的容量，如图 8-51 所示。

图 8-51 "选择操作"对话框

步骤 2：单击"下一步"按钮，显示"扩展虚拟硬盘"对话框，如图 8-52 所示，在新大小文本框内输入新的硬盘容量，本例由 50GB 扩展到 70GB。

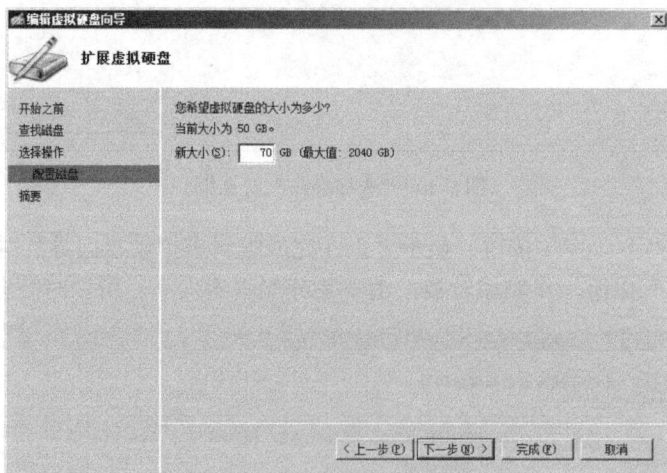

图 8-52 "扩展虚拟硬盘"对话框

步骤 3：单击"下一步"按钮，显示"正在完成编辑虚拟硬盘向导"对话框，如图 8-53 所示，单击"完成"按钮后将完成扩展。

4．合并差异虚拟硬盘

步骤 1：如果前面第二步选择的是差异虚拟硬盘则弹出的"选择操作"对话框中将支持"压缩"和"合并"功能。"压缩"基本同普通虚拟硬盘，本例选择"合并"单选按钮，将子虚拟硬盘合并到父虚拟硬盘中，如图 8-54 所示。

图 8-53　"正在完成编辑虚拟硬盘向导"对话框

图 8-54　"选择操作"对话框

步骤 2：单击"下一步"按钮，显示"合并差异磁盘中的更改"对话框，本例选择"到父虚拟硬盘"单选按钮，如图 8-55 所示。

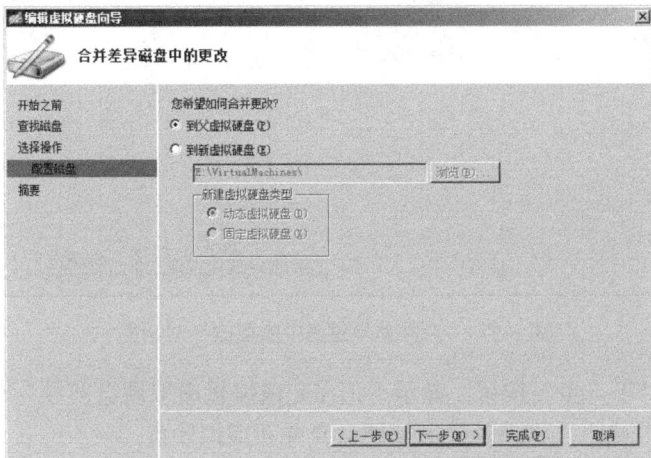

图 8-55　"合并差异磁盘中的更改"对话框

步骤 3：单击"下一步"按钮，显示"正在完成编辑虚拟硬盘向导"对话框，如图 8-56
所示，单击"完成"按钮，将使差异虚拟硬盘合并到父虚拟硬盘。

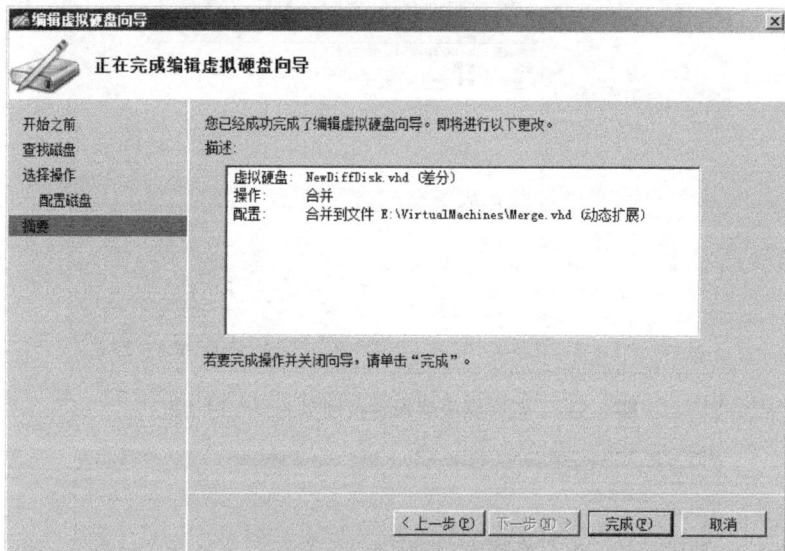

图 8-56　"正在完成编辑虚拟硬盘向导"对话框

步骤 4：若在"合并差异磁盘中的更改"对话框中选择"到新虚拟硬盘"单选按钮，将
选择的差异虚拟硬盘合并到新的虚拟硬盘中，在文本框中输入新虚拟硬盘的位置和名称，并
选择新建虚拟硬盘类型为"动态虚拟硬盘"，如图 8-57 所示。

图 8-57　"合并差异磁盘中的更改"对话框

步骤 5：单击"下一步"按钮，显示"正在完成编辑虚拟硬盘向导"对话框，如图 8-58
所示，单击"完成"按钮，将使差异虚拟硬盘合并新虚拟硬盘。

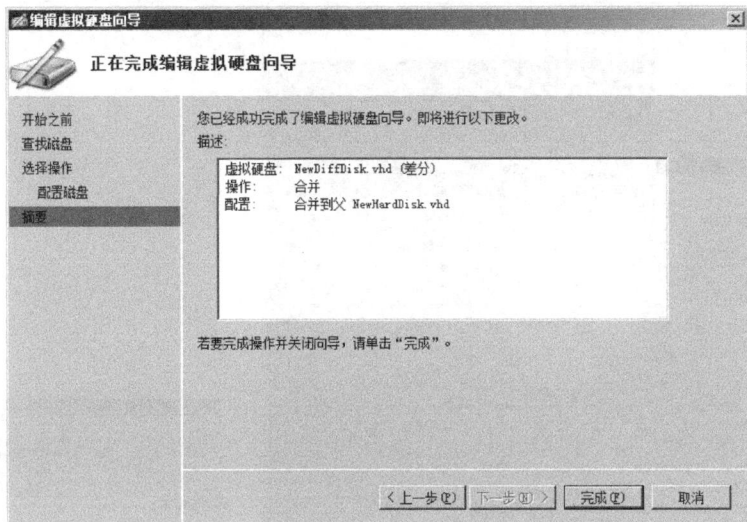

图 8-58　"正在完成编辑虚拟硬盘向导"对话框

任务回顾

本任务主要介绍了虚拟硬盘，虚拟硬盘可为虚拟机提供存放区，在虚拟机中，虚拟硬盘就像是一台物理磁盘，虚拟机将它当成物理磁盘来使用。这里特别要注意三种不同类型的虚拟硬盘。

任务五　虚拟机快照

任务描述

天驿公司的管理员安装了虚拟机，在进行实验时，经常搞错，就想再重新做一遍，想把系统还原到先前的状态，管理员突然想到了，虚拟机有强大的快照功能，于是想马上试试。

任务分析

虚拟机快照是虚拟机强大的功能之一，虚拟机快照是虚拟机在特定时刻的状态、磁盘数据和配置的基于文件的快照。可以获取虚拟机的多个快照（甚至在其运行时）。然后，通过将相应快照应用于虚拟机可将虚拟机恢复为任何以前的状态。所以管理员的想法是正确的。

任务实现

1. 建立快照

步骤 1：在虚拟机窗口的"操作"菜单中选择"快照项"，如图 8-59 所示。则会弹出"快照名称"对话框，在文本框中输入虚拟机快照名称，单击"是"按钮，如图 8-60 所示，虚拟机会将当前的状态保存在硬盘中。

图 8-59 "虚拟机连接"窗口　　　　　　图 8-60 "快照名称"对话框

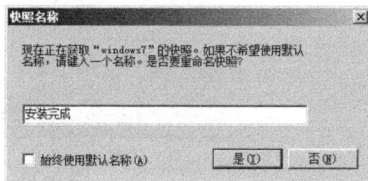

步骤 2：此时在 Hyper-V 管理器下方的快照窗口中会看到快照树，如图 8-61 所示。

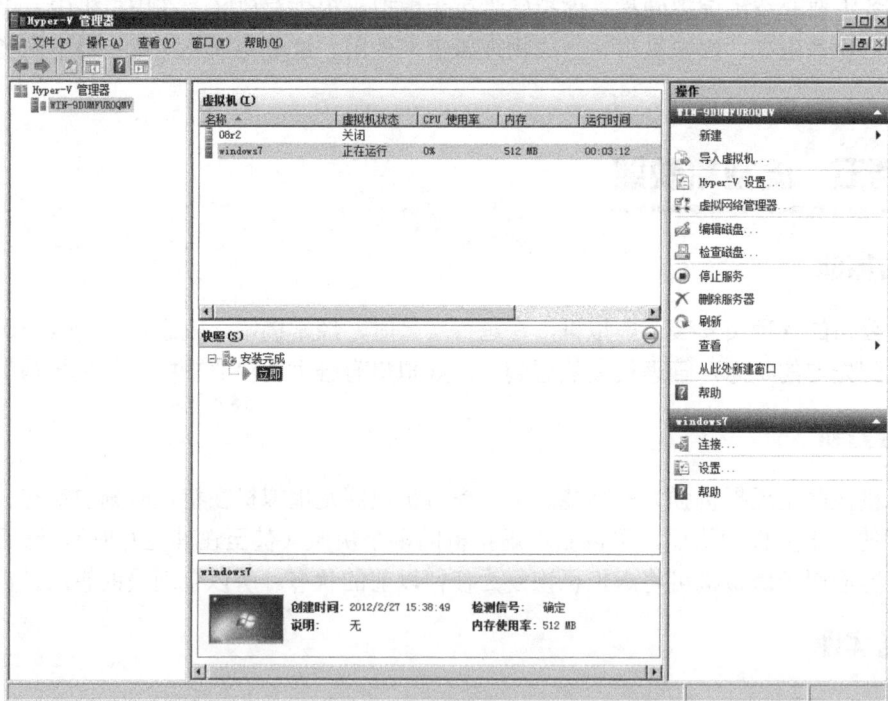

图 8-61 快照树

2. 应用快照

在快照树中选择要应用的快照，单击鼠标右键，在弹出的快捷菜单中选择"应用"命令，然后在弹出的"应用快照"对话框中选择"应用"命令，则虚拟机会回复到快照时的状态，如图 8-62 和图 8-63 所示。

图 8-62　应用快照

3．删除快照

如果虚拟机快照不再需要，则可以删除，在快照树中选择要删除的快照，单击鼠标右键，在弹出的快捷菜单中选择"删除"命令，在弹出的"删除快照"对话框中选择"删除"命令，则虚拟机会快照被删除，如图 8-64 和图 8-65 所示。

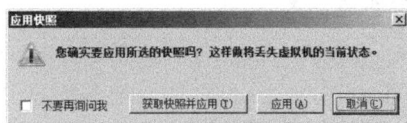

图 8-63　应用快照

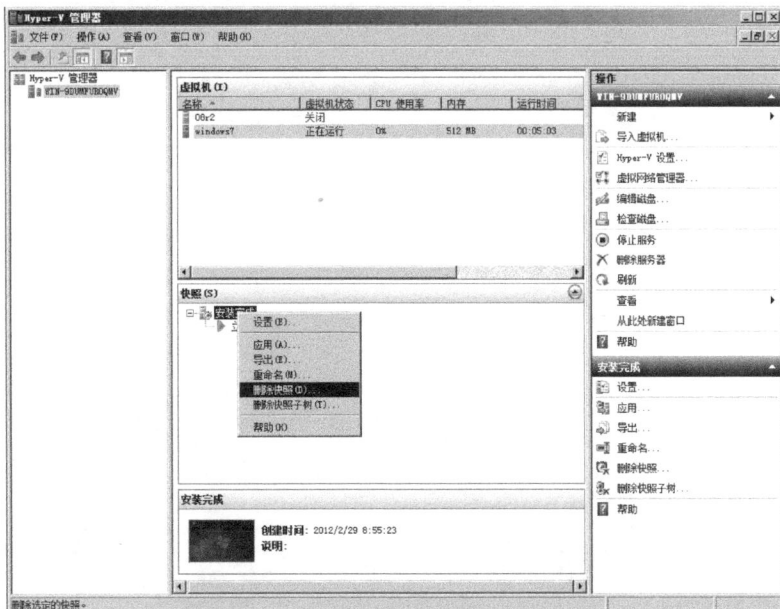

图 8-64　删除快照

任务回顾

本任务主要描述了快照的应用，快照的主要用途就是让虚拟机回溯至先前状态，在展示及测试时尤其方便，操作的方法比较简单，选手只要认真操作就容易学会的。

图 8-65　确认删除

比赛心得

本项目主要介绍了 Hyper-V 的配置与管理，这部分内容是 2011 年比赛中新增加进来的，所以选手要熟练应用，否则一旦丢分，那成绩就不会好了，选手应注意三种虚拟网络的不同，更要注意快照的灵活应用。

实训

1．在学校实训室内，使用一台计算机安装 Windows Server 2008 R2 操作系统，打开计算机的设置看是否支持 64 位操作系统的安装，如果支持将此设置打开。

2．安装完 Windows Server 2008 R2 操作系统后，安装 Hyper-V 服务角色，并安装两台 Windows 7 虚拟机系统。

3．设置 Windows 7 虚拟机操作系统的网络连接为外部，测试虚拟机系统和真实主机是否连通。

第四部分　Linux 系统

　　Linux 是当前最具发展潜力的计算机操作系统，Internet 的旺盛需求正推动着 Linux 的热潮一浪高过一浪，自由与开放的特性，加上强大的网络功能，使 Linux 在 21 世纪有着无限广阔的发展前景。

　　Linux 是一类 UNIX 计算机操作系统的统称。Linux 操作系统内核的名字也是 "Linux"。Linux 操作系统也是自由软件和开放源代码发展中最著名的例子。严格来讲，Linux 这个词本身只表示 Linux 内核，但在实际上人们已经习惯了用 Linux 来形容整个基于 Linux 内核，并且使用 GNU 工程各种工具和数据库的操作系统。

　　企业网络搭建及应用这个项目，在 2011 年全国职业院校计算机技能大赛中使用的 Linux 版本为：Centos 5.5，但这里需要注意的是：比赛期间对 Linux 操作系统进行的所有操作都是在虚拟机环境下进行的，虚拟机使用的是：Oracle VM VirtualBox 4.0.4。

项目一　Linux 系统的安装

Linux 提供多种安装方式，包括：本地光盘安装、本地硬盘安装、NFS 安装、FTP 安装和 HTTP 安装。通常采用本地光盘安装方式。如果拥有足够的硬盘空间，可以先将光盘内容复制到硬盘中，再通过硬盘进行安装。如果计算机连接网络，还可以选择网络安装方式。

本项目主要介绍 Linux 系统的本地安装和网络安装。

任务一　本地安装 Linux 系统

任务描述

天驿公司由于扩大了规模，购买了服务器，现需要安装 Linux 系统，于是让管理员来安装系统，他决定立刻安装来看看期待已久的 Linux 系统。

任务分析

本地光盘安装 Linux 系统是最基本的一种安装方式，安装光盘也很容易获得，于是管理员开始准备安装，由于本系统是作为服务器使用，所以在安装时不需要安装 X Window。

任务实现

步骤 1：开启虚拟机，选择界面方式为安装 Linux，本任务使用文本方式安装，如图 1-1 所示。

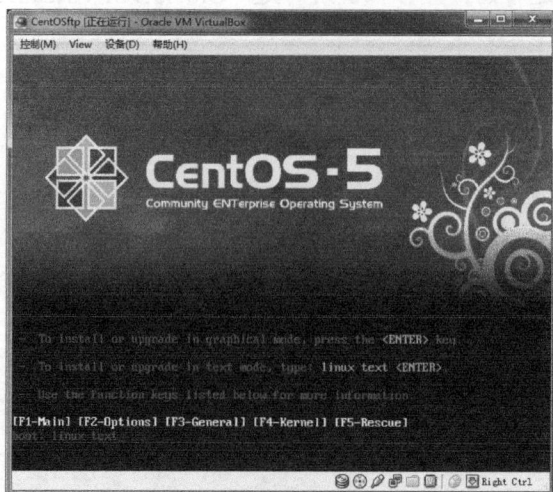

图 1-1　文本安装界面

步骤 2：输入 linux text 选择文本方式安装后，按 Enter 键，等待会出现检测光盘界面，选择"Skip"命令即可，如图 1-2 所示。

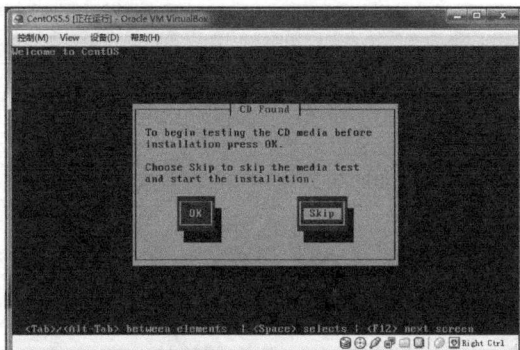

图 1-2　检测光盘界面

下来选择安装过程中使用的语言，选择 Chinese（Simplified）（简体中文），如图 1-3 所示。

图 1-3　选择语言界面

步骤 3：单击"OK"按钮进入下一步，键盘布局为 us，单击"OK"按钮进入下一步，如图 1-4 所示。

图 1-4　键盘布局界面

步骤 4：进入下一步，出现新硬盘分区警告提示，单击"OK"按钮进入下一步，对硬盘进行分区选择，如图 1-5 所示。

图 1-5　硬盘分区警告界面

　　选择使用第一选项安装 Linux，单击"OK"按钮进入下一步，进入删除分区警告提示，单击"YES"按钮进入下一步，看到硬盘分区提示，单击"NO"按钮进入下一步，进入内存使用大小提示，单击"YES"按钮进入下一步，打开网卡配置提示，单击"YES"按钮进入下一步，进入网卡其他配置，请根据具体要求进行设置 IP 地址和网关等，单击"OK"按钮进入下一步，进入 Hostname 设置，根据要求填入主机名，单击"OK"按钮进入下一步，进入时区（time zone）选择，可以直接单击"OK"按钮进入下一步，也可以在列表中选择 Asia/Shanghai，再单击"OK"按钮进入下一步，进行系统 root 用户密码设置。

　　步骤 5：root 用户密码设置完成后，开始进入选定安装包界面，可以根据具体需求选择安装桌面，服务器，虚拟化等服务，本任务选定 Server 软件包，使用自定义方式选择软件包安装，如图 1-6 所示。

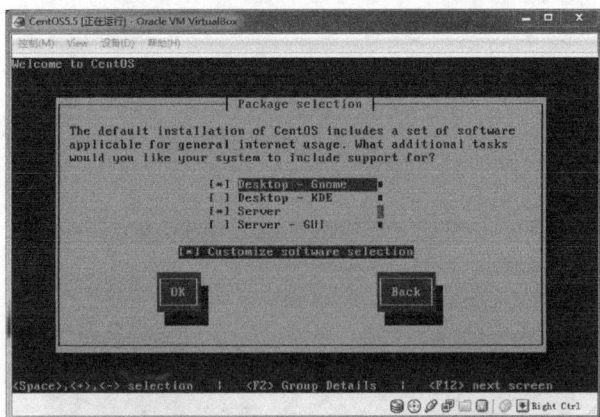

图 1-6　选择软件包安装界面

　　下一步进入自定义选择安装软件包，选择自己需要的软件包，如图 1-7 所示。

　　步骤 6：开始安装，自定义选择安装软件包完成后，单击"OK"按钮选项进入下一步开始检查软件包依赖关系，安装确认信息，单击"OK"按钮选项进入下一步开始硬盘分区格式化后，开始进行安装，如图 1-8 所示。

图 1-7　选择软件包界面

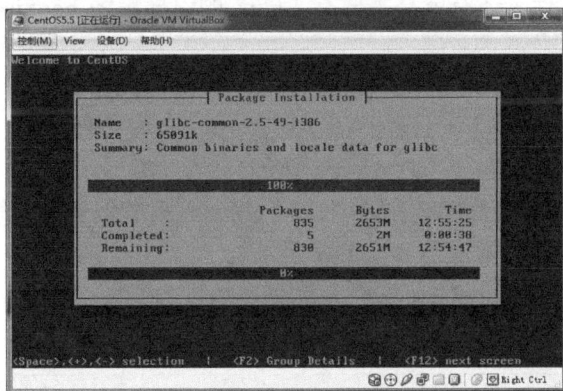

图 1-8　安装进度界面

步骤 7：安装完成后，重启计算机，看到 Linux 系统登录界面，输入用户名 root 和密码 (安装系统时设置的密码，这里密码为了安全是不显示的)，如图 1-9 所示。

图 1-9　系统登录界面

任务回顾

本任务主要讲述 Linux 的本地安装，本地安装是最基本的知识，但也要求选手必须灵活掌握，在安装时主要注意是采用图形界面安装，还是文本方式安装。

任务二　FTP 网络安装 Linux 系统

任务描述

天驿公司的新买了一台服务器，需要安装 Linux 系统，于是让管理员来安装系统，但管理员发现没有 Linux 系统的安装光盘，管理员正发愁的时候，突然想起来其他的服务器存放了 Linux 系统的镜像文件，管理员决定采用网络 FTP 方式安装 Linux 系统。

任务分析

网络 FTP 方式安装 Linux 系统的前提是必须在局域网内有一台 FTP 服务器，并且存放了 Linux 的系统镜像文件，还有就是需要有 Linux 的引导程序 boot.iso，于是管理员开始准备安装。

任务实现

步骤 1：架设 FTP 服务器。

（1）在局域网中架设一台 FTP 服务器，将 Linux 系统镜像文件解压到 D:\Linux 目录下，然后把 FTP 服务器路径指定到 D:\Linux 目录。

（2）把 D:\Linux\images\boot.iso 文件复制到本地机 D:\下。

（3）新建虚拟机的设置完毕后，将 D:\boot.iso 加载到虚拟机的光驱中，如图 1-10 所示。

图 1-10　boot.iso 加载

步骤 2：安装前的基本设置。

开启虚拟机，选择界面方式安装 Linux，本任务使用文本界面方式安装，如图 1-1 所示。

小贴士

图 1-1 中的第一选项为使用图形界面方式安装 Linux；第二选项为使用文本界面方式安装 Linux；第三选项使用功能键获取更多信息。

语言为 English，单击"OK"按钮进入下一步，键盘布局为 us，单击"OK"按钮进入下一步，安装模式选择 FTP（如图 1-11 所示）。

图 1-11　FTP 安装模式

TCP/IP 配置只启用 IPv4 协议，本任务使用自动分配 IP 方式，如图 1-12 所示。

图 1-12　配置 IPv4 协议

步骤 3：连接 FTP 服务器。

FTP 安装配置，FTP site name 指定架设 FTP 服务器的名称或 IP，本例使用 IP：192.168.10.3 连接 FTP 服务器，CentOS directory 目录指定为：/，如图 1-13 所示。

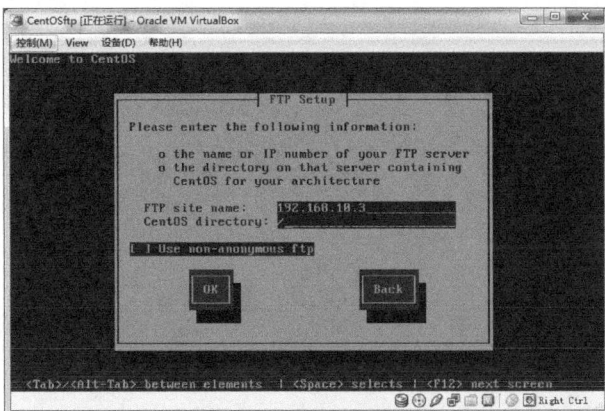

图 1-13　连接 FTP 设置

步骤 4：参考任务一完成安装。

等待数据传输完成后，开始进入 Linux 欢迎安装界面，单击"OK"按钮进入下一步，其他步骤参考任务一安装步骤。

任务回顾

本任务介绍在虚拟机平台上使用网络 FTP 方式安装 Linux 系统。内容相对简单，可按照安装流程进行。本项目的重点内容有 FTP 服务器、挂载引导程序 boot.iso、连接 FTP 服务器、分区操作、服务及应用程序安装。难点内容是连接 FTP 服务器、分区操作、服务安装。

比赛心得

Linux 的安装是进行配置服务器的前提，在企业网项目试题中此部分是必考题，而考察的重点是 Linux 的安装方式、分区和服务选择。难度级别为简单，在比赛中此题目为送分题。虚拟机的设置是安装 Linux 系统的重要步骤，不能有一点差错，建议在培训学生时反复练习，让学生设置 100%正确。学生在比赛时要注意以下几点内容：系统的安装方式；系统硬件环境要求；Linux 的保存目录；确认文本还是桌面安装模式；管理员密码。

实训

1．Web 网络安装 Linux 系统。
2．本地安装 Linux 系统。

项目二 Linux 的系统管理

Linux 系统管理是 Linux 系统中一个非常重要的部门。作为系统管理员，必须掌握基本用户和组的管理、文件系统的管理、服务和内核的维护与升级、磁盘管理、Linux 系统软件的应用等技能。本项目将对 Linux 系统的用户管理、磁盘操作、文件系统操作、软件安装及应用等进行详细介绍。

任务一 用户和组管理

任务描述

天驿公司的管理员对 Linux 服务器进行了基本的设置后，刚刚想休息一下，但经理找到他，说员工还无法进行工作，希望管理员尽快解决，来让员工投入工作，管理员经过查看后，发现用户还没有合理的用户名和密码，所以决定开始设置用户名和密码。

任务分析

Linux 是一个真正的多用户操作系统，无论用户是从本地还是从远程登录 Linux 系统，用户都必须拥有用户账号。用户登录时，系统将检验输入的用户名和口令，只有当该用户名已存在，而且口令与用户名相匹配时，用户才能进入系统。

任务实现

步骤 1：添加用户并设置密码。

增加一个普通用户 newuser，然后用 passwd newuser 为新添加的用户设置密码，在 Linux 中输入密码是不显示的，这里的 newuser 用户密码为 123，如图 2-1 所示。

```
[root@Linux ~]# useradd newuser
[root@Linux ~]# passwd newuser
Changing password for user newuser.
New UNIX password:
BAD PASSWORD: it is WAY too short
Retype new UNIX password:
passwd: all authentication tokens updated successfully.
```

图 2-1 添加用户 newuser

小贴士

Linux 中的用户分为三大类型：超级用户、系统用户和普通用户。

● 超级用户，又称为 root 用户，拥有计算机系统的最高权限。所有系统的设置和修改都只有超级用户才行执行。

- 系统用户是与系统服务相关的用户，通常在安装相关软件包时自动创建，一般不需要改变其默认设置。
- 普通用户在安装后由超级用户创建，普通用户的权限相当有限，只能操作其拥有权限的文件和目录，只能管理自己启动的进程。

用 useradd 增加一个用户后应立刻用 passwd 给新用户修改密码，没有密码的新账号将不能使用。

用户可以用-d 开关设置新用户的宿主目录（如 useradd newuser –d /www），也可以用-g 开关为用户指定新组名（如 useradd newuser –g　Linuxusers），还可以用-G 开关把新用户设置成系统其他一些组的成员（useradd newuser –G users shutdown）。

例：

#useradd user1	添加一个用户 user1。
#useradd –u 1001 user1	指定用户 user1 所属的用户组为 root。
#useradd –g root user1	指定用户 user1 所属的用户组为 root 的 GID 为 0。

步骤 2：修改现有用户的账号。

修改新增用户密码。修改 newuser 密码为 Linux.com，如图 2-2 所示。

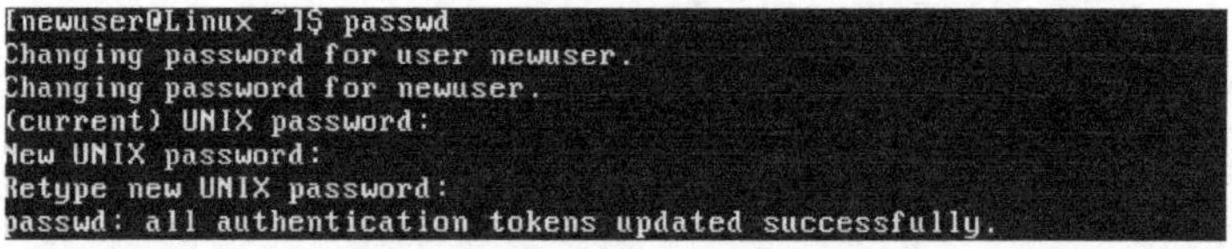

图 2-2　修改 newuser 密码

🍃 小贴士

普通用户可以用 passwd 修改自己的密码，只有管理员才可以用 passwd username 为其他用户修改密码。修改用户的密码需要两次输入密码确认。密码是保证系统安全的一个重要措施，在设置密码时，不要使用过于简单的密码。密码的长度应在 8 位或 8 位以上，由数字和英文组合而成。用户的密码也可以自己更改，这时使用不带用户名的 passwd 命令。

步骤 3：修改用户 shell。

```
#usermod –s /etc/Shells/newuser　newuser
```

如果用户的默认 Shell 不合适，可以把它改成任何已经加入到/etc/Shells 文件中的 Shell。使用 chsh 命令可以修改自己的 Shell，只有管理员才能用 chsh username 为其他用户修改 Shell 设置。

🍃 小贴士

指定 Shell 必须是列入/etc/shells 文件中的 Shell，否则该用户将不能登录。也可以使用 usermod 命令修改 Shell 信息。

步骤 4：修改主目录设置。

```
#usermod –d –m /www/newuser newuser
```

如果想将现有的主目录的主要内容转移到新的目录，应该使用-m 开关。

步骤 5：修改 UID。

> # usermod –u UID username

主目录中所有该用户所拥有的文件和目录都将自动修改 UID 设置。但是对于主目录，该用户所拥有的文件只能手工用 chown 命令修改所有权设置。

修改默认组设置。修改 user2 的 UID 为新的值 600、所属组为 wyq，如图 2-3 所示。

```
[root@Linux ~]# usermod -u 600 -g wyq user2
```

图 2-3　UID 修改

步骤 6：锁定用户账号。

在系统中，有时需要临时禁止某个用户账号登录而不删除，可使用 passwd 命令锁定用户账号。

（1）锁定用户账号 user1 登录。

> # passwd -l user1

小贴士

查看 Linux 系统中管理用户账号的系统文件/etc/passwd，可看到其密码域的第一个字符前加了符号 "!!"（若系统有密码保护则文件为/etc/shadow）。

在/etc/passwd 文件中将该用户的 passwd 域的第一个字符前加一个*号或# 号。恢复时，使用带 "-u" 参数的 passwd 命令。

（2）恢复 user1 用户账号登录。

> # passwd -u user1
> Changing password for user user1
> Unlocking password for user user1
> passwd: Success

步骤 7：删除多余用户。

> #userdel newuser

如果想同时删除该用户的主目录及其中所有内容，要用-r 开关来递归删除/home/newuser 目录，该目录中包含的任何文件和子目录都将被删除，需要用 groupdel 命令删除该用户的组，否则，再添加下一位用户将具有不用的用户 ID 和组 ID，将来管理新用户时会带来问题。例如：

> # groupdel newuser

小贴士

值得注意的是：无法删除已经进入系统的用户。

任务回顾

本任务通过添加新用户为例，来讲述如何创建用户和组、修改用户密码、shell、宿主目录和删除用户等操作，Linux 中的每个用户账户都包括用户名、口令、用户 ID、所属群组 ID、shell、用户主目录等信息。/etc/passwd 和/etc/shadow 文件保存着用户账号信息。

任务二　配额管理

任务描述

天驿公司的管理员为公司的每个员工都设置了合理的账号和口令，员工们可以使用系统了，他觉得可以轻松了，但新的问题又来了，他发现员工在自己的目录中什么都放，存储空间很容易就满了，对每个员工的主目录根本没有限制，于是管理员想到了用磁盘配额来解决此问题。

任务分析

文件系统配额是一种磁盘空间的管理机制。使用文件系统配额可限制用户或组群在某个特定文件系统中所能使用的最大空间，它可以保证所有用户都拥有自己独占的文件系统空间，从而确保用户使用系统的公平性和安全性。天驿公司对用户 newuser 设置磁盘配额要求如图 2-4 所示。

任务实现

要为具体用户创建配额，可以执行下面的 5 个步骤。

步骤 1：修改/etc/fstab 并重新挂接。

修改/etc/fstab 中的配额设置很容易，以该配置文件中一行典型的设置为例。下面这一行是在一个单独分区上建立/home 文件系统：

图 2-4　设置配额流程

```
LABEL=/home ext3 defaults 1 2
```

现在可以通过重新挂接/home 目录激活所做的修改：

```
#　mount – o remount /home
```

步骤 2：创建配额文件。

可以使用如图 2-5 所示的 touch 命令在/home 目录中创建一个空的文件 aquota.user。

```
[root@Linux ~]# touch /home/aquota.user
```

图 2-5　touch 命令创建文件

设置该文件让它只能被根用户访问，对于保证文件的安全性是很重要的。由于该文件不必是可执行的，因此可以执行下面的命令：

```
#　chmod　600　/home/aquota.user
```

步骤 3：执行 quotacheck。

现在用 quotacheck –avum 命令初始化配额文件。该命令用于扫描（-a）/etc/mtab 中所有启用了配额的文件系统，创建详细（-v）输出，检查用户配额（-u），并重新挂接扫描的文件系统（-m）。

步骤 4：使用 edquota 编辑用户配额。

接下来具体设置用户的配额。运行 edquota 配置所选的用户。以 newuser 为例，运行如下命令：

```
# /usr/sbin/edquota newuser
```

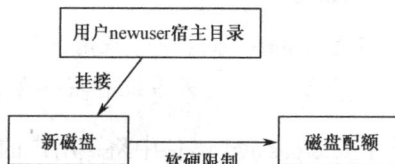

打开 newuser 的磁盘信息文件，如图 2-6 所示。

```
[root@Linux ~]# edquota -u newuser_
```

图 2-6　打开 newuser

可以看出，用户 newuser 有两个限制：一个是 soft（软）限制；另一个是 hard（硬）限制。如果用户想把软限制设置为 100MB，把硬限制设置为 110MB，可像下面这样编辑 newuser 的配额，如图 2-7 所示。

```
Disk quotas for user newuser (uid 500):
  Filesystem          blocks       soft       hard     inodes       soft
    hard
  /dev/sdb1                0     100000     110000          0          0
       0
```

图 2-7　newuser 软/硬限制

步骤 5：启用配额。

启用配额是最简单的，只需运行下面的命令，为/home 文件系统上的所有配置用户启用配额即可。

```
#    /sbin/quotaon   /home
```

用户可以使用 quotaoff/home 命令停止同一文件系统的配额。

小提示

组配额和用户配额的操作思路相同，不同之处是用户创建 aquota.user 关联文件，而组创建 quota.group 文件。可以根据用户配额的做法为组创建磁盘配额。

任务回顾

本任务以用户 newuser 磁盘配额为例讲解如何为用户设置磁盘配额。对文件系统可以只采用用户级配额管理或组群级配额管理，也可以同时采用用户级和组群级配额管理。配额还分为软配额和硬配额。

任务三　分区操作

任务描述

天驿公司的管理员，在进行了用户和配额的管理后，总算轻松了几天，但突然有一天经理拿了一块新的硬盘找到管理员，说：公司要增加新的业务软件，需要在新拿来的硬盘上实现，让管理员把新硬盘挂在 Linux 服务器上，并让其可以正常使用，管理员知道要对现有的磁盘进行分区操作，同时对其分区进行格式化和调优设置。

任务分析

经理新拿来的硬盘要对其分区和格式化后才能使用，分区从实质上说就是对硬盘的一种格式化，新买回来的硬盘只有分区和格式化后才能使用，所以管理员的做法是正确的，在 Linux 中可采用 fdisk 命令实现。

任务实现

步骤 1：查看磁盘的数据信息。

添加一个新的硬盘后，要查看该硬盘的数据信息，可用下面的命令语句：

#sbin /fdisk/dev/hdd　　该硬盘不含有效的分区列表

步骤 2：使用 fdisk 命令进行分区

在命令行中输入 fdisk 命令后，会看到 fdisk 实用程序提示符：

Command　（m for help）：

输入 m 命令查看 fdisk 实用程序内可用的选项。现在要做的第一件事是创建一个新分区。使用 n 命令，创建一个逻辑分区：

Command　（m for help）：n

Command action

　　　e　　　extended

　　　p　　　primary partition（1-4）

首先使用 p 命令创建一个主分区，使之成为第一个主分区，并使之开始于第一个可用的柱面。继续执行这个过程，直到把这个硬盘的所有空间分配完毕。如果配置完毕，用 w 命令保存所做的设置，若想从头再来，可用 q 命令不保存任何更改退出 fdisk。

小贴士

硬盘主要有三种分区：

主分区，在一个 IDE 或 SCSI 硬盘驱动器上最多可以创建 4 个不同的主分区；

扩展分区，如果需要更多的分区，可以把一个主分区转换为一个扩展分区；

逻辑分区，可以把扩展分区再分成所需的逻辑分区。一个硬盘驱动器上最多可有 12 个逻辑分区。

步骤 3：格式化分区。

使用下面命令将硬盘上的第一个分区格式化成指定的文件系统。

#mkfs –t ext3 /dev/sdb1：将 sdb1 格式化成 ext3 文件系统。

#mkfs –t ext2 /dev/sdb1：将 sdb1 格式化成 ext2 文件系统。

#mkfs –t vfat /dev/sdb1：将 sdb1 格式化成 vfat 文件系统。

#mkfs –t reiserfs /dev/sdb1：将 sdb1 格式化成 reiserfs 文件系统。

小贴士

创建 ext3 文件系统的另一种方式是使用以下命令：

#mkfs –j /dev/sdb1　　-j 用于创建日志

把/dev/sdb3 设置成一个交换分区，命令如下：

#mkswap /dev/sdb3

步骤 4：挂接目录。

在读或写一个 Linux 分区前，需要先挂接它，可使用 mount 命令。换句话说，可以使用以下命令，在格式化成 ext3 文件系统的/dev/sdb1 分区上挂接/home/zj 目录，如图 2-8 所示。

```
[root@Linux ~]# mount -t ext3 /dev/sdb1 /home/zj
```

图 2-8　挂接目录

卸载该挂接目录的命令如下：

```
#umount    /home/zj
```

步骤 5：调优。

ext3 分区比 ext2 分区多包含一个日志，因此，如果为 ext2 文件系统创建一个日志，它就会自动转换为 ext3 文件系统。使用 tune2fs -j 命令，将/dev/sdb1 分区从 ext2 转化成 ext3：

```
#tune2fs   -j    /dev/sdb1
```

任务回顾

本任务采用 fdisk 命令对硬盘分区，步骤比较繁琐，学生在备赛时，教练一定要告诉学生具体的步骤和操作方法，否则学生很难掌握，分区后可按环境需求选择分区格式，值得提醒的是：在读或写一个 Linux 分区前，需要先把分区挂接到系统中。

任务四　文件权限

任务描述

天驿公司的经理这几天发现有些用户去访问别人的文件，而且有时会访问经理的文件夹，这是很危险的事情，于是经理找到管理员，让管理员解决这一技术问题，管理员想到：防止 Linux 系统中未授权用户访问某些用户文件，必须为用户设置相应的权限，就可以实现该功能。

任务分析

Linux 系统是个多用户系统，能做到不同的用户同时访问不同的文件，因此一定要有文件权限控制机制。Linux 的文件或目录被一个用户拥有时，这个用户称为文件的拥有者（或文件主），同时文件还被指定的用户组所拥有，这个用户组称为文件所属组。一个用户可以是不同组的成员，这可以由管理员控制。文件的权限由权限标志来决定，权限标志决定了文件的拥有者、文件的所属组、其他用户对文件访问的权限。管理员根据这些特点，开始着手来实现，如图 2-9 所示。

图 2-9　文件权限示意图

任务实现

步骤 1：文字设定法设置文件权限。

将文件 ex1 的权限改为所有用户对其都有执行权限，如图 2-10 所示。

```
[root@Linux ~]# chmod a+x ex1
[root@Linux ~]# ls -l ex1
-rwxr-xr-x 1 root root 0 2009-09-04 16:28 ex1
```

图 2-10　修改 ex1 的权限

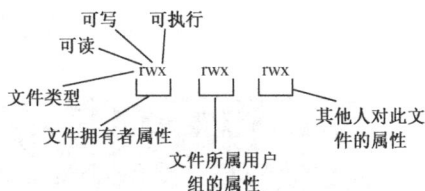

将文件 ex1 的权限重新设置为：文件主可以读和执行，组用户可以执行，其他用户无权访问，如图 2-11 所示。

```
[root@Linux ~]# chmod u=r,ug=x ex1
[root@Linux ~]# ls -l ex1
---x--xr-x 1 root root 0 2009-09-04 16:28 ex1
```

图 2-11　修改 ex1 读、执行权限

小贴士

文件的一般权限：

Linux 系统中规定了 3 种不同类型的用户：文件主（user）、同组用户（group）、可以访问系统的其他用户（others），其权限如图 2-9 所示。

访问权限规定 3 种访问文件或目录的方式：读（r）、写（w）、可执行或查找（x）。

（1）文件访问权限

读权限（r）表示只允许指定用户读取相应文件的内容，禁止对它做任何的更改操作。写权限（w）表示允许指定用户打开并修改文件。执行权限（x）表示允许指定用户将该文件作为一个程序执行。

（2）目录访问权限

读权限（r）表示可以列出存储在该目录下的文件，即读目录内容。写权限（w）表示允许从目录中删除或创建新的文件或目录。执行权限（x）表示允许在目录中查找，并能用 cd 命令将工作目录切换到该目录。

设定文件权限时，在模式中常用以下字母代表用户或用户组：

u（user）表示文件的所有者；

g（group）表示文件的所属组；

o（others）表示其他用户；

a（all）代表所有用户（即 u+g+o）。

权限用以下字符表示：r 表示读权限；w 表示写权限；x 表示执行权限。最后要指明是增加（+）还是取消（−）权限，或者只赋予权限（＝）。

步骤 2：数字设定法设置文件权限。

设定 chap1.txt 文件权限为主用户和所在组具有读/写权限，其他用户有读权限，如图 2-12 所示。

将目录 wn1 及其下面的所有子目录和文件的权限改为所有用户对其都有读、写权限。如图 2-13 所示。

```
[root@Linux ~]# chmod 644 chap1.txt
[root@Linux ~]# ls -l chap1.txt
-rw-r--r-- 1 root root 0 2009-09-04 16:32 chap1.txt
[root@Linux ~]# chmod u=rw,g=rw,o=r chap1.txt
[root@Linux ~]# ls -l chap1.txt
-rw-rw-r-- 1 root root 0 2009-09-04 16:32 chap1.txt
```

图 2-12　修改 chap1.txt 权限

```
[root@Linux ~]# chmod -R a+rw wn1
[root@Linux ~]# ls -l wn1
total 0
-rw-rw-rw- 1 root root 0 2009-09-04 16:36 wn.txt
[root@Linux ~]# ls -l wn1/wn.txt
-rw-rw-rw- 1 root root 0 2009-09-04 16:36 wn1/wn.txt
[root@Linux ~]#
```

图 2-13　修改 wn1 权限

小贴士

在设置以上权限时，可以使用数值来绝对赋予权限。用三位二进制数表示其 rwx 权限，000～111 对应设置位，r 为 100、w 为 010、x 为 001，转换为十进制，读、写、执行权限依次对应 4、2、1。权限的组合等于相应数字相加的和。例如，所有者的文件权限为

rwx 时，二进制数表示为 111，用十进制数 7 表示；组用户的文件权限为 rw-时，二进制数表示为 110，用十进制数 6 表示；其他用户的文件权限为 r-x 时，二进制数表示为 101，用十进制数 5 表示。假设要求上述用户对文件 "file1" 具有上述权限，使用的命令是 $ chmod 765 file1:

chmod　u=rwx,g=rw-,o=r-x file1

任务回顾

本任务讲述了用两种方法设置文件权限：数字设定法和文字设定法。需要提醒学生注意的是：在设定文件权限前，要搞清楚该文件应具有什么权限。

任务五　文件压缩与归档管理

任务描述

天驿公司的员工经常需要将多个文件和目录归档为一个文件以供备份或者发送邮件，有时为了减少文件所占用的存储空间，有时需要对文件进行压缩，于是找到管理员希望他来帮忙，管理员想到了用户可以根据需要，从归档文件还原文件和目录，也就是使用文件压缩和归档管理的办法可以解决。

任务分析

当需要把一组文件储存成一个文件以便备份或传输到另一个目录甚至另一台计算机，或者让某些文件占用少量磁盘空间，通常需要将文件压缩，所以管理员的办法是正确的，于是管理员决定开始解决这个问题。

任务实现

步骤 1：　使用 bzip2 和 bunzip2 压缩与解压缩文件。

使用 bzip2 和 bunzip2 命令格式如图 2-14 所示。

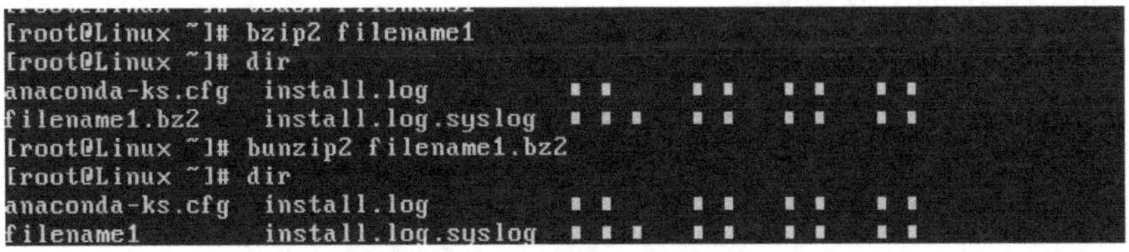

图 2-14　bzip2 压缩

说明：使用 bzip2 压缩 filename1 时，文件会被压缩并被保存为 filename1.bz2。当解压缩时，filename1.bz2 文件会被删除，filename1 被还原。

小贴士

常用的压缩文件类型表如表 2-1 所示。

表 2-1　常用压缩文件类型表

扩 展 名	类 型 属 性
bz2	使用 bzip2 压缩的文件
gz	使用 gzip 压缩的文件
tar	使用 tar 压缩的文件
tbz	用 tar 和 bzip 压缩的文件
tgz	用 tar 和 gzip 压缩的文件
zip	使用 zip 压缩的文件

文件压缩工具 gzip、bzip2 和 zip 对应的解压工具分别是 gunzip、bunzip2、unzip。bzip2 和 gzip 压缩工具提供了最大限度的压缩，并且可在多数类似 UNIX 的操作系统上找到，因此得到广泛应用。如果需要在 Linux 和其他操作系统如 Windows 间传输文件，应该使用 zip，因为该命令与 Windows 上的压缩工具最兼容。

使用 bzip2 命令把 file1、file2 的内容同时压缩，如图 2-15 所示。

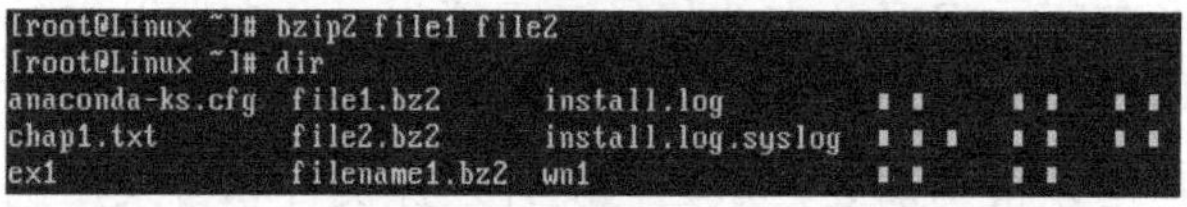

图 2-15　bzip2 处理多个文件

步骤 2：使用 gzip 和 gunzip 压缩与解压缩文件。

使用 gzip 和 gunzip 的命令格式如图 2-16 所示。

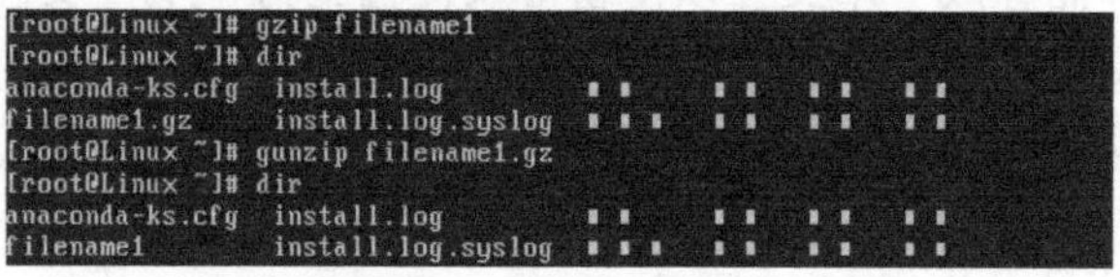

图 2-16　gzip 压缩

说明：使用 gzip 压缩文件 filename1，保存为 filename1.gz。当解压缩时，filename1.gz 会被删除，同时 filename1 被还原。

使用 gzip 命令把 file1、file2 的内容压缩，如图 2-17 所示。

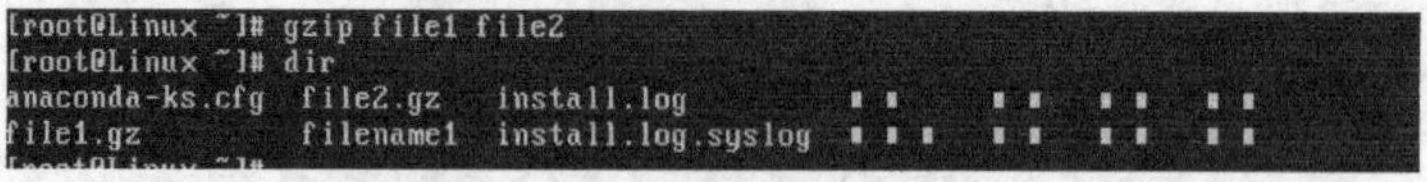

图 2-17　gzip 处理多个文件

步骤 3：使用 zip 和 unzip 压缩与解压缩文件。

使用 zip 和 unzip 命令格式如图 2-18 所示。

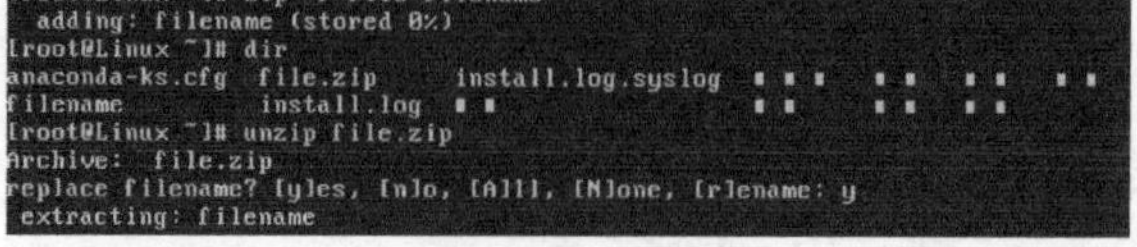

图 2-18　zip 压缩

如图 2-19 所示：是否替换文件名？Y（是），N（否），A（全部覆盖），None（全部不覆盖），r（重命名）。可以根据自己的需要做出选择。

```
replace filename? [y]es, [n]o, [A]ll, [N]one, [r]ename: y
```

图 2-19

说明：使用 zip 压缩，file 代表用户创建的压缩文件，-r 选项指所有在"要压缩文件存放目录"中的文件和目录；解压缩时，filename 被还原。

使用 zip 命令把 file1、file2、file3 及/usr/work 目录的内容压缩起来，然后放入 filename.zip 文件中，如图 2-20 所示。

```
[root@Linux ~]# zip -r filename file1 file2 file3 /usr/work
  adding: file1 (stored 0%)
  adding: file2 (stored 0%)
  adding: file3 (stored 0%)
  adding: usr/work/ (stored 0%)
[root@Linux ~]# dir
anaconda-ks.cfg  file3          install.log.syslog
file1            filename.zip
file2            install.log
```

图 2-20 zip 解压缩

步骤 4：使用 tar 压缩与解压缩文件。

（1）建立 tar 文件：

```
[root@Linux ~]# tar -cvf bak.tar /boot/boot_b /boot/message /tmp
```

（2）查看 tar 文件内容：

```
[root@Linux ~]# tar -tf bak.tar
```

（3）压缩一组文件，使后缀为 tar.gz：

```
[root@Linux ~]# tar -cvf backup.tar /tmp
[root@Linux ~]# gzip backup.tar
```

（4）释放一个后缀为 tar.gz 的文件：

```
[root@Linux ~]# gunzip backup.tar.gz
[root@Linux ~]# tar xvf backup.tar
[root@Linux ~]# tar xvfz backup.tar.gz
```

（5）解开后缀为 tar.z 的文件：

```
[root@Linux ~]# tar xvfz backup.tar.Z
```

（6）解开后缀为.tgz 的文件：

```
[root@Linux ~]# gunzip backup.tgz
```

任务回顾

本任务通过对各种压缩软件的压缩方法进行简单描述、举例讲解，意在让同学们掌握如何使用压缩软件。重点掌握 tar、gz、zip 文件格式的压缩与解压缩。

任务六 rpm 软件包的管理

任务描述

天驿公司的员工在使用 Linux 系统过程中，有时需要安装一些常用的软件，但他们发现自己根本就无法安装，于是又只能找管理员来解决，管理员告诉同事，Linux 的安装不是那么容易，于是管理员来解决这个比较棘手的问题。

任务分析

Linux 系统下软件的安装和 Windows 是完全不一样的，Linux 系统的软件有两种形式：rpm 包和源码。在此，管理员找到了相关软件的 rpm 包，来教员工们如何安装，下面开始着手安装这些软件。

任务实现

步骤 1：rpm 软件包安装。

安装 zhcon-0.2.6-5.i386.rpm 包：

```
#rpm   –ivh   zhcon-0.2.6-5.i386.rpm
```

小贴士

-i:安装指定的 rpm 软件包;

-h:用 "#" 显示完成的进度;

-v:显示安装过程信息。

步骤 2：更新软件包。

如果当前已经安装了某一个软件包，只想更新该软件包，可以使用-U 参数，命令格式如下：

```
#rpm –Uvh 需要更新软件
```

步骤 3：rpm 软件包查询。

查询是否安装 samba 服务程序：

```
#rpm –q samba            -q:查询指定的软件包
```

查询系统所有安装的 rpm 软件包：

```
#rpm –qa            -qa:查询系统所有安装的 rpm 软件包
```

步骤 4：rpm 软件包删除。

删除 samba 软件包：

```
#rpm –e samba-3.0.10-1.4   -e:删除指定的 rpm 软件包
```

任务回顾

本任务通过对 rpm 软件包的查询、更新、安装来讲解在 Linux 中如何安装软件。如果用 tar 格式的软件安装程序，还需将其解压、编译后才可以安装。tar 包的解压、编译请查询其他参考书，这里不再讲述。

任务七　进程调度

任务描述

天驿公司的管理员终于可以每天轻松一下了，但有个苦恼的问题一直让管理员很痛苦，就是大家都下班了，他还要留下来备份和维护数据库等工作，于是管理员想让这些工作在晚上自动运行，这样他就可以正常下班了，他想到了进程调度可以实现。

任务分析

进程调度允许用户根据需要在指定的时间自动运行指定的进程，也允许用户将非常消耗资源和实践的进程安排到系统比较空闲的时间来执行。进程调度有利于提高资源的利用率，均衡系统负载，并提高系统管理的自动化程度。管理员针对目前的情况可以采用以下方法实现进程调度：

（1）对于偶尔运行的进程采用 at 调度。

（2）对于特定时间重复运行的进程采用 cron 调度。

任务实现

步骤 1：配置 cron 实现自动化。

（1）cron 是 Linux 的内置服务，可以用以下的方法启动、关闭这个服务：

/sbin/service crond start //启动服务

/sbin/service crond stop //关闭服务

/sbin/service crond restart //重启服务

/sbin/service crond reload //重新载入配置

（2）cron 的主配置文件是 /etc/crontab，它包含如图 2-21 所示的几行内容。

```
SHELL=/bin/bash
PATH=/sbin:/bin:/usr/sbin:/usr/bin
MAILTO=root
HOME=/

# run-parts
01 * * * * root run-parts /etc/cron.hourly
02 4 * * * root run-parts /etc/cron.daily
22 4 * * 0 root run-parts /etc/cron.weekly
42 4 1 * * root run-parts /etc/cron.monthly
~
```

图 2-21 cron 配置

小贴士

Shell 变量的值告诉系统要用哪个 shell 环境；

Path 变量用来定义执行命令的路径；

mailto 变量定义执行任务的用户；

home 变量可以用来设置在执行命令或脚本时使用的主目录；

/etc/crontab 文件中的任务格式如下：

minute hour day month dayofweek command

在以上任何值中星号（*）代表所有有效值。

（3）配置 crontab 的应用实例。

每月 1 日、10 日、22 日的 4:45 运行/apps/bin/目录下的/clean.sh，如图 2-22 所示。

```
45 4 1,10,22 * * /apps/bin/clean.sh
```

图 2-22 运行/clean.sh

每个周六、周日的 1:10 运行一个 find 命令，如图 2-23 所示。

```
10 1 * * 6,0 /bin.fine -name"core" -exec rm {} \;
```

图 2-23　运行一个 find 命令

每天的 18:00～23:00 之间每隔 30 分钟运行/apps/bin 目录下的 dbcheck.sh。如图 2-24 所示。

```
0,30 18-23 * * * /apps/bin/dbcheck.sh_
```

图 2-24　运行 dbchech.sh

步骤 2：配置 at 命令实现自动化。

（1）指定在今天下午 5:30 执行某命令。假设现在时间是中午 12:30，2009 年 8 月 24 日，其命令格式如下：

```
        at 5:30pm
        at 17:30
        at 17:30 today
        at now + 5 hours
        at now + 300 minutes
        at 17:30 24.8.09
        at 17:30 2/24/06
        at 17:30 Feb 24
```

以上这些命令表达的意义是完全一样的，所以在安排时间的时候可以根据具体情况自由选择。一般采用 24 小时计时法，这样可以避免由于用户自己的疏忽而造成计时错误的情况发生。

（2）at 实例。

在三天后下午 4:00 执行文件 work 中的作业，如图 2-25 所示。

```
[root@Linux ~]# at -f work 4pm + 3 days
job 3 at Mon Sep  7 16:00:00 2009
```

图 2-25　执行 work 中的作业一

在 7 月 31 日上午 10:00 执行文件 work 中的作业，如图 2-26 所示。

```
[root@Linux ~]# at -f work 10am jul 31
job 4 at Sat Jul 31 10:00:00 2010
```

图 2-26　执行 work 中的作业二

步骤 3：撤销作业。

方法一：使用 kill 命令来撤销某个作业。

kill 命令用作业号或 PID 作为参数来指定要撤销的作业。当使用作业号来标识作业时，在作业号前面要加"%"。若该作业的作业号为 1，可用下面的命令：

```
    $ kill %1
```

方法二：使用进程标识号（PID）来撤销作业，如：

```
    $ kill 164
```

当使用进程标识号来指定作业时，进程标识号之前不加"%"。

任务回顾

本任务对 cron 和 at 调度进行了讲解，at 调度可使指定的命令执行的时间，但只能执行一次，cron 调度用于执行进程需要重复执行的命令，可设置命令重复执行的时间。

比赛心得

本项目中，解释了 Linux 系统中的用户和组管理、设置配额、分区操作、文件权限、文件压缩与归档管理、软件包的管理、任务计划等系统管理操作。

Linux 系统中的系统管理操作在历年比赛中都考查到了，分值在 10 分以内，难度不大。Linux 系统中的系统管理操作知识、操作较简单。但是在比赛中系统管理操作的考点非常多，考查形式也不固定。因此在培训学生时教练要注意把学生的基础知识点打牢，对命令需要强化练习。在学生做练习时应注意下面几点：

（1）添加用户时要注意用户及其宿主目录的权限问题；

（2）进行磁盘管理操作时，要注意被操作的磁盘是否为所要求的，如果出错，将导致不可逆的后果；

（3）进行文件系统设置时，注意对挂接的目录下的内容做备份，避免因挂接失败而导致的文件丢失；

（4）安装 rpm 包时注意系统的版本，如果高于要安装的版本，可能出现无法安装的情况；

（5）配置计划任务时，系统默认项中没有开启 cron 服务，需要手动开启该服务。

实训

1．更改 Linux1 用户的宿主目录为/ home/test2。

2．设定 Linux1 用户的宿主目录权限为 442。

3．更改 Linux1 用户的密码为 Linux1。

4．原规划/home 空间为 1GB，但随着当前用户的增多，容量不足，想增加一个 8GB 硬盘来改善当前的情况，并划分 3 个 ext3 分区，怎么做？

5．有两个文件，分别是 file1 和 file2，这两个文件互为硬链接文件，若将 file1 删除，然后用 vi 的方式重新建立一个名为 file1 的文件，file2 的内容是否会被更改？请做实验。

6．有一台 Linux 服务器，对外提供邮件与 www 服务，同时预计提供个人网页空间服务。邮件提供 30MB 空间，www 服务提供 20MB 空间，应如何操作？

项目三 架设网络服务器

Linux 操作平台上可配置多种服务器，本项目选择性介绍 Samba 服务器、NFS 服务器、DNS 服务器、DHCP 服务器、WWW 服务器、FTP 服务器和 E-mail 服务器的基本功能和配置方法，本项目要点：

- Samba 服务器
- NFS 服务器
- DNS 服务器
- DHCP 服务器
- Web 服务器
- FTP 服务器
- E-mail 服务器

任务一 架构 Samba 服务器

任务描述

天驿公司的计算机既有 Windows 系统，又有 Linux 系统，现在员工想实现他们之间的计算机相互访问，这样才方便 Linux 系统用户和 Windows 系统用户访问共享资源，于是找到管理员，系统管理员帮忙解决，管理员认为：架构 Samba 服务器可解决这一问题。

任务分析

Samba 服务器可以实现 Windows 与 Linux 共享资源互访的功能，即在 Windows 下通过网上邻居可以访问 Linux 操作系统中的 Samba 服务器共享的文件夹，Linux 同样也可以使用 Samba 客户端访问软件访问 Windows 共享的文件夹，当然，Linux 系统之间同样可以使用 Samba 互相访问共享资源，所以管理员的决定是正确的。

现要求所架设的 Samba 服务器实现如下功能：

（1）设置组名 workgroup，计算机名 Linux；

（2）建立 Linux 的本地账户 shareusser，密码 share，主目录为/home/shareuser；

（3）建立 Samba 用户，用户名为 sambauser，对应于 Linux 本地账户 shareuser，对应 Windows 的管理员账户，Samba 密码为 share；

（4）设定 samba 访问验证方式为用户验证；

（5）设置可访问 Samba 共享文件夹的主机范围为 192.168.1.*网段、192.168.10.*网段、192.168.2.5 主机都可以访问、192.168.1.9 不可以访问。

　　Samba 服务器是依靠配置文件来实现特定功能的，它的配置文件是/etc/samba/smb.conf。对于 Samba 服务器的配置，可以直接用文本编辑器创建配置文件 smb.conf。

任务实现

　　步骤 1：配置 smb.conf 文件。可以使用文本编辑器（如 Vi 编辑器）来创建它。下面是一个 smb.conf 文件的例子：

```
[global]
workgroup = MYGROUP
netbios name=Linux
server string = samba Server
hosts allow = 192.168.1. 192.168.2. 127
security = user
encrypt passwords = yes
smb passwd file = /etc/samba/smbpasswd
unix password sync = Yes
[homes]
comment = Home Directories
browseable = no
writable = yes
valid users = %S
create mode = 0664
directory mode = 0775
[public]
comment = Public Stuff
path = /home/samba
public = yes
writable = yes
write list = @staff    @user
valid user=wang zhang
[printers]
comment = All Printers
guest ok=no
browseable = no
```

需要注意的是，各部分配置只有在把其前面的"#"取消后才能生效。

步骤 2：全局配置。

（1）定义该 Samba 服务器所处的工作组或域，如图 3-1 所示。

workgroup =workgroup

图 3-1　工作组设置

（2）设定 Samba 服务器的描述，如图 3-2 所示。

server string = Samba Server

图 3-2　服务器的描述

当通过网上邻居访问时可以在备注里面看到。

（3）设置可以访问 Samba 服务器的主机、子网或域。

默认此配置不使用，即所有主机都可访问。可使用"hosts allow=192.168.1., 192.168.2.127."进行设置，每个项目之间用空格或逗号隔开。表示允许来自网段 192.168.1.0 和 192.168.2.127 的访问，一定要注意，在网段地址后面一定要加上一个点"."，多台主机间用空格隔开，单台主机后面也要加一个点。例如：

> hosts allow=client1.,abc.com., allow=192.168.1.   EXCEPT 192.168.1.254

本例设置可访问 Samba 共享文件夹的主机范围：192.168.1.*网段、192.168.10.*网段、192.168.2.5 主机都可以访问、192.168.1.9 不可以访问，如图 3-3 所示。

> hosts allow = 127. 192.168.1. 192.168.10. 192.168.2.5 EXCEPT 192.168.1.9

图 3-3　IP 访问范围

（4）指定 Samba 服务器使用的安全级别。

security=user：允许 Linux 中的用户通过 Windows 访问其相应的主目录。

security=share：表示无须用户名与密码即能访问。

security=server：表示需要另外的验证服务器验证，如可以是 Windows 2000 服务器。

security=domain：表示通过域服务器验证，如可以是一台 Windows 2000 域服务器。

（5）使用加密口令。

encrypt passwords=yes：设置是否对密码进行加密，Samba 本身有一个不同于 Linux 系统的密码文件/etc/samba/smbpasswd，如果不对密码进行加密，则在验证会话过程中客户机和服务器之间传递的就是明文。由于 Windows 2000 以后的系统不支持明文密码，因此此处一般设置为 yes。

（6）Samba 服务用户密码文件位置。

smb passwd file=/etc/samba/smbpasswd，这也是建立 smb 用户时系统默认存放所产生的用户信息的地方。

（7）有多个网卡的 Samba 服务器设置要监听的网卡。

可通过"interfaces=网卡 IP 地址或网络接口"设置该功能。在默认情况下并不使用，但为了保证多网卡的 Samba 服务器能正常工作，应设置此项。例如：

> interfaces = eth0
> interfaces = 192.168.100.4
> interfaces = 192.168.100.4/24
> interfaces = 192.168.100.4/255.255.255.0

配置文件的检查。如果想检查配置的 Samba 服务是否正确，可以使用下面的命令：

> # testparm

步骤 3：添加 Samba 用户。

当采用用户级的 Samba 安全性的时候（security=user），需要为每个通过 Windows 系统访问 Linux 的用户指定一个账号，可以使用下面的命令。

（1）以根用户身份添加账号：

> # useradd –m zhang
> # useradd –m tom

（2）为新建的用户添加口令：

　　# passwd zhang

　　# passwd tom

（3）因为 Samba 用户的口令文件不同于 Linux 系统的口令文件，所以需要输入下面的命令来创建 Samba 口令文件（smbpasswd）：# smbpasswd -a Linux 账户名，如图 3-4 所示。

```
[root@Linux ~]# smbpasswd -a shareuser
New SMB password:
Retype new SMB password:
```

图 3-4　用户密码

（4）更改 Samba 用户 smb 口令：

　　# smbpasswd shareuser

步骤 4：设置用户个人的主目录。

Samba 服务为每一个 Samba 用户提供一个主目录，该共享目录通常只有用户本身可以使用，个人的主目录默认存在/home/目录下，每个 Linux 用户有一个独立的子目录。

［homes］部分是一个专用的部分，它的设置允许用户访问 Linux 系统中对应的主目录。

（1）comment：名称的说明。

（2）browseable：用来控制在浏览列表（如网上邻居）或在 Windows 命令行下执行 net view 时是否能够看到自己的主目录。

（3）writable=yes：表示用户对目录具有写权限。当然并不是只要此处设为 yes 用户就可以通过网络进行写操作了，还要设定此用户的本地权限为"写"才行。

（4）valid users=%s：表示所有的用户都可以通过 Windows 访问其相应的主目录。

（5）create mode=0664：指文件建立时的默认权限。

（6）director mod=0775：指目录建立时的默认权限。

本例主目录为/tmp/sambatest，权限是完全权限。

这样设置后 shareuser 用户还没有写入的权限，还需要输入命令 chmod 777 /tmp/sambatest 设置所有用户具有写入权限，如图 3-5 所示。

```
[sambatest]
        comment = sambatest
        path = /tmp/sambatest
        browseable = yes
        writeable = yes
        guest ok = yes_
```

图 3-5　权限设置

步骤 5：基于 Samba 的 Windows 与 Linux 互相访问。

（1）为 Windows 系统测试 Samba 客户机，如图 3-6 所示。

（2）通过 Samba 客户端访问远程共享资源。

① 列出目标主机共享资源列表：

　　#smbclient　-L　//主机名或 IP 地址

② 使用共享资源：

　　#smbclient　//主机名或 IP 地址/共享目录名

按 Enter 键后，系统会提示输入该用户的密码，如果

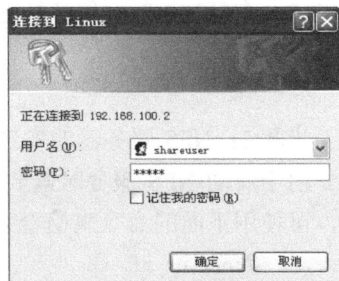

图 3-6　用户验证

输入正确，就会进入 Samba 交互界面，如下所示：

```
smb: \>
```

在 Linux 中访问本例设置的 Samba 服务，如图 3-7 所示。

```
[root@Linux ~]# smbclient //192.168.100.2/sambatest -U shareuser
Password:
Domain=[LINUX] OS=[Unix] Server=[Samba 3.0.26a-6.fc8]
smb: \> _
```

图 3-7　Linux 访问

任务回顾

本任务讲解在 Linux 系统中如何架设 Samba 文件共享服务，以实现网络中不同类型计算机之间文件和打印机的共享。Samba 服务器的配置取决于/etc/samba 目录中的 smb.conf 文件，对 Samba 用户的设置是本任务的重点。

任务二　架构 NFS 服务器

任务描述

天驿公司由于业务扩大，开设了分公司，分公司的员工经常需要访问总公司的服务器，但有时带宽受到限制，所以经理找到管理员，希望在分公司也架构一台服务器，以供公司的 Linux 用户访问，管理员想来想去，决定利用 NFS 服务器来解决。

任务分析

NFS 网络文件系统，将不同的计算机之间通过网络进行文件共享，一台 NFS 服务器就如同一台文件服务器，只要将其文件系统共享出来，NFS 客户端就可以将它挂载到本地系统中，从而可以像使用本地文件系统一样使用远程文件系统中的文件，管理员的这个想法非常合适，所以决定动手去做。

天驿公司对 NFS 服务器架设的要求如下：

（1）设置/etc/sysconfig 下的 network-scripts 文件夹为对所有客户机都可读、可写、共享；

（2）设置/var/named/chroot/var 下的 named 文件夹为对所有客户机都可读、可写、共享；

（3）映射设置统一为类型 async；

（4）在 Linux 服务器上把/etc/sysconfig/network-scripts 共享挂载到/net 文件夹；

（5）在 Linux 服务器上把/var/named/chroot/var/named 共享挂载到/named 文件夹；

（6）进行测试是否可读写/net 和/named 文件夹的内部文件；

（7）在开启 Linux 服务器时自动挂载所有共享文件夹。

任务实现

步骤 1：NFS 服务器的安装。

由于启动 NFS 服务时需要 nfs-utils 和 portmap 这两个软件包，因此在配置使用 NFS 之前，可使用下面的命令来检查系统中是否已经安装了这两个包。

```
# rpm –q  nfs-utils
# rpm –q  portmap
```

在本机查看安装情况，如图 3-8 所示。

```
[root@Tianyi ~]# rpm -q nfs-utils
nfs-utils-1.0.9-44.el5
[root@Tianyi ~]# rpm -q portmap
portmap-4.0-65.2.2.1
```

图 3-8　NFS 版本

NFS 服务器的配置文件是/etc/exports，在其中添加一些项目，每项标示本地文件系统下的目录。该项确认其他计算机可以共享的资源及相关的使用权限等。/etc/exports 配置文件的格式相对比较简单。

步骤 2：主机名称 host。

可以在/etc/exports 文件中指明哪些计算机可以访问共享目录，该处定义的主机名称可以是单台主机或 IP 网络号或 TCP/IP 域，如果主机在本地域，可以只标明主机名。不然，要用完整的 host.domain 格式。标明主机的几种有效方法为：testhost；testhost.com.cn；192.168.100.2。

本例设置如图 3-9 所示。

```
testhost testhost.com.cn 192.168.100.2_
```

图 3-9　允许访问 NFS 服务器的客户机

步骤 3：设置权限选项。

（1）输出一个 NFS 目录时，不必显示文件和目录。可以根据用户标识符、子目录、读/写权限等，在/etc/exports 的每一项中添加一些用于允许或限制访问的选项。

① ro：只读，只允许客户机挂载这个文件系统为只读模式。

② rw：明确指定共享目录为读/写权限。用户能否真正写入，还要看该目录对该用户有没有开放 Linux 文件系统权限的写入权限。

③ noaccess：禁止访问某一目录下的所有文件和目录，这样可以阻止别人访问共享目录下的一些子目录。

④ link_relative：如果共享文件系统中包括绝对链接，把全路径转换为相对路径。

⑤ link_absolute：不改变符号链接的任何内容。

本任务设置/tmp 文件夹为对所有客户机都可读、可写、共享，设置/home 文件夹为对所有客户机都可读、可写、共享，其配置如图 3-10 所示。

```
/tmp    *(rw,no_root_squash,async)
/home   *(rw,no_root_squash,async)
```

图 3-10　访问权限设置

（2）其他安全选项

除上面设置用户权限的方法外，还有以下用于控制用户安全的选项。

① insecure：以非安全端口的方式访问，即默认用户端口是 1024 或更高，而 NFS 服务器默认的安全服务器端口应该是低于 1024 的。

② sync：根据请求进行同步。

③ async：数据暂时存放在内存中，而非直接写入磁盘。

④ no_wdelay：允许安全的文件锁定。

⑤ no_subtree_check：禁止子树检查。

⑥ insecure_locks：允许非安全的文件锁定。

表示共享的目录为/home，允许访问的客户机为 10.0.0.0 网段内的所有主机，权限为只读（ro），非安全方式访问，所有远程用户均以匿名用户身份访问本地资源。

例如创建 NFS 服务器，设置共享目录为/public，允许远程主机地址为 192.168.100.0 网段内的所有主机的访问，权限为读/写(rw)，非安全方式访问，所有远程用户均以匿名用户身份访问本地资源。

本例文件数据写入类型如图 3-11 所示。

步骤 4：设置用户映像。

除了使用权限选项外，还可以用用户映像选项来限定某些用户对 NFS 共享文件的使用权限。

最简单的办法是让使用几个账户的用户在每台计算机上拥有同样的用户名和 UID，这样就极大地简化了映像用户的过程，使他们对文件系统和本地文件有相同的使用权。如果还是不太方便，可以使用下面几种设定用户权限的方法及相关的/etc/exports 选项。

① no_root_squash：让客户机的根用户在服务器上拥有根权限。

② all_squash：把所有远程用户映射到 nfsnobody 用户/组，使所有用户以匿名用户身份访问共享资源。

③ squash anonuid=xx：也可以设定远程用户到本地特定的用户或组身份上。

④ squash uids=0-99：用来排除任何计算机的管理性登录。

用户映射类型为：登录用户具有 root 用户的权限，如图 3-12 所示。

| .async) | no_root_squash.async) |
| .async) | no_root_squash.async) |

　　　　　图 3-11　数据写入类型　　　　　　　　　　　图 3-12　用户映射类型

步骤 5：导出配置文件/etc/exports。

在/etc/exports 文件中添加一些项目后，需要用 exportfs 命令导出共享目录，只有这样才能保证该目录能够被别的系统访问。命令如下：

```
# /usr/sbin/exportfs -a -v    或 exportfs -av
exporting 192.168.100.2/255.255.255.0:/home
```

（1）重新输出共享目录：

```
#exportfs -arv
```

（2）停止输出所有共享目录：

```
#exportfs -auv
```

（3）使用 showmount 命令测试 NFS 服务器的输出目录状态。

① 查看指定的 NFS 服务器上所有输出的共享目录：

```
#showmount  -e    （表示显示当前主机的）
#showmount  -e    192.168.100.2（指定主机为 192.168.100.2）
```

② 显示指定的 NFS 服务器中已被客户端连接的所有输出目录：

```
#showmount  -d    （表示显示当前主机的）
#showmount  -d    192.168.100.2 （指定主机为 192.168.100.2）
```

步骤 6：挂载/卸载共享文件系统。

（1）手工挂载文件系统。

当共享目录导出后，如果另外的系统想要访问 NFS 服务器上的共享资源，就需要将 NFS 服务器上的共享资源映射到自己的某个目录中。

在 Linux 服务器上把/tmp 共享挂载到客户机 test 的/net 文件夹。在 Linux 服务器上把/home 共享挂载到客户机的/named 文件夹，如图 3-13 所示。

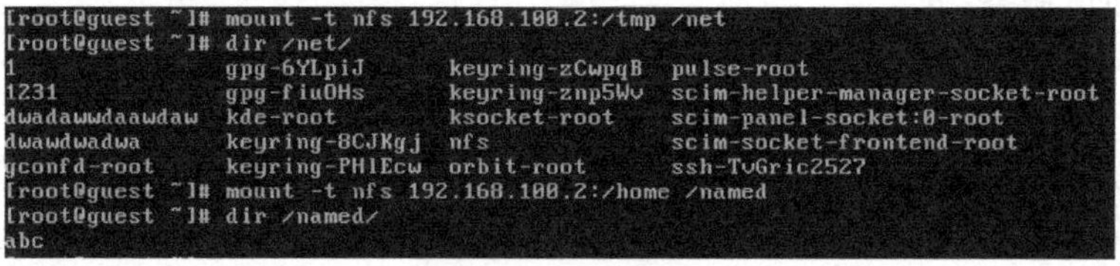

```
[root@guest ~]# mount -t nfs 192.168.100.2:/tmp /net
[root@guest ~]# dir /net/
1                gpg-6YLpiJ       keyring-zCwpqB   pulse-root
1231             gpg-fiu0Hs       keyring-znp5Wv   scim-helper-manager-socket-root
dwadawwdaawdaw   kde-root         ksocket-root     scim-panel-socket:0-root
dwawdwadwa       keyring-8CJKgj   nfs              scim-socket-frontend-root
gconfd-root      keyring-PH1Ecw   orbit-root       ssh-TvGric2527
[root@guest ~]# mount -t nfs 192.168.100.2:/home /named
[root@guest ~]# dir /named/
abc
```

图 3-13 挂接目录

（2）自动挂载文件系统。

可以在/etc/fstab 文件中添加项目，实现 NFS 文件系统的自动挂载，这样就保证了在系统启动的时候自动挂载 NFS 文件系统。其格式如下：

```
Host:directory   mountpoint   nfs   options   0   0
Maple:/tmp   /mnt/maple   nfs   rsize=8192, wsize=8192   0   0
Oak:/apps   /oak/apps   nfs   noauto, ro   0   0
192.168.100.2:/share   /mnt/share   nfs   defaults   0   0
```

其可能的选项（options）如下所述。

① Hard：如果 NFS 服务器出现故障或断开，一个正要访问该服务器的进程会停止下来，直到服务器接通为止。

② Soft：如果 NFS 服务器出现故障或断开，正在访问该服务器的进程会继续访问，但是会出现超时错误。

③ Rsize：一次读取的字节数，数值越大，网络运行越快，出错越少。

④ Wrize：一次写入的字节数，数值越大，网络运行越快，出错越少。

⑤ Timeo=#：远程调用（RPC）超时后，设定第二次传送的时间，“#”代表十分之几秒。

⑥ Retrans=#：设定超时重新传送的次数。

⑦ Retry=#：设定挂载失败后重试挂载请求时间，用具体的时间来代替“#”。

⑧ Bg：如果一次挂载超时，在后台继续挂载。

⑨ Fg：如果一次挂载超时，在前台继续挂载。

开启 Linux 服务器时自动挂载所有共享文件夹到客户机 test 上，首先用 vi 命令开启 test 客户机上的/etc/fstab 文件，完成如图 3-14 所示的配置。然后使用 mount –a 连接 Server 上的共享目录。

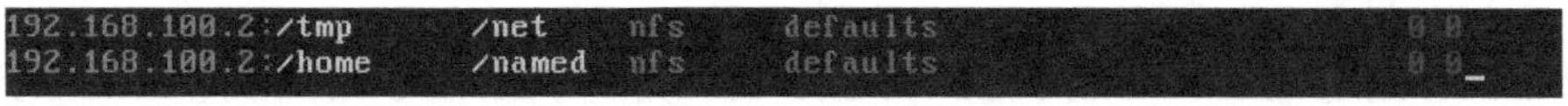

```
192.168.100.2:/tmp      /net     nfs   defaults   0 0
192.168.100.2:/home     /named   nfs   defaults   0 0
```

图 3-14 自动挂载

（3）卸载文件系统。

如果要卸载掉刚才挂载的目录，可以使用如下的命令：

```
# umount   apple:/tmp
```

或

```
# umount   /mnt/maple
```

如果 apple:/tmp 已经自动挂载，下次引导 Linux 的时候，目录会重新挂载。如果是临时挂载，计算机启动时，目录不会自动重新挂载。

步骤 7：NFS 服务器的启动。

启动 portmap 服务：

```
# service portmap start
```

NFS 服务有两个守护进程，因此需要以根用户身份通过输入下面的命令来启动脚本：

```
# /etc/init.d/nfs start           或 service nfs start
#/etc/init.d/nfslock start        或 service nfslock start
```

停止服务：

```
# /etc/init.d/nfs stop            或 service nfs stop
#/etc/init.d/nfslock stop         或 service nfslock stop
```

重新启动：

```
# /etc/init.d/nfs restart         或 service nfs restart
#/etc/init.d/nfslock restart      或 service nfslock restart
```

如果想在 Linux 系统启动的时候让 NFS 服务自动启动，可以通过下面的设置实现：

```
# chkconfig nfs on
# chkconfig nfslock on
# chkconfig portmap on
```

步骤 8：测试 NFS 服务器。

使用 showmount –e 命令，显示本机共享目录列表以确认配置，如图 3-15 所示。

图 3-15　NFS 测试

任务回顾

本任务主要讲解 NFS 服务，通过对 NFS 服务器的配置文件/etc/exports 的修改来完成服务器的架设，在配置时，要注意防火墙允许 NFS 服务通过。

任务三　架构 DNS 服务器

任务描述

天驿公司计划用 Linux 系统架设 DNS 服务器，为整个公司局域网提供 DNS 服务，系统管理员帮忙解决。

任务分析

DNS 域名系统，可以将域名解析成 IP 地址，使用户只记住简单的域名而不是由一串数字组成的 IP 地址访问网络，这样可以让员工更直观的访问公司网站和外部网站。

功能要求，其 DNS 功能拓扑图如图 3-16 所示。

（1）一个 DNS 服务器，其 IP 地址为 192.168.10.6，安装 Linux 系统，作为 DNS 服务器使用；

（2）一个客户端，安装 Windows 系统，可以访问 DNS 服务器所提供的服务；

（3）一个客户端，安装 Linux 系统，可以访问 DNS 服务器所提供的服务。

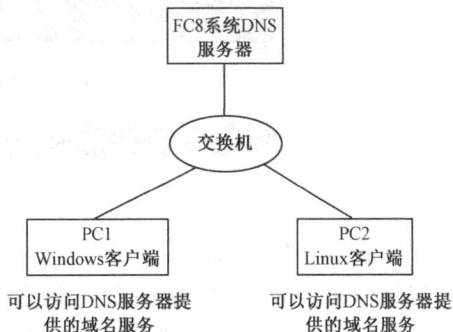

任务实现

架设的 DNS 服务器 IP 设为 192.168.10.6，所用到的域名如表 3-1 所示。

图 3-16　DNS 功能拓扑图

表 3-1　域名列表

域　　名	IP 地址
ftp.Linux.com	192.168.100.2
www.Linux.com	192.168.100.2
smtp.Linux.com	192.168.100.2
pop3.Linux.com	192.168.100.2
mail.Linux.com	192.168.100.2

每个域名都能解析到 192.168.100.2，且支持反向解析，增加 mx 记录。

要配置 DNS 服务器，必须创建或修改几个基本配置文件：

/etc/hosts；

/etc/host.conf；

/etc/ named.caching-nameserver.conf；

/etc/named.rfc1912.zones；

/var/named/chroot/etc/named.conf；

/var/named/chroot/var/named 下创建正向解析文件及反向解析文件；

/etc/resolv.conf。

步骤 1：查询 bind 软件包是否安装完全，至少应包含以下几个软件包，缺少的请自行安装，如图 3-17 所示。

```
[root@Tianyi etc]# rpm -qa |grep bind
bind-9.3.6-4.P1.el5_4.2
bind-libs-9.3.6-4.P1.el5_4.2
bind-chroot-9.3.6-4.P1.el5_4.2
bind-utils-9.3.6-4.P1.el5_4.2
```

图 3-17　查询 bind 是否安装

步骤 2：安装 caching-nameserver 软件包，以便创建/etc/named.conf，如图 3-18 所示。

步骤 3：将安装 caching-nameserver 软件包后出现的/etc/named.caching-nameserver.conf 复制至/var/named/chroot/etc 下并重新命名为 named.conf，注意文件的用户和组应为 named，如图 3-19 所示。

```
[root@Tianyi ~]# mount -t iso9660 /dev/cdrom /mnt
mount: block device /dev/cdrom is write-protected, mounting read-only
[root@Tianyi ~]# cd /mnt/CentOS
[root@Tianyi CentOS]# rpm -ivh caching-nameserver-9.3.6-4.P1.el5_4.2.i386.rpm
warning: caching-nameserver-9.3.6-4.P1.el5_4.2.i386.rpm: Header V3 DSA signature
: NOKEY, key ID e8562897
Preparing...                ########################################### [100%]
   1:caching-nameserver     ########################################### [100%]
```

图 3-18 安装 caching-nameserver 软件包

```
[root@Tianyi ~]# cd /var/named/chroot/etc/
[root@Tianyi etc]# cp -p /etc/named.caching-nameserver.conf named.conf
```

图 3-19 创建 named.conf

步骤 4：修改 named.conf 配置文件。

Linux 中，默认仅在回环地址 127.0.0.1 和::1（IPv6 的回环地址）上打开 53 端口，如果希望在所有地址上都打开 53 端口，则应该修改成如图 3-20 所示的设置。

Linux 中的 DNS 服务器默认只允许 127.0.0.1 这个客户端（即本机）发起查询，一般需要允许所有人查询，则修改成如图 3-20 所示的设置。

```
options {
        listen-on port 53 { any; };
        listen-on-v6 port 53 { any; };
        directory       "/var/named";
        dump-file       "/var/named/data/cache_dump.db";
        statistics-file "/var/named/data/named_stats.txt";
        memstatistics-file "/var/named/data/named_mem_stats.txt";

        // Those options should be used carefully because they disable port
        // randomization
        // query-source    port 53;
        // query-source-v6 port 53;

        allow-query     { any; };
        allow-query-cache { any; };
};
```

图 3-20 修改主配置文件 named.conf

小贴士

named.conf 是服务器的主配置文件，named.caching-nameserver.conf 是 DNS 缓冲的配置文件。一般，一个 DNS 解析过程遵循如下的顺序，首先查找本地主机 host 文件，如果没有则在缓冲中查询是否有，如果缓冲没有，是用网卡设定的 DNS 进行转发或者递归或迭代来查询。

步骤 5：修改/etc/named.rfc1912.zones。

（1）设置主区域。

主区域用来保存 DNS 服务器某个区域（如 Linux.com）的数据信息。下面通过图 3-21 所示实例来讲解如何定义主区域。

```
zone "linux.com" IN {
        type master;
        file "linux_zheng";
        allow-update {none;};
};
```

图 3-21 域名设置

小贴士

DNS 的主区域是设置的域名区，本任务以“Linux.com”为例，如果配置的 DNS 域名是www.sian.com，则设置成：

```
zone “sian.com” IN{
```

对正向配置文件说明如下：

① zone"linux.com"IN 行，其中容器指令 zone 后面跟着的是主区域的名称，表示这台 DNS 服务器保存着 Linux.com 区域的数据，网络上其他所有 DNS 客户机或 DNS 服务器都可以通过这台 DNS 服务器查询到与这个域相关的信息。

② type master;行，type 选项定义了 DNS 区域的类型，对于主区域，应该设置为"master"类型。

③ file"linux_zheng";行，设置主区域文件的名称，file 选项定义了主区域文件的名称。一个区域内的所有数据（如主机名和对应 IP 地址、刷新间隔和过去时间等）必须存放在区域文件中。用户可以自行定义文件名，但为了方便管理，文件名一般是区域的名称，扩展名为.zone。比如，本例严格主区域正向文件名称应设置成"file "linux.com.zone";"。

（2）设置反向解析区域。

在大部分 DNS 查询中，DNS 客户端一般执行正向查找，即根据计算机的 DNS 域名查询对应的 IP 地址。但在某些特殊的应用场合中也会使用到通过 IP 地址查询对应的 DNS 域名的情况，如图 3-22 所示。

```
zone "100.168.192.in-addr.arpa" IN {
        type master;
        file "linux_fan";
        allow-update {none;};
};
```

图 3-22 反向解析区域

对反向配置文件说明如下：

① zone"100.168.192.in-addr.arpa"IN 行，容器指令 zone 后面跟着的是反向区域的名称。注意网段应倒着写，比如：本例解析的网段是"192.168.100.0"，应写成"100.168.192"。后跟 DNS 标准中定义了固定格式的反向解析区域 in-addr.arpa，以便提供对反向查找的支持。

② type master;行，由于反向解析区域属于一种比较特殊的主区域，因此还是设置为"master"类型。

③ file"linux_fan";行，设置反向解析区域文件的名称，file 选项定义了反向解析区域文件的名称。虽然用户可以自行定义文件名，但为了方便管理，文件名一般需要反向解析的子网名，扩展名是.arpa，本例严格主区域反向文件名称应设置成"file "linux.com.arpa";"。

步骤 6：创建并修改主区域文件。

（1）正向区域文件。

一个区域内的所有数据必须存放在 DNS 服务器内，而用来存放这些数据的文件就称为区域文件，正向文件我们可以通过复制 localhost.zone 产生，这样会节约我们的时间，并避免错误，如图 3-23 所示。

```
[root@Tianyi ~]# cd /var/named/chroot/var/named/
[root@Tianyi named]# cp -p localhost.zone linux_zheng
[root@Tianyi named]# vim linux_zheng_
```

图 3-23 创建 DNS 的正向区域文件

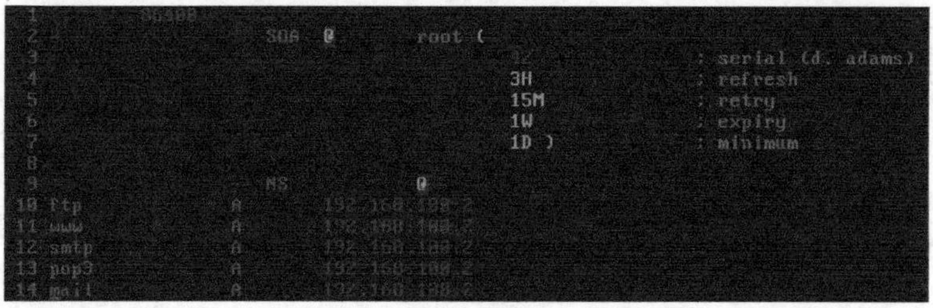

图 3-24　正向区域文件内容

其中图 3-24 所示的第 10 至第 14 行，为主机地址 A（Address）资源记录，这些是最常用的记录，它定义了 DNS 域名对应 IP 地址的信息。如果要配置 mail 服务器还应添加 MX 记录，本例应为："@ IN MX 10 mail.linux.com."。

🌱 **小贴士**

DNS 的区域文件是设置的域名的主机头，本任务以 FTP、www、smtp、pop3、mail 为例，如果要配置 DNS 其他主机头，可在图 3-24 所示的文件行中自行添加便可。

为方便说明，在 vim 编辑器末行模式下使用 "set number" 命令设置显示行号，下文不再赘述。

（2）创建并修改 DNS 的反向解析文件，一般使用 named.local 作为模板产生。如图 3-25 所示。

图 3-25　创建 DNS 的反向区域文件

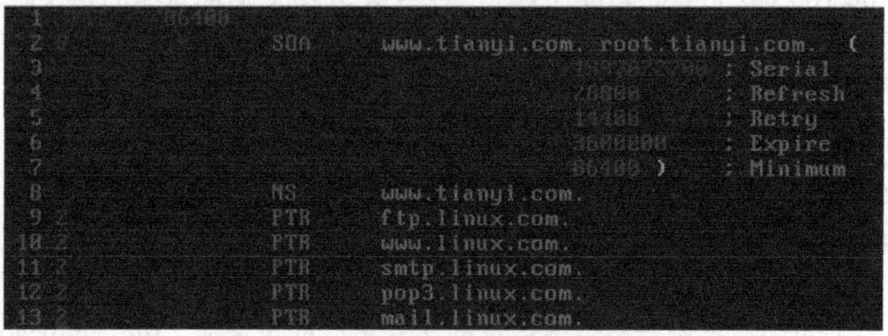

图 3-26　反向区域文件内容

（3）其中图 3-26 所示的第 9 至第 13 行，为设置指针 PTR 资源记录，指针 PTR 资源记录只能在反向解析区域文件中出现。PTR 资源记录和 A 资源记录正好相反，它是将 IP 地址解析成 DNS 域名的资源记录，如图 3-26 所示。

步骤 7：启动或重新启动 DNS 服务。

Service named restart

使用下面的命令启动或停止 DNS 服务：

/etc/rc.d/init.d/named start　　或　service named start

/etc/rc.d/init.d/named stop　　或　service named stop

/etc/rc.d/init.d/named restart　或　service named restart

如果只是要重新挂载配置文件和区域文件，可以运行以下的命令：

```
# rndc reload
```

设置 Linux 系统启动的时候让 DNS 服务自动启动，可以通过下面的设置实现：

```
# chkconfig named on
```

步骤 8：使用 nslookup 测试 DNS 服务器。

（1）正向解析。

输入 nslookup 命令在系统出现"＞"符号后，就可以直接输入要查询的主机域名。以下示例是请求服务器解析"www.Linux.com"的 IP 地址，如图 3-27 所示。

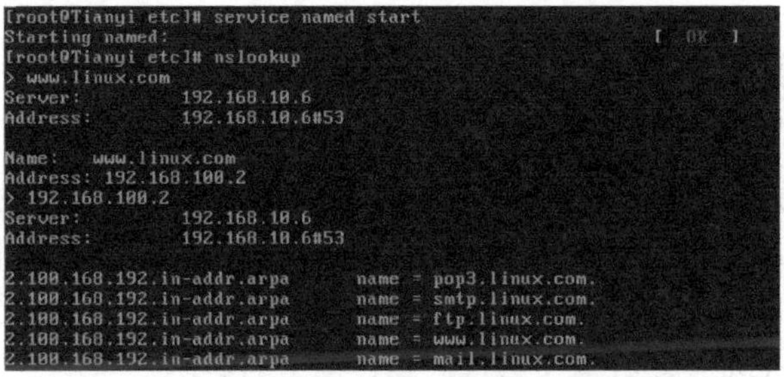

图 3-27　LinuxDNS 域名解析测试

上述内容共分为两部分：上半部分别指出 DNS 服务器的 IP 地址及使用连接端口号 53；下半部分则是查询的结果。这就是先前在/var/named/namd.localhost 文件中输入的 A 资源记录。

（2）反向解析。

前面已经建立一个 100.168.192.in-addr.arpa 反向解析区域，所以此服务器也可提供主机名称的反向解析服务。要执行反向解析的请求，只要输入指定区域（192.168.100.x）的 IP 地址，就会显示 IP 地址对应的域名信息，服务器成功地反向解析出 IP 地址 192.168.100.2 所对应的主机名称。

小贴士

在解析前请配置/etc/resolv.conf 文件，将 nameserver 指定为 DNS 服务器的 IP 地址。如图 3-28 所示。

步骤 9：Windows 内测试 Linux 的 DNS 服务器。

Windows XP Professional 作为 DNS 的客户端，需要通过 TCP/IP 属性设置来进行配置，指定 DNS 服务器，如图 3-29 所示。

图 3-28　指定 nameserver 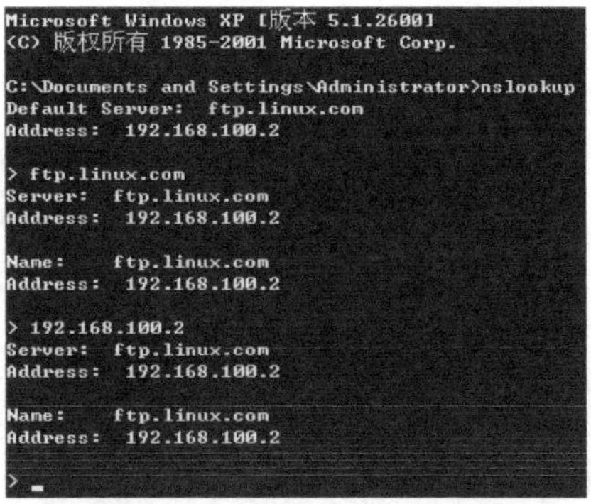　　　　　　　　图 3-29　Windows DNS 测试

图 3-34 就是通过 Windows 查询 Linux 的 DNS 服务器正向解析和反向解析的结果。

任务回顾

通过配置一个简单的 DNS 服务器来讲解 Linux 中 DNS 服务的配置思路，通过阅读本节，读者不仅了解了 DNS 服务器的关联配置文件，更重要的是学会了如何配置其他类型和要求的 DNS 服务器，并能够使用一些客户端命令来测试所配置的 DNS 服务器是否能够正常工作。

任务四　架构 DHCP 服务器

天驿公司的部分员工这几天抱怨，计算机总提示 IP 地址冲突，找到管理员帮忙解决，管理员查看后发现：员工计算机的 IP 地址是静态的，有的员工上不了网，就改 IP，导致冲突，管理员决定架设 DHCP 服务器，为局域网内的客户机提供 IP 分配服务，同时为特定的客户机分配指定的 IP 地址，这样就不会冲突了。

任务描述

当网络上有大量主机需要获得 IP 地址时，如果采用手动方式设置将耗费大量时间，而且管理很不方便，DHCP 可以解决这个问题，只要在网络上建立一个 DHCP 服务器，网络上的其他客户端在系统开机时就可以从 DHCP 服务器分得相应的网络 IP 地址，为局域网内的客户机提供 IP 分配服务，同时为特定的客户机分配指定的 IP 地址，这样就不会冲突了，于是管理员决定立刻解决这个问题。

天驿公司架设的 DHCP 功能拓扑图如图 3-30 所示。

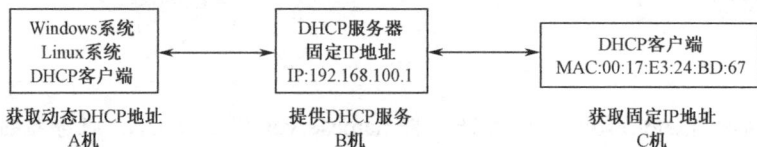

图 3-30　DHCP 功能拓扑图

任务实现

步骤 1：架设 DHCP 前的准备工作。

（1）使用 rpm –q dhcp 命令查看是否安装 DHCP 服务。没有安装则没有信息返回，如果安装则返回的版本信息，本例可以看出只安装了客户端，如图 3-31 所示。

图 3-31　DHCP 版本信息

（2）没有安装 DHCP 服务，则先挂载光盘然后安装相应的 rpm 包，如图 3-32 所示。

（3）安装成功后，开始配置 DHCP 服务，为了防止配制出错无法恢复，首先使用复制命令把 dhcpd.conf 复制到 etc 目录备份：

```
# cp /usr/share/doc/dhcp-3.0.6/dhcpd.conf.sample /etc/dhcpd.conf
```

图 3-32 安装 DHCP 服务

步骤 2：配置 dhcpd.conf。

修改参数，如图 3-33 所示。

vim /etc/dhcpd.conf

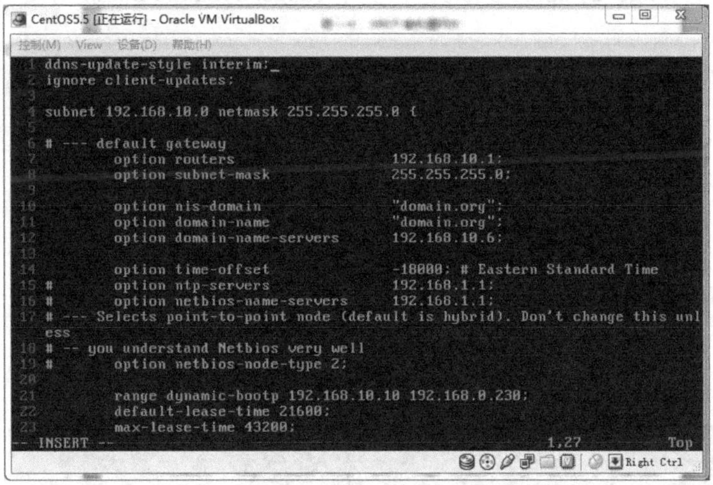

图 3-33 dhcpd.conf 内容

对本例分析如下。

第 1 行： ddns-update-style interim 定义所支持的 DNS 动态更新类型。

小贴士

none: 表示不支持动态更新。

interim: 表示 DNS 互动更新模式。

ad-hoc: 表示特殊 DNS 更新模式。

第 2 行：ignore client-updates 忽略客户端更新。

第 3 行：subnet 网络地址，以及 netmask 子网掩码 {...} 创建 DHCP 服务分配的网络地址范围。本例以 192.168.10.0 为网络地址，以 255.255.255.0 为网络掩码。

小贴士

可以指定多个 subnet 网络号 netmask 子网掩码 {...}，但多个 subnet 网络号 netmask 子网掩码 {...} 所定义的网络地址范围不能重复，并且网卡上有相关 IP 地址对应配置。

第 7 行： option routers 为客户端分配的默认网关。本例为客户端分配的默认网关地址为 192.168.10.1。

第 8 行：option subnet-mask 为客户端分配的子网掩码。本例分配客户端的子网掩码地址为 255.255.255.0。

第 12 行：option domain-name-servers 为客户端指明 DNS 服务器 IP 地址。本例分配客户端的 DNS 服务器地址为 192.168.10.6。

第 14 行： option time-offset 设置偏移时间。

第 21 行：range dynamic-bootp 指定动态 IP 地址范围。本例分配客户端的 IP 段地址范围为 192.168.10.10 到 192.168.10.230。

小贴士

可以指定多个 range dynamic-bootp，但多个 range dynamic-bootp 所定义的 IP 分配范围不能重复。

IP 可分配的范围是由网络地址和子网掩码计算得出的。

第 22 行：default-lease-time 设置地址租期。分配客户端的 IP 默认租赁时间，单位是秒，本例的默认租赁时间长度为 21600 秒（即 6 小时）。

第 23 行：max-lease-time 设置客户端最长的地址租期。分配客户端的 IP 最大租赁时间，这里单位是秒，长度为 43200 秒（即 12 小时）。

步骤 3：为特定客户机分配指定的 IP 地址。

本例为其中一台 MAC 为 08:00:27:D6:32:6B 的客户机分配一个指定 IP 为 192.168.10.133，如图 3-34 所示。

```
25          # we want the nameserver to appear at a fixed address
26          host ns {
27                  next-server marvin.redhat.com;
28                  hardware ethernet 08:00:27:D6:32:6B;
29                  fixed-address 192.168.10.133;
30          }
```

图 3-34　特定客户机分配指定的 IP 地址

第 27 行：next-server marvin.redhat.com 设置由于定义服务器从引导文件中装入的主机名，用于无盘站；

第 28 行：hardware ethernet 定义网络接口类型和硬件地址；

第 29 行：fixed-address 定义 DHCP 客户端指定的 IP 地址。

步骤 4：重启 DHCP 服务。

配置完毕后，启动 dhcpd 服务：

```
# service dhcpd start
```

设置 Linux 启动时，同时启动 dhcpd 服务：

```
# chkconfig dhcpd on
```

步骤 4：在 Linux 系统下测试 dhcpd 服务。

从图 3-35 中相关的信息得出，Linux 的 DHCP 服务分配了该网卡的 IP 地址是 192.168.100.244，子网掩码是 255.255.255.0，这表示在 Linux 系统下 DHCP 动态分配 IP 地址成功。

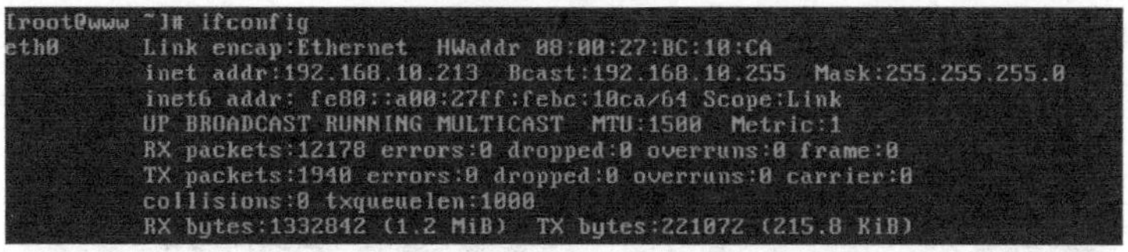

```
[root@www ~]# ifconfig
eth0      Link encap:Ethernet  HWaddr 08:00:27:BC:10:CA
          inet addr:192.168.10.213  Bcast:192.168.10.255  Mask:255.255.255.0
          inet6 addr: fe80::a00:27ff:febc:10ca/64 Scope:Link
          UP BROADCAST RUNNING MULTICAST  MTU:1500  Metric:1
          RX packets:12178 errors:0 dropped:0 overruns:0 frame:0
          TX packets:1940 errors:0 dropped:0 overruns:0 carrier:0
          collisions:0 txqueuelen:1000
          RX bytes:1332842 (1.2 MiB)  TX bytes:221072 (215.8 KiB)
```

图 3-35　Linux 下 DHCP 测试

步骤 5：在 Windows 系统下测试 DHCP 服务，如图 3-36 所示。

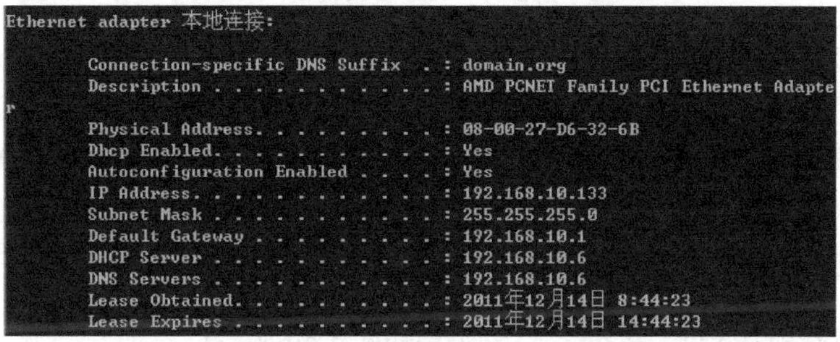

```
Ethernet adapter 本地连接:

        Connection-specific DNS Suffix  . : domain.org
        Description . . . . . . . . . . . : AMD PCNET Family PCI Ethernet Adapte
r
        Physical Address. . . . . . . . . : 08-00-27-D6-32-6B
        Dhcp Enabled. . . . . . . . . . . : Yes
        Autoconfiguration Enabled . . . . : Yes
        IP Address. . . . . . . . . . . . : 192.168.10.133
        Subnet Mask . . . . . . . . . . . : 255.255.255.0
        Default Gateway . . . . . . . . . : 192.168.10.1
        DHCP Server . . . . . . . . . . . : 192.168.10.6
        DNS Servers . . . . . . . . . . . : 192.168.10.6
        Lease Obtained. . . . . . . . . . : 2011年12月14日 8:44:23
        Lease Expires . . . . . . . . . . : 2011年12月14日 14:44:23
```

图 3-36　Windows 下测试 DHCP 的结果

任务回顾

本任务讲解如何配置为局域网用户提供 IP 分配的 DHCP 服务，此处知识点并不难，但选手一定要记住模板文件的所在位置、服务配置文件中每行的作用。

任务五　架构 WWW 服务器

任务描述

天驿公司已有用 Windows 架构的 www 服务器，但管理员发现经常不稳定，于是管理员决定采用 Linux 服务器来架构 www 服务。

任务分析

Linux 服务器上的 www 服务器凭借其功能强大、技术成熟、安全稳定，而且是自由软件，所以有很大的优势，管理员的这一决定是正确的。

任务实现

1. 架构基本的 WWW 服务器

步骤 1：基本配置。

（1）域名，在 DNS 服务器中已经架设，本例使用的域名为 www.Linux.com。

（2）访问目录：DocumentRoot "/var/www/html。

该参数指定 Apache 服务器存放网页的路径，默认所有要求提供 HTTP 服务的连接都以这个目录为主目录。在每个 Apache 服务器存取的目录中，可以针对每个目录及子目录来设置允许及禁止客户端访问的服务。

本例中www.Linux.com 的目录是/web，www.Linux.com:8080 的目录是/web1，其设置如图 3-37 所示。

```
<VirtualHost www.linux.com:80>
    ServerAdmin webmaster@dummy-host.example.com
    DocumentRoot /web
```

```
<VirtualHost www.linux.com:8080>
    ServerAdmin webmaster@dummy-host.example.com
    DocumentRoot /web1
```

图 3-37 Web 目录设置

（3）主页设置 DirectoryIndex。

在此命令后添加其他默认主页文件名，如可以添加 index.htm 等。当然这只是 Apache 的一些基本设置项，大家可以根据自己的实际情况加以灵活修改，以充分发挥 Apache 的潜能。如果修改配置文件之后让其立即生效，可以重启 Apache 服务。

DirectoryIndex index.html default.htm，在设置虚拟主机的时候默认没有这条语句，需要自己添加。

本例的主页分别是 1.htm 和 2.htm，其设置如图 3-38 所示。

```
<VirtualHost www.linux.com:80>
    ServerAdmin webmaster@dummy-host.example.com
    DocumentRoot /web
    Directoryindex 1.htm
```

```
<VirtualHost www.linux.com:8080>
    ServerAdmin webmaster@dummy-host.example.com
    DocumentRoot /web1
    Directoryindex 2.htm
```

图 3-38 主页设置

小贴士

对于 Apache 服务器，配置统一在 httpd.conf 里进行。利用 httpd.conf 可以对 Apache 服务器进行全局配置、管理或预设服务器的参数定义、虚拟主机的设置等。httpd.conf 是一个文本文件，可以用 vi 编辑工具进行修改。

httpd.conf 文件主要分为如下三个部分。

Section 1: Global Environment（全局变量）。

Section 2: 'Main' server configuration（主服务器配置）。

Section 3: Virtual Hosts（虚拟主机配置）。

步骤 2：端口设置。

该参数用来指定 Apache 服务器的监听端口。一般来说，标准的 HTTP 服务默认端口号是 80，一般不要更改这个数值。

一般常用：Listen 80；Listen 192.168.72.12；Listen 192.168.75.12:8080。

本例www.Linux.com:8080的端口设置如图 3-39 所示。

```
#
#Listen 12.34.56.78:80
Listen 80
Listen 192.168.100.2:8080
```

图 3-39 端口设置

步骤 3：设置最大连接数 MaxClients。

　　该参数限制 Apache 所能提供服务的最高数值，即同一时间连接的数目不能超过这个数值。一旦连接数目达到这个限制，Apache 服务器则不再为其他的连接提供服务，以免系统性能大幅下降。本例假设最大连接数是 100：

> MaxClients 100

步骤 4：允许访问的 IP 范围。

　　该参数限制访问 Apache 服务的 IP 范围，即在允许的 IP 范围内可以访问 Apache 服务，其他范围的不能访问 Apache 服务。

　　除 IP 地址为 192.168.100.7 的客户机外，允许所有客户机访问，其设置如图 3-40 所示。

```
<Directory "/web">
    Options Indexes MultiViews FollowSymLinks
    AllowOverride None
    Order deny,allow
    Deny from 192.168.100.7
</Directory>
```

图 3-40　访问控制

步骤 5：AddDefaultCharset。

　　该参数定义了服务器返回给客户机的默认字符集：

> AddDefaultCharset UTF-8
>
> AddDefaultCharset GB2312

本例设置网站可以使用中文字符集，支持 CGI 脚本，其设置如图 3-41 所示。

```
AddHandler cgi-script .cgi .pl
```

图 3-41　脚本支持

设置存放 CGI 文件的目录权限，如图 3-42 所示。

```
Options Indexes FollowSymLinks Execcgi
```

图 3-42　权限设置

　　在 CGI 文件存放的目录（/web/）中建立一个名为"test.cgi"的文件，该文件的内容如图 3-43 所示。

```
#!/usr/bin/perl
print "Content-type: text/html\n\n";
print "Hello World!\n";
```

图 3-43　内容编辑

配置后，则出现如图 3-44 所示的情况，代表 CGI 运行环境配置成功。

2. 架构虚拟目录的 WWW 服务器

步骤 1：配置基于域名的虚拟主机。

　　使用 Alias 选项可以创建虚拟目录，在主配置文件中，Apache 默认已经创建了两个虚拟目录。这两条语句分别建立了"/icons/"和"/manual"两个虚拟目录，它们对应的物理路径分别是"/var/www/icons/"和"/var/www/manual"：

> Alias /icons/ "/var/www/icons/"
>
> Alias "/var/www/manual"

本例的虚拟目录域名为www.Linux.com/web2，它对应的物理路径是"/ web2"。

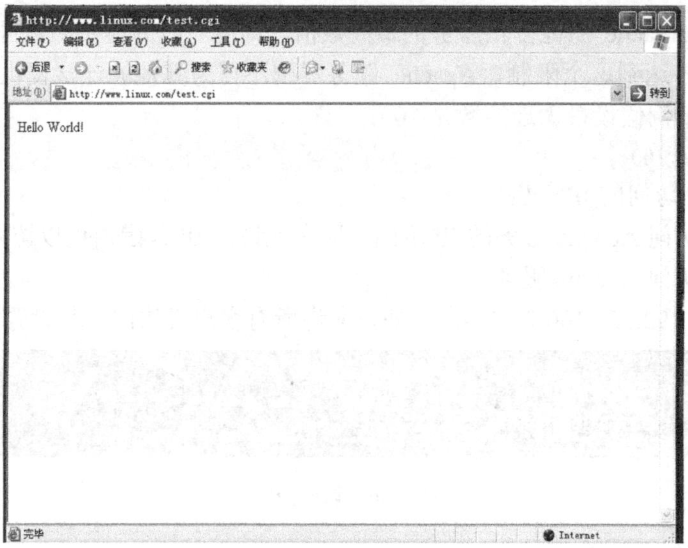

图 3-44　测试 Web 服务

步骤 2：用户认证。

（1）建立口令文件。

Apache 自带的 htpasswd 命令提供了建立和更新存储用户名、密码的文本文件的功能。该文件必须放在不能被网络访问的位置，以免被下载。本例将口令文件放在/etc/httpd/目录下，文件名为 mysecretpwd，使用以下命令建立口令文件：

```
htpasswd –c /etc/httpd/mysecretpwd linden
```

-c 选择表示无论口令文件是否存在，都会重新写入文件并删除原有内容。所以在添加第 2 个用户到口令文件时，就不需要使用-c 选项了：

```
htpasswd    /etc/httpd/mysecretpwd tom
```

（2）建立虚拟目录并配置用户认证。

```
Alias /test2 "/test2"
<Directory "/test2">
AuthType Basic
AuthName "Please Login:"
AuthUserFile /etc/httpd/mysecretpwd
Require valid-user
</Directory >
```

① 设置认证类型：一般为 Basic，如 AuthType Basic。

② 设置认证领域内容：AuthName "Please Login:"。

③ 设置口令文件的路径：AuthUserFile /etc/httpd/mysecretpwd。

④ 设置允许访问的用户：

```
Require valid-user（所有认证的用户）
Require user linden（允许访问的用户列表）
```

本例中，当访问 www.Linux.com 域名时，需要使用用户访问控制，用户名为 jinengsai，密码为 shengli，配置如图 3-45 所示。

```
[root@Linux ~]# htpasswd -c /web/apachepwd jinengsai
New password:
Re-type new password:
Adding password for user jinengsai
```

图 3-45 用户访问配置

虚拟目录用户配置，如图 3-46 所示。

```
<Directory "/web">
    Options Indexes FollowSymLinks Execcgi
    AllowOverride None
    Order deny,allow
    Deny from 192.168.100.7
    AuthType Basic
    AuthName "Welcome to my apache server"
    Authuserfile /web/apachepwd
    Require user jinengsai
</Directory>
```

图 3-46 虚拟目录用户配置

步骤 3：配置基于 IP 的虚拟主机。

（1）基于 IP 虚拟主机的 DNS 配置。

如果用户想要创建基于 IP 的虚拟主机 www.Linux.com 站点。用户可以按照代码在 DNS 正向配置文件中进行配置：

```
www    IN    A    192.168.100.5
```

另外，还需要在 DNS 反向配置文件中添加以下的 PTR 记录：

```
2       IN    PTR    www.Linux.com
```

以上两项设置均在 DNS 教学篇里有详细说明，这里不重复讲解。

（2）修改 httpd.conf 配置文件，如图 3-47 所示。

```
<VirtualHost 192.168.100.2>
    ServerAdmin webmaster@dummy-host.example.com
    DocumentRoot /web
    Directoryindex 1.htm
    ServerName dummy-host.example.com
    ErrorLog logs/dummy-host.example.com-error_log
    CustomLog logs/dummy-host.example.com-access_log common
</VirtualHost>
```

图 3-47 虚拟目录配置

任务回顾

本任务通过利用 Apache 软件来架设 WWW 服务器，其配置文件为/etc/httpd/conf/httpd.conf。这里讲述了默认配置和虚拟目录两种方法来实现 WWW 服务器，学生在进行训练时，一定要掌握两种方法的区别和分别如何实现。

任务六　Apache 整合 Tomcat 支持 JSP 页面

任务描述

天驿公司的网站管理员在架设了 WWW 服务器之后发现只能运行静态页面，无法执行 JSP 等动态页面。

任务分析

动态网站的类型很多，有 ASP、PHP、JSP 等，但 JSP（Java Server Page）是目前广泛

应用的动态网页语言，对 JSP 支持的服务器软件也很多，CentOS 内置的 Tomcat 就是其中之一，通过整合 Apache 和 Tomcat 来运行 JSP 页面，实现负载均衡。

任务实现

1. 安装 Tomcat 服务器

如果使用默认的配置，系统不会安装 Tomcat 服务。所以我们需要自行安装 Tomcat，Tomcat 软件包的依赖关系比较复杂，因此建议使用"yum"或者"添加/删除程序"来安装。本例采用"添加/删除程序"来安装，默认"添加/删除程序"需要互联网，但可以使用本地源，如何配置本地源安装，在此不再赘述。

（1）打开"Applications→Add/Remove Software"，如图 3-48 所示。

（2）在弹出的"Package Manager"窗口内，找到"Server"项下"Web Server"子项，单击"Optional packages"按钮，如图 3-49 所示。

（3）在弹出的"Packages in Web Server"对话框内，选中有关"tomcat5"的软件包，单击"Close"按钮，然后单击"Apply"按钮，如图 3-50 所示。

（4）在接下来弹出的"Package selections"及"Dependencies added"对话框内，单击"continue"按钮，软件将自动安装。

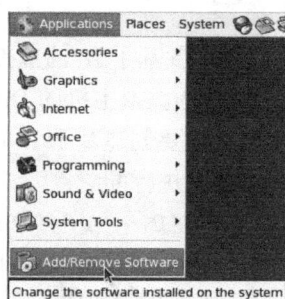

图 3-48　选择"Add/Remove Software"

图 3-49　"Package Manager"窗口

图 3-50　"Packages in Web Server"对话框

2. 启动 Tomcat 服务器

（1）我们可以使用"#service tomcat5 start"命令启动 Tomcat5，并设置为自动启动，如图 3-51 所示。

图 3-51　启动 Tomcat5

停止 Tomcat5 服务则可以通过执行以下命令完成：

```
#service tomcat5 stop
```

重启 Tomcat5 服务则可以通过执行以下命令完成：

```
#service tomcat5 restart
```

3．测试 Tomcat 服务器

切换到图形界面，在"Firefox"的地址栏内输入"http://localhost:8080"，如果你可以看到"Apache Tomcat 的管理界面"，表示 Tomcat 服务器在正常工作，如图 3-52 所示。

图 3-52　Tomcat 服务器在正常工作

4．整合 Apache 和 Tomcat

经过以上两个任务的配置，Apache 和 Tomcat 都可以工作了，不过此时它们各不相干，要实现整合还需要以下步骤。

（1）下载"tomcat connectors"。

在 Apache 的官方网站下载"tomcat connectors"，本例使用"tomcat-connectors-1.2.32.src.tar.gz"，如图 3-53 所示。

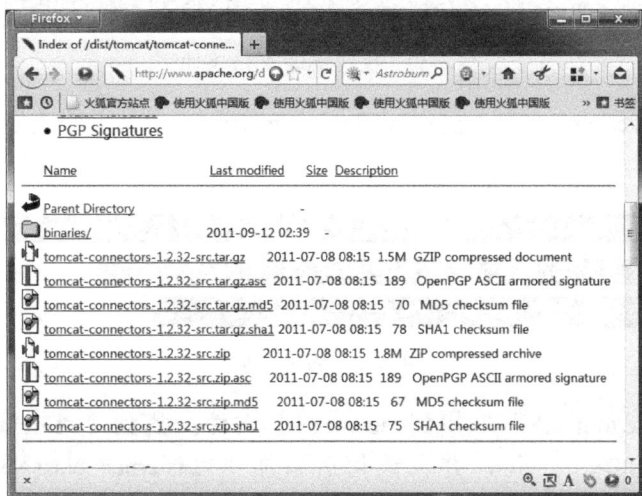

图 3-53　下载 tomcat connectors

（2）安装 mod_jk。

本例新建一个"/tomcat-conn"目录，并将"tomcat-connectors-1.2.32.src.tar.gz"放在该目录，如图 3-54 所示。

```
[root@www CentOS]# mkdir /tomcat-conn
[root@www CentOS]# cd /tomcat-conn/
[root@www tomcat-conn]# ll
total 1516
-rwxr--r-- 1 abc abc 1545588 Dec 21 09:39 tomcat-connectors-1.2.32-src.tar.gz
```

图 3-54　新建目录

1）解压"tomcat-connectors-1.2.32.src.tar.gz"，如图 3-55 所示。

```
[root@www tomcat-conn]# tar -zxvf tomcat-connectors-1.2.32-src.tar.gz
```

图 3-55　解压文件

2）解压之后，进入到解压出目录的"native"子目录，并配置、安装如图 3-56 所示。

```
[root@www tomcat-conn]# cd tomcat-connectors-1.2.32-src/native/
[root@www native]# ./configure --with-apxs=/usr/sbin/apxs
```

图 3-56　配置并安装

配置、安装步骤如下：

```
#./configure –with-apxs=/usr/sbin/apxs
#make
#make install
```

小贴士

在执行"./configure –with-apxs=/usr/sbin/apxs"中如果出现"configure: error: Cannot find the WebServer"错误，请检查是否安装了"httpd-devel"软件包，若未安装则请自行安装。

3）安装成功之后，将在"/etc/httpd/modules"目录下找到 mod_jk.so 文件，这就是本例需要的 so 文件了，如图 3-57 所示。

```
[root@www native]# cd
[root@www ~]# ll /etc/httpd/modules/mod_jk.so
-rwxr-xr-x 1 root root 900003 Dec 21 16:35 /etc/httpd/modules/mod_jk.so
```

图 3-57　找到 mod_jk.so 文件

（3）在目录"/etc/tomcat5"下找到 workers.properties 文件，并修改如下两行，修改后如图 3-58 所示。

```
[root@www ~]# vim /etc/tomcat5/workers.properties
workers.tomcat_home=/usr/share/tomcat5
workers.java_home=/usr/lib/jvm/java
```

图 3-58　修改文件

（4）打开"/etc/tomcat5"下找到 server.xml 文件，找到"<Engine name="catalina" defaultHost="localhost">"一句，并在该句后添加"<Listerner className="org.apache.jk. config.ApacheConfig" modJk="/etc/httpd/modules/mod_jk.so"/>"语句，修改后如图 3-59 所示。

```
[root@www ~]# vim /etc/tomcat5/server.xml
    <Engine name="Catalina" defaultHost="localhost">
    <Listener className="org.apache.jk.config.apacheConfig" modJk="/etc/httpd/
auto/mod_jk.so" />
```

图 3-59　修改文件

（5）重新启动 tomcat5，并将"/etc/tomcat5/auto"目录下的 mod_jk.conf 文件复制到"/etc/tomcat5/auto/jk"目录中，重命名为 mod_jk.conf-auto，如图 3-60 所示。

```
[root@www ~]# cp /etc/tomcat5/auto/mod_jk.conf /etc/tomcat5/jk/mod_jk.conf-auto
```

图 3-60　重命名文件

（6）编辑 mod_jk.conf-auto 文件内容如图 3-61 所示。

```
<IfModule !mod_jk.c>
  LoadModule jk_module /etc/httpd/modules/mod_jk.so
</IfModule>
JkWorkersFile /usr/share/tomcat5/conf/workers.properties
JkLogFile /usr/share/tomcat5/logs/mod_jk.log
JkLogLevel emerg
<VirtualHost localhost>
    ServerName localhost
    JkMount /*.jsp ajp13
```

图 3-61　编辑文件

（7）配置 Tomcat。

默认 Tomcat 的主目录是"/var/lib/tomcat5/webapps/ROOT"，将 Apache 和 Tomcat 的主目录设置为一致，才实现真正的整合。在"/etc/tomcat5"下找到 server.xml 文件，找到如图 3-62 所示内容并添加"<Context path="" docBase="/var/www/html " debug="0" />"行，修改后如图 3-62 所示。

```
<Host name="localhost" appBase="webapps"
  unpackWARs="true" autoDeploy="true"
  xmlValidation="false" xmlNamespaceAware="false">
  <Context path="" docBase="/var/www/html" debug="0"/>
```

图 3-62　配置 Tomcat

（8）修改 httpd。在"/etc/httpd/conf"目录下，修改 httpd.conf，在文件末尾添加如下一行"Include /etc/tomcat5/jk/mod_jk.conf-auto"，如图 3-63 所示。

```
Include /etc/tomcat5/jk/mod_jk.conf-auto
```

图 3-63　修改 httpd

（9）重新启动 Tomcat5 和 Apache。

在完成以上配置以后，需要重新启动 Tomcat5 和 Apache 服务才能使配置生效，执行如下命令：

```
#service httpd restart
#service tomcat5 restart
```

（10）创建测试页面。

在/var/www/html/下面创建一个名为 test.jsp 的文件，内容是：

```
It's a Jsp test page!<br>
<%
```

```
        java.util.Date date=new java.util.Date();
%>
        The time is now <%=date%>
```

执行的命令如图 3-64 所示。

（11）测试。

切换到图形界面，在"Firefox"的地址栏内输入"http://localhost/test.jsp"，如果出现如图 3-65 所示内容，则表示整合成功。

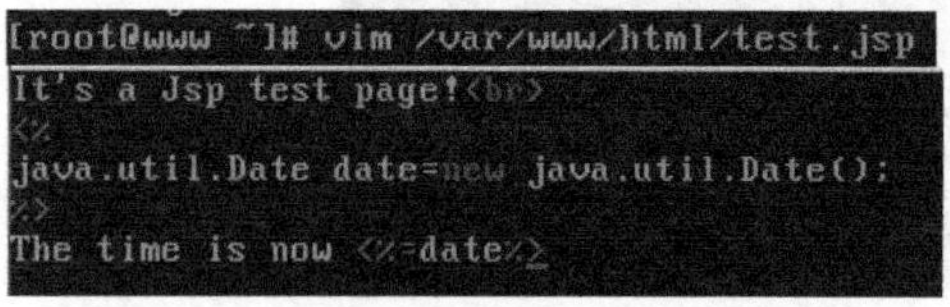

图 3-64　执行命令

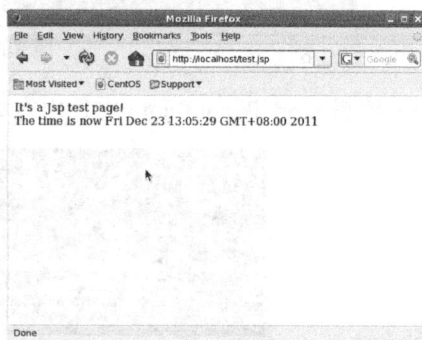

图 3-65　测试

任务七　架构 FTP 服务器

任务描述

天驿公司的员工经常抱怨使用现有的网络共享方式，在使用起来有些不方便，想让管理员改用其他的方式，管理员决定架设一个 FTP 服务器来试试。

任务分析

虽然用户可采用多种方式来传送文件，当时 FTP 凭借其简单高效的特性，仍然是跨平台直接传送文件的主要方式。文件传输协议 FTP 是 Internet 常用的文件传送和交换协议。用户可以从一个 Internet 主机向另一个 Internet 主机传送文件，所以管理员的决定是正确的。

任务实现

对 vsftpd 服务器的配置通过 vsftpd.conf 配置文件来完成，该配置文件位于/etc/vsftpd 目录中。

为了让 FTP 服务器能更好地按要求提供服务，需要对 FTP 服务器的配置文件进行合理、有效的配置。利用 vi 编辑器可实现对配置文件的编辑修改。方法如下：

```
#vi /etc/vsftpd/vsftpd.conf
```

步骤 1：匿名用户和本地用户设置。

```
write_enable=YES              //是否对登录用户开启写权限。属全局性设置
local_enable=YES              //是否允许本地用户登录 FTP 服务器
anonymous_enable=YES          //设置是否允许匿名用户登录 FTP 服务器
ftp_username=ftp              //定义匿名用户的账户名称，默认值为 ftp
```

```
no_anon_password=YES            //匿名用户登录时是否询问口令。设置为 YES，则不询问
anon_word_readable_only=YES     //匿名用户是否允许下载可阅读的文档，默认为 YES
anon_upload_enable=YES          //是否允许匿名用户上传文件。只有在 write_enable 设置为 YES 时，该配置项才有效
anon_mkdir_write_enable=YES     //是否允许匿名用户创建目录。只有在 write_enable 设置为 YES 时有效
anon_other_write_enable=NO      //若设置为 YES，则匿名用户会被允许拥有多于上传和建立目录的权限，还会拥有删除和更名权限。默认值为 NO
```

本例为匿名用户和本地用户都可访问 FTP 服务器，设置如图 3-66 所示。

```
# Allow anonymous FTP? (Beware - allowed by default if you comment this out).
anonymous_enable=YES
#
# Uncomment this to allow local users to log in.
local_enable=YES
```

图 3-66　FTP 模式设置

步骤 2：设置匿名用户和本地用户及其访问目录。

（1）设置账户，首先创建账户 ftpa，密码为 ftpa，创建文件/ftp 和/ftp/ftp1。设置如图 3-67 所示。

```
[root@Linux ~]# useradd ftpa
[root@Linux ~]# passwd ftpa
Changing password for user ftpa.
New UNIX password:
BAD PASSWORD: it is too short
Retype new UNIX password:
passwd: all authentication tokens updated successfully.
[root@Linux ~]# mkdir /ftp
[root@Linux ~]# mkdir /ftp/ftp1
```

图 3-67　添加 FTP 用户

（2）访问目录：

```
local_root=/var/ftp
// 设置本地用户登录后所在的目录。默认配置文件中没有设置该项，此时用户登录 FTP 服务器后，所在的目录为该用户的主目录，对于 root 用户，则为/root 目录
anon_root=/var/ftp
//设置匿名用户登录后所在的目录。若未指定，则默认为/var/ftp 目录
```

本例为匿名用户目录在/ftp/ftp1 目录下和本地用户目录是/ftp，设置如图 3-68 所示。

```
anon_root=/ftp/ftp1
local_root=/ftp
```

图 3-68　FTP 服务器保存目录

步骤 3：控制用户是否允许切换到上级目录。

在默认配置下，用户可以使用“cd..”命名切换到上级目录，这会给系统带来极大的安全隐患，因此，必须防止用户切换到 Linux 的根目录，相关的配置项如下：

```
chroot_list_enable=YES
// 设置是否启用 chroot_list_file 配置项指定的用户列表文件
chroot_list_file=/etc/vsftpd.chroot_list
// 用于指定用户列表文件，该文件用于控制哪些用户可以切换到 FTP 站点根目录的上级目录
chroot_local_user=YES
// 用于指定用户列表文件中的用户，是否允许切换到上级目录
```

本例为匿名用户和本地用户都禁止切换到其他目录，这里设定用户的控制文件为

/etc/vsftpd.user，如图3-69所示。

```
chroot_list_enable=YES
# (default follows)
chroot_list_file=/etc/vsftpd.user
chroot_local_user=NO
```

图3-69 安全设置

然后打开/etc/vsftpd.user并输入这两个账号，ftp为匿名用户的账号，ftpa为本地账号，如图3-70所示。

```
ftp
ftpa
```

图3-70 ftp用户数据库

步骤4：设置上传文档的所属关系和权限。

（1）设置匿名上传文档的属主：

chown_uploads=YES

//用于设置是否改变匿名用户上传的文档的属主。默认为NO。若设置为YES，则匿名用户上传的文档的属主将被设置为chown_username配置项所设置的用户名

chown_username=whoever

//设置匿名用户上传的文档的属主名。建议不要设置为root用户

（2）新增文档的权限设定：

local_umask=022

//设置本地用户新增文档的umask，默认为022，对应的权限为755。umask为022，对应的二进制数为000 010 010，将其取反为111 101 101，转换成十进制数，即为权限值755，代表文档的所有者（属主）有读/写和执行权，所属组有读和执行权，其他用户有读和执行权。022适合于大多数情况，一般不需要更改。若设置为077，则对应的权限为700

anon_umask=022　　//设置匿名用户新增文档的umask

file_open_mode=755　　//设置上传文档的权限。权限采用数字格式

本例设置用户登录FTP之后都不能删除FTP的文件目录和改文件目录的名字，权限设置如图3-71所示。

```
[root@Linux ~]# chmod 755 -R /ftp_
```

图3-71 权限设置

步骤5：设置欢迎信息。

用户登录FTP服务器成功后，服务器可向登录用户输出预设置的欢迎信息：

ftpd_banner=Welcome to blah FTP service

//该配置项用于设置比较简短的欢迎信息。若欢迎信息较多，则可使用banner_file配置项

banner_file=/etc/vsftpd/banner

//设置用户登录时，将要显示输出的文件。该设置项将覆盖ftpd_banner的设置

dirmessage_enable=YES

//设置是否显示目录消息。若设置为YES，则当用户进入目录时，将显示该目录中由message_file配置项指定的文件（.message）中的内容

message_file=.message　　//设置目录消息文件。可将显示信息存入该文件

本例设置欢迎信息显示为/root/shareuser/a.txt文件中的信息，被指定的文件必须存在，具体设置如图3-72所示。

```
banner_file=/root/shareuser/a.txt_
```

图 3-72 FTP 欢迎信息

由图 3-73 可以看出：欢迎信息设置成功，内容为：Welcome to my ftp server。

```
[root@Linux ~]# ftp ftp.linux.com
Trying ::1...
ftp: connect to address ::1Connection refused
Trying 192.168.100.2...
Connected to ftp.linux.com (192.168.100.2).
220-Welcome to my ftp server .
220
Name (ftp.linux.com:root): _
```

图 3-73 测试欢迎信息

步骤 6：日志文件。

xferlog_enalbe=YES	//是否启用上传/下载日志记录
xferlog_file=var/log/vsftpd.log	//设置日志文件名及路径
xferlog_std_format=YES	//日志文件是否使用标准的 xferlog 格式

本例设置启动"是否启用上传/下载日志"为"是"，并把上传/下载日志保存在 /var/log/ftp_log.log 中，被指定的文件必须存在，具体设置如图 3-74 所示。

```
xferlog_enable=YES
xferlog_file=/var/log/ftp_log.log
```

图 3-74 日志文件设置

步骤 7：与连接相关的设置。

max_clients=0
//设置 vsftpd 允许的最大连接数，默认为 0，表示不受限制。若设置为 150，则同时允许有 150 个连接，超出的将拒绝建立连接

max_per_ip=0
// 设置每个 IP 地址允许与 FTP 服务器同时建立连接的数目。默认为 0，不受限制。通常可对此配置进行设置，防止同一个用户建立太多的连接

accept_timeout=60
//设置建立 FTP 连接的超时时间，单位为秒，默认值为 60

connect_timeout=120
// PORT 方式下建立数据连接的超时时间，单位为秒

data_connection_timeout=120
//设置建立 FTP 数据连接的超时时间，默认为 120 秒

idle_session_timeout=600
//设置多长时间不对 FTP 服务器进行任何操作就断开该FTP 连接，单位为秒，默认为 600 秒

anon_max_rate=0
//设置匿名用户所能使用的最大传输速度，单位为 bps（比特/秒）。若设置为 0，则不受速度限制，此为默认值

local_max_rate=0
// 设置本地用户所能使用的最大传输速度。默认为 0 则不受限制

本例设置"FTP 的最大连接数为 100，每个 IP 最多打开的 FTP 连接为 5 个，设置超过 150 秒时间不对 FTP 服务器进行任何操作，则断开该 FTP 连接，设置建立 FTP 连接的超时时间为 75 秒，本地用户的最大传输速率为 1MBps；匿名用户传输速率为最大 10kbps。"具体设置如图 3-75 所示。

```
max_clients=100
max_per_ip=5
idle_session_timeout=150
data_connection_timeout=75
local_max_rate=1000000
anon_max_rate=10000
```

图 3-75　FTP 连接设置

步骤 8：其他设置。

（1）定义用户配置文件。

在 vsftpd 服务器中，不同用户还可使用不同的配置，这要通过用户配置文件来实现：

```
user_config_dir=/etc/vsftpd/userconf    //用于设置用户配置文件所在的目录
```

设置了该配置项后，当用户登录 FTP 服务器时，系统就会到/etc/vsftpd/userconf 目录下读取与当前用户名相同的文件，并根据文件中的配置命令对当前用户进行更进一步的配置。

（2）端口相关的配置：

```
listen_port=21
// 设置 FTP 服务器建立连接所侦听的端口，默认值为 21
connect_from_port_20＝YES
// 默认值为 YES，指定 FTP 数据传输连接使用 20 端口。若设置为 NO，则进行数据连接时，所
使用的端口由 ftp_data_port 指定
ftp_data_port=20
//设置 PORT 方式下 FTP 数据连接所使用的端口，默认值为 20
pasv_enable=YES|NO
//若设置为 YES，则使用 PASV 工作模式；若设置为 NO，使用 PORT 模式。默认为 YES，即使
用 PASV 模式
pasv_max_port=0
//设置在 PASV 工作方式下，数据连接可以使用的端口范围的上界。默认值为 0，表示任意端口
pasv_mim_port=0
//设置在 PASV 工作方式下，数据连接可以使用的端口范围的下界。默认值为 0，表示任意端口
```

步骤 9：启动 vsftpd。

设置完 vsftpd 后，下一步就是启动了。该服务并不自动启动，可使用以下命令来启动：

```
# service vsftpd start           //启动 vsftpd 服务器
```

如果希望 vsftpd 在下次计算机启动时自动启动，可使用 ntsysv 命令，进入如图 3-76 所示界面，选中"vsftpd"，选择"OK"命令，就设置成功了。

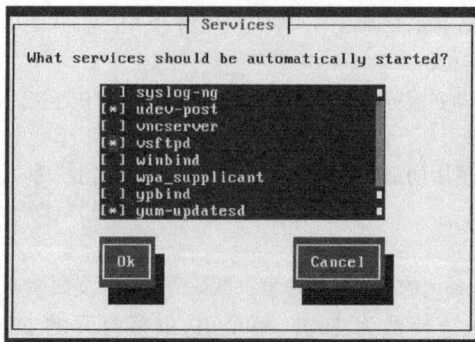

```
                    ┌─────────┤ Services ├─────────┐
                    │ What services should be automatically started? │
                    │                                 │
                    │   [ ] syslog-ng              ▲  │
                    │   [*] udev-post              █  │
                    │   [ ] vncserver              █  │
                    │   [*] vsftpd                 █  │
                    │   [ ] winbind                █  │
                    │   [ ] wpa_supplicant         █  │
                    │   [ ] ypbind                 █  │
                    │   [*] yum-updatesd           ▼  │
                    │                                 │
                    │     ┌──────┐        ┌────────┐  │
                    │     │  Ok  │        │ Cancel │  │
                    │     └──────┘        └────────┘  │
                    └─────────────────────────────────┘
```

图 3-76　FTP 服务开机自动启动

另外，vsftpd 的重启、查询、停止可用以下命令实现：

```
# service vsftpd restart
# servise vsftpd status
# service vsftpd stop
```

步骤 10：测试 VSFTPD 服务器。

（1）测试匿名用户登录 FTP 服务器，如图 3-77 所示。

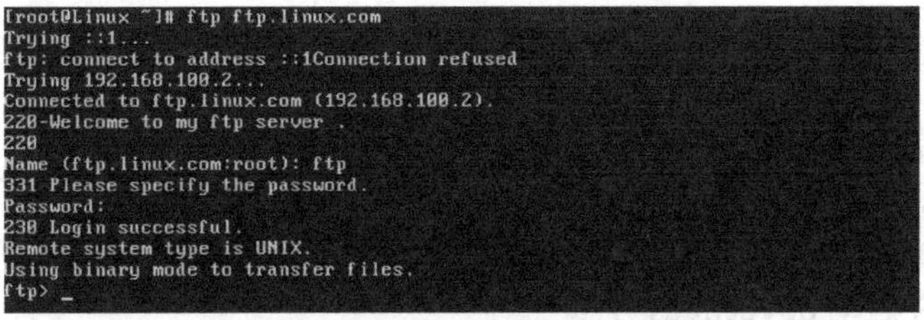

```
[root@Linux ~]# ftp ftp.linux.com
Trying ::1...
ftp: connect to address ::1Connection refused
Trying 192.168.100.2...
Connected to ftp.linux.com (192.168.100.2).
220-Welcome to my ftp server .
220
Name (ftp.linux.com:root): ftp
331 Please specify the password.
Password:
230 Login successful.
Remote system type is UNIX.
Using binary mode to transfer files.
ftp> _
```

图 3-77 Linux 下匿名测试 FTP 服务

（2）测试本地用户登录 FTP 服务器，如图 3-78 所示。

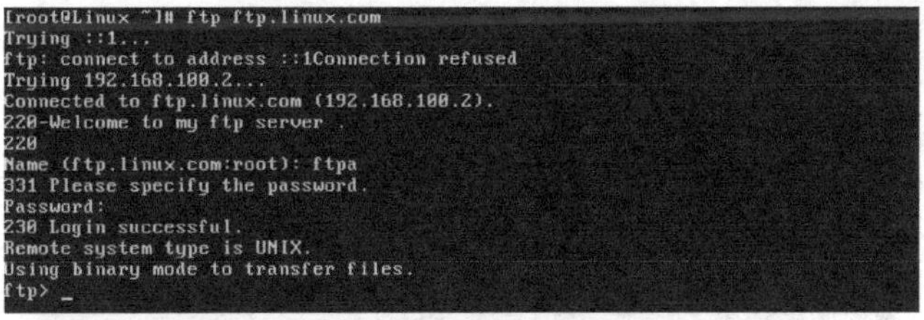

```
[root@Linux ~]# ftp ftp.linux.com
Trying ::1...
ftp: connect to address ::1Connection refused
Trying 192.168.100.2...
Connected to ftp.linux.com (192.168.100.2).
220-Welcome to my ftp server .
220
Name (ftp.linux.com:root): ftpa
331 Please specify the password.
Password:
230 Login successful.
Remote system type is UNIX.
Using binary mode to transfer files.
ftp> _
```

图 3-78 Linux 下本地用户测试 FTP 服务

任务回顾

本任务对 FTP 服务的架设做了详细介绍，从配置 VSFTP 的配置文件修改入手，讲解配置本地用户 FTP 服务和匿名用户 FTP 服务，FTP 服务的安全设置是学生需要特别注意的。

任务八 架构 E-mail 服务器

任务描述

天驿公司为了方便公司员工的交流与通信，决定让管理员架设邮件服务器。同时，为了杜绝垃圾邮件，保障邮件准确、及时地送到收件人信箱，以及随时按需发送，保障交流畅通，提升企事业或公司的竞争力，对邮件服务器做了优化。

任务分析

电子邮件是网络上最早使用也是最常使用的通信交流和信息共享方式，很多企业用户都经常使用付费或免费电子邮件系统。Linux 系统主要使用 Sendmail 服务来配置邮件服务器。

任务实现

1．使用 Sendmail 服务实现

Sendmail 服务器主要配置文件有：/etc/mail/sendmail.mc；/etc/mail/sendmail.cf；

/etc/mail/ access；/etc/mail/access.db；/etc/mail/local-host-name。

步骤1：安装配置邮件服务器。

支持POP和IMAP功能。

到现在为止，已经可以用 Outlook Express 发送邮件，或者登录服务器使用 mail、pine 命令收取、管理邮件。但是还不能用 Outlook Express 等客户端从服务器下载邮件，这是因为 Sendmail 并不具备 POP3（IMAP）的功能，所以必须自己安装 dovecot 服务来提供这两项功能。

dovecot 服务器安装，可以在终端命令窗口运行以下命令进行验证：

```
# rpm -qa dovecot
Dovecot-1.0.7-7.el5                              //表示已经安装
```

步骤2：配置并启动 dovecot 服务。

在/etc/dovecot.conf 文件中，将该行前面注释标记"#"去掉即可，配置完成后启动即可。

```
Protocols = imap imaps pop3 pop3s
```

步骤3：设置用户。

为新用户开电子邮件账号。

在 Linux 里开设电子邮件账户比较简单，只需在 Linux 系统里新增一个用户即可。这里新建两个账户，一个是 jns，发送邮件使用；另一个是 jns，接收邮件使用。如图 3-79 所示，创建 jns 用户。

图 3-79　邮件账户设置

假设添加了一个用户 jns（密码为 jns），这样该用户就有了一个邮件地址 jns@Linux.com。当一些用户想使用多个电子邮件地址时，是不是需要创建多个邮件账号呢？可以使用别名（alias）来解决这个问题。例如，用户 jns 想拥有 3 个电子邮件地址：jns@Linux.com、jns1@ Linux.com、jns2@ Linux.com。可以通过以下步骤来实现这样的别名设置。

① 新增一个账号 jns，用 vi 文本编辑器打开/etc/aliases，添加如图 3-75 所示的两行代码。

```
jns:            jns1
jns:            jns2
```

图 3-75　邮件别名设置

② 保存该/etc/aliases 退出。不过，就这样还不能让 Sendmail 接受新增的别名，必须在终端命令窗口运行 newaliases 命令，以要求 Sendmail 重新读取/etc/aliases 文件。如果一切无误，应该可以看到类似以下的回应消息：

```
# newaliases
/etc/aliases: 63 aliases, longest 10 bytes, 625 bytes total
```

③ 这样，发给 jns 的邮件可以使用 3 个邮件地址，而只需要使用一个电子邮件账号 jns @Linux.com 就可以接收所有寄给以上 3 个地址的电子邮件了。

步骤4：指定邮箱容量限制。

当一个邮件服务器为许多人提供邮件服务时，无限量的电子邮件将很容易塞满服务器的硬盘，造成硬盘负担。如果不想为用户提供无限的邮件暂存空间，可以使用"邮件限额"来给用户一个有限的暂存空间。

其实，它是利用磁盘配额功能来实现的。电子邮件的暂存空间在/var/spool/mail 目录下，只要通过磁盘配额设定每一个用户在这个目录下能使用的最大空间即可。

设置 jns 用户的可用空间软限制为 20MB，硬限制为 25MB，其设置方法请查看项目二。

步骤 5：配置邮件大小。

配置邮件大小为 0.5MB，使用 sendmail.cf 文件配置，如图 3-80 所示。

```
# maximum message size
O MaxMessageSize=524888_
```

图 3-80　邮件大小限制

步骤 6：设置 Sendmail 自动寄信功能。

Sendmail 自动寄信功能使用 sendmail.mc 文件配置。

当信件尚未寄出去，系统会连续尝试 3 天，若 3 天后仍没寄出，则退还给 user，其设置如图 3-81 所示。

```
define(`confTO_QUEUEWARN', `4h')dnl
define(`confTO_QUEUERETURN', `3d')dnl
```

图 3-81　邮件功能设置

步骤 7：邮件转发功能。

如果信寄出不成功，系统会发送消息通知使用者，告知"在尝试过 4 小时后，信仍无法寄出，不过仍会继续尝试 3 天。"其设置如图 3-82 所示。

```
define(`confTO_QUEUEWARN', `4h')dnl
define(`confTO_QUEUERETURN', `3d')dnl
```

图 3-82　邮件转发功能设置

步骤 8：邮件发送等待。

设置等待连接的最长时间为 1 分钟，如图 3-83 所示。

```
define(`confTO_CONNECT', `1m')dnl
```

图 3-83　邮件连接时间设置

步骤 9：其他设置。

（1）使用 mail 功能直接编辑信件：

```
# mail abc@test.com
```

出现 Subject，则输入邮件的主题，然后进入编辑界面，结束的地方输入句号"."，出现"Cc："，则输入抄送地址。

（2）用 mail 寄出纯文本文件：

```
# mail -s '邮件标题'　收件人 < 文件名称
```

例如：

```
mail -s 'test mail' abc@test.com < /abc.txt
```

（3）用 mail 接收 mailbox 中的信件：

```
# mail
```

步骤 10：配置 Sendmail 服务过程。

添加正/反向的 DNS 设置，如图 3-84 所示。

```
pop3     IN     A       192.168.100.2
smtp     IN     A       192.168.100.2
mail     IN     A       192.168.100.2
         AAAA   ::1

         NS     @
2        PTR    pop3.linux.com.
2        PTR    smtp.linux.com.
2        PTR    mail.linux.com.
```

图 3-84　与 DNS 服务器的绑定

上面提到了配置文件 sendmail.cf，由于这个配置文件最好不要动手编辑修改，所需要用到 m4 这个程序，m4 可以将一个简单环境配置文件转换成 sendmail.cf，所以修改 sendmail.mc。

允许接收全域传入的邮件，修改如图 3-85 所示。

```
DAEMON_OPTIONS(`Port=smtp,Addr=0.0.0.0, Name=MTA')dnl
```

图 3-85　域范围接收信件设置

使用 m4 命令实现文件转换，修改如图 3-86 所示。

```
[root@Linux mail]# m4 sendmail.mc > sendmail.cf_
```

图 3-86　文件转换

/etc/mail/access.db 这个文件规定了谁可以或不可以使用本邮件服务器的数据库，转成这个数据库需要通过 makemap 及/etc/mail/access 文件的配合，这里修改/etc/mail/access 文件，然后使用 makemap 命令创建数据库映射。

开放了 192.168.100.0 这个网域和 Linux.com 的权限，设置如图 3-87 所示。

```
Connect:localhost.localdomain        RELAY
Connect:localhost                    RELAY
Connect:127.0.0.1                    RELAY
192.168.100.0                        RELAY
linux.com                            RELAY
```

图 3-87　权限设置

makemap 命令用于创建数据库映射，修改如图 3-88 所示。

```
[root@Linux mail]# makemap hash access.db < access_
```

图 3-88　数据库映射

修改/etc/mail/local-host-names，请记住，未来如果主机新增了不同的 hostname，并且希望该主机名称可以用来收发邮件，那么就要修改 local-host-names。设置如图 3-89 所示。

```
# local-host-names - include all aliases for your machine here.
linux.com
```

图 3-89　添加主机域名

重启 Sendmail 服务，设置如图 3-90 所示。

```
[root@Linux etc]# service sendmail restart_
```

图 3-90　重启 Sendmail 服务

步骤 11：测试。

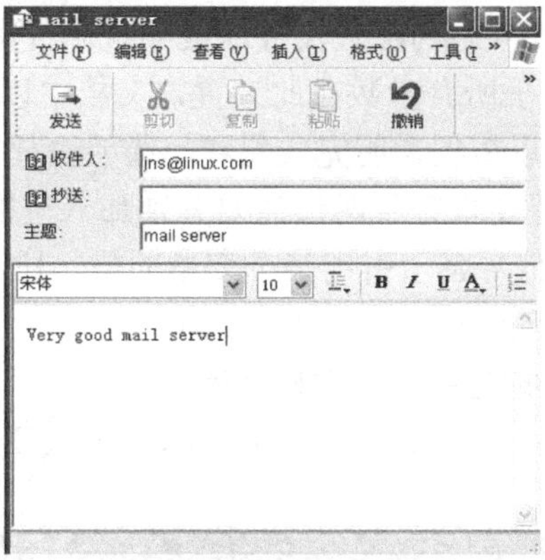

图 3-91　信件制作

查收 Linux 系统内 jns 用户接收邮件的情况，如图 3-92 所示。

```
N  5 maila@linux.com       Fri Sep  4 23:07  41/1483  "mail server"
```

图 3-92　查收邮件

经过测试，Linux 的 Sendmail 服务就设置成功了。

2. 使用 Postfix 服务实现

Postfix 的设计初衷是提供与 Sendmail 服务兼容但更安全的邮件服务器，Postfix 逐步发展使得它渐渐具有了配置和扩展灵活、快速、稳定、简单但强大的特点。Sendmail 一般作为 Redhat 的默认邮件服务，但目前看来 Postfix 比 Sendmail 更具备优势。所以我们也不妨舍弃 Sendmail，选择 Postfix。

任务实现

步骤 1：关闭 Sendmail 服务

Postfix 与 Sendmail 都是邮件服务系统，同时启动会造成冲突，所以在准备安装配置之前先关闭 Sendmail 服务，最好卸载。

（1）先查看 Sendmail 是否启动，如下所示表示 Sendmail 已经启动。

```
[root@www ~]# netstat -nutlp|grep :25
tcp        0      0 0.0.0.0:25                  0.0.0.0:*                   LIST
EN      2067/sendmail: acce
```

（2）关闭 sendmail 并禁止启动自动运行，如下所示。

```
[root@www ~]# service sendmail stop
Shutting down sm-client:                                   [  OK  ]
Shutting down sendmail:                                    [  OK  ]
[root@www ~]# chkconfig sendmail off
```

步骤 2：安装 Postfix

查询 Postfix 是否安装，若未安装请安装，如下所示。

```
[root@www CentOS]# rpm -qa |grep postfix
[root@www CentOS]# rpm -ivh postfix-2.3.3-2.1.el5_2.i386.rpm
warning: postfix-2.3.3-2.1.el5_2.i386.rpm: Header V3 DSA signature: NOKEY, key I
D e8562897
Preparing...                ########################################### [100%]
   1:postfix                ########################################### [100%]
```

步骤 3：修改主配置文件 main.cf

Postfix 安装后，需要修改一系列配置文件才能实现邮件的收发功能，所要用的主配置文件位于/etc/postfix 目录。几乎所有参数在此设置，文档中以"#"开头的说明文字，详细介绍了配置行的作用，我们可以根据说明完成配置，选手注意掌握。

说明：Postfix 的变量设置要求等号两边需要分别加入空格字符，如果某变量有两个以上的设置值，用逗号隔开。$符号表示引用某个变量的值，比如"mydomain = linux.com"，"myorigin = $mydomain"，表示"myorigin = linux.com"。

1．配置 myhostname 项，指定系统的主机名称。

在文件中找到如下行，去掉"#"符号，并改为你的主机名称，本例为"www.linux.com"，如下所示。

```
#myhostname = host.domain.tld
myhostname = www.linux.com
```

2．配置 mydomain 项，指定 email 服务器的域名。

在文件中找到如下行，去掉"#"符号，并改为你的主机域名，本例为"linux.com"，如下所示。

```
#mydomain = domain.tld
mydomain = linux.com
```

3．配置 myorigin 项，指定本机寄出邮件所使用的域名或主机名称。所以我们的邮件地址是"用户名@linux.com"。

在文件中找到如下行，去掉"#"符号即可，如下所示。

```
#myorigin = $mydomain
myorigin =
```

4．配置 mynetworks 项，指定可以转发邮件的网络，默认 postfix 只允许转发本地网络的邮件，除了使用 mynetworks 项，也可以配置 mynetworks-style 授权。

在文件中找到如下行，去掉"#"符号，将你主机所在的 IP 地址网段、掩码位数写在该变量后面。如果有多个，用逗号隔开。

```
#mynetworks = 168.100.189.0/28, 127.0.0.0/8
mynetworks = 192.168.10.0/24, 127.0.0.0/8
```

5．配置 mydestination 项，指定可以接收的邮件地址，postfix 并不是所有邮件都接收，只有发邮件地址与本参数相匹配时该邮件才会被接收。

在文件中找到如下行，在 mydestination 项后加入"$mydomain"值，这样所有"用户@linux.com"的邮件都可以接受。

```
mydestination =            , localhost.       , localhost
mydestination =            , localhost.       , localhost,
```

6．配置 relay_domains 项，配置可以转发的邮件的网域。

在文件中找到如下行，去掉"#"符号即可，如下所示。

```
#relay_domains = $mydestination
relay_domains =
```

7．配置 inet_interfaces 项，配置对哪些主机开放网络接口。

在文件中找到如下行，去掉"#inet_interfaces = all"的"#"符号，将"#inet_interfaces = localhost"注释掉即可，如下所示，表示对所有的主机开放端口。

```
#inet_interfaces = all
#inet_interfaces = $myhostname
#inet_interfaces = $myhostname, localhost
inet_interfaces = localhost
inet_interfaces = all
#inet_interfaces = $myhostname
#inet_interfaces = $myhostname, localhost
#inet_interfaces = localhost
```

8．配置 home_mailbox 项，配置用户接收邮件的目录。

在文件中找到如下行，去掉"#"符号即可，如下所示。

```
#home_mailbox = Maildir/
home_mailbox = Maildir/
```

9．配置 smtpd_banner 项，是否显示邮件服务器信息。

```
#smtpd_banner = $myhostname ESMTP $mail_name
#smtpd_banner = $myhostname ESMTP $mail_name ($mail_version)

#smtpd_banner = $myhostname ESMTP $mail_name
#smtpd_banner = $myhostname ESMTP $mail_name ($mail_version)
smtpd_banner =              ESMTP unknow
```

步骤 4：在配置文件 main.cf 修改完成后，要使修改生效，需要重新启动 Postfix 服务器，或者重新加载配置文件，如下所示。

```
[root@www ~]# service postfix restart
Shutting down postfix:                                    [  OK  ]
Starting postfix:                                         [  OK  ]
[root@www ~]# postfix reload
postfix/postfix-script: refreshing the Postfix mail system
```

步骤 5：在 DNS 中添加 MX 记录，并启动 DNS 服务器。

为让 Postfix 服务器更好地运行，须配置 DNS 服务器，并添加 MX 记录，详见"任务三"。可以使用"host –t mx"命令查看配置是否成功，如下所示。

```
[root@www ~]# host -t mx linux.com
linux.com mail is handled by 10 mail.linux.com.
```

步骤 6：设置默认的 MTA。

CentOS 默认使用 Sendmail 作为 MTA，须将 Postfix 改为默认的 MTA，我们可使用"alternatives –config mta"来查看当前的 MTA，并更改之，输入你要选择的 MTA 即可。

```
[root@www ~]# alternatives --config mta

There are 2 programs which provide 'mta'.

  Selection    Command
-----------------------------------------------
*+ 1           /usr/sbin/sendmail.sendmail
   2           /usr/sbin/sendmail.postfix

Enter to keep the current selection[+], or type selection number: 2
```

步骤 7：配置 dovecot 服务。

目前一个简单的邮件服务器已经设置好了，但只能发送邮件，作为完整的邮件服务器，应可以将邮件收到本地。这需要用到 POP3/IMAP 协议，在 CentOS 中由 dovecot 提供。

1．查询并安装 dovecot 服务，如下所示，若未安装请自行安装。

```
[root@www ~]# rpm -qa dovecot
dovecot-1.0.7-7.el5
```

2．配置 dovecot。

在/etc/dovecot.conf 文件中，找到如下所示两行，protocols 行配置 dovecot 服务使用的协议，mail_location 行配置接收邮件的目录，将这两行前面注释标记 "#" 去掉即可。

```
protocols = imap imaps pop3 pop3s
mail_location = maildir:~/Maildir
```

3．启动 dovecot 服务。

配置完成后可以启动 dovecot 服务，如下所示。

```
[root@www ~]# service dovecot start
Starting Dovecot Imap:                                    [ OK ]
```

步骤 8：添加邮件用户，并创建接收邮件的目录。

1．添加如下两个用户，步骤略。

```
[root@www ~]# tail -3 /etc/passwd
mary:x:501:501::/home/mary:/sbin/nologin
jack:x:502:502::/home/jack:/sbin/nologin
postfix:x:89:89::/var/spool/postfix:/sbin/nologin
```

2．为已经存在的用户建立相应邮箱目录，并设置相应权限，执行如下命令。

#mkdir /home/jack/Maildir	//为用 jack 建立邮箱目录
#chomod 700 /home/jack/Maildir	//设置该目录为所有者可读写
#chown jack:jack /home/jack/Maildir	//设置该邮箱目录为该用户所有

步骤 9：测试。

1．Linux 下测试。

（1）发邮件，通过 "telnet www.linux.com 25" 来测试。

```
[root@www ~]# telnet www.linux.com 25
Trying 192.168.10.13...
Connected to www.linux.com (192.168.10.13).
Escape character is '^]'
220 www.linux.com ESMTP unknow
ehlo mail
250-www.linux.com
250-PIPELINING
250-SIZE 10240000
250-VRFY
250-ETRN
250-ENHANCEDSTATUSCODES
250-8BITMIME
250 DSN
mail from:<mary>
250 2.1.0 Ok
rcpt to:<jack>
250 2.1.5 Ok
data
354 End data with <CR><LF>.<CR><LF>
This is a Postfix server test mail from mary.
.
250 2.0.0 Ok: queued as 1F3FDE0614
quit
```

（2）收邮件，通过 "cat /home/jack/Maildir/new" 下相应的邮件即可查看新邮件。

```
[root@www ~]# cat /home/jack/Maildir/new/1324274580.Vfd0011T0148M479613.www.linu
x.com
Return-Path: <mary@linux.com>
X-Original-To: jack
Delivered-To: jack@linux.com
Received: from mail (www.linux.com [192.168.10.13])
        by www.linux.com (Postfix) with ESMTP id 1F3FDE0614
        for <jack>; Mon, 19 Dec 2011 14:02:14 +0800 (CST)
Message-Id: <20111219060223.1F3FDE0614@www.linux.com>
Date: Mon, 19 Dec 2011 14:02:14 +0800 (CST)
From: mary@linux.com
To: undisclosed-recipients:;

This is a Postfix server test mail from mary.
```

2．windows 下测试。

（1）在 OE 中配置服务器，如图 3-92 所示。

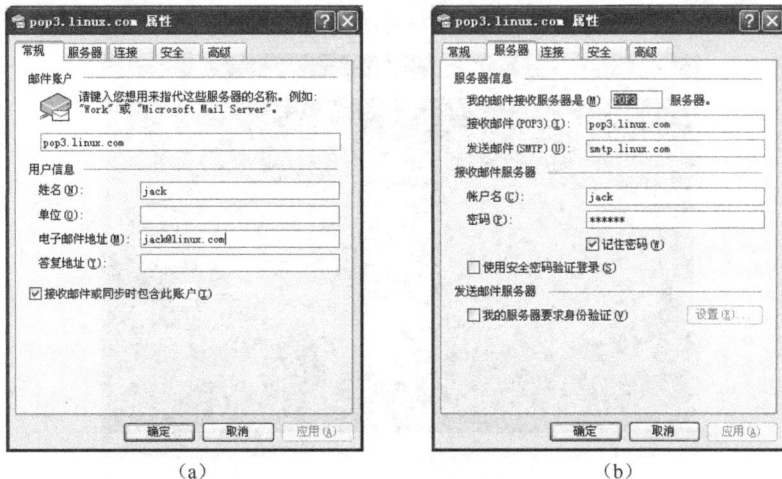

（a）　　　　　　　　　　　　　　　（b）

图 3-92　配置服务器

（2）接收的邮件，如图 3-93 所示。

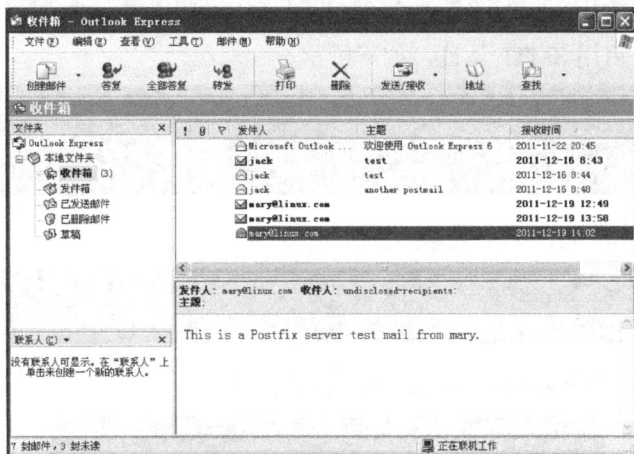

图 3-93　接收的邮件

步骤 10：配置 SMTP 认证。

经过前面的简单设置，已经使位于 192.168.10.0/24 同一网段的所有用户，都可以发送邮件。但要是将所有网段都打开的话，会造成负载过重，理想的做法是给 Postfix 用户加上认证，只允许通过认证的用户发送邮件。

1．Cyrus-SASL 为应用程序提供认证函数库，程序通过函数库所提供的功能定义认证方式，从而实现认证功能。首先检查软件包有没有安装，如下所示。

```
[root@www ~]# rpm -qa|grep sasl
cyrus-sasl-md5-2.1.22-5.el5_4.3
cyrus-sasl-2.1.22-5.el5_4.3
cyrus-sasl-lib-2.1.22-5.el5_4.3
cyrus-sasl-plain-2.1.22-5.el5_4.3
```

2．查看 Cyrus-SASL 支持的密码验证机制，如下所示。

```
[root@www ~]# saslauthd -v
saslauthd 2.1.22
authentication mechanisms: getpwent kerberos5 pam rimap shadow ldap
```

3. 将系统默认的密码验证机制由 pam 方式改为 shadow 方式，如下所示。

4. 启动 saslauthd 服务，并测试认证功能，如下所示。

```
[root@www ~]# service saslauthd start
Starting saslauthd:                                          [  OK  ]
[root@www ~]# testsaslauthd -u mary -p 'asdfgh'
0: OK "Success."
```

5. 设置 Postfix 启用 SMTP 认证，如下所示。

```
smtpd_sasl_auth_enable = yes
broken_sasl_auth_clients = yes
smtpd_sasl_local_domain =
smtpd_sasl_security_options = noanonymous
smtpd_recipient_restrictions = permit_mynetworks,permit_sasl_authenticated,rejec
t_unauth_destination
smtpd_client_restrictions = permit_sasl_authenticated
```

6. 计算用户名和密码，如下所示。

```
[root@www ~]# perl -MMIME::Base64 -e 'print encode_base64("mary");'
bWFyeQ==
[root@www ~]# perl -MMIME::Base64 -e 'print encode_base64("asdfgh");'
YXNkZmdo
```

7. 用计算出的用户名和密码测试登录，如下所示。

```
[root@www ~]# telnet www.linux.com 25
Trying 192.168.10.13...
Connected to www.linux.com (192.168.10.13).
Escape character is '^]'.
220 www.linux.com ESMTP unknow
ehlo linux.com
250-www.linux.com
250-PIPELINING
250-SIZE 10240000
250-VRFY
250-ETRN
250-AUTH PLAIN CRAM-MD5 DIGEST-MD5 LOGIN
250-AUTH=PLAIN CRAM-MD5 DIGEST-MD5 LOGIN
250-ENHANCEDSTATUSCODES
250-8BITMIME
250 DSN
AUTH LOGIN
334 VXNlcm5hbWU6
bWFyeQ==
334 UGFzc3dvcmQ6
YXNkZmdo
235 2.0.0 Authentication successful
quit
```

任务回顾

本任务通过配置 Sendmail 和 Postfix 服务实例来讲解 Linux 邮件服务器的配置。在学习
本任务时，可按照任务描述的内容学习如何配置。讲解了如何配置邮件账户及邮件服务器的
功能设置，尤其是 Postfix 服务的配置可以说是备赛中的重点。

比赛心得

Linux 基本服务配置是企业网比赛的重点内容，所占分值较大，在辅导学生配置时应注意对学生配置服务的整体思路的培养，保证学生在比赛时有清醒的头脑和清晰的配置思路，在配置具体服务时要注意的事项如下所述。

（1）DNS 服务是配置其他服务的前提，如果 DNS 域名服务器配置没有成功，其他服务根本就不能配置，因此要首先教会学生配置 DNS，且多加练习，不能在 DNS 中出一点差错。

（2）配置具体服务器时，要让学生清楚要配置的服务是否已经安装。

（3）一定让学生清楚所配置服务的配置文件有哪些，且在配置前做好备份，避免配置错误而无法恢复的问题。

（4）设置好所架设服务器的环境，如服务是否开机自动启动、是否通过防火墙的验证等。

实训

1．DNS 服务。添加对于主机的域名映射，如表 3-2 所示。

表 3-2

主 机 名	地 址
www1.Linux.net	192.168.1.67
www2. Linux.net	192.168.1.67
ftp1. Linux.net	192.168.1.68
ftp2. Linux.net	192.168.1.68

2．Web 服务。

（1）设置虚拟站点，使得按照域名地址能够直接访问到网页主文件，如表 3-3 所示。

表 3-3

域 名	目 录	主 文 件
www1. Linux.net	/web/site1	index.htm
www2. Linux.net	/web/site2	main.htm

（2）在站点目录下分别建立 index.htm、main.htm，内容为 hello、good。

3．FTP 服务，如表 3-4 所示。

（1）把 vsftpd 服务设置为"每次启动计算机时自动启动"。

（2）设置两个 FTP 主机，禁止匿名登录，禁止切换到上级目录。

表 3-4

域 名	账 号	密 码	目 录	访 问 权 限
ftp1. Linux.net	meishi	meishi123	/web/site1	只读
ftp2. Linux.net	hjc	hjc123	/web/site2	读写

4．Samba 服务。

（1）设置组名 mshome，计算机名 FW。

（2）建立 Linux 的本地账户 shareuser，密码为 share，主目录为/home/shareuser。

（3）建立 Samba 用户，用户名 sambauser，对应于 Linux 本地账户 shareuser，对应 Windows 的管理员账户，Samba 密码为 share。

（4）设定 Samba 访问验证方式为用户验证。

5．架设一个局域网 DHCP 服务器。

（1）在 Linux1 中配置一台 DHCP 服务器。内部网段设置为 192.168.1.0/24，且 router 为 192.168.1.254，此外，dns 主机的 IP 为 192.168.1.40 及 139.175.10.20。

（2）每个用户默认租约为 3 天，最长为 6 天。

（3）要分配的 IP 的范围是 192.168.1.21～192.168.1.100，其他的 IP 则保留下来。

（4）将客户机设置为自动获取地址。

（5）考查客户机得到的 TCP/IP 设置及 DHCP 服务器上的租约记录。

6．Apache 服务器配置。

（1）以 vhost1.test.com 和 vhost2.test.com 为主机名配置虚拟主机。

（2）两个站点的本地目录分别为/www/vhost1 和/www/vhost2。

（3）站点内容不限。

7．配置 Mail 服务器。

（1）创建 Smtp 服务器。

（2）IP=192.168.1.21。

（3）域名：test.com。

（4）域名：test.com.cn。

（5）域名：test.cn。

项目四 防火墙的应用

随着网络的蓬勃发展和普及，互联网已经在社会各个领域得到了广泛的应用，各企事业单位都接入了互联网。当用户在享受 Internet 给工作、学习和生活带来便利的同时，安全问题也随之而来，为了增加网络的安全和保护内部网络上的重要数据，需要将内部网与 Internet 隔离。防火墙是很好的选择，它只允许合法的网络流量进出系统，禁止其他任何网络流量。本项目介绍 iptables 假设包过滤防火墙和 squid 代理服务。

任务一 iptables 防火墙的配置

任务描述

天驿公司的服务器已经正常投入到工作中，一段时间后，管理员听到员工抱怨网速慢，甚至有的员工电脑无法上网了，管理员通过测试发现：外面有用户想要连接到公司的服务器，而且木马之类的信息也出现了，管理员决定架设防火墙来进行解决。

任务分析

天驿公司的管理员通过防火墙，可以保护易受攻击的服务，控制内外网之间网络系统的访问，并针对某些网站和服务设定限制，提高网络的保密性和私有性，所以管理员的决定是正确的，可通过 Linux 下的 iptables 防火墙来解决此问题。

任务实现

步骤 1：禁止某些用户使用 ICMP 协议。

为了防止 ICMP 攻击，通常都是禁止来自 Internet 的攻击，所以一般在 eth0 接口上禁止 ICMP 协议，设置如图 4-1 所示。

图 4-1 禁止 ICMP 协议

步骤 2：禁止客户机访问不健康网站。

为了保证网络的安全，需要禁止客户机访问某些不健康的网站。iptables 支持使用域名和 IP 地址两种方法来指定禁止的网站。如果使用域名的方法指定网站，iptables 就会通过 DNS 服务器查询该域名对应的所有 IP 地址，并将它们加入规则中，所以使用域名指定网站时，iptables 的执行速度会稍慢些。

添加 iptables 规则禁止用户访问域名为 www.goodgirl.com 的网站，然后查看 filter 表的 FORWARD 链规则列表，具体设置如图 4-2 所示。

```
[root@Linux ~]# iptables -I FORWARD -d www.goodgirl.com -j DROP
[root@Linux ~]# iptables -t filter -L
Chain INPUT (policy ACCEPT)
target     prot opt source               destination

Chain FORWARD (policy ACCEPT)
target     prot opt source               destination
DROP       all  --  anywhere             www.goodgirl.com

Chain OUTPUT (policy ACCEPT)
target     prot opt source               destination
```

图 4-2　禁止访问 www.goodgirl.com

添加 iptables 规则禁止用户访问 IP 地址为 192.168.0.1 的网站，然后查看 filter 表的 FORWARD 链规则列表，具体设置如图 4-3 所示。

```
[root@Linux ~]# iptables -I FORWARD -d 192.168.0.1 -j DROP
[root@Linux ~]# iptables -t filter -L
Chain INPUT (policy ACCEPT)
target     prot opt source               destination

Chain FORWARD (policy ACCEPT)
target     prot opt source               destination
DROP       all  --  anywhere             192.168.0.1
DROP       all  --  anywhere             www.goodgirl.com

Chain OUTPUT (policy ACCEPT)
target     prot opt source               destination
```

图 4-3　禁止访问 IP 地址为 192.168.0.1 的网站

步骤 3：禁止某些客户机上网。

添加 iptables 规则禁止 IP 地址为 192.168.100.9 的客户机上网，然后查看 filter 表的 FORWARD 链规则列表，具体设置如图 4-4 所示。

添加 iptables 规则禁止 192.168.100.0 子网里所有的客户机上网，然后查看 filter 表的 FORWARD 链规则列表，具体设置如图 4-5 所示。

```
[root@Linux ~]# iptables -I FORWARD -s 192.168.100.9 -j DROP
[root@Linux ~]# iptables -t filter -L
Chain INPUT (policy ACCEPT)
target     prot opt source               destination

Chain FORWARD (policy ACCEPT)
target     prot opt source               destination
DROP       all  --  192.168.100.9        anywhere
DROP       all  --  anywhere             192.168.0.1
DROP       all  --  anywhere             www.goodgirl.com

Chain OUTPUT (policy ACCEPT)
target     prot opt source               destination
```

图 4-4　禁止 IP 地址为 192.168.100.9 的客户机上网

```
[root@Linux ~]# iptables -I FORWARD -s 192.168.100.0/24 -j DROP
[root@Linux ~]# iptables -t filter -L
Chain INPUT (policy ACCEPT)
target     prot opt source               destination

Chain FORWARD (policy ACCEPT)
target     prot opt source               destination
DROP       all  --  192.168.100.0/24     anywhere
DROP       all  --  192.168.100.9        anywhere
DROP       all  --  anywhere             192.168.0.1
DROP       all  --  anywhere             www.goodgirl.com

Chain OUTPUT (policy ACCEPT)
target     prot opt source               destination
```

图 4-5　禁止 192.168.100.0 子网里所有的客户机上网

步骤 4：禁止某些客户访问某些服务。

端口是 TCP/IP 协议里一个重要的概念，因为在网络中许多应用程序可能会在同一时刻进行通信，当多个应用程序在同一台计算机上进行网络通信时，就要有一种复方法来区分各个应用程序。TCP/IP 协议使用“端口”来区分系统中的不同服务，因此一台计算机可以互不干扰地为客户提供多种不同的服务。在网络管理过程中，经常需要禁止客户机访问 Internet 上的某些服务。要实现这个功能，只要将禁止服务使用的端口封闭即可。

禁止 192.168.100.0 子网里所有的客户机使用 FTP 协议下载（即封闭 TCP 协议的 21 端口），然后查看 filter 表的 FORWARD 链规则列表，具体设置如图 4-6 所示。

图 4-6　禁止 192.168.100.0 子网里所有的客户机使用 FTP

步骤 5：防火墙的开启与关闭。

开启防火墙：

service iptables start

关闭防火墙：

service iptables stop

小贴士

虽然 ICMP 协议在 TCP/IP 网络中提供测试网络的连通性和报告错误信息的功能，但 ICMP 协议是一个无连接的协议，也就是说只要发送端完成 ICMP 报文的封装和发送，这个 ICMP 报文就能通过网络传递给目标主机。这个特点使得 ICMP 协议非常灵活，但是同时也带来一个致命的缺憾——易伪造，任何人都可以发送一个伪造源地址的 ICMP 报文。ICMP 协议也经常被用于发动以下两种拒绝服务（dos）攻击。

（1）耗尽服务器 CPU 资源。利用 ICMP 协议向服务器发送大量的 ICMP 消息或 ICMP 碎片，耗费目标服务器大量的 CPU 资源处理这些虚假的数据，无法提供正常的服务，甚至瘫痪。

（2）耗尽服务器网络带宽。利用 ICMP 协议向服务器发送非常大的 ICMP 消息，堵塞网络，制造 ICMP 风暴，占取该服务器所有的网络带宽，从而使其无法对正常的服务器请求进行处理，导致网站无法进入、网站响应速度大大降低或服务器瘫痪。

任务回顾

通过本任务的学习，让读者了解防火墙的功能和基本配置，同时能在 Linux 下正确使用防火墙来防止网络中的攻击。使用 iptables 服务对局域网内的客户机上网进行限制，以达到管理和监控的目的。

任务二　架构代理服务器

任务描述

天驿公司的管理员，为了避免外网攻击公司的服务器和想让公司的员工在访问某些常用的网站时，访问的速度尽量快一些，所以想使用代理服务器。

任务分析

代理服务器可以提供文件缓存、复制和地址过滤等服务，充分利用有限的带宽，加速内部主页的访问速度，也可以解决多用户需要同时访问外网但公用 IP 地址不足的问题，所以管理员的决定是正确的，管理员决定使用 squid 来实现。

任务实现

squid 主配置文件是/etc/squid/squid.conf，包括了全部的 squid 配置选项和注释。由于该文件内容比较多，不利于查看和编辑，建议先将它复制为/etc/squid/squid.conf.bak，然后删除/etc/squid/squid.conf 配置文件的原有内容，并加上下面这些语句，如图 4-7 所示。有了这些最基本的设置，squid 就可以启动使用了。

```
http_port 192.168.100.2:80
cache_mem 64 KB
cache_dir ufs /var/spool/squid 4096 16 256
cache_effective_user squid
cache_effective_group squid
dns_nameservers 192.168.100.2
cache_access_log /var/log/squid/access.log
cache_log /var/log/squid/cache.log
cache_store_log /var/log/squid/store.log
visible_hostname 192.168.100.2
cache_mgr root@192.168.100.2
acl all src 0.0.0.0/0.0.0.0
http_access allow all
```

图 4-7　squid 代理服务的基本配置

步骤 1：设置 squid 监听的 IP 地址和端口号。

http_port 选项指定了 squid 在哪个 IP 地址和端口侦听客户机请求，默认是在主机所有 IP 地址的 3128 端口侦听。当然可以不指定 IP 地址，但由于大部分网络管理员希望 squid 仅侦听来自内部网络客户机的请求，而不是侦听来自 Internet 客户机的请求，因此建议在这里将 IP 地址和端口一起写入，使得 squid 仅侦听在内部网络接口上的请求，具体设置如图 4-8 所示。

```
http_port 192.168.100.2:80
```

图 4-8　设置 squid 监听的 IP 地址和端口号

步骤2：设置内存缓冲大小。

cache_mem 选项指定了使用多少物理内存作为高速缓存。如果这台服务器仅用于共享上网，没有其他服务，则可加大到物理内存的 1/2，但如果还有其他服务，则 cache_mem 的大小不应超过物理内存的 1/3，否则将会影响服务器的总体状态，具体设置如图 4-9 所示。

```
cache_mem 64 KB
```

图 4-9　设置内存缓冲大小

步骤3：设置硬盘缓冲的大小。

cache_dir 选项指定了硬盘缓冲区的大小。其中"nfs"是指缓冲的存储类型，一般为 ufs；"/var/spool/squid"指硬盘缓冲存放的目录；"4096"代表缓冲空间最大为 4096MB；"16"代表 squid 可以在硬盘缓冲存放的目录下建立的第一级子目录的数目，默认值为 16；"256"是可以建立的第二级子目录的数目，默认值为 256。定义这些子目录的目的在于加快查找缓存文件的速度。本例中该选项的意思是：硬盘缓冲区的目录是/home/squid/cache，缓冲的存储类型为 ufs，缓冲空间的大小为 4096MB，硬盘缓冲区的目录下有 16 个一级子目录，每个一级子目录下有 256 个二级子目录，具体设置如图 4-10 所示。

```
cache_dir ufs /var/spool/squid 4096 16 256
```

图 4-10　设置硬盘缓冲的大小

步骤4：设定使用缓存的有效用户。

使用 RPM 包安装时，安装程序建了一个名为 squid 的用户供 squid 代理服务器使用，如果发现系统没有名为 squid 的用户，最好自行添加，具体设置如图 4-11 所示。

```
cache_effective_user squid
```

图 4-11　设定使用缓存的有效用户

步骤5：设定使用缓存的有效用户组。

使用 RPM 包安装时，安装程序建了一个名为 squid 的组供 squid 代理服务器使用，如果发现系统没有名为 squid 的组，最好自行添加，具体设置如图 4-12 所示。

```
cache_effective_group squid
```

图 4-12　设定使用缓存的有效用户组

步骤6：定义 DNS 服务器的地址。

为了使 squid 能解析域名，必须告诉 squid 有效的 DNS 服务器，具体设置如图 4-13 所示。

```
dns_nameservers 192.168.100.2
```

图 4-13　定义 DNS 服务器的地址

步骤7：设置访问日志文件。

cache_access_log 选项定义了访问记录日志文件的路径，该日志文件记录了用户访问 Internet 的详细信息，通过访问日志文件可以查看每台客户机的上网记录，具体设置如图 4-14 所示。

```
cache_access_log /var/log/squid/access.log
```

图 4-14　设置访问日志文件

步骤8：设置缓存日志文件。

cache_log 选项定义了记录缓存的相关信息日志文件的路径，具体设置如图 4-15 所示。

```
cache_log /var/log/squid/cache.log
```

图 4-15　设置缓存日志文件

步骤 9：设置网页缓存日志文件。

设置网页缓存日志文件，如图 4-16 所示。

```
cache_store_log /var/log/squid/store.log
```

图 4-16　设置网页缓存日志文件

步骤 10：设置运行 squid 主机的名称，如图 4-17 所示。

```
visible_hostname 192.168.100.2
```

图 4-17　squid 主机的名称

步骤 11：设置管理员的 E-mail 地址。

cache_mgr 选项定义了 squid 代理服务器管理员的 E-mail 地址。当访问发生错误时，该选项的值会显示在错误提示网页中，其设置如图 4-18 所示。

```
cache_mgr root@192.168.100.2
```

图 4-18　设置管理员的 E-mail 地址

步骤 12：设置访问控制列表。

由于 squid 默认拒绝所有访问客户机的请求，为了能让客户机通过代理服务器访问 Internet，最简单的方法就是定义一个针对客户机 IP 地址的 acl 访问控制列表，多数 squid 允许来自这些地址的 HTTP 请求。通过灵活地增加访问控制列表，acl 可以当做一种网络控制的有力工具，用来过滤进出代理服务器的数据，为了使用控制功能，必须先使用 acl 选项定义访问控制列表。acl 选项的格式如图 4-19 所示。

```
acl all src 0.0.0.0/0.0.0.0
//acl 列表名称 列表类型 [-i] 列表值
```

图 4-19　设置访问控制列表

（1）列表名称：用于区分 squid 的各个访问控制列表，任何两个访问控制列表都不能用相同的列表名。虽然列表名称可以随便定义，但为了避免以后不知道这条列表是干什么用的，应尽量使用有意义的名称，如 badurl1、clientip、work time 等。

（2）列表类型：是可被 squid 识别的类别。squid 支持的控制类别很多，可以通过 IP 控制、主机名、MAC 地址和用户/密码认证等识别用户，也可以通过域名、域名缀、文件类型、IP 地址、端口和 URL 匹配等控制用户的访问，还可以使用时间区间对用户进行管理，如表 4-1 所示。

表 4-1　命令说明

命　令	说　　明
src	源 IP 地址（客户机 IP 地址）
dst	目标 IP 地址（服务器 IP 地址）
srcdomain	源名称（客户机所属的域）
dstdomain	目标名称（服务器所属的域）
time	一天中的时刻和一周内的一天
url_regex	URL 规则表达式匹配
urlpath_regex:URL-path	略去协议和主机名的 URL 规则
proxy_auth	通过外部程序进行用户认证
maxconn	单一 IP 的最大连接数
time	时间段，语法为：[星期][时间段] 星期：可以使用这些关键字 M(Monday 星期一)、T(Tuesday 星期二) 等 时间段：可以表示为 10:00～20:00

（3）-i 选项：表示忽略列表值的大小写，否则 squid 是区分大小写的。

（4）列表值：针对不同类型，列表值的内容是不同的。例如，对于类型为 src 或 dst，列表值的内容是某台主机的 IP 地址或子网地址；对于类型为 time，列表值的内容是时间；对于类型为 srcdomain 和 dstdomain，列表值的内容是 DNS 域名。

掌握 acl 选项的格式后，可以看到上例中定义一个名称为 all 的访问控制列表，列表类型是 src 源 IP 地址，IP 地址范围是 0.0.0.0/0.0.0.0，即所有的 IP 都符合这个列表。

步骤 13：允许或拒绝某个访问控制列表的 HTTP 请求。

squid 会针对客户 HTTP 请求检查 http_access 规则，定义访问控制列表后，就使用 http_access 选项根据访问控制列表允许或禁止访问了。

该选项格式如图 4-20 所示。

```
http_access allow all
//http_access [allow | deny] 访问控制列表名称
```

图 4-20　选项格式

（1）[allow|deny]：定义允许[allow]或禁止[deny]访问控制列表定义的内容。

（2）访问控制列表名称：需要 http_access 控制的 acl 名称。

步骤 14：访问控制应用实例。

由于 squid 是按照顺序读取访问控制列表的，如果需要测试，应将 squid.conf 配置文件中的以下两句放在其他 acl 语句的最后，否则这两句会覆盖其他的 acl 语句。如果有多条访问控制语句，必须注意它们的顺序。修改完配置文件后还要使用命令"/etc/rc.d/init.d/squid.reload"使新的配置生效，具体设置如图 4-21 所示。

```
acl all src 0.0.0.0/0.0.0.0
http_access allow all
```

图 4-21　squid 顺序读取控制表

（1）禁止 IP 地址为 192.168.10.10 的客户机上网，具体设置如图 4-22 所示。

```
acl badclientip1 src 192.168.100.7
http_access deny badclientip1
```

图 4-22　禁止 IP 地址为 192.168.10.10 的客户机上网

这个例子定义了一条名为 badclientip1 的 acl，acl 类型为 src 源 IP 地址方式，列表值是 192.168.100.7，然后使用 http_access 选项禁止该列表。当 IP 地址为 192.168.100.7 的客户机上网时，Web 浏览器会显示拒绝访问的错误信息。

（2）禁止 192.168.100.0 这个子网里的所有客户机上网，具体设置如图 4-23 所示。

```
acl notinternet src 192.168.100.0/255.255.255.0
http_access deny notinternet
```

图 4-23　禁止 192.168.100.0 这个子网里的所有客户机上网

这个例子定义了一条名为 notinternot 的 acl，acl 类型为 src 源 IP 地址方式，列表值是 192.168.100.0/255.255.255.0，然后使用 http_access 选项禁止该列表。

（3）禁止用户访问 IP 地址为 210.21.118.68 的网站，其设置如图 4-24 所示。

```
acl badsrvip1 dst 210.21.118.68
http_access deny badsrvip1
```

图 4-24　禁止用户访问 IP 地址为 210.21.118.68 的网站

这个例子定义了一条名为 badsrvit1 的 acl，acl 类型为 dst 目标 IP 地址方式，列表值是 210.21.118.68，然后使用 http_access 选项禁止该列表。

（4）禁止用户访问域名为www.163.com的网页，其设置如图 4-25 所示。

```
acl baddomain1 dstdomain -i www.163.com _
http_access deny baddomain1
```

图 4-25 禁止用户访问域名为www.163.com的网页

这个例子定义了一条名为 baddomain1 的 acl，acl 类型为 dstdomain 目标名称方式，列表值是www.163.com，然后使用 http_access 选项禁止该列表。需要注意是，本例中的 acl 只能禁止用户访问www.163.com的网站，用户对于域 163.com 下的其他网站如 mail.163.com 是可以访问的。

（5）禁止用户访问域名含有 163.com 的网站，其设置如图 4-26 所示。

```
acl badurl1 url_regex -i_163.com
http_access deny badurl1
```

图 4-26 禁止用户访问域名含有 163.com 的网站

这个例子定义了一条名为 badurl1 的 acl，acl 类型为 url_regex URL 规则表达式匹配方式，列表值是 163.com，然后使用 http_access 选项禁止该列表。本例中的 acl 能禁止用户访问 URL 中含有 163.com 的网站，如www.163.com 和 mail.163.com等。

（6）禁止用户访问域名含有 sex 关键字的 URL，其设置如图 4-27 所示。

```
scl badurl2 url_regex -i sex
http_access deny badurl2
```

图 4-27 禁止用户访问域名含有 sex 关键字的 URL

这个例子定义了一条名为 badurl2 的 acl，acl 类型为 url_regex URL 规则表达式匹配方式，列表值是 sex，然后使用 http_access 选项禁止该列表。可以禁止用户访问 url 中含有 sex 的关键字 url，如www.sex.com和www.abc.com/sex/等。

步骤 15：开启或停止代理服务。

（1）启动代理服务：

```
Service squid start
```

（2）停止代理服务：

```
Service squid stop
```

（3）重启代理服务：

```
Service squid restart
```

任务回顾

本任务通过大量的实例讲解如何配置 squid 代理服务器。读者在了解代理服务器功能的同时，能正确使用代理服务器防止网络攻击，以及如何使用 squid 服务器对局域网内的客户机上网进行限制。

比赛心得

防火墙技术与 squid 代理服务是技术比较成熟的服务，应用比较广泛，在比赛时通常会涉及这方面的内容，应让学生多做实例，各种功能了解其配置就可以，做到面面俱到。在比赛中学生通常会出现的问题如下：

（1）不会配置 iptables；

（2）不会配置 squid 服务；

（3）防火墙开启后其他服务不能正常使用；

（4）防火墙没有开启；

（5）代理配置不成功。

为了杜绝这些现象，最好让学生知道防火墙的工作原理和代理服务器的配置流程，并多做练习。

实训

1．使用 squid 建立一台代理服务器，其配置如下：

（1）设置 squid 监听端口为 9999；

（2）设置内存缓冲大小为 256MB；

（3）设置硬盘缓冲为 4000MB，硬盘缓冲存放目录下的第一子目录数为 10，第二子目录数据为 200；

（4）设置管理员的 E-mail 地址为 root@Linux.com；

（5）设置访问控制列表为允许所有客户机访问；

（6）禁止所有用户下载 mp3、wmv、avi、rm 和 rmvb 媒体文件。

2．使用 squid 并结合 iptables 实现透明代理。

项目五　远程管理

远程管理服务最大的特点就是不受地理位置限制，实现对远程主机的控制。输入正确的用户名和密码后，就可以像在本地一样对服务器进行操作。以天驿公司的多台服务器为例，这些服务器都不在同一个地方，分布在各处，当要对服务器进行修改时，管理员通过网络远程登录到主机，就可以进行任何操作，这就是远程管理的功能。本章简单介绍远程登录中常见的两种服务：Telnet 与 SSH。

任务一　架构 Telnet 服务

任务描述

天驿公司的技术部门主要用于对内部网络的服务器进行管理，但服务器放置在网络中心，为了省时和高效地工作，管理员想在办公室就可以操作服务器，现要实现这一功能，管理员认为，使用远程管理服务即可。

任务分析

使用远程管理服务来实现，这种想法是正确的，服务器与技术部门处在不同的地理位置，如果每次维护都要亲自到网络中心，那相当费时。从安全出发，内部网络的高安全性保证了信息不容易被泄露。而 Telnet 服务安装方便、配置简单，可以胜任日常的维护工作。要实现这一功能，首先要在服务器安装 Telnet 服务，然后使用办公室的客户端进行远程登录。

任务实现

步骤 1：安装所需的软件包。

Telnet 服务共有两个软件包，它们分别是：

（1）服务器端软件包 telnet-server-0.17-39.el5.i386.rpm；

（2）客户端软件包 telnet-0.17-39.el5.i386.rpm。

在安装 Telnet 服务器软件包之前，要安装 xinetd 服务，如图 5-1 所示。

步骤 2：安装 Telnet 服务器软件包，如图 5-2 所示。

```
#rpm -ivh xinetd-2.3.14-14-10.el5.i386.rpm
# rpm -ivh telnet-server-0.17-39.el5.i386.rpm
```

步骤 3：我们知道，Telnet 是挂在 super daemon 下的一个服务，就是有名的 xinetd，需要启动 xinetd 超级守护进程来管理 Telnet 服务。

（1）修改 xinetd 参数：

```
# vim /etc/xinetd.d/telnet
```

找到 disable = yes，将 yes 改成 no，然后保存并退出，如图 5-3 所示。

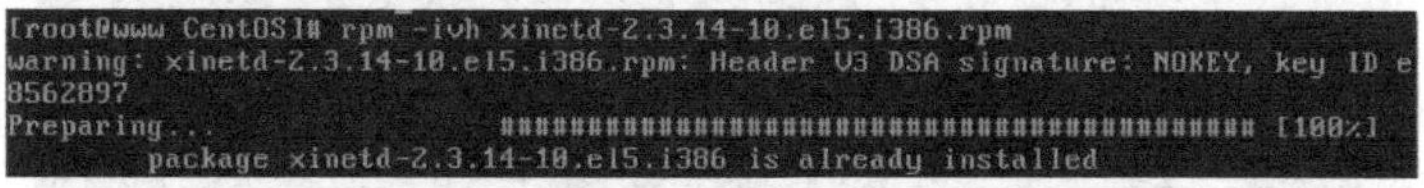

图 5-1　安装超级守护进程 xinetd

图 5-2　安装 Telnet 服务端

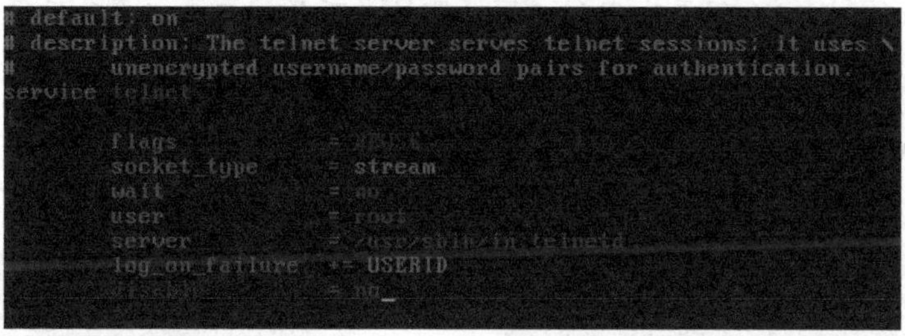

图 5-3　修改 xinetd 参数

小贴士

在 /etc/xinetd.d/telnet 文件的 {} 里添加一行，设置 Telnet 服务最大连接数的方法："instances=需要限制的数字"。例如：instances = 10。

（2）启动 Telnet 服务，如图 5-4 所示。

```
# chkconfig xinetd on
# service xinetd start
```

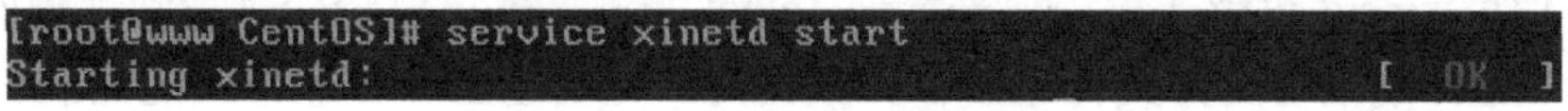

图 5-4　启动 Telnet 服务

（3）Linux 为了保护 root 的安全性，默认无法使用 root 进行登录，但可通过修改允许 root 用户登录。

```
# cd /etc
# mv securetty securetty.bak
```

小贴士

如果不设置此步骤，可使用 su 或 sudo 来切换身份，达到 root 登录的目的。

步骤 4：测试 Telnet 服务。

（1）Linux 客户端。

Linux 客户端使用非常简单，首先要确保客户端的软件包已经被安装，然后要了解 Telnet 命令的格式：Telnet 主机名/IP　[端口号]。

```
[root@www CentOS]# mv /etc/securetty /etc/securetty.bak
[root@www CentOS]# telnet 192.168.10.9
Trying 192.168.10.9...
Connected to 192.168.10.9.
Escape character is '^]'.
CentOS release 5.5 (Final)
Kernel 2.6.18-194.el5 on an i686
login: root
Password:
Last login: Thu Jan 26 12:12:08 on tty1
```

图 5-5　Linux 端的 Telnet 登录

小贴士

通过修改/etc/services，可更改 Telnet 服务默认监听的端口号，更改后须重新启动 xinetd 服务，登录时须加上端口号。例如 2323 端口：Telnet 192.168.1.103　2323。

（2）Windows 客户端。

Windows 客户端的使用是在命令行中输入 Telnet 命令，如图 5-6 和图 5-7 所示。

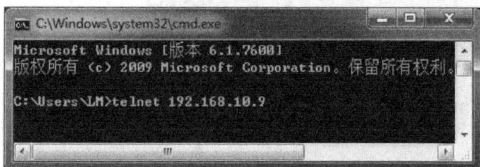

图 5-6　Windows 客户端的 Telnet 登录

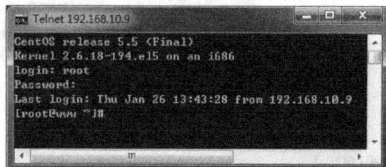

图 5-7　Windows 客户端的 Telnet 登录

这样就验证了 Telnet 服务是正常登录了。

任务回顾

总体来说，Telnet 服务是比较简单的一个任务，只要找到合适的安装版本软件包，进行正常安装，使用 xinetd 超级守护进程来管理 Telnet 服务，就可以轻松登录到远程服务器了。但要注意，Telnet 是以明文方式传送口令和数据的，在安全上存在非常大的漏洞。

任务二　架构 SSH 服务

任务描述

天驿公司内部有多台服务器，管理员因为工作需要经常要出差，出差时通过公司 VPN 远程连接到内部管理这些服务器，为了保证服务器的安全，管理员认为可以设置专用的系统账号 szadmin，并选择使用 OpenSSH 进行远程管理。

任务分析

管理员没有选择 Telnet 服务，主要是考虑到 Telnet 以明文方式传送口令和数据的安全隐患。选择 SSH 服务是正确的。CentOS 系统中，SSH 默认安装，可以使用 SSH 的密钥认证技术加强安全性。密钥认证首先要在客户端生成密钥，再通过客户端发布公匙给服务器端，没有密钥的用户均无法登录。

知识链接

（1）口令认证。

在默认情况下，SSH 使用传统的口令验证，传输数据会被加密，在使用这种认证方式时，不需要进行任务配置，用户就可以使用 SSH 服务。但是，口令验证不能保证连接的服务器就是真正的目的服务器。如果有其他服务器在冒充，客户端很有可能受到"中间人"攻击。

SSH 的命令格式：ssh –l [远程主机账号] [远程服务器主机/IP]。

例：远程服务器 IP 地址为 192.168.1.100，账号为：szroot，则

ssh –l szroot 192.168.1.100

（2）密匙认证。

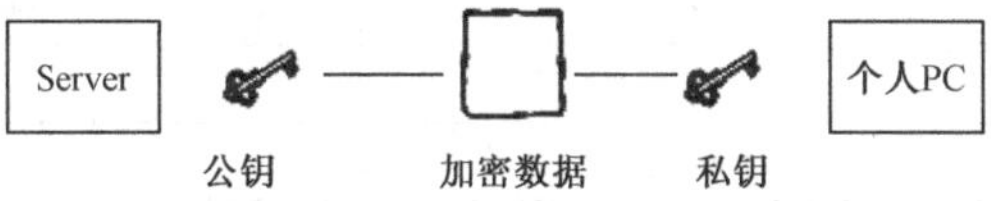

图 5-8　公钥与私钥进行数据传输

密匙认证需要依靠密匙，首先创建一对密匙，并把公匙保存在远程服务器中，当登录远程主机时，客户端软件就会向服务器发出请求，请求用自己的密匙进行认证。服务器收到请求之后，首先在该服务器的用户主目录下寻找公匙，然后检查此公匙是否合法，如果合法，就用公匙加密生成随机数，并返回给客户端。客户端软件收到服务器的响应后，使用私匙将数据解密并发送给服务器。因为用公匙加密的数据只能用私匙解密，服务器经过比较就可以知道该客户连接的合法性。

任务实现

步骤 1：安装 OpenSSH 服务。

OpenSSH 服务需要的软件包如图 5-9 所示。

图 5-9　OpenSSH 服务需要的软件包

步骤 2：SSH 的启动与停止，如图 5-10 所示。

图 5-10　SSH 的启动与停止

小贴士

在 CentOS 系统中，默认安装并启动了 SSH 的服务，无须手动安装。通常使用 netstat –tl 来检查能否看到 SSH 服务在监听。

步骤 3：OpenSSH 常用的配置文件为/etc/ssh/ssh_config 和/etc/ssh/sshd_config，其中 ssh_config 为客户端配置文件， sshd_config 为 OpenSSH 服务器配置文件。基本上，CentOS 系统不需要更改/etc/ssh/sshd_config 文件的字段值，默认情况下已是最严密的 SSH 保护。

🐦 **小贴士**

在 CentOS 系统中，如果不愿意开放 SFTP，可以将最后一行注释删掉（例如 # subsystem sftp /usr/lib/ssh/sftp-sserver）并重新启动 sshd 服务。

步骤 4：按任务描述（主机、IP、账号见表 5-1），具体步骤如下所述。

表 5-1 主机、IP 与账号

主 机	IP	账 号
服务器	192.168.1.100	szroot
客户端	192.168.1.135	szadmin

（1）在客户端生成密匙。

客户端上执行 ssh-keygen 生成密钥，使用 szadmin 登录管理工作站，然后执行，如图 5-11 所示。

```
[szadmin@localhost /]$ ssh-keygen -t rsa
Generating public/private rsa key pair.
Enter file in which to save the key (/home/szadmin/.ssh/id_rsa):
Created directory '/home/szadmin/.ssh'.
Enter passphrase (empty for no passphrase):
Enter same passphrase again:
Your identification has been saved in /home/szadmin/.ssh/id_rsa.
Your public key has been saved in /home/szadmin/.ssh/id_rsa.pub.
The key fingerprint is:
b4:e0:a9:14:48:57:52:0d:88:fd:94:7b:41:88:9f:3b szadmin@localhost.localdomain
[szadmin@localhost /]$ ll ~/.ssh
total 16
-rw-------  1 szadmin szadmin 1679 Apr 14 11:54 id_rsa
-rw-r--r--  1 szadmin szadmin  411 Apr 14 11:54 id_rsa.pub
[szadmin@localhost /]$ 
```

图 5-11 客户端使用 ssh-keygen 命令生成密钥

提示输入密匙文件的保存路径，按 Enter 键，使用默认路径：/home/szadmin/.ssh/id_dsa。

这里的 passphrase 密码是对生成的私匙文件的保护口令，如果不设置，则按"Enter"键跳过。

🐦 **小贴士**

私匙文件/home/master/.ssh/id_dsa；公匙文件/home/master/.ssh/id_dsa.pub。

（2）发布公匙。

① scp 命令发布公钥，如图 5-12 所示。

```
[szadmin@localhost .ssh]$ scp id_rsa.pub szroot@192.168.1.100:~/
The authenticity of host '192.168.1.100 (192.168.1.100)' can't be established.
RSA key fingerprint is 6d:f2:d6:4e:34:d5:66:87:b1:7d:75:4c:02:64:a6:62.
Are you sure you want to continue connecting (yes/no)? yes
Warning: Permanently added '192.168.1.100' (RSA) to the list of known hosts.
Permission denied (publickey,gssapi-with-mic).
lost connection
[szadmin@localhost .ssh]$ scp id_rsa.pub szroot@192.168.1.100:~/
szroot@192.168.1.100's password:
id_rsa.pub                                    100%  411    0.4KB/s   00:00
```

图 5-12 将客户端生成的公钥发布到服务器

② 服务器端将公钥转存到 authorized_key 文件中，如图 5-13 所示。

```
[szroot@localhost ~]$ ls ~/.ssh
id_rsa.pub
[szroot@localhost ~]$ cd /.ssh
bash: cd: /.ssh: 没有那个文件或目录
[szroot@localhost ~]$ cd .ssh
[szroot@localhost .ssh]$ cat ../id_rsa.pub >> authorized_keys
```

图 5-13　将公钥转存到 authorized_key 文件中

（3）配置远程服务器，禁止口令认证。

通过编辑.etc/ssh/sshd_conf 文件，修改 PasswordAuthentication 字段的值来提高安全性，设 PasswordAuthentication= no，禁止口令认证，只允许使用密钥认证。

（4）连接远程服务器。

更改之后，使用其他用户登录时，会被拒绝，而使用 szroot 这个用户则可以安全登录。测试远程登录如图 5-14 所示。

```
[szadmin@localhost .ssh]$ ssh root@192.168.1.100
Permission denied (publickey,gssapi-with-mic).
[szadmin@localhost .ssh]$ ssh szroot@192.168.1.100
Last login: Thu Oct  8 09:19:34 2009 from 192.168.1.135
[szroot@localhost ~]$ []
```

图 5-14　测试远程登录

步骤 5：OpenSSH 客户端配置。

（1）Linux 客户端。

① ssh。命令格式：ssh 账号@主机名/IP。例：ssh szroot@192.168.1.100。

② scp。scp [账号@主机名/IP:文件] [账号@主机名/IP:文件]。本地文件则直接设置路径，不需要使用账号@主机名/IP 的格式。例：scp id_rsa.pub szr oot@192.168.1.100:~/.ssh。

③ sftp。命令格式：sftp 账号@主机名/IP。例：sftp szroot@192.168.1.100。

（2）Windows 客户端。

默认情况下，SSH 仍然使用传统的口令验证，在使用这种认证方式时，不需要进行任何配置，用户就可以使用 SSH 服务器存在的账号和口令登录到远程主机。此处，用 Windows 客户端使用 putty 来测试，如图 5-15 和图 5-16 所示。

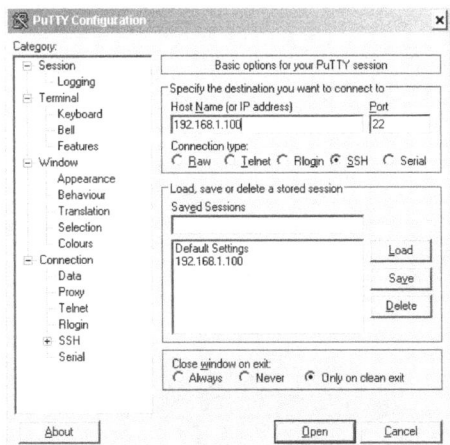

图 5-15　putty 的使用

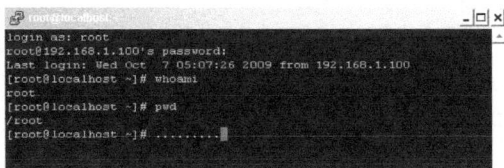

图 5-16　成功登录

任务回顾

Linux 系统的远程管理这个项目体现了远程登录给管理员带来的便利，只要开启了相应服务，进行简单配置，具备权限，就可以在一台机器上对多台主机进行远程管理。另外，正因为远程管理的便利，也给不法者提供了方便，安全也成了远程登录的重中之重。

比赛心得

远程管理这个项目在历年比赛中都有出现，只是体现的方面不一样，有直接考到 Telnet 的服务的，也有体现在操作过程中的，如要安装服务的计算机正在被另一个队友使用，用来配置路由交换，这时就可以通过远程登录来对计算机进行操作。本项目虽简单，但也容易出错，在整个配置过程中，还应注意以下事项。

（1）使用 chkconfig --list | grep telnet 命令查看 Telnet 服务是否启用；

（2）执行 service xinetd restart 重启 xinetd 守护进程；

（3）远程登录此服务器，如果出现无法登录的情况，一般为服务器防火墙的原因，允许23 号端口通行；

（4）关闭 SELINUX，修改/etc/seLinux/config 文件中的 SELINUX="" 为 disabled，然后重启。

实训

1. 请举例说明为何推荐使用 SSH 而避免使用 Telnet 服务？

2. 在 CentOS 系统中，默认的 Telnet 与 SSH 服务器使用的端口号各为多少，如果要改变默认端口，如何修改？

3. 在实际应用中，出现 SSH 服务器正常但客户端输入正确的用户名与密码也不能正常登录的现象，你认为有哪些原因？

项目六 LVM 管理

Linux 用户安装 Linux 操作系统时遇到的一个最常见的难以决定的问题就是如何正确地给评估各分区大小，以分配合适的硬盘空间。而遇到出现某个分区空间耗尽时，解决的方法通常是使用符号链接，或者使用调整分区大小的工具(比如 PatitionMagic 等)，但这都只是暂时的解决办法，没有根本解决问题。随着 Linux 的逻辑盘卷管理功能的出现，这些问题都迎刃而解，本项目将探讨如何在不停机的情况下，动态调整各个分区的大小。

任务一 了解 LVM

任务二 创建和管理 LVM

任务一 了解 LVM

任务描述

由于服务器的不间断工作和运行，天骅公司的管理员发现，由于当初在分区时对分区的需要容量最大值估计不够准确，导致一些分区存储空间告急，难道只能备份整个系统、清除硬盘、重新对硬盘分区，然后恢复数据到新分区？

任务分析

现在虽然有很多动态调整磁盘的工具可以使用，但这只能部分解决问题，因为新的分区仍然可能耗尽，另外这些操作需要停机，这对服务器来说无法接受。如果添加一块新硬盘，采用传统的方法，也无法解决问题。我们需要在不停机的情况下可以自如的对文件系统进行调整，使文件系统能够跨多个磁盘和分区。而 Linux 提供的逻辑卷管理（LVM，Logical Volume Manager）机制就是一个完美的解决方案。

任务实现

步骤 1：LVM 的概念。

LVM 就是将几个物理分区（PV）组合在一起，看起来像一块空间相对较大的磁盘（VG），如果要使用这块磁盘，同样也要将它分割为可以使用的分区（LV）。在物理磁盘上文件系统受到块大小的限制，LVM 的磁盘大小也受到限制，主要是由 PE 来限制的。如图 6-1 所示，下面就 LVM 相关的一些名词作以下说明：

1. 物理存储介质（Physical Media）

这里指系统的存储设备：硬盘，如：/dev/sda1、/dev/hdb2 等，是基本的存储介质。

2．物理卷 PV（Physical Volume）

物理卷在 LVM 中处于底层，它可以是实际物理硬盘上的分区，也可以是整个物理硬盘。/dev/sda1、/dev/hdb2 等物理分区是不能直接变为 PV 的，必须通过 fdisk 将它们的 ID 改为 LVM。

3．卷组 VG（Volume Group）

卷组建立在物理卷之上，一个卷组中至少要包括一个物理卷，在卷组建立之后物理卷可以随时添加或者减少。一个 LVM 可以只有一个卷组，也可以拥有多个卷组，如图 6-1 所示。

4．逻辑卷 LV（Logical Volume）

逻辑卷建立在卷组之上，卷组中的未分配空间可以用于建立新的逻辑卷，逻辑卷建立后可以动态地扩展和缩小空间。系统中的多个逻辑卷要属于同一个卷组，也可以属于不同的多个卷组。

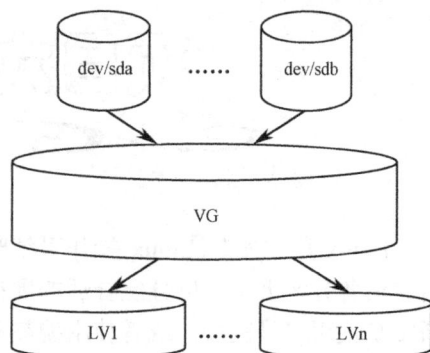

图 6-1　LVM 卷组

5．物理扩展 PE（Physical Extents）

物理扩展是物理卷中可用于分配的最小存储单元，物理区域的大小可根据实际情况在建立物理卷时指定。物理区域大小一旦确定将不能更改，默认为 4MB。同一卷组中的所有物理卷的物理区域大小需要一致（一个 VG 最大可以有 65534 个 PE，所以 PE 的大小决定了 VG 的容量，默认一个 VG 的容量最多有 4 MB×65534=256GB 大小，当然如果你修改 PE 的大小，一个 VG 的容量就远远超过这个数字了）。

6．逻辑扩展 LE（Logical Extents）

逻辑扩展是可被寻址的基本单位，在同一个 VG 中，逻辑扩展和物理扩展一一对应，大小完全相同。

任务二　创建和管理 LVM

任务描述

将磁盘空间不足的分区的数据先进行备份，并卸载转化成 LVM 分区，将新买的硬盘进行分区和格式化，也转化成 LVM 分区，这样为将来的磁盘扩展提供了方便和可能性。

任务分析

一般来说 LVM 的创建要经过以下过程，首先将物理分区转化为 LVM 分区，然后使用物理分区创建 PV，将几个 PV 组合在一起形成 VG，将这个 VG 分割成 LV，最后将 LV 格式化并挂载，就完成了 LVM 的创建。那 LVM 的管理又涉及哪些呢？一般来说指增加和减少 VG 的容量，也就是说组成 VG 的 PV 可以随时增加和减少或者替换。

任务实现

步骤 1：创建 LVM 分区。

要创建 PV，必须有 LVM 分区，LVM 分区实际上就是将/dev/sda1、/dev/hdb2 等物理分区的 ID 指定为 8e。在更改之前我们可以看到 Linux 分区的 ID 号是 83，swap 分区的 ID 号是 82，如图 6-2 所示。

```
[root@www ~]# fdisk -l /dev/sda

Disk /dev/sda: 8589 MB, 8589934592 bytes
255 heads, 63 sectors/track, 1044 cylinders
Units = cylinders of 16065 * 512 = 8225280 bytes

   Device Boot      Start         End      Blocks   Id  System
/dev/sda1   *           1          38      305203+  83  Linux
/dev/sda2              39         560     4192965   83  Linux
/dev/sda3             561         690     1044225   83  Linux
/dev/sda4             691        1044     2843505    5  Extended
/dev/sda5             691         951     2096451   82  Linux swap / Solaris
/dev/sda6             952        1044      746991   83  Linux
```

图 6-2　磁盘转化前各分区的 Id 号

使用 fdisk 命令来将需要修改的分区转化成 LVM 分区，如图 6-3 所示，本例转化/dev/sda3 和 dev/sda6，转化后，保存并退出，重新启动。转化成功后，如图 6-4 所示，可以看到原来的/dev/sda3 和 dev/sda6 的 ID 号由 83 转化为 8e。

```
[root@www ~]# fdisk /dev/sda

The number of cylinders for this disk is set to 1044.
There is nothing wrong with that, but this is larger than 1024,
and could in certain setups cause problems with:
1) software that runs at boot time (e.g., old versions of LILO)
2) booting and partitioning software from other OSs
   (e.g., DOS FDISK, OS/2 FDISK)

Command (m for help): t
Partition number (1-6): 3
Hex code (type L to list codes): 8e
Changed system type of partition 3 to 8e (Linux LVM)

Command (m for help): t
Partition number (1-6): 6
Hex code (type L to list codes): 8e
Changed system type of partition 6 to 8e (Linux LVM)
```

图 6-3　转化普通分区为 LVM 分区

将新购买的磁盘/dev/sdb 分区和格式化后同样处理，处理完成后，如图 6-4 所示。

```
[root@www ~]# fdisk -l

Disk /dev/sda: 8589 MB, 8589934592 bytes
255 heads, 63 sectors/track, 1044 cylinders
Units = cylinders of 16065 * 512 = 8225280 bytes

   Device Boot      Start         End      Blocks   Id  System
/dev/sda1   *           1          38      305203+  83  Linux
/dev/sda2              39         560     4192965   83  Linux
/dev/sda3             561         690     1044225   8e  Linux LVM
/dev/sda4             691        1044     2843505    5  Extended
/dev/sda5             691         951     2096451   82  Linux swap / Solaris
/dev/sda6             952        1044      746991   8e  Linux LVM

Disk /dev/sdb: 4294 MB, 4294967296 bytes
255 heads, 63 sectors/track, 522 cylinders
Units = cylinders of 16065 * 512 = 8225280 bytes

   Device Boot      Start         End      Blocks   Id  System
/dev/sdb1   *           1         250     2008093+  8e  Linux LVM
/dev/sdb2             251         500     2008125   8e  Linux LVM
/dev/sdb3             501         522      176715   8e  Linux LVM
```

图 6-4　转化之后的分区

小贴士

在创建 LVM 分区之前，请将需要修改的分区的数据进行备份，然后再卸载，如果这些分区已经实现自动挂载，一并要在/etc/fstab 中将这些分区的相关信息注释掉或删除，否则可能会导致您的数据丢失或者系统无法启动。限于篇幅，本文不再赘述。

转化后也可以不用重新启动，可以使用 partprobe 命令让内核马上读取新的分区表。不过一般为了慎重，我们选择重新启动。

步骤 2：管理物理卷 PV。

1. 创建物理卷

在命令提示符下输入 lvm 直接进入 lvm 管理模式下，首先执行 pvscan 命令，发现一个PV 也没有，然后执行 pvcreate 命令创建 PV，然后再执行 pvscan 就发现这时有了 5 个 PV，但它们不属于任何 VG（0/in no VG）如图 6-5 所示。

小贴士

LVM 的管理命令也可以直接执行，并不是非得在 lvm 管理模式下执行。

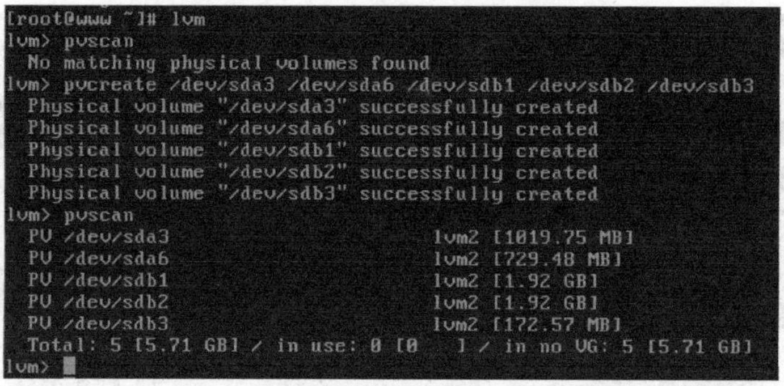

图 6-5　创建 PV

2. 查看物理卷

如果我们想查看某 pv 的详细信息，可以使用 pvdisplay 来进行，如图 6-6 所示，一般来说 PV 的名称和实际分区的名称相同。

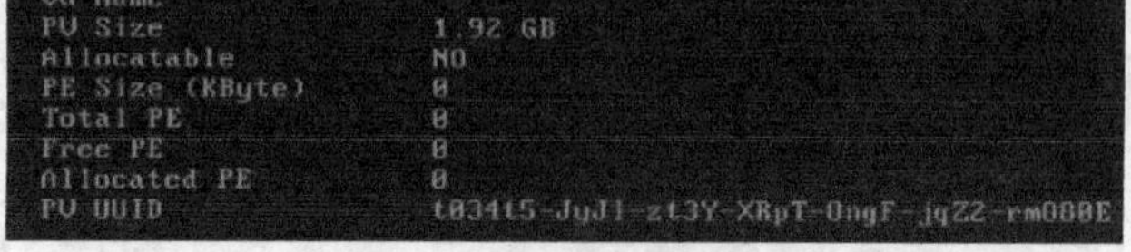

图 6-6　查看 PV 详细信息

3. 删除物理卷

如果想删除某个 PV，可以使用 pvremove 命令来进行，如图 6-7 所示。

```
lvm> pvremove /dev/sda3
  Labels on physical volume "/dev/sda3" successfully wiped
lvm> pvscan
  PV /dev/sda6                      lvm2 [729.48 MB]
  PV /dev/sdb1                      lvm2 [1.92 GB]
  PV /dev/sdb2                      lvm2 [1.92 GB]
  PV /dev/sdb3                      lvm2 [172.57 MB]
  Total: 4 [4.71 GB] / in use: 0 [0    ] / in no VG: 4 [4.71 GB]
```

图 6-7　删除 PV

步骤 3：管理卷组 VG。

1．创建卷组

我们可以使用 vgcreate 命令来创建一个卷组，它的格式形如："vgcreate 卷组名 PV 名 1 PV 名 2"，如图 6-8 所示。

```
lvm> vgcreate vgusrs /dev/sda3 /dev/sdb1
  Volume group "vgusrs" successfully created
lvm> vgcreate vghomes /dev/sda6 /dev/sdb2
  Volume group "vghomes" successfully created
```

图 6-8　创建 VG

2．查看卷组

如果我们想查看某 vg 的详细信息，可以使用 vgdisplay 命令来进行，如图 6-9 所示，在图中我们可以看到 vg 的名字（VG Name）当前 PV 数量是 2（Cur PV），活动 PV 的数量也是 2（Act PV），卷组的大小（VG size），PE 的大小是默认的 4MB（PE Size），PE 的个数（Total PE）等信息。

```
lvm> vgdisplay vgusrs
  --- Volume group ---
  VG Name               vgusrs
  System ID
  Format                lvm2
  Metadata Areas        2
  Metadata Sequence No  1
  VG Access             read/write
  VG Status             resizable
  MAX LV                0
  Cur LV                0
  Open LV               0
  Max PV                0
  Cur PV                2
  Act PV                2
  VG Size               2.91 GB
  PE Size               4.00 MB
  Total PE              744
  Alloc PE / Size       0 / 0
  Free  PE / Size       744 / 2.91 GB
  VG UUID               dJL1f8-XDtv-7reQ-R4cO-sn9Y-2gsE-73ZYry
```

图 6-9　查看 VG 详细信息

3．扩展卷组中的 PV 个数

如果觉得这个 VG 的大小不够大，我们可以使用 vgextend 命令来扩展，格式为 "vgextend VG 名 PV 名"，如图 6-10 所示，从图中我们看到当前 PV 数量以及活动 PV 的数量都变成了 3，卷组的大小以及 PE 的个数也都增加了。

图 6-10　扩展 VG 中的 PV

4．减少卷组中的 PV

如果想缩小 VG 的空间，可以使用 vgereduce 命令来减少该 VG 中的个数，格式为"vgreduce VG 名 PV 名"，如图 6-11 所示。

图 6-11　减少 VG 中的 PV

5．删除一个 VG

如果想删除某个 VG，可以使用 vgremove 命令来进行，如图 6-12 所示。

图 6-12　删除 VG

小贴士

PE 的大小指定就是在 VG 创建的时候，比如想将 PE 的大小改为 8MB，可以使用"vgcreate –s 8MB VG 名 PV 名 1 PV 名 2"命令来进行更改，其中的 – s 选项就是用来指定 PE 的大小，从图中可以清楚地看到，PE 的大小（PE Size）已经改为了 8MB，而不是默认的 4MB，如图 6-13 所示。

图 6-13　指定 PE 的大小

步骤 5：管理逻辑卷。

建立 VG 之后，必须分割之后才可以使用，这就是创建 LV，我们可以将一个 VG 分割成几个 LV，也可以将全部 VG 空间都分割给一个 LV。

1．创建 LV

我们可以使用 lvcreate 命令来创建一个逻辑卷，它的命令格式形如："lvcreate –L LV 的容量 –n LV 名 VG 名"，–L 选项后接容量，容量的单位是 M、G 等，–n 选项后接 LV 的名称，如图 6-14 所示。

图 6-14　创建 LV

2．查看 LV 的详细信息

创建好 LV 后，可以使用 lvdisplay 命令来查看 LV 的详细信息，如图 6-15 所示。

图 6-15　查看 LV 信息

在创建好 LV 后，就可以在/dev 目录下看到相应的 VG 名和 LV 名称，如图 6-16 所示。

图 6-16　LV 设备

步骤6：创建文件系统。

LV分区准备好之后，要进行格式化，然后挂载就可以使用了，不再做过多说明，如图6-17所示。

```
[root@www ~]# mke2fs -j /dev/vgusrs/lvusrs
mke2fs 1.39 (29-May-2006)
Filesystem label=
OS type: Linux
Block size=4096 (log=2)
Fragment size=4096 (log=2)
131072 inodes, 262144 blocks
13107 blocks (5.00%) reserved for the super user
First data block=0
Maximum filesystem blocks=268435456
8 block groups
32768 blocks per group, 32768 fragments per group
16384 inodes per group
Superblock backups stored on blocks:
        32768, 98304, 163840, 229376

Writing inode tables: done
Creating journal (8192 blocks): done
Writing superblocks and filesystem accounting information: done

This filesystem will be automatically checked every 30 mounts or
180 days, whichever comes first.  Use tune2fs -c or -i to override.
```

图6-17 格式化LV

步骤7：挂载。

LV格式化好之后自然就是挂载了，如图6-18所示。

```
[root@www ~]# mount -t ext3 /dev/vgusrs/lvusrs /usr/local
```

图6-18 挂载LV

挂载之后使用df查看一下，发现LV已经挂载成功，如图6-19所示。

```
[root@www ~]# df
Filesystem           1K-blocks      Used Available Use% Mounted on
/dev/sda2              4061572   2793216   1058708  73% /
/dev/sda1               295561     17652    262649   7% /boot
tmpfs                   677884         0    677884   0% /dev/shm
none                    677796       104    677692   1% /var/lib/xenstored
/dev/mapper/vgusrs-lvusrs
                       1032088     34092    945568   4% /usr/local
```

图6-19 用df查看挂载后的LV

步骤8：调整已经创建好的LVM分区的大小。

经过以上步骤LVM已经创建完成，但是这个VG也终有一天会用尽的，那如何扩展已有的VG呢？这要用到resize2fs命令了，下面我们就来看看如何扩展已有VG。

1．卸载要扩展的LV，如图6-20所示。

```
[root@www ~]# umount /usr/local/
```

图6-20 卸载需要扩展的LV

2．添加PV到VG。

使用vgextend命令添加新的PV，来扩展VG的容量，使用vgdisplay发现VG的容量增加了，如图6-21所示。

使用pvscan命令查看扩展之后PV的情况，发现此时/dev/sdb1已经属于vgusrs，如图6-22所示。

```
lvm> vgextend vgusrs /dev/sdb1
  Volume group "vgusrs" successfully extended
lvm> vgdisplay vgusrs
  --- Volume group ---
  VG Name               vgusrs
  System ID
  Format                lvm2
  Metadata Areas        3
  Metadata Sequence No  7
  VG Access             read/write
  VG Status             resizable
  MAX LV                0
  Cur LV                1
  Open LV               0
  Max PV                0
  Cur PV                3
  Act PV                3
  VG Size               3.07 GB
  PE Size               4.00 MB
  Total PE              787
  Alloc PE / Size       256 / 1.00 GB
  Free  PE / Size       531 / 2.07 GB
  VG UUID               dJL1f8-XDtv-7reQ-R4c0-sn9Y-ZgsE-73ZYry
```

图 6-21　扩展 VG 并查看信息

```
lvm> pvscan
  PV /dev/sda6   VG vghomes   lvm2 [728.00 MB / 728.00 MB free]
  PV /dev/sdb2   VG vghomes   lvm2 [1.91 GB / 1.91 GB free]
  PV /dev/sda3   VG vgusrs    lvm2 [1016.00 MB / 0    free]
  PV /dev/sdb3   VG vgusrs    lvm2 [172.00 MB / 164.00 MB free]
  PV /dev/sdb1   VG vgusrs    lvm2 [1.91 GB / 1.91 GB free]
  Total: 5 [5.70 GB] / in use: 5 [5.70 GB] / in no VG: 0 [0   ]
```

图 6-22　查看新添加 PV 的信息

3．扩展 LV 的容量。

使用 lvextend 命令增加刚才 VG 所增加的容量，lvextend 命令的格式为“lvextend –L ＋容量数 LV 名”，如图 6-23 所示。

```
lvm> lvextend -L +1.91G /dev/vgusrs/lvusrs
  Rounding up size to full physical extent 1.91 GB
  Extending logical volume lvusrs to 2.91 GB
  Logical volume lvusrs successfully resized
lvm>
```

图 6-23　扩展 LV 容量

这时使用 lvdisplay 命令查看，发现 lV 的容量已经变大了，如图 6-24 所示。

```
lvm> lvdisplay
  --- Logical volume ---
  LV Name                /dev/vgusrs/lvusrs
  VG Name                vgusrs
  LV UUID                PdP7pl-fS6X-tC0z-1DTP-mEBX-KaQv-OS5Nk9
  LV Write Access        read/write
  LV Status              available
  # open                 0
  LV Size                2.91 GB
  Current LE             745
  Segments               3
  Allocation             inherit
  Read ahead sectors     auto
  - currently set to     256
  Block device           253:0

lvm> exit
  Exiting.
```

图 6-24　查看扩展后的 LV

使用 df 命令查看发现 LV 的容量并没有增加，如图 6-25 所示，请与图 6-18 比较，这是因为新的信息没有写入到分区表，也就是 inode 与块数没有增加，所以容量大小也没有变化，此时必须使用 resize 命令来调整大小。

```
lvm> exit
  Exiting.
[root@www ~]# mount -t ext3 /dev/vgusrs/lvusrs /usr/local
[root@www ~]# df /usr/local
Filesystem          1K-blocks      Used Available Use% Mounted on
/dev/mapper/vgusrs-lvusrs
                     1032088      34092    945568   4% /usr/local
```

图 6-25　resize2fs 之前的 LV 分区情况

4．使用 resize2fs 增加 LV 的容量。

使用 resize2fs 命令来增加 LV 的容量，–f 选项表示强制进行 resize 操作，如图 6-26 所示。

```
[root@www ~]# resize2fs -f /dev/vgusrs/lvusrs
resize2fs 1.39 (29-May-2006)
Resizing the filesystem on /dev/vgusrs/lvusrs to 762880 (4k) blocks.
The filesystem on /dev/vgusrs/lvusrs is now 762880 blocks long.
```

图 6-26　使用 resize2fs 增加 LV 的容量

此时再用 df 命令查看，发现/usr/local 的容量确实增加了，如图 6-27 所示。

```
[root@www ~]# mount -t ext3 /dev/vgusrs/lvusrs /usr/local
[root@www ~]# df /usr/local/
Filesystem          1K-blocks      Used Available Use% Mounted on
/dev/mapper/vgusrs-lvusrs
                     3002128      34344   2845724   2% /usr/local
```

图 6-27　resize2fs 之后的 LV 分区情况

小贴士

resize 操作不会影响到已经存在的数据，LVM 的方便和强大就体现在这里了。

任务回顾

本任务主要讲解了 LVM 的技术，该技术还是比较复杂的，需要选手多做练习加以熟练，选手不仅需要会实现 LVM，还需要选手实现后会验证其正确性。

比赛心得

LVM 技术在历届的比赛中还没有出现过，但选手还是要注意，这并不代表以后就不会出现，LVM 技术的实现有些复杂，选手要虚心多做练习来加以熟练，这样才能够保证临场不乱。

实训

1．某企业在 Linux 服务器中新增了一块硬盘/dev/sdb，要求 Linux 系统的分区能自动调整磁盘容量。请使用 fdisk 命令新建/dev/sdb1、/dev/sdb2、/dev/sdb3 和/dev/sdb4 为 LVM 类型，并在这四个分区上创建物理卷、卷组和逻辑卷。最后将逻辑卷挂载。

项目七 虚 拟 化

虚拟化是当今 IT 届最炙手可热的话题，也是目前甚至以后很长一段时间将广泛应用的技术。虚拟化的类型很多，但是系统虚拟化是最具有代表性的一个技术，它将一台物理计算机分割成多台虚拟计算机，多台虚拟的计算机分别运行独立的操作系统。

RedHat 的虚拟化系统是基于 XEN 技术实现的，这是企业级的应用。XEN 支持半虚拟化和完全虚拟化（需要 CPU 支持），允许每个客户机使用一段物理机上的内存，并可以动态调整，支持使用多个虚拟 CPU（VCPU），针对虚拟机使用不同类型的虚拟存储于虚拟网络即可，每个虚拟机有独立的控制台，用于用户登录和管理虚拟机。

任务一 利用向导工具配置

任务描述

天驿公司的管理员，想在公司的 Linux 服务器上部署多个虚拟机，实现系统虚拟化，减少公司的投入，实现硬件资源的利用率最大化。

任务分析

RedHat 的企业版 Linux 都支持虚拟化，当然 CentOS5.5 也是支持这一技术的，完全的虚拟化技术需要 CPU 支持，Intel 的 CPU 需要支持 vmx 指令集，AMD 的 CPU 需要支持 svm 指令集，可以在/proc/cpuinfo 中查询相关指令集，看看自己的 CPU 是否支持。

任务实现

步骤 1：安装虚拟化功能。

CentOS 虚拟化功能默认是不安装的，可以在安装系统的时候安装，也可以安装好系统后添加，默认安装虚拟化功能的时候是不安装虚拟化向导工具的。需要在可选软件包把 Virtualization 软件包选上，如图 7-1 和图 7-2 所示。

步骤 2：使用向导工具配置虚拟机。

打开"应用程序→系统工具→虚拟系统管理器"，如图 7-3 所示。

步骤 3：新建虚拟机。

在弹出的虚拟系统管理器窗口中，选定 localhost 项，单击下方的"新建"按钮，如图 7-4 所示。

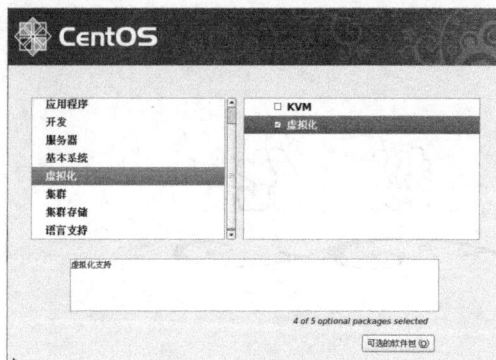

图 7-1　选择虚拟化功能

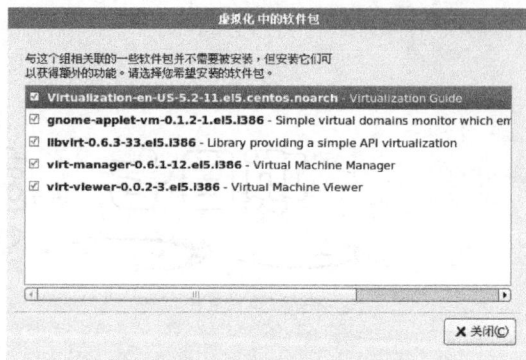

图 7-2　选择向导工具

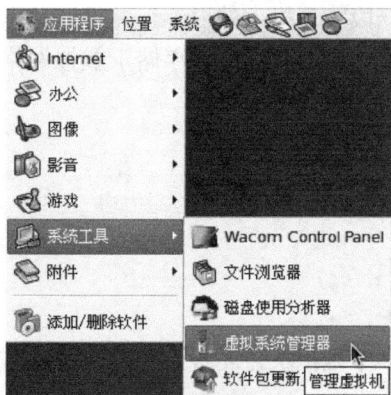

图 7-3　虚拟系统管理器

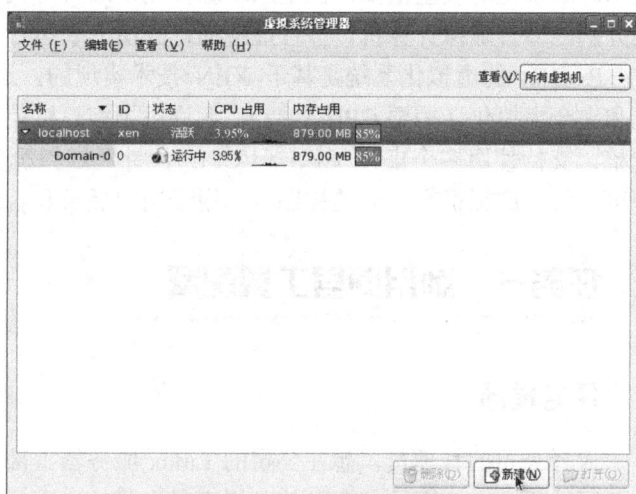

图 7-4　虚拟系统管理器

1．创建虚拟机提示信息

在单击"新建"按钮后，虚拟系统管理器会打开创建虚拟机的提示信息窗口，如图 7-5 所示。本窗口提示了用户创建一台虚拟机所需要的基本信息，如虚拟机名称，虚拟化技术类型，安装文件的位置，存储设备设定和内存，CPU 的设定等。

2．虚拟机名称

在图 7-5 窗口中，单击"前进"按钮，弹出"Virtual Machine Name "窗口，为虚拟机命名，本例输入"MyCentOS"，单击"前进"按钮，如图 7-6 所示。

3．虚拟化技术选定

在弹出的"Virtualization Method"窗口中，选择使用哪种虚拟化技术。由于本机 CPU 不支持完全虚拟化技术，所以只能选择半虚拟化技术，如果支持完全虚拟化，则可以设置 CPU 架构和监控程序，单击"前进"按钮，如图 7-7 所示。

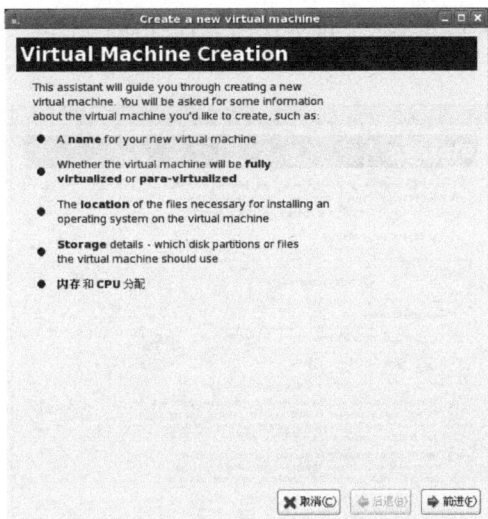

图 7-5　创建虚拟机需要的基本信息

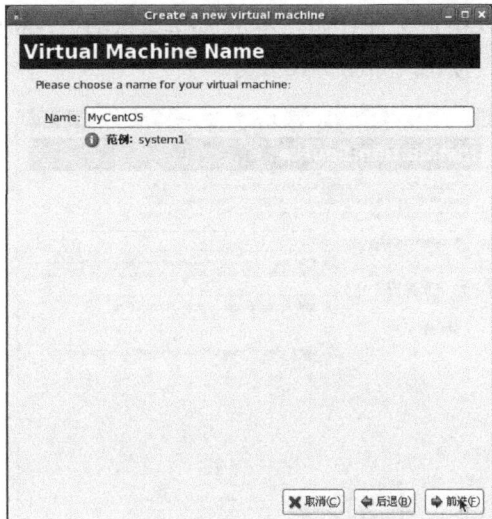

图 7-6　设置虚拟机名称

4. 选择安装方法和操作系统类型

半虚拟化技术仅支持网络安装，不支持本地安装介质和网络 PXE 安装。操作系统类型本例选择"Linux"，操作系统变体本例选择"Red Hat Enterprise Linux 5.4 or later"，单击"前进"按钮，如图 7-8 所示。

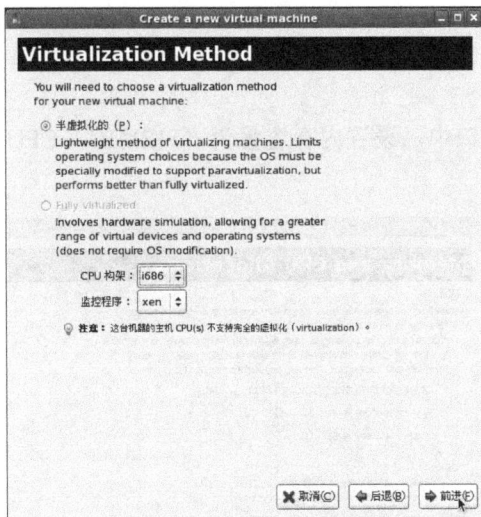

图 7-7　虚拟化类型

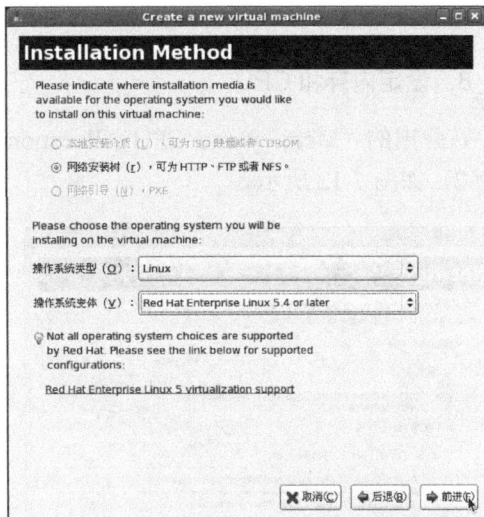

图 7-8　选择安装类型和操作系统

5. 指定安装源位置

在弹出的"Installation Source"窗口中，指定安装源的 URL，本例为"ftp://192.168.10.6"，如果想做无人值守安装，则给出 Kickstart URL，单击"前进"按钮，如图 7-9 所示。

6. 指定虚拟机存储位置

在弹出的"Storage"窗口中，指定虚拟机的存储位置，既可以指定本地物理硬盘，也可以指定文件存储，本例选择默认的"/var/lib/xen/images/"目录使用文件存储，单击"前进"按钮，如图 7-10 所示。

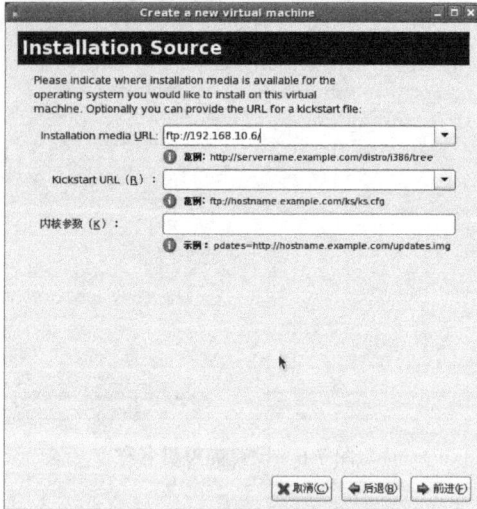

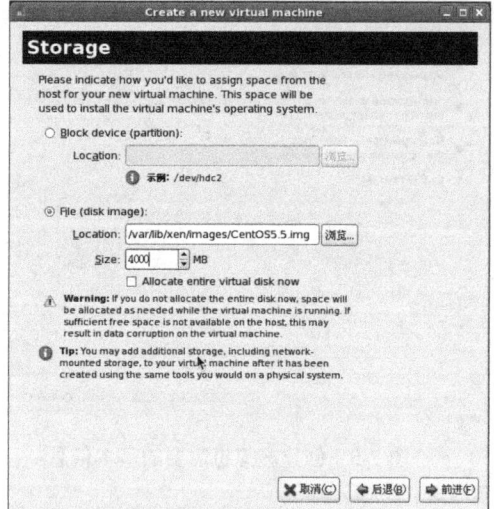

图 7-9　安装源选择　　　　　　　　　　　图 7-10　虚拟机存储位置

7．指定网络类型

在弹出的"Network"窗口中，设定联网方式，本例选择"共享物理设备"，单击"前进"按钮，如图 7-11 所示。

8．设定内存和 CPU

在弹出的"Memory and CPU Allocation"窗口中，设置内存容量为"512MB"，CPU 个数为 2，如图 7-12 所示。

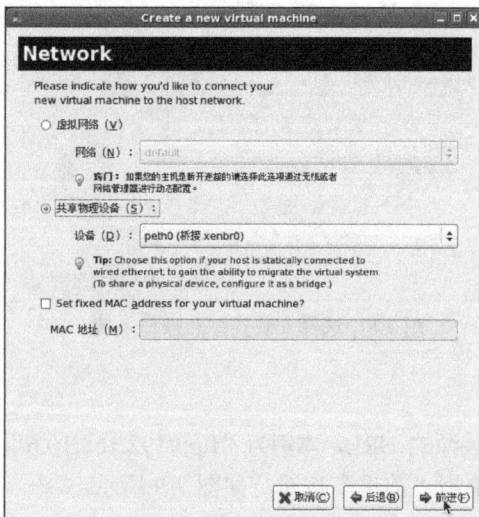

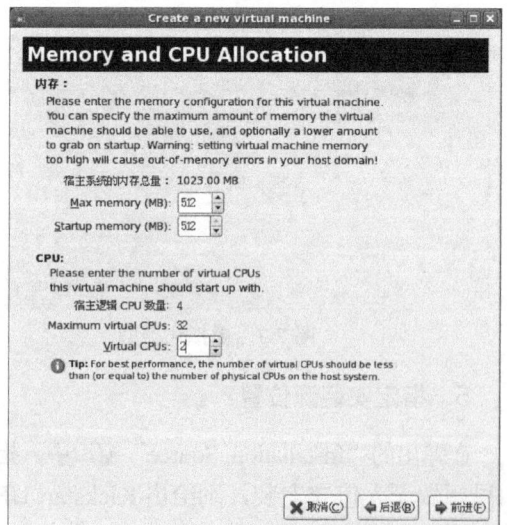

图 7-11　网络设置　　　　　　　　　　　图 7-12　内存和 CPU 设定

9. 结束虚拟机创建

在弹出的"Finish Virtual Machine Creation"窗口中，可以看到虚拟机的配置信息确认界面，这里汇总了以上步骤设置的所有虚拟机的信息，如果需要调整则单击"后退"按钮，如果没有问题就单击"完成"按钮，如图 7-13 所示。

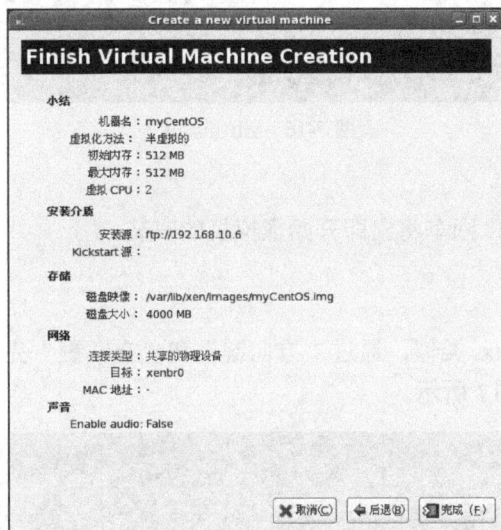

图 7-13　结束虚拟机创建

10. 开始安装

接下来的工作就交给 Anaconda 安装程序来安装了，看到图 7-14 和图 7-15 所示的界面，你是否觉得很熟悉呢，这就是以前的 FTP 安装界面了，剩下步骤不再赘述。

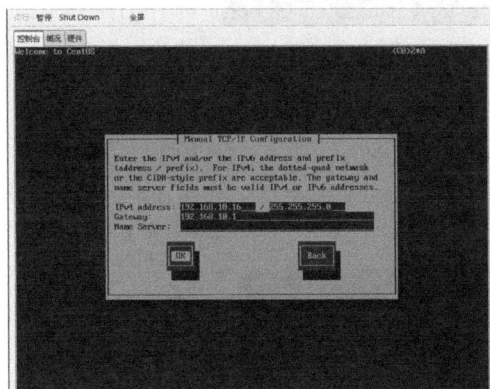

图 7-14　配置虚拟机 ip

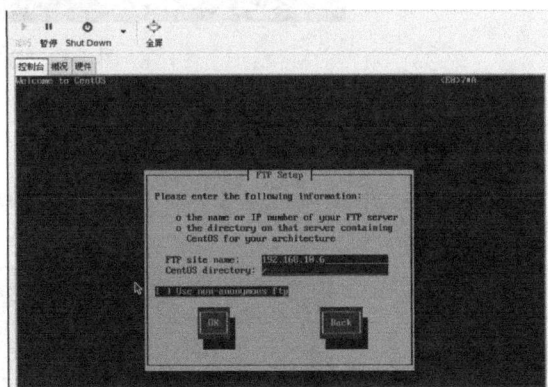

图 7-15　ftp 安装

任务二　文本方式安装虚拟机

除了使用图形界面的向导工具安装虚拟机外，还可以使用文本界面来安装拟机。这个工具叫做 virt-install，其基本用法与向导相同，用户可以使用脚本或者交互式界面一步步安装。

步骤 1：使用 virt-install 设定安装参数。

使用 virt-install，配合--prompt 参数交互式安装虚拟机，如图 7-16 所示，首先输入的是虚拟机名称，本例输入"mycent"；其次输入的是内存的大小（M 字节），本例输入"512"；再次输入的是虚拟的存储位置，本例输入"/dev/sdb"；最后是安装源的位置，仍然选择"ftp://192.168.10.6"。

```
[root@www ~]# virt-install --prompt
What is the name of your virtual machine? mycent
How much RAM should be allocated (in megabytes)? 512
What would you like to use as the disk (file path)? /dev/sdb
What is the install URL? ftp://192.168.10.6_
```

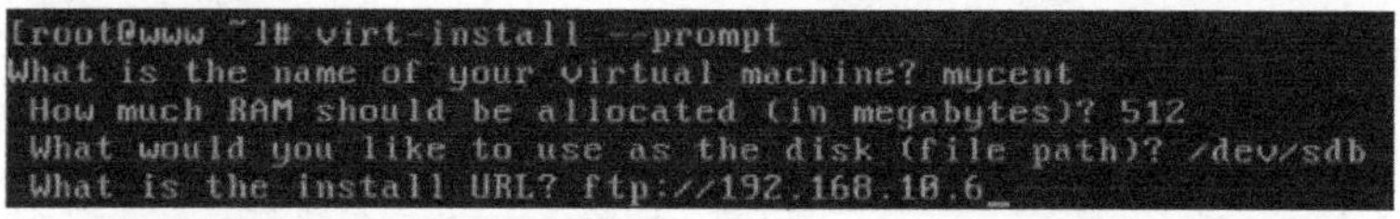

图 7-16　virt-install

步骤 2：安装虚拟机。

在输入完以上信息后，回车将立即开始虚拟机的安装。

1. 选择语言

与文本界面安装 Linux 类似，通过"方向键"和"Tab 键"完成选择，单击"OK"按钮，进入下一步。如图 7-17 所示。

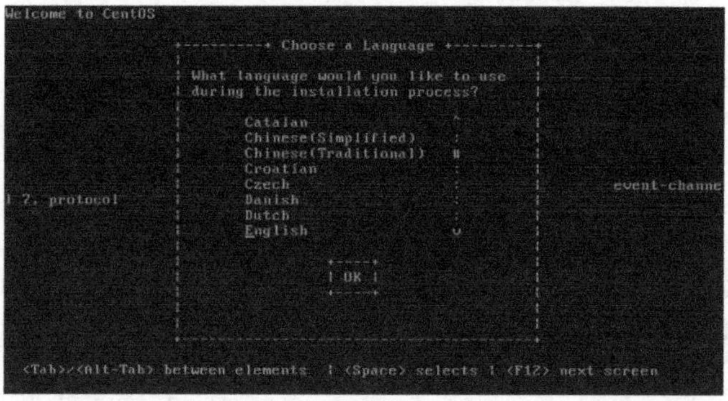

图 7-17　选择语言

2. 设置 IP 地址

接下来是选择 IPv4 还是 IPv6，并设置 IP 地址、掩码、网关等信息，如图 7-18 和图 8-19 所示。

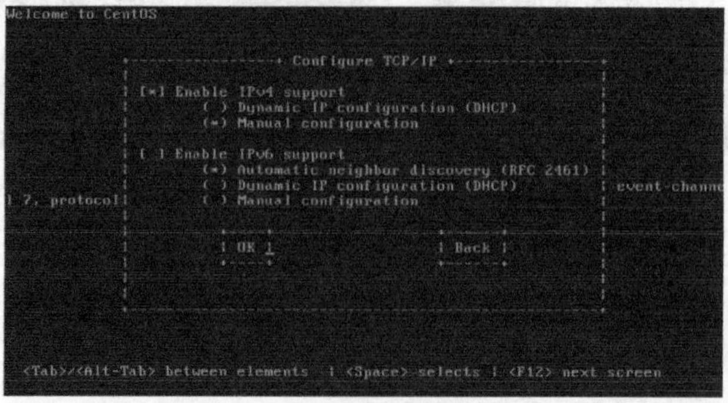

图 7-18　选择 IP 协议和配置类型

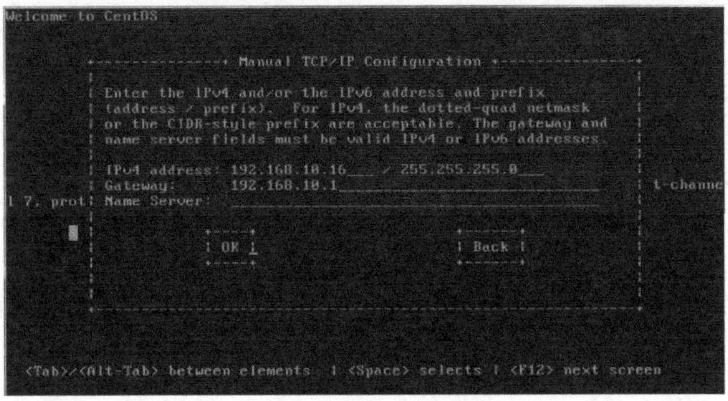

图 7-19　配置 IP 地址等信息

3. 开始 FTP 安装

接下来配置 FTP 安装的信息，配置完成后，即开始安装，如图 7-20 所示，限于篇幅，不再赘述。

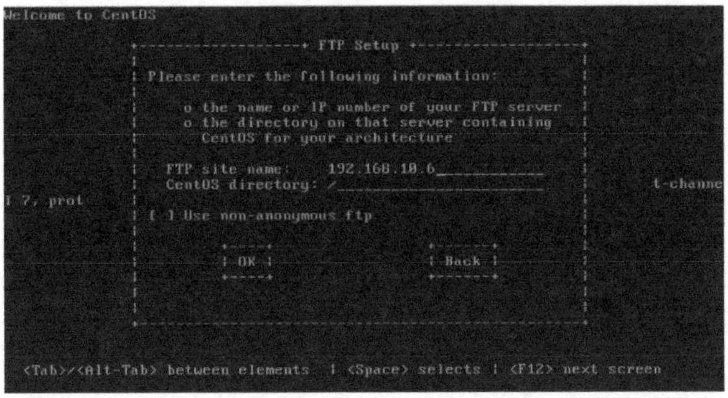

图 7-20　FTP 安装

小贴士

virt-install 命令除了 "--prompt" 参数实现交互式安装外，还有很多其他参数可以使用，如：

-n　指定虚拟机的名称

-r　指定内存的大小

-v　使用完全虚拟化技术

-p　使用半虚拟化技术

-l　指定安装源

-f　指定存储文件位置

具体请使用 "virt-install --help" 查询。

任务回顾

本任务主要通过 Linux 系统实现虚拟化的应用，该任务有些难度，但随着现在技术的发展，虚拟化已经走进了越来越多人的视界里，所以在此也较为详细地讲解了虚拟化的知识，主要应注意半虚拟化和完全虚拟化的知识，还需要选手熟悉，并应注意在安装 Linux 计算机时所给的硬盘空间要大一些，否则实现虚拟化时会造成磁盘空间不够。

比赛心得

虚拟化技术在历届的竞赛中出现过，这应该和现在流行的技术有关，因为虚拟化技术已经是 IT 行业的热门技术，随着技术的发展，虚拟化技术也越来越成熟，所以选手对此知识点要重视起来，选手应注意在安装系统时保证有足够的磁盘空间，还应注意半虚拟化和完全虚拟化的区别，以免走弯路。

实训

1. 在 Linux 系统上利用虚拟化技术安装 Windows XP 系统。（提示：需要在真实机上安装 64 位的 Linux 的系统。）

第五部分 无线测试

无线技术是在不断地发展和创新的。无线发展速度如此之快，无线测试的需求也相当大。无人再无线技术是目前网络界最热门的技术持怀疑态度了，但是，无线 WLAN 的监测和测试仍然是一个常被人忽略的问题，人们甚至还在用笔记本电脑加无线网卡的方法来测试和验收无线工程，这不由得让我们想起早期以太网时代的测试情景。

企业网络搭建及应用这个项目，在 2011 年全国职业院校计算机技能大赛中使用的无线测试软件版本为：Fluck Networks AirMagnet Survey。

项目一 使用被动模式进行无线环境勘测

AirMagnet Survey 提供了对任何 802.11a/b/g/n/4.9Ghz 室内外无线网络快速、科学、准确的站点勘测结果。这款革命性的软件采用多种方法自动从您的企业网络中收集关键的 Wi-Fi 和射频频谱信息，包括真实环境的测量数据，然后生成详细的 Wi-Fi 性能图以便更容易的网络部署、容量规划和优化工作。

任务一 被动模式下进行无线环境勘测

任务描述

天驿公司接到某学校的电话，要求提供帮助，是因为学校的网络实验室中投放了部分无线网络接入点，但因为网络实验室中存在无线路由投放的不合理而造成部分空间出现信号弱或有干扰区域，为了解决这些问题，需要进行无线勘测并重新合理投放无线网络接入点，所以需要天驿公司的管理给予帮助。某学校的网络实验室平面图，如图 1-1 所示。

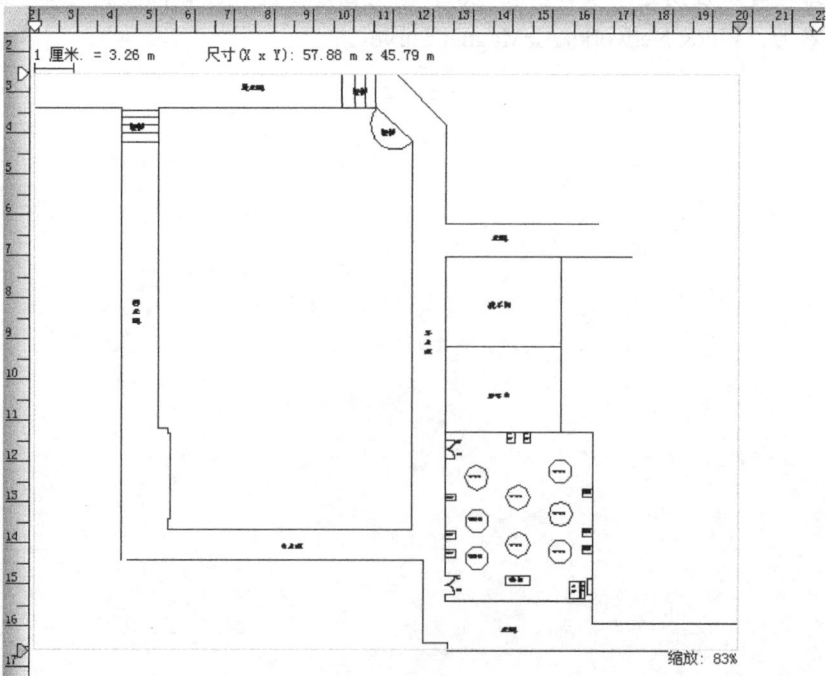

图 1-1 楼面平面图

任务分析

管理员通过学校的平面图可以看出并不复杂，天骥公司里刚好有福禄克专用的无线勘测软件：Networks AirMagnet Survey，所以管理员想到使用该无线勘测软件对网络实验室进行勘测并导出分析报表。

任务实现

步骤 1：打开勘测软件，用鼠标左键单击"档案"按钮，在弹出的快捷键菜单中选择"新建方案"命令，弹出"新增方案向导"窗口，如图 1-2 所示。

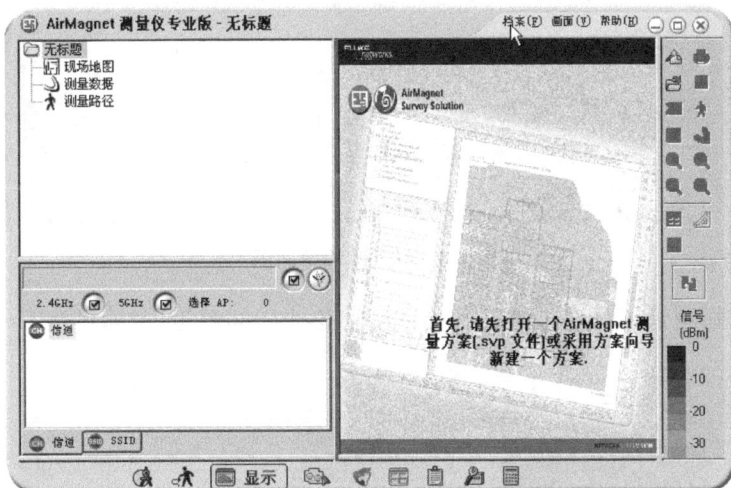

图 1-2　新增方案

步骤 2：在"新增方案向导"中，填入指定方案名称及方案保存的目录位置即可按下一步，如图 1-3 所示。

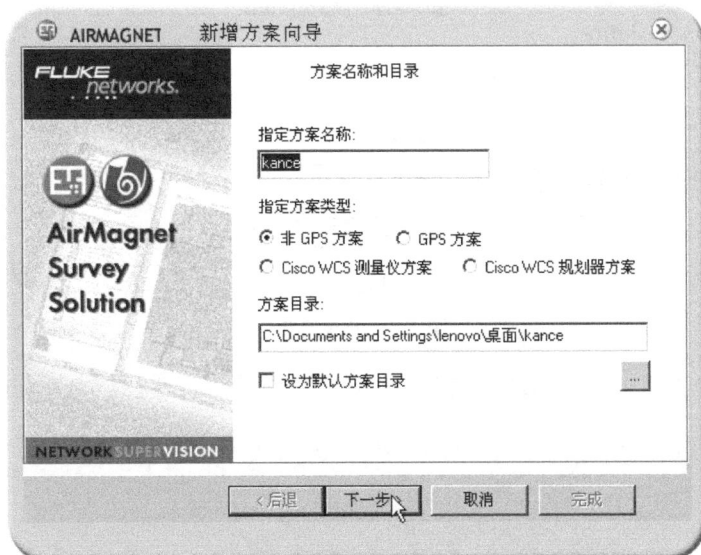

图 1-3　建立方案名称

步骤 3：导入室内楼面图后即可按下一步，如图 1-4 所示。

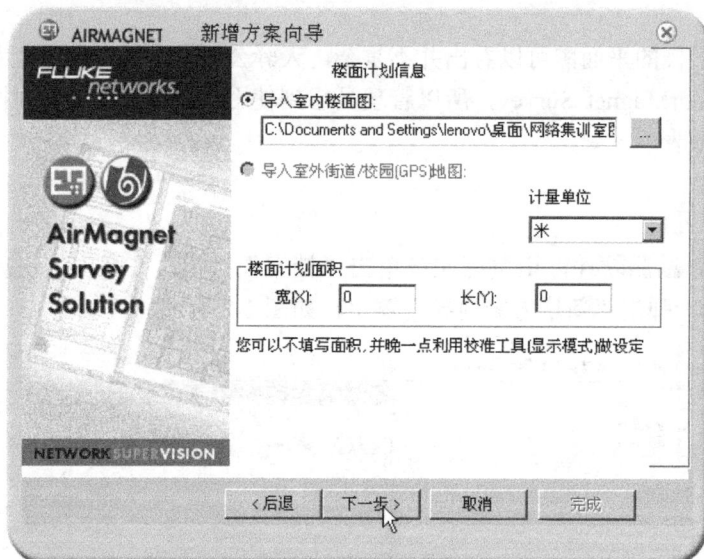

图 1-4　导入室内楼面图

步骤 4：选择测量环境为"开放空间的办公室-小隔间等等"，即可按下一步，如图 1-5 所示。

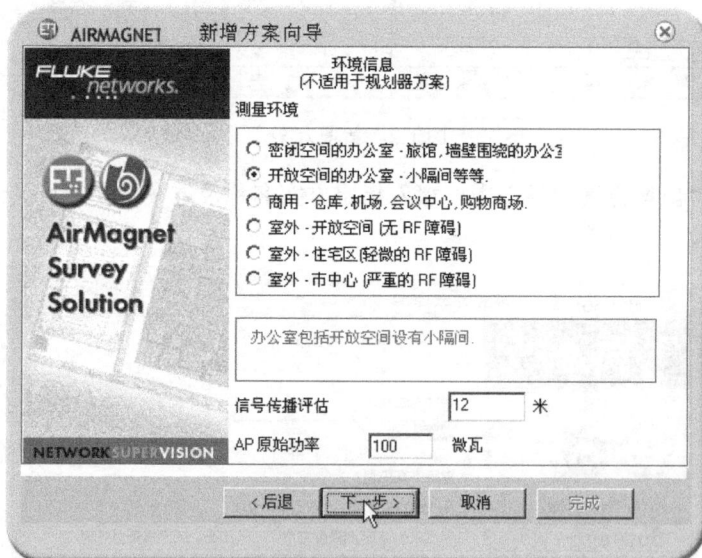

图 1-5　测量环境

步骤 5：测量说明可填可不填，如图 1-6 所示。

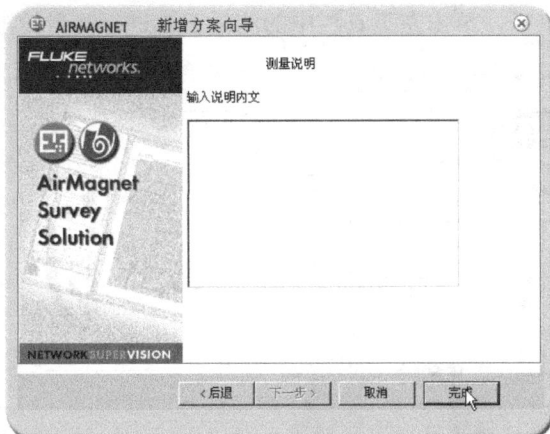

图 1-6　测量说明

步骤 6：单击"完成"按钮会出现提示框，会提示测量前请先校准楼面面积，确保准确无误，如图 1-7 所示。

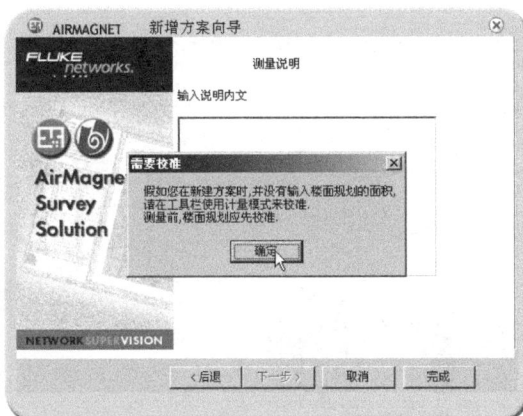

图 1-7　提示

步骤 7：在右侧的工具栏中单击"放大"按钮来放大校准点位置，（把校准点放大到合适比例来校准，确保精确楼面单位长度，勘测的结果才最准确，误差为≤0.1m），如图 1-8 所示。

图 1-8　放大校准点

步骤 8：放大校准点后，单击左工具栏中的测量工具进行测量校准，如图 1-9 所示。

图 1-9　校准工具

步骤 9：单击"测量工具"功能键后出现提示框，单击"是"按钮，如图 1-10 所示。

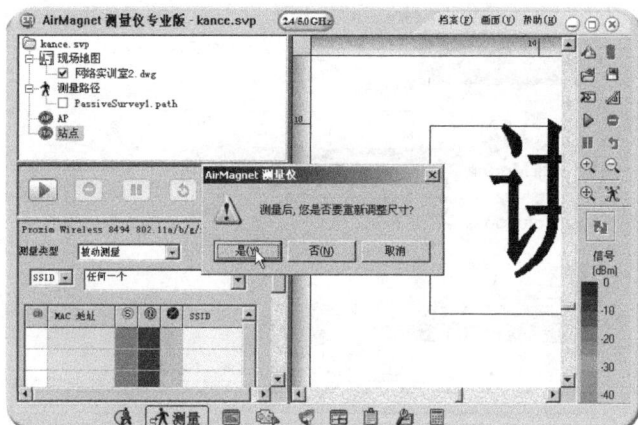

图 1-10　提示框

步骤 10：使用"测量工具"测量校准点位置，如图 1-10 所示。

图 1-11　测量校准点

步骤11：测量后得的数据填入"实际距离"，单击"再校准"，后按确定，如图1-12所示。

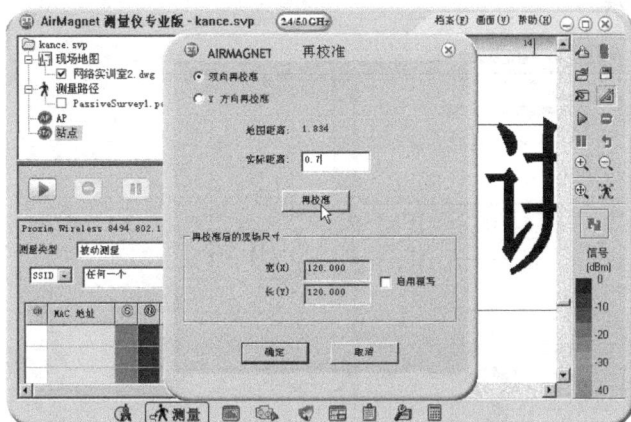

图 1-12　校准精确

步骤12：在软件左侧中选测量类型，选择"被动测量"类型，如图1-13所示。

图 1-13　选择测量类型

步骤13：单击右侧工具栏的"开始测量"工具，进行室内楼面的勘测，如图1-14所示。

图 1-14　开始测量

步骤 14：选择测量开始位置，离室内墙壁一米位置，沿墙壁每秒 1 米步行一圈，如图 1-15 和图 1-16 所示。

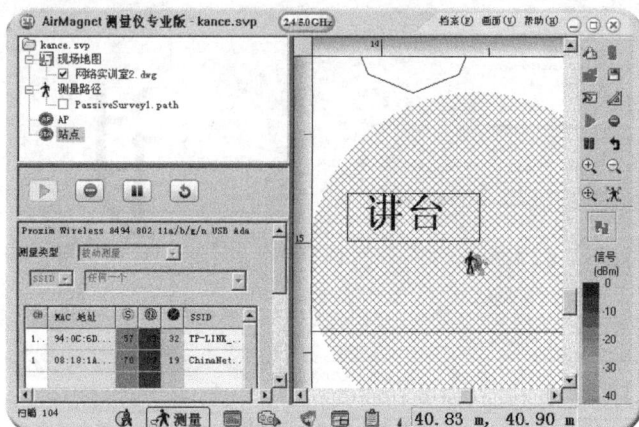

图 1-15　选择测量位置

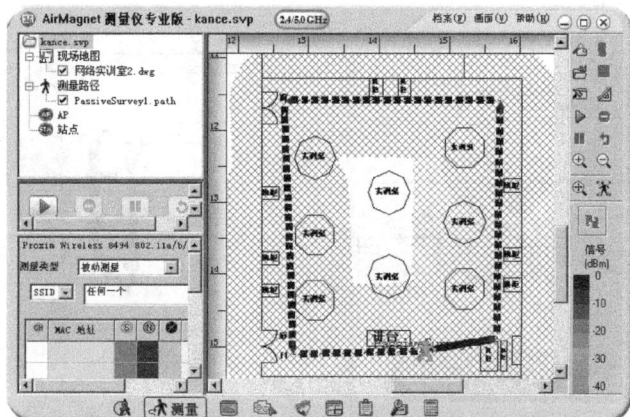

图 1-16　环绕测量

步骤 15：测量完毕后，单击下侧鼠标位置的"显示"工具键，如图 1-17 所示。

图 1-17　显示工具键

步骤 16：单击"显示"键后，数据将出现在测量平面图中，如图 1-18 所示。

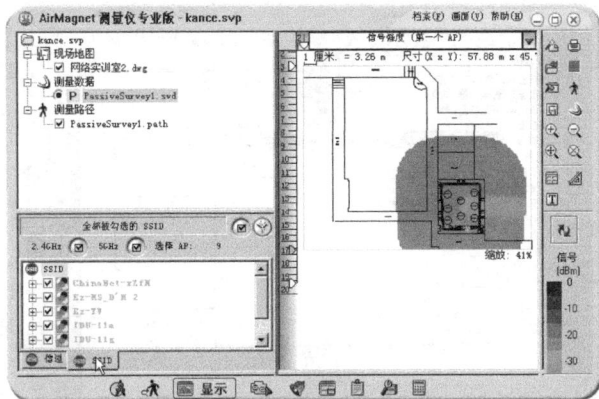

图 1-18 测量数据

步骤 17：数据出现后，单击下侧工具栏中的"报表"工具键，进行选择根据"信道"或"SSID"的数据分析报表，在默认报表样板中选择需要的报表样板，如图 1-19 所示。

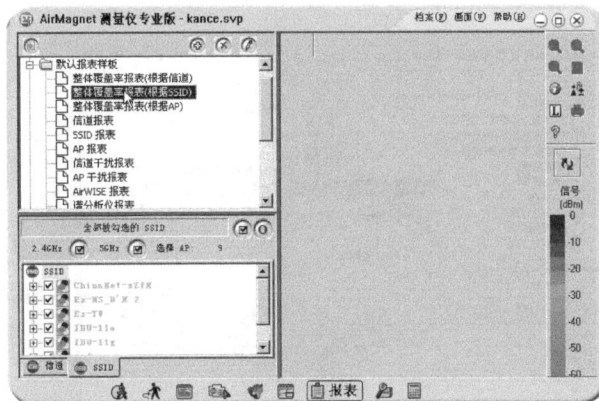

图 1-19 所示

步骤 18：单击所需要的报表样板后，在略缩图上方单击"导出报表"工具键，如图 1-20 所示。

图 1-20 导出报表

步骤 19：选择所需要的导出格式，下图为导出 PDF 格式的报表，如图 1-21 所示。

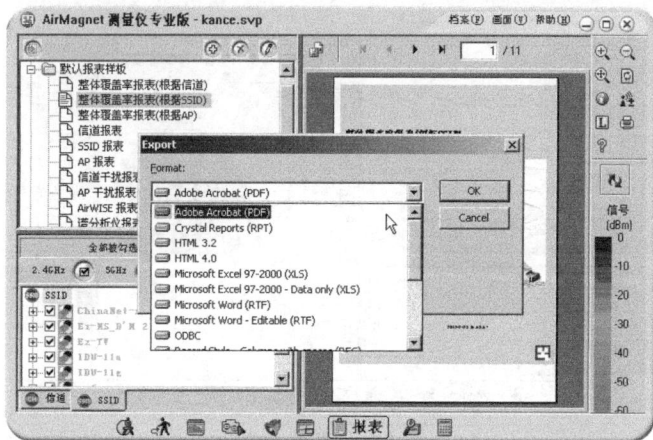

图 1-21　导出 PDF 格式

步骤 20：单击"导出报表"后，出现如下提示框，可选择全部导出或导出部分页面，如图 1-22 所示。

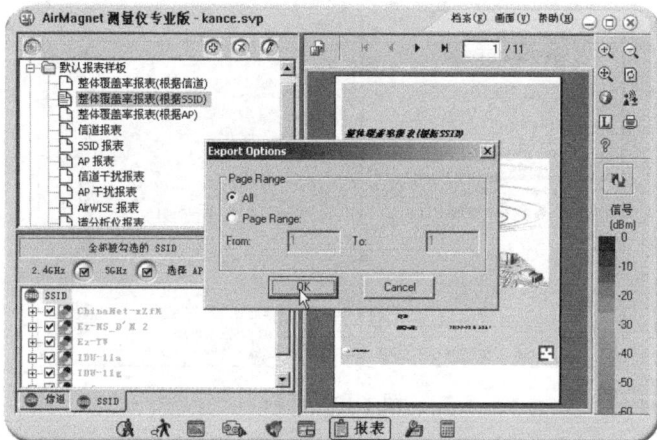

图 1-22　导出选择

步骤 21：导出报表后根据报表数据，写一份分析报告，报告样式如下；

分析报告

根据整体覆盖率报表（根据 SSID）得出结论，无线 AP 存取点总数为 9 个，网络实验室室内信号散布总体良好，信号散布大致在−40dBm 左右，噪声散布影响较为严重，为−90dBm 之间，网络实验室室内总体良好，但部分位置还存在信号散布不均匀和外界有弱干扰，还可调整 AP 的投放点。

小贴士

校准点所校准的数据必须和实际距离长度的误差在≤0.1m 内。

测量类型选择为"被动测量"类型下进行勘测。

测量速度在 1m/s 内，转角需打点，本测量设置是为自动打点模式。

根据题意选择导出某个 SSID 数据、某个信道或全部 SSID 数据和全部信道数据的报表。

任务回顾

本任务通过使用 Networks AirMagnet Survey 测试软件进行了实验室的无线测试，主要采用被动模式下进行无线环境勘测，操作比较简单，但有些地方需要选手要特别注意，否则可能丢分。

比赛心得

通过使用无线测试软件对指定场地的无线环境进行测试，还是第一次放在比赛中，很多地方的教练和选手惊慌失措和无以应对，但实际上还是比较简单的，就笔者个人而言，只要把该软件熟悉透彻，按照比赛的要求进行测试，还是很容易难道满分的。

实训

任务：对自己学校某实验室进行无线环境测试

背景和需求：某学校为适应现在社会的发展，使自己学校的信息化建设处于领先水平，特让网管中心搭建了无线网络，网关中心的工作人员为了验证无线网络的信号，使用 Networks AirMagnet Survey 进行测试，假设你是网关中心的工作人员，请你自己绘制测试环境的平面图和进行实际的测试，并写出分析报告。

第六部分　模拟题与应试指南

企业网搭建及应用（一）
网络搭建部分比赛题目

网络配置

特殊说明：

- 本文中所有"**X**"这个符号都代表组号，如第一组使用 1 代替，可用的 IP 网段为：192.168.1.0/24；
- 建议选手比赛开始后先制作 16 根网线：选择其中 5 根长 1 米的网线制作成交叉线，其余 11 根全部制作成直通线，便于比赛后期根据网络拓扑图搭建网络和调试网络；
- 根据网络设备的摆放位置和 Console 线的长度，建议选手选用服务器 A 配置网络设备；
- 为设备命名时，名称中的序列号应与网络设备上粘贴标签的序列号一致。

（1）配置设备名称：二层交换机为 S2-X，路由器为 R-X，三层交换机分别为 S3-X-1，S3-X-2。

（2）在二层交换机 S2-X 上划分 3 个 Vlan，并加入相应的端口（见表 1-1）。

表 1-1

Vlan	name	端　口　号
Vlan 3	LX3	Fa0/6、Fa0/8
Vlan 5	LX5	Fa0/16、Fa0/18
Vlan 6	LX6	Fa0/9、Fa0/10、Fa0/11、Fa0/12、Fa0/13

表 1-1 中未提到的端口放在 Vlan 1 中。

（3）在三层交换机 S3-X-1 上划分 3 个 Vlan，并加入相应的端口（见表 1-2）。

表 1-2

Vlan	name	端　口　号
Vlan 3	ds3	Fa0/6、Fa0/8
Vlan 5	ds5	Fa0/16、Fa0/18
Vlan 6	ds6	Fa0/9、Fa0/10、Fa0/11、Fa0/12、Fa0/13

表 1-2 中未提到的端口放在 Vlan 1 中。

（4）在三层交换机 S3-X-2 上划分 3 个 Vlan，并加入相应的端口（见表 1-3）。

表 1-3

Vlan	name	端　口　号
Vlan 6	QYW6	Fa0/14、Fa0/15、Fa0/16、Fa0/17、Fa0/18、Fa0/19、Fa0/20
Vlan 9	QYW9	Fa0/5、Fa0/7
Vlan 10	QYW10	Fa0/8、Fa0/10、Fa0/12

表 1-3 中未提到的端口放在 Vlan 1 中。

（5）将二层交换机 S2-X 的 Fa0/24 端口与三层交换机 S3-X-1 的 Fa0/24 端口对应连接，相连的端口设置为 tag VLAN 模式；将三层交换机 S3-X-1 的 Fa0/23 端口与三层交换机 S3-X-2 的 Fa0/23 端口对应连接，相连的端口设置为 tag Vlan 模式；实现跨交换机 VLAN 之间连通。

（6）使用二层交换机 S2-X 的 Fa0/1、Fa0/2、Fa0/3、Fa0/4 四个端口与三层交换机 S3-X-1 的 Fa0/1、Fa0/2、Fa0/3、Fa0/4 四个端口进行链路聚合，用四个端口创建一个链路聚合组 port-group 2，并将链路聚合组设置为 trunk 模式。

（7）分别在二层交换机 S2-X、三层交换机 S3-X-1 和 S3-X-2 上启用 MSTP 协议。

（8）在二层交换机 S2-X 上配置聚合端口 port-group 2 到端口 Fa0/5 的端口镜像，该镜像能把源聚合端口的接收和发送都镜像。

（9）在三层交换机 S3-X-2 上的端口 Fa0/4 配置端口安全，最多允许通过 50 个 MAC 地址，超过 50 个时，来自新主机的数据帧将丢失。

（10）在二层交换机 S2-X 上的端口 Fa0/9——端口 Fa0/20 配置端口安全，端口安全地址个数为 1，安全违例将关闭端口。

（11）在三层交换机 S3-X-1 上的端口 Fa0/7 上配置端口安全，安全 MAC 地址为：00-12-F0-00-00-01，安全 IP 地址为 192.168.X.60/27，并进行 IP 和 MAC 地址的绑定配置。

（12）在交换机 S3-X-1 上创建各 VLAN 三层接口并配置 IP 地址（见表 1-4）。

表 1-4

VLAN-interface	IP 地址
VLAN-interface 1	192.168.X.33/27
VLAN-interface 3	192.168.X.65/27
VLAN-interface 5	192.168.X.97/27
VLAN-interface 6	192.168.X.157/27
Loopback0	1.1.1.2/32

（13）在交换机 S3-X-2 上创建各 VLAN 三层接口并配置 IP 地址（见表 1-5）。

表 1-5

VLAN-interface	IP 地址
VLAN-interface 1	192.168.X.34/27
VLAN-interface 6	192.168.X.158/27
VLAN-interface 9	192.168.X.161/27
VLAN-interface 10	192.168.X.193/27
Loopback0	1.1.1.3/32

（14）将三层交换机 S3-X-2 的端口 Fa0/5 与路由器 R-X 的以太网口 0/1 相连，在路由器 R-X 上配置各路由接口 IP 地址（见表 1-6）。

表 1-6

接　　口	IP 地址
Faster Ethernet0/0	202.106.X.253/24
Faster Ethernet0/1	192.168.X.190/27
Loopback0	1.1.1.1/32
Loopback10	192.168.X.196/32

（15）配置路由协议，使三层交换机 S3-X-1、S3-X-2 和路由器 R-X 上的相关网段实现互通。

注意：相关网段包括路由器上的 Loopback10，交换机上的 Vlan 1、Vlan 3、Vlan 5、Vlan 6、Vlan 9、Vlan 10。

要求：

使用 OSPF 协议，两台三层交换机和一台路由器组成了一个 OSPF 路由域，网络：192.168.X.32/27、192.168.X.64/27、192.168.X.96/27、192.168.X.128/27 属于区域 0；192.168.X.160/27、192.168.X.192/27、192.168.X.196/32 属于区域 1，请根据组网需要将相应网段加入到区域 0 和区域 1 中。

路由器的 OSPF router ID 设置为 1.1.1.1，两台三层交换机的 OSPF router ID 设置为 1.1.1.2 和 1.1.1.3。

（验证方法：从 VLAN 5 的主机上可以 ping 通 R-X 上的 Loopback10 接口地址：192.168.X.196/32）。

（16）在三层交换机 S3-X-2 上设置地址绑定功能，MAC 地址为：00-12-F0-00-00-02，IP 地址为：192.168.1.35/27；并在端口 Gigabitethernet 0/25 设置多播风暴控制，允许通过的多播报文最多占带宽的 10%。

（17）在路由器 R-X 上配置地址转换，使 Vlan 10 中的主机可以通过地址转换访问 Internet，内部全局地址为：202.106.X.251/24，202.106.X.252/24，地址池名称为：connectpool。

要求：

① 地址转换后的地址直接使用路由器 R-X 连接 Internet 的接口地址。

② 只允许 VLAN 10 中的主机通过地址转换访问 Internet，其他 VLAN 中的主机不允许访问 Internet。

③ 仅用一条 ACL 规则实现，ACL 号使用 10。

④ 配置的默认路由必须使用接口作为下一跳网关。

（验证方法：通过 ping 通地址 202.106.X.253/24，表明能够访问 Internet。）

（18）在三层交换机 S3-X-2 上配置 ACL，在 VLAN 6 端口禁止来自 192.168.1.128 子网的 FTP 数据流到 192.168.1.160 子网，其他数据流将被转发，ACL 号使用 101。ftp-data 端口号：20，ftp 端口号：21。

企业网搭建及应用 操作系统部分比赛题目

Windows 部分

特殊说明：本文中所有 X 这个字符都代表组号，如第一组选手，192.168.X.1 代表 192.168.1.1。在本文中未做说明的部分，不作为评分点，选手可自行做出决定。

1．在标识为"服务器 A"的计算机上建立 TJ2003SA 虚拟机，要求内存 1 024MB，硬盘 100GB，不预先分配磁盘空间，并安装 Windows 2003 Server R2 软件，计算机名为 TJ2003SA。服务器安装文件存放于 C:\soft 目录下，虚拟机文件存放于 C:\vmfile\tj2003sa 目录下，IP 地址为 192.168.0.2。

2．在标识为"服务器 B"的计算机上建立 TJ2003SB 虚拟机，要求内存 1 024MB，硬盘 100GB，不预先分配磁盘空间，并安装 Windows 2003 Server R2 软件，计算机名为 TJ2003SB。 服务器安装文件存放于 C:\soft 目录下，虚拟机文件存放于 C:\vmfile\tj2003sb 目录下，IP 地址为 192.168.0.3。

3．将标识为"服务器 A"的计算机上的 TJ2000 虚拟机启动。对其进行滚动升级，将原来用 tj.com 域的域控制器 TJ2000 升级到新安装的两台 Windows 2003 服务器 TJ2003SA 和 TJ2003SB 上。

4．将标识为"服务器 A"上的原 TJ2000S 上的 DHCP 服务和 DNS 服务迁移到 TJ2003SA 服务器上。

5．在标识为"服务器 B"的计算机上建立名为 WinRoute 的虚拟机、包括两块网卡，使用网桥方式连接。在其上安装 Windows 2003 Server R2 服务器软件，计算机名为 WinRoute，工作组为 TJWK。内网卡 IP 地址为 192.168.0.1，外网卡 IP 地址为 192.168.X.135，并设置 Nat，允许 192.168.0.1 网段访问外网。

6．在域上创建 DFS 共享目录 \tj.com\share，在 TJ2003SA 和 TJ2003SB 的 C:\share 下同步文件。

7．在标识为"服务器 C"的计算机上建立名称为 WINXPSP2 的虚拟机，要求内存分配 512MB，并安装 Windows XP SP2 操作系统，计算机名为 WINXPSP2，IP 地址为 192.168.0.10。安装完成后，请将此客户端加入到域。

8．将标识为"服务器 A"的计算机上的 TJ2000 虚拟机从 tj.com 域上降级为独立服务器。要求把 AD 架构控制台放到 TJ2003SA 的桌面上。

9．在标识为"服务器 D"的计算机上安装打印机驱动，并打印网络设备最终配置结果。

企业网搭建及应用
操作系统部分比赛题目

Linux 部分

1. 在服务器 C 上建立虚拟计算机 TJLC1，虚拟机文件保存在 C:\vmfile\tjlc1 目录下，磁盘空间 20GB，内存 512MB，使用文本方式安装 Fedora 5，安装时要求安装完成后以文本方式启动 Linux 系统。IP 为 192.168.0.5、子网掩码为 255.255.255.0、DNS 为本地 IP、网关为 192.168.0.1。

2. 建立三个主机 A 指向：

www.tj.com 对应 192.168.0.5；

www1.tj.com 对应 192.168.0.5；

www2.tj.com 对应 192.168.0.5；

www3.tj.com 对应 192.168.0.5；

www4.tj.com 对应 192.168.0.5；

www5.tj.com 对应 192.168.0.5；

ftp.tj.com 对应 192.168.0.5；

ftp1.tj.com 对应 192.168.0.5；

ftp2.tj.com 对应 192.168.0.5；

ftp3.tj.com 对应 192.168.0.5；

ftp4.tj.com 对应 192.168.0.5；

ftp5.tj.com 对应 192.168.0.5。

3. 在虚拟计算机 tjlc1 上建立第二块 IDE 磁盘，将第二块磁盘用 ext2 方式格式化，分区挂载到 \web 目录下。要求每次启动自动挂载。

4. 安装 WWW 服务器和文本浏览器 lynx，建立三个虚拟网站：

www.tj.com 对应 Linux 服务器上的/web/www 目录；

www1.tj.com 对应 Linux 服务器上的/web/www1 目录；

www2.tj.com 对应 Linux 服务器上的/web/www2 目录。

并在每一个网站下建立一个 index.htm 作为首页。

www.tj.com 站的网页内容为：

```
<HTML>
<HEAD>
<TITLE> Hello </TITLE>
<BODY>
www.tj.com
```

```
</BODY>
</HTML>
```

www1.tj.com 站的网页内容为：

```
<HTML>
<HEAD>
<TITLE>Hello</TITLE>
<BODY>
www1.tj.com
</BODY>
</HTML>
```

www2.tj.com 站的网页内容为：

```
<HTML>
<HEAD>
<TITLE>Hello</TITLE>
<BODY>
www1.bj.com
</BODY>
</HTML>
```

5．在服务器 TJLC1 上建立 FTP 服务器。

建立三个 FTP 账号：ftp1、ftp2、ftp3。

将 ftp://ftp.tj.com 对应 Linux 服务器上的/web/www 目录；

将 ftp://ftp1.tj.com 对应 Linux 服务器上的/web/www1 目录；

将 ftp://ftp2.tj.com 对应 Linux 服务器上的/web/www2 目录。

对相应目录有上传和下载及删除的权限。

6．启动服务器 C 上的 TJLC2，请破解 Root 的密码，并将新密码设置为 tjlc2，将 IP 更改为 192.168.0.6，将网关更改为 192.168.0.1，将 dns 服务器更改为 192.168.0.5。

7．升级 TJLC1 的内核版本 2.6.15-1.2054_FC5 到 kernel-2.6.20-1.2320.FC5。

8．请将 TJLC1 上的 apache 服务器从 httpd2.2.0-5.1.2 升级为 httpd-2.2.2-1.3.，手册也同时升级。

9．请将 TJLC1 上的 samba 服务器从 samba-3.0.21b-2 升级为 samba-3.0.24-7，samba-client 也一同升级到相同版本。

10．在 TJLC1 上将 rar 安装到/usr/bin/rar 目录中，并将题目提供的 web.rar 中的网页内容放到/web/tj 下。

企业网互联模拟测试题（二）

网络搭建部分

KYPXZ-01-07 机架模拟学校实训大楼的网络中心机柜：KYPXZ-01-07 机架自上而下安装如下设备：显示器、路由器（1）、1U 理线架、路由器（R2）、路由器（R3）、1U 理线架、路由器（R4）、交换机（1）、1U 理线架、交换机（2）、KVM、24 口模块式配线架（DX1）。

安装需从机架的顶端开始，路由器组和交换机组之间的间隔 1/3U 空间，24 口模块式配线架（DX1）与 KVM 之间间隔 2U，其他设备均紧靠安装。

线缆标识管理：要求电缆两端、数据配线架端口位及跳线均需做好编号标识，标识标签书写应清晰、端正、线缆标识采用标签书写、配线架采用纸质书写；配线架和线缆标识命名规则与信息点命名规则相同。

网络设备部分

按照如下拓扑图所示连接网络设备。

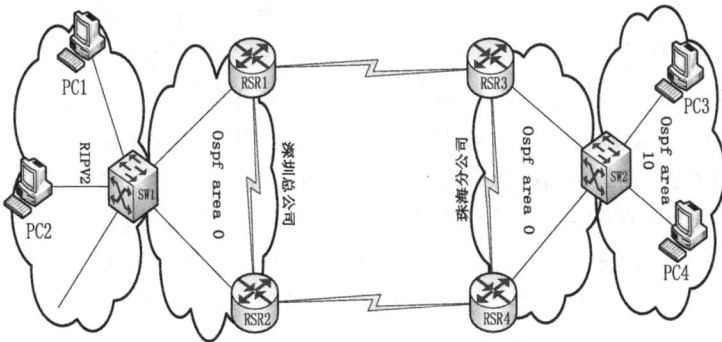

按照下表的要求连接设备与设置地址。

设 备 名 称	设 备 接 口	IP 地址	备　注
RSR1	S3/0	200.0.0.1/30	Internet 出口
	S4/0	172.16.1.1/30	
	Fa0/1		连接 SW1
RSR2	S3/0	201.0.0.1/30	Internet 出口
	S4/0	172.16.1.2/30	
	Fa0/1		连接 SW1
SW1	Fa0/23		连接 RSR1
	Fa0/24		连接 RSR2
	VLAN 10		端口为（Fa0/1-10）

续表

设 备 名 称	设 备 接 口	IP 地 址	备 注
SW1	Vlan 20		端口为（Fa0/11-20）
	Vlan 30		端口为（Fa0/21-22）
RSR3	S3/0	200.0.0.2/30	Internet 出口
	S4/0	173.16.1.1/30	
	Fa0/0		连接 SW2
RSR4	S3/0	201.0.0.2/30	Internet 出口
	S4/0	173.16.1.2/30	
	Fa0/0		连接 SW2
SW2	Fa0/1		连接 RSR3
	Fa0/2		连接 RSR4
	VLAN 40		端口为（Fa0/3-13）
	VLAN 50		端口为（Fa0/14-24）
PC1	VLAN 10		连接端口为（Fa0/5）
PC2	VLAN 20		连接端口为（Fa0/18）
PC3	VLAN 40		连接端口为（Fa0/7）
PC4	VLAN 50		连接端口为（Fa0/20）

子网划分：

划分 10.1.1.0/24 网段的 IP 给深圳总公司使用，划分第一个子网给 Vlan 10 使用，Vlan 10 里的客户机至少有 59 台，用该子网的最后第一个可用 IP 地址做网关使用；划分第二个子网给 Vlan 20 使用，Vlan 20 里的客户机至少有 13 台，用该子网的最后一个可用 IP 地址做网关使用；划分第三个子网给 Vlan 30 使用，Vlan 30 里的客户机至少有 5 台，用该子网的最后一个可用 IP 地址做网关使用；划分第四个子网给设备 RSR1 与 SW1 之间相连的 IP 地址使用；划分第五个子网给设备 RSR2 与 SW1 之间相连的 IP 地址使用；

划分 192.16.1.0/24 网段的 IP 给珠海分公司使用，划分第一个子网给 VLAN 40 使用，Vlan 40 里的客户机至少有 78 台，用该子网的第一个可用 IP 地址做网关使用；划分第二个子网给 Vlan 50 使用，Vlan 50 里的客户机至少有 26 台，用该子网的第一个可用 IP 地址做网关使用；划分第三个子网给设备 RSR3 与 SW2 之间相连的 IP 地址使用；划分第四个子网给设备 RSR4 与 SW2 之间相连的 IP 地址使用。

深圳总公司配置要求：

（1）使用 TFTP 软件升级 SW1 设备的系统。（系统文件在 PC1）

（2）按上述要求配置设备接口 IP 地址、设备名称和每台设备的 telnet 功能。

（3）按要求完成 VLAN 划分和接口绑定、VLAN 网关地址。

（4）根据拓扑图，配置动态路由协议 OSPF，并需要制定 RSR1 的 RID 为 1.1.1.1，RSR2 的 RID 为 1.1.1.2，SW2 的 RID 为 1.1.1.3。

配置动态路由协议 RIPV2 和默认路由。

（5）正确配置动态 RIP 与 OSPF 之间的路由协议，使全网互通。

（6）为了安全起见，RSR1、RSR2 和 SW1 之间使用 OSPF 明文验证，验证密钥都为 qiyewang。

（7）路由器 RSR1 与 RSR2 之间的广域网串行链路做 PPP 封装，并采用先 CHAP 后 PAP 的验证方式，并将 RSR1 设置为验证方，其用户名为验证方设备的 hostname，口令为 qiyewang。

（8）在 SW1 三层交换机上配置 DHCP 服务，使 Vlan 10、Vlan 20、Vlan 30 能正常获取到 IP 地址，并且 DNS 地址统一分配 202.96.133.134。

（9）在两台出口路由器所连接的以太网接口设置会话限定，对流入方向限制，新建会话数量为 1 000，并发会话数量为 200 000，超出范围的会话将被阻止。

（10）在 SW1 三层机上配置服务质量控制，Vlan 10 的用户下行流量控制为 50M，Vlan 20 的用户下行流量控制为 30M，Vlan 30 的用户下行流量控制为 20M。

（11）配置策略路由，访问外网网站的数据流量由 RSR1 路由器转发，访问其他的数据流量由 RSR2 路由器转发。

（12）在 SW1 交换机上的 Fa0/23 端口配置为监控端口，Fa0/24 端口为镜像口。

（13）深圳总公司与珠海分公司的两条直连广域网串行链路做 VPN IPSEC 的虚拟链路，加密密钥为 qiyewang 。

（14）在出口路由器上配置 URL 域名访问限制功能，不允许访问 www.youku.com、www.ku6.com、www.tudou.com 的网站，其他网站能正常访问。

（15）深圳总公司的两台出口路由器配置 NAT，使全网能通过这两个路由器访问互联网，在 RSR2 路由器里配置映射，使局域网 PC2 的 WEB 网站能提供给 Internet 用户访问，为了网站的安全起见，做相应设置，本公司局域网用户也是通过访问出口地址来访问 WEB 网站。

珠海分公司配置要求：

（1）按上述要求配置设备接口 IP 地址、设备名称和每台设备的 telnet 功能。

（2）按要求完成 Vlan 划分和接口绑定、Vlan 网关地址。

（3）根据拓扑图所示，配置动态路由协议 OSPF 和默认路由，使全网互通。

（4）路由器 RSR3 与 RSR4 之间的广域网串行链路做 PPP 封装，并采用 PAP 的验证方式，并将 RSR3 设置为验证方，其用户名为验证方设备的 hostname，口令为 qiyewang。

（5）配置策略路由，访问网站和 FTP 的数据流量由 RSR4 路由器转发，访问其他流量数据由 RSR3 路由器转发。

（6）配置公司的两台所连接的以太网口限定流入方向启动 TCP SYN 代理。

（7）珠海分总公司与深圳总公司的两条直连广域网串行链路做 VPN IPSEC 的虚拟链路，加密密钥为 qiyewang 。

（8）在 SW2 三层交换机上配置 DHCP 服务，使 Vlan 40 、Vlan 50 能正常获取到 IP 地址，并且 DNS 地址统一分配 202.96.128.68 。

（9）在 SW2 交换机上的 Fa0/7、Fa0/20 的端口开启系统保护防止扫描端口，设置每秒有 500 个报文对一批不同目的的 IP 扫描和每秒有 1000 个报文对一批不存在的 IP 扫描时隔离 3600 秒，并对所有端口的广播报文限定为阈值 10%。

（10）珠海分公司的两台出口路由配置 NAT，使全网能通过这两台路由器访问互联网，在 RSR3 路由器上做映射，使 PC3 的 Web 网站提供给 Internet 用户访问。

无线测试

无线测试环境要求：

在指定的无线空间环境中用福禄克 AirMagnet Survey 软件进行勘测，空间平面图由监考老师提供，测量类型为被动测量，对环境中的所有 SSID 进行测量，测量好后导出该报表"整体覆盖率报表（根据 SSID)"，对导出的报表写一份无线测试报告，放置在笔记本电脑的桌面。

服务器配置部分

1. DC 服务器

在 PC1 物理机上安装 Windows 2008 R2 操作系统，计算机命名为 dc，IP 地址为 10.1.1.8，配置此服务器为主域控制器，能够兼容网络环境中的其他 Windows Server 2008 服务器，其 FQDN 为 dc.szped.com。

将此服务器配置为 DNS 服务器，正确配置 IPv4 的正向与反向区域，创建相关记录，截图保存反向区域记录为 PC1-2，设置本机的 IPv6 地址，正确配置 IPv6 的正向与反向区域；截图保存 IPV6 的正向区域为 PC1-3，配置区域复制，将区域信息安全的复制到备份 DNS 服务器。

创建三个组，分别为 master、manager、staff，在 master 组创建用户 CEO，并同时将其加入到 administrator 组，在 manager 组中创建 user1、 user2、 user3、user4，其用户不能修改用户口令，其口令为相应的用户名称。在 staff 组中创建 user10、user20、user30、user40，其用户不能修改用户口令，其口令为相应的用户名称。

2. DhcpClient

在 PC1 计算机上，安装 HYPE-V，使用 HYPE-V 创建虚拟主机，磁盘分区为 40GB，内存为 512MB；安装 Windows 7 操作系统，自动获取 IP 地址。

3. FTP 服务器

在 PC1 计算机上，使用 HYPE-V 创建虚拟主机，磁盘分区为 40GB，内存为 512MB；服务器安装 Windows Server 2003 R2 操作系统，IP 地址为 10.1.1.9，加入域控制器，截图保存为 PC1-6，服务器的 FQDN 为 ftp.szped.com 设置域用户可以上传和下载文件，而匿名用户只能下载文件。在命令行模式下测试。

4. Web-PC2 服务器

在 PC2 计算机上，使用 Oracle VM virtualBox 创建虚拟主机，磁盘分区为 20G，内存为 512M；此服务器使用 Windows Server 2008 操作系统，IP 地址为 10.1.1.68，服务器 FQDN 为 web-PC2.szped.com 创建站点 pc2web，主目录为 C：\WEB，主页为 default.htm，主页的内容为 web-PC2.szped.com；截图保存测试页面为 PC2-1，再为这些站点创建虚拟目录 vt，目录为 C：\BOOK，页面内容为 my book!!!

5. DHCP 服务器

安装在 PC2 计算机上，使用 Oracle VM virtualBox 创建虚拟主机，磁盘分区为 20GB，内存为 512MB；安装 Windows Server 2003 R2 操作系统，IP 地址为 10.1.1.69，其 FQDN 为 dhcp.szped.com 为 PC1 中的虚拟机 DhcpClient 动态分配 IP 地址，并需要为客户端指定 DNS 地址和网关地址。

6. Centos1 服务器

安装在 PC2 计算机上，使用 Oracle VM virtualBox 创建虚拟主机，磁盘分区为 20GB，内存为 512MB；服务器安装 CentOS 5.5 操作系统，采用文本安装，IP 地址为 10.1.1.70。服务器的 FQDN 为 mail.szped.com 使用 Sendmail 配置邮件服务器，为域内用户提供邮箱账号，能够正常发送和接收邮件。在本系统上使用 user1 向 user2 发送一封邮件，主题为"hello"，内容为"Happy birthday to you!"。截图保存为 PC2-4，设置开机自动启动服务。

在此服务器上安装 DNS 服务，设置服务器能够从主 DNS 服务器（DC）进行区域复制，当进行区域复制时需要安全可靠。同时开机自动启动服务。

7. WEB-PC3 服务器

安装在 PC3 计算机上，使用 Oracle VM virtualBox 创建虚拟主机，磁盘分区为 40GB，内存为 512MB；此服务器使用 Windows Server 2008 操作系统，IP 地址为 192.16.1.8，服务器 FQDN 为 web-PC3.szped.com 创建站点，其主页的内容为 web-PC3.szped.com。

8. CentOS2 服务器

在 PC3 上利用 Oracle VM virtualBox 软件安装一台 CentOS 5.5 操作系统，硬盘大小为 20GB，内存为 1GB，自动分区，安装 KDE 图形桌面环境，按所需要求安装相应的服务，网卡为桥接模式，IP 地址为 192.16.1.9。

添加一块 10GB 的硬盘，分区好并把这块硬盘挂载到/web，为此块硬盘做标签，标签名为"website"，截图保存为 PC3-2 。启动磁盘配额，为 user1 用户分配 5GB 容量空间，最多允许存入 100 个文件，为 user2 用户分配 5GB 容量空间，最多允许存入 150 个文件，截图保存配置文件为 PC3-3，并且每次开机后自动挂载。

安装 VNC 服务，为 root 用户开启 VNC 服务，密码为 2011dasai，并设置远程桌面是 8bit 颜色，分辨率使用 640×480 像素，远程桌面使用 KDE 环境。截图保存配置文件为 PC3-5，使用 vncviewer 测试结果。

9. CentOS3 服务器

安装在 PC4 计算机上，使用 Oracle VM virtualBox 创建虚拟主机，磁盘分区为 40GB，内存为 512MB；服务器安装 CentOS 5.5 操作系统，采用文本安装，IP 地址为 192.16.1.10

安装 samba 服务，在/smb 下为 Callcenter、ITsupport、Warehouse 部门创建共享目录，设置 samba 共享服务，使得 Callcenter、ITsupport、Warehouse 三个用户能登录各自的共享文件夹，并且具备全权限操作，登录进去后只能看见自己的所属文件夹。截图保存配置文件为 PC4-6

10. CentOS4 服务器

安装在 PC4 计算机上，使用 Oracle VM virtualBox 创建虚拟主机，磁盘分区为 40GB，内存为 512MB；使用 CentOS 操作系统，IP 地址为 192.16.1.151。

在根下创建两个目录/share 和/share1，启动 Samba 服务，安全级别为 user，创建共享目录[group01]和[group02]，[group01]目录路径为/share，是公共目录，不允许进行写操作。[group02]目录路径为/share1，不是公共目录，只有用户组 test 中的用户才可以访问，并且有写的权限。

配置 Apache 服务，搭建好 LAMP 环境，设置主目录 Apache 为/test，主页为 default.php 主页内容为"<? phpinfo（）; ?>"。配置好后访问网站。

企业网互联模拟测试题（三）

网络部分

需求分析：某公司的办公网络通过路由器 NORTH-R-X 的 f0/0 接入互联网，公司分为南北两个厂区，南北厂区间实现 VPN 安全连接。根据题中需求，实现所需功能。

说明：文中所有出现的 X 代表参赛小组的抽签号，如第一组，请用 1 代替。

（阅卷 10 分钟）

拓扑连接：根据下表和网络拓扑图，将所有连接起来。

源设备名称	设 备 接 口	目标设备名称	设 备 接 口
NORTH-R-X	S4/0	SOUTH-R-X	S4/0
NORTH-R-X	Fa0/1	CORE-S-A	G0/25
SOUTH-R-X	Fa0/0	CORE-S-B	G0/25
SOUTH-R-X	S4/0	NORTH-R-X	S4/0
SOUTH-R-X	Fa0/1	CORE-S-B	G0/26
CORE-S-B	Fa0/2、Fa0/3、Fa0/24	CONNECT	Fa0/2、Fa0/3、Fa0/24
CORE-S-B	Fa0/8	PC1	
CONNECT	Fa0/5	PC2	
CONNECT	Fa0/10	PC3	
CORE-S-A	Fa0/16	PC4	

1. 网线制作与网络连接（5分）

根据上面的网络结构图完成网线制作与连接。比赛提供：网线 1 箱，水晶头若干个（根据需求申请多则扣分，少则不补），如需额外材料，请向评委提出（但要扣分）。

（1）网络通信顺畅、操作规范、工艺精良，线缆端接时双绞线外皮剥离不能太长而导致芯线过长外露。

（2）制作网线经济、实用、合理。

（3）直通网线制作统一采用 T568A 标准。

（4）假设所有设备以太网口均不带 MDI/DMIX 自校准功能，请选择合适的网线连接。

（5）要求网段两端都要加标签，名称根据上表完成。

2. 配置按要求配置各设备名称。（4分）

3. 为提高设备安全性，为每台设备配置特权模式密码都为 starX，交换机特权模式超时时间为 90s；为每台设备配置远程登录用户名 teluser，密码为 admin，路由器中的登录验证方法名为 test，并将所有密码以明文方式保存。（8分）

4. 在交换机 CONNECT 上划分各 Vlan，并加入相应的端口。（16分）

Vlan	Name	端　口　号
Vlan 2	Diannao	Fa0/5、Fa0/6
Vlan 7	Luyou	Fa0/8、Fa0/10、Fa0/12
Vlan 8	caijin	Fa0/13、Fa0/14、Fa0/15、Fa0/16
Vlan 9	dianzi	Fa0/17、Fa0/18、Fa0/19、Fa0/20

上表中未提到的端口，放在 Vlan 1 中。

5．在三层交换机 CORE-S-A 上划分各 Vlan，并加入相应的端口。（16 分）

Vlan	Name	端　口　号
Vlan 30	Guanli	Fa0/5、Fa0/7、Fa0/9
Vlan 40	Shixun	Fa0/8、Fa0/10、Fa0/12
Vlan 50	Jiaowu	Fa0/15、Fa0/16、Fa0/17、Fa0/18
Vlan 60	zongwu	Fa0/19、Fa0/20

上表中未提到的端口，放在 Vlan 1 中。

6．在三层交换机 CORE-S-B 上创建各 Vlan 三层接口并配置 IP 地址，使用 10.10.10.0/24 网段，划分 10 个子网，各 vlan 使用与子网号一致的网段的第一个可用地址。（8 分）

7．在三层交换机 CORE-S-A 上创建各 Vlan 三层接口并配置 IP 地址，使用 172.16.1.0/24 网段，划分 4 个子网（全 0 和全 1 子网可用），各 vlan 使用各网段的第一个可用地址。（8 分）

8．使用交换机 CONNECT 的 Fa0/2、Fa0/3 两个端口与三层交换机 CORE-S-B 的 Fa0/2、Fa0/3 两个端口进行链路聚合，将两个端口创建一个链路聚合组 port-group 2，并将链路聚合组设置为 trunk 模式，将交换机 CONNECT 的 Fa0/24 端口与三层交换机 CORE-S-B 的 Fa0/24 端口连接作为备用链路，相连的端口设置为 tag vlan 模式。（10 分）

9．分别在各交换机上启用快速生成树协议。（6 分）

10．在三层交换机 CORE-S-B 上配置聚合端口 port-group 2 到计算机 PC1 所连端口的端口镜像，该镜像能把源聚合端口的接收和发送都镜像。（10 分）

11．在三层交换机 CORE-S-B 上的端口 Fa0/19、Fa0/20 配置端口安全，最多允许动态学习 50 个 MAC 地址，超过 50 时，来自新主机的数据帧将丢失。（9 分）

12．在三层交换机 CORE-S-A 上的端口 Fa0/17 至端口 Fa0/20 配置端口安全，端口安全地址个数为 1，安全违例将关闭端口。（9 分）

13．在三层交换机 CORE-S-A 上的端口 Fa0/13 上配置端口安全，安全 MAC 地址为：00-12-F0-00-00-01；配置 MAC 地址过滤，使得 MAC 地址为 00-a0-12-0a-1b-2a 的主机无论接在交换机 CORE-S-A 的 Vlan 1 中哪个端口都不能接入网络，交换机 MAC 地址老化时间为 240s，在 Fa0/16 上实现 arp 检查，ip 和 mac 地址为 pc4（16 分）

14．在路由器 SOUTH-R-X 上配置各路由接口 IP 地址，快速以太网口地址为所在网段的倒数第一个可用地址。（8 分）

接　　口	IP 地址
Serial 4/0	2.2.X.1/30
Loopback0	1.1.1.1/32

续表

接　　口	IP 地址
Loopback10	192.168.X.193/32
FastEthernet0/0	192.168.100.1/30
FastEthernet0/1	192.168.100.5/30

15．在路由器 NORTH-R-X 上配置各路由接口 IP 地址。（8 分）

接　　口	IP 地址
FastEthernet0/0	202.106.X.253/24
Serial 0/1	2.2.X.2/30
Loopback0	1.1.1.2/32
FastEthernet0/1	192.168.100.9/30

16．在交换机 CORE-S-B 上使用 pim-sm 方式开启组播，让所有 Vlan 都可以传送组播包；并在端口 Fa0/22 开启流控和设置多播风暴控制，允许通过的多播报文 64 000 个每秒。（10 分）

17．将两台路由器的串口 Serial 口用背对背线缆连接，带宽为 1 024 000B，线缆连接时注意确保 SOUTH-R-X 为 DCE 端，速率为 115 200。封装需要进行 CHAP 和 PAP 验证的 PPP 协议，CHAP 失效后由 PAP 方式进行验证；SOUTH-R-X 的验证方法列表名为：FROMN，NORTH-R-X 的验证方法列表名为：FROMS；DCE 端的路由器用户名为：userdce，密码为：chappass；DTE 端的路由器用户名为：userdte，密码为：chappass，密码用明文显示（16 分）

18．配置路由协议，使三层交换机 CORE-S-B 和路由器 SOUTH-R-X 上使用动态路由协议 RIP，路由器 SOUTH-R-X 和路由器 NORTH-R-X 之间使用动态路由协议 OSPF，激活路由进程 10，三层交换机 CORE-S-A 和路由器 NORTH-R-X 上使用动态路由协议 RIP，进行适当的配置，使得全网连通，路由器之间使用 L2TP 协议的 VPN 来实现南北厂区之间的数据通信安全，虚拟隧道使用 192.168.200.0/24 网段地址。（30 分）

19．公司最近在试验 IPv6 网络，Vlan 7 和 Vlan 50 网络都使用了 IPv6 网络地址，请自行实现两个 Vlan 间 IPv6 网络的互通。（16 分）

20．pc1 属于 guanli 部门，物理机地址为所在网段的倒数第一个可用 IP，虚拟机地址自定；pc2 属于 diannao 部门，pc3 属于 dianzi 部门，IP 地址均通过自动获取方式获取。（10 分）

21．在路由器 NORTH-R-X 上配置地址转换，使得内网中的主机可以通过地址转换访问 Internet，内部全局地址为：202.106.X.222/24 ～ 202.106.X.252/24，地址池名称为：connectpool，允许地址复用。（16 分）

要求：

● 内网中的所有的主机只能通过地址转换访问 Internet。

● 使用两条 ACL 规则实现，交换机 CORE-S-A 上的网段 ACL 号使用 10，交换机 CORE-S-B 上的网段 ACL 号使用 30。

22．禁止 Vlan 9 和 Vlan 60 上班时间访问外网（上班时间为周一至周五的 9:00～18:00 和周六的 9:00～12:00）。（10 分）

23．禁止 diannao 部门访问 guanli 部门，但 guanli 部门可以访问 diannao 部门（16分）

24．将内网 WEB 服务器发布到外网，使得外网能够通过路由器的接口地址访问到内网的 web 服务器。（10 分）

25．允许整个内部网络到外网时的下载速率最大为 2Mbps；为内网出外网时设置 QOS ，分别为 Vlan8 保留 20%的带宽、Vlan 210%的带宽、Vlan 30 800kbps 带宽（25 分）

操作系统 Windows 配置部分

1．Windows xp 的安装（20 分）

PC2 上建立一个新的虚拟机，名称为 WinxpX；虚拟机硬件包括：网卡一张，光驱一个，硬盘一个，内存一条；不包括软驱、声卡，使用单处理器；内存设定为 256MB；IDE 硬盘大小 10GB；网络连接使用桥接模式，光盘使用硬盘上的镜像文件；虚拟机文件目录建立在 E:\VM\clientsX 下；计算机名为 WinxpX，管理员密码：clients；安装全部设备驱动程序和 VM TOOL。

2．Windows Server 2003 服务器安装（20 分）

PC3 上建立一个新的虚拟机，名称为 Win03clientX；虚拟机硬件包括：网卡一张，光驱一个，硬盘一个，内存一条；不包括软驱、声卡，使用单处理器；内存设定为 384MB；IDE 硬盘大小 10GB；网络连接使用桥接模式，光盘使用硬盘上的镜像文件；虚拟机文件目录建立在 E:\VM\WinServerX 下；计算机名为 Win03ServerX，管理员密码：winserverX；安装全部设备驱动程序和 VM TOOL。

3．Windows Server 2008 服务器安装（20 分）

PC1 上建立一个新的虚拟机，名称为 WinServer20081；虚拟机硬件包括：网卡一张，光盘一个，硬盘一个，USB 端口，内存一条；不包括软驱、声卡，使用单处理器；内存设定为 512MB；IDE 硬盘大小 20GB；网络连接使用桥接模式，光盘使用硬盘上的镜像文件；虚拟机文件目录建立在 E:\VM\WinServer2008X 下；计算机名为 WinServer20081，管理员密码:winserver20081；安装全部设备驱动程序和 VM TOOL。

4．Windows xp 的安装（20 分）

在 PC4 上建立一个新的虚拟机，名称为 WinxpX；虚拟机硬件包括：网卡一张，光驱一个，硬盘一个，内存一条；不包括软驱、声卡，使用单处理器；内存设定为 256MB；IDE 硬盘大小 4GB；网络连接使用桥接模式，光盘使用硬盘上的镜像文件；虚拟机文件目录建立在 E:\VM\clientsX；计算机名为 Win04xpX，管理员密码：clients；安装全部设备驱动程序和 VM TOOL。

5．Windows Server 2008 服务器安装（20 分）

在 PC1 上建立一个新的虚拟机，名称为 WinServer20082；虚拟机硬件包括：网卡一张，光盘一个，硬盘一个，USB 端口，内存一条；不包括软驱、声卡，使用单处理器；内存设定为 512MB；IDE 硬盘大小 20GB；网络连接使用桥接模式，光盘使用硬盘上的镜像文件；虚拟机文件目录建立在 E:\VM\WinServer20082 下；计算机名为 WinServer20082，管理员密码：Winserver20082；安装全部设备驱动程序和 VM TOOL。

6．将 WinServer20082 虚拟机启动。实现如下操作（30 分）

（1）对其进行升级，将其升级为 DC，域名为:tianjin.com，并且是林的根域，DNS 在

WinServer20081 上，在 WinServer20082 上添加子域 linux.tianjin.com，授权 PC4 进行管理。

（2）添加组织单元 tech，offer 和 lady。分别添加 john、Tom 和 nike 用户，并加入 tech，offer，lady 工作组。密码与用户名一致。

（3）每个组织用户只能在周一至周五 9 点到 17 点登录。

（4）将系统 Win04xpX 加入 tianjin.com。

（5）让 tom 无论在域中的任何一台计算机上都可以实现相同的桌面。

7．在 WinServer20082 上实现文件系统（20 分）

（1）共享 C:\DFSdir 目录，共享方式读写。

（2）允许 offer 组织的用户修改 DFSdir 目录。

（3）除 offer 组织的用户外，其他用户不能访问 DFSdir 目录。

（4）实现分布式文件系统，目录名为：C:\DFSdir，链接指向 Win04xpX 的 DFSxp 和 FedoraX 的 DFSlinux 文件夹。

8．DHCP 服务（20 分）

（1）添加用户类别，给每个网段的 DHCP 客户端分配一个用户类别。

（2）通过用户类别使 DHCP 客户端获取正确的 IP 地址。

（3）地址的有效期为 6 小时。

（4）配置正确的网关，DNS 指向 WinServer20082。

9．在 WinServer20082 上实现网络访问保护，使 Win04xpX 具有完全的网络访问权限就获取同网段的信息，否则就换取其他网段的信息。（50 分）

10．将 Win03ServerX 加入林，域为 beijing.com，将 WinxpX 加入 tianjin.com，实现 beijing.com 的用户可访问 tianjin.com 的资源。（20 分）

11．在 WinServer20082 上（40 分）

（1）新建 FTP 站点，通过适当的配置使用户只能访问自己部门的文件目录，管理员可以管理所有目录。

域　　名	部　门	目　　录	访 问 性
Ftp.tianjin.com	Tech	C:\ftp\file1	只读
ftp.tianjin.com	Offer	C:\ ftp\file2	读写
ftp.tianjin.com	lady	C:\ ftp\file3	读写

（2）禁止非本网段的客户端访问到本站点。

（3）登录后 60 秒没任何的操作自动断开。

（4）同时最多 100 个链接到本站点。

12．在 WinServer20082 上（60 分）

（1）设定 Web 服务 www1.tianjin.com 站点 IPv6 锁定为 3::2/64，使内部网络可以通过 IPV6 地址访问站点 www1.tianjin.com。

（2）设定 IIS 主机：www1.tianjin.com:3000 要求实现 ssl 访问。

域　　　名	目　　录
www1.tianjin.com/Share	C:\www\Share
www1.tianjin.com	C:\www\Site1
www1. tianjin.com:3000	C:\www\Site2
www2.tianjin.com	C:\www\Site3

（3）每个站点的最大访问数设定为 1500 个连接。

（4）每个站点最大带宽 2 048 千字节每秒。

（5）60 秒服务器没有响应则为超时操作。

（6）www1. tianjin.com.com:3000 的默认主页为 main.asp，内容为：

```
<html>
<head>
<title> asp</title>
</head>
<body>
<%    Response.Write（"恭喜你，成功了"） %>
</body>
</html>
```

（7）www2.tianjin.com 不允许匿名访问，需要域服务器摘要身份验证。

（8）www1.tianjin.com/Share 站点只允许本网段的 IP 访问。

13．实现如果 WinServer20082 上的共享文件夹被删除，可以通过 WinServer20081 挽回文件或还原属性的方法找回。（10 分）

14．通过 WinServer20082 上的防火墙实现禁止远程桌面连接。（10 分）

15．在 WinxpX 上，通过 Linux 打印服务器进行打印所有网络设备的配置。（10 分）

16．利用组策略关闭 WinServer20082 的自动更新。（10 分）

17．限制客户端 Win04xpX 从服务器安装软件。（20 分）

操作系统 linux 配置部分

（满分 300 分）

1．linux 系统的安装（25 分）

在 PC4 上建立一个新的虚拟主机，名称为 Linux；内存设定 384MB；IDE 硬盘大小 8GB；目录建立在 D:\VMX\FC8 下；使用一个网卡；网络连接使用桥接模式；IPv6 地址为：2::2/64；使用主机中的光盘作为引导光盘，以远程 http 文本方式安装 Fedora 8；远程服务器为 PC4；安装过程设定虚拟机的网卡工作模式为桥接，通过 ftp 主机上匿名账号安装系统；手动创建分区，交换分区大小为 768MB，数据分区/data 大小为 500MB，其余的空间都划分为根分区；计算机名 FedoraX，别名 linux8；root 用户密码 root0629；安装 VMTools。

2．DNS 服务（40 分）

配置 DNS，创建域 linux.tianjin.com，根据需要进行相应正反主机记录。

3．实现 postfix 服务（40 分）

（1）搭建 postfix 服务器，邮箱域名为 linux.tianjin.com。创建账户 finance，hr。

（2）在 PC4 的真实系统的 Outlook 中，创建 smith（finance 的别名）账户，发送邮件主题为 hello，内容为 Good 到 john（hr 的别名）账户。

（3）设置邮件群发功能，群名为 testgroup；群中用户为 finance 和 hr。

（4）设定邮件附件大小为 2MB。

（5）设备每个用户的邮箱大小为 5MB。

4．Samba 服务（25 分）

（1）设置组名 mshome，计算机名 FedoraX

（2）建立 Linux 的本地账户 smith，密码为 adminwin1，主目录为/home/smith。

（3）建立 samba 用户，用户名为 suser1，对应于 Linux 本地账户 smith，对应 Windows 的管理员账户。samba 密码 sambauser1。

（4）允许匿名用户登录。

（5）实现隐藏共享，共享名为 DFSlinux

5．安装 apache 软件 http-2.2.11.tar.gz，并设置 Apache 服务（70 分）

（1）设置虚拟站点，将主文件设定成对应域名的默认首页。

域　名	目　录	主 文 件
www1.linux.tianjin.com	/Web/http	main.htm
www2.linux.tianjin.com	/Web/php	default.php

（2）在站点目录下分别建立 main.htm。body 标签内容为：success。

（3）在站点目录下分别建立 default.php。body 标签内容为：

<?php　echo phpinfo（）;?>

（4）只允许本网段的主机可以访问该网站。

（5）将 MySQL 数据库的管理员 root 的密码设置为：mysql123，并新建一个数据库，名字为 studenttest。

（6）新建一用户 bob，实现该用户的个人主页，内容为：

bob's web

Site.

（7）实现 www1 的 ssl 访问。

6．FTP 服务（50 分）

（1）每次启动计算机时自动启动 vsftpd 服务。

（2）只允许本网段可以访问。

（3）设置 ftp 主机，禁止匿名登录，禁止切换到上级目录。

域名	普通用户	密码	目录	访问权限
ftp.john.com	a	admina	/Web/php	读写
ftp.john.com	b	adminb	/Web/http	只读

（4）对 a 进行限速，最大传输速率为为 40kbps，允许 ftpup 用户新建文件夹，并进行更名，通过 ftpup 用户进入后，显示欢迎语为：welcome ftpup。

（5）对 b 进行设置 200s 不对 FTP 服务器进行任何操作时，则断开该 FTP 连接，设置建立 FTP 数据连接的超时时间为 100s。

7．实现打印服务器，使得 windows 客户端可以正常打印。（30 分）

8．开启 ssh 服务，端口修改为 1234。（10 分）

9．配置 iptables，除上述服务外，其他访问拒绝。（10 分）

企业网络搭建及应用（四）

一、网络拓扑

某集团公司全国有两家分公司，总公司设在北京，分公司分别设在上海和天津。总公司使用专用链路与两分公司相连组成城域网。在全网使用的动态路由 OSPF 路由协议。总公司与上海分公司都申请了访问互联网的链路，但天津分公司没有申请互联网链路，其使用总公司的链路访问互联网。在上海分公司部署的是无线网络，用户通过无线网络访问互联网。如果您是这个网络项目的网络工程师，可根据下面的需求构建一个安全、稳定的网络。

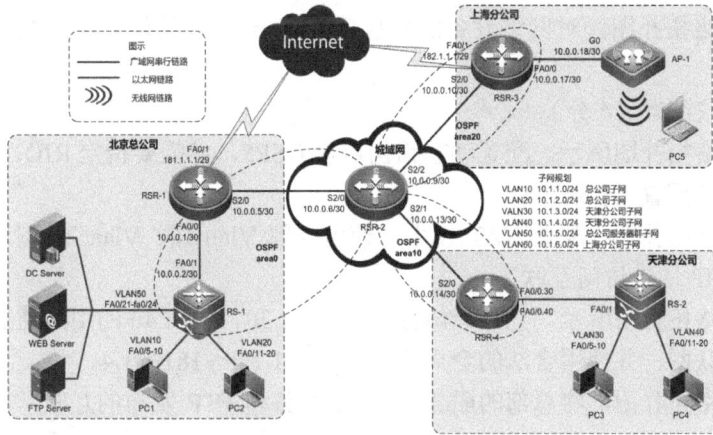

二、IP 规划

网络区域	设备名称	设备接口	IP 地址
北京总公司	RSR-1	S2/0	10.0.0.5/30
		Fa0/0	10.0.0.1/30
		Fa0/1	181.1.1.1/29
	RS-1	Fa0/1	10.0.0.2/30
		Vlan 10	10.0.1.1/24
		Vlan 20	10.0.2.1/24
		Valn 50	10.1.5.1/24
天津分公司	RSR-4	S2/0	10.0.0.14/30
		Fa0/0.30	10.1.3.1/24
		Fa0/0.40	10.1.4.1/24
上海分公司	RSR-3	S2/0	10.0.0.10/30
		Fa0/0	10.0.0.17/30
		Fa0/1	182.1.1.1/29
	AP-1	G0	10.0.0.18/30

续表

网 络 区 域	设 备 名 称	设 备 接 口	IP 地 址
城域网	RSR-2	S2/0	10.0.0.6/30
		S2/1	10.0.0.13/30
		S2/2	10.0.0.9/30
应用服务	DC/DNS 服务器	NIC	10.1.5.253
	FTP 服务器	NIC	10.1.5.252
	Web 服务器	NIC	10.1.5.251

三、试题内容

（一）网络系统构建（70 分）

1．北京总公司

（1）网络底层配置（4 分）

◇　根据网络拓扑图，对网络设备的各接口、Vlan 等相关信息进行配置，使其能够正常通信。

（2）路由协议配置（4 分）

◇　根据网络拓扑图所示，配置动态路由协议 OSPF，并需要指定 RID。

（3）网络出口配置（8 分）

◇　根据网络拓扑图，配置 NAT 技术，使用内部 Vlan 10、Vlan 20 用户可以使用外部接口的 IP 地址访问互联。

◇　根据网络拓扑图所示，允许天津分公司 Vlan 30、Vlan 40 的用户通过总部的路由器访问互联网，并使用合法的全局地址为 181.1.1.2～181.1.1.4。

◇　根据网络拓扑图，将总部的服务器 Web 服务和 FTP 发布的互联，其合法的全局地址为 181.1.1.5。

（4）链路安全（4 分）

◇　根据网络拓扑图，为了保障总公司与分公司的链路安全，需要在总公司与城域网连接的链路上配置 PPP 协议，并采先 CHAP 后 PAP 的验证方式，并将总公司路由器设置为验证方，其口令为 ruijie。

（5）接入层配置（4 分）

◇　根据网络拓扑图，将接口加入到相应的 Vlan 中。

◇　根据网络拓扑图，对所有的接入接口配置端口安全，如果有违规者，是关闭接口，并要求接口配置为速端口。

2．天津分公司

（1）网络底层配置（4 分）

◇　根据网络拓扑图，对网络设备的各接口、Vlan 等相关信息进行配置，使其能够正常通信。

（2）路由协议配置（4 分）

◇　根据网络拓扑图，配置动态路由协议 OSPF，并需要指定 RID。

（3）单臂路由配置（4分）

✧ 根据网络拓扑图，配置单臂路由，使网络互通。

（4）接入层配置（4分）

✧ 根据网络拓扑图，将接口加入到相应的 Vlan 中。

✧ 对所有的接入接口配置端口安全，如果有违规者，关闭接口，并要求接口配置为速端口。

3. 上海分公司

（1）网络底层配置（4分）

✧ 根据网络拓扑图，对网络设备的各接口、Vlan 等相关信息进行配置，使其能够正常通信。

（2）路由协议配置（3分）

✧ 根据网络拓扑图，配置动态路由协议 OSPF，并需要指定 RID。

（3）网络出口配置（3分）

✧ 根据网络拓扑图，配置 NAT 技术，允许内部用户可以使用外部接口的 IP 地址访问互联。

（4）无线网络配置（8分）

✧ 根据网络拓扑图，配置无线 AP，其采用 WEP 加密方式，40 位 ASCII 密码形式，口令为 12345，其 SSID 为 Ruijie，不允许 SSID 广播。

（5）安全配置（4分）

✧ 利用操作路由更新方式，只允许上海公司的网络学习到去往总公司服务器群的路由信息，其他路由信息不允许学习。

4. 城域网络

（1）网络底层配置（4分）

✧ 根据网络拓扑图，对网络设备的各接口、Vlan 等相关信息进行配置，使其能够正常通信。

（2）链路安全配置（4分）

✧ 根据网络拓扑图，为了保障总公司与分公司链路安全，需要在总公司与城域网连接的链路上配置 PPP 协议，并采先 CHAP 后 PAP 的验证方式，并将此路由器设置为被验证方，其口令为 ruijie。

（二）应用服务搭建（30分）

1. 搭建域服务器

（1）服务器角色配置（5分）

✧ 配置为域控制器和 DNS 服务器，其域名为 lab.com，此服务器的 FQDN 为 dc. lab.com，域的功能级别为 2003 模式。

✧ DNS 服务需要正确配置 SOA，NS，AAA 记录和反向记录。

（2）用户和组配置（5分）

✧ 创建 4 个 OU，创建 4 个全局组，创建 12 个用户，具体内容见下表。

部　门	OU	全　局　组	隶属用户
生产部	生产部	production	prod（经理）、Prod_1、Prod_2
销售部	销售部	sales	sales（经理）、sales_1、sales_2
行政部	行政部	administeration	adm（经理）、adm_1、adm_2
经理办公室	经理办公室	manager	master（总经理）、man_1、man_2

2．搭建 WEB 服务器

（1）服务器角色配置（5 分）

❖ 服务器器配置为 Web 服务器，此服务器的 FQDN 为 www.lab.com。

❖ 使用 IIS 6.0 来建立 Web 站点：www.lab.com，自己建立一个简单的中文网页。网页的内容为："祝中职计算机技术竞赛圆满成功"，其文件名为 default.html。

（2）服务器优化配置（5 分）

❖ 使用 DNS 实现站点的轮询负载。

❖ 配置主机头，所有的站点都必须使用域名登录，不允许使用 IP 地址访问

3．搭建 FTP 服务器

（1）服务器角色配置（5 分）

❖ 器配置为 ftp 服务器，此服务器的 FQDN 为 ftp.lab.com。

❖ 使用 IIS 6.0 来建立 FTP 站点：ftp.lab.com。

❖ 在磁盘 F:\ 的根目录下建立文件夹 tianjinftp，作为 FTP 的主目录。

❖ 允许匿名登录，可以下载文件。并且要使用 ftp 命令登录时，会提示欢迎信息："欢迎登录中职计算机技术竞赛官方服务器"并且用命令浏览文件时使用 UNIX 方式显示。

（2）服务器优化配置（5 分）

❖ 配置主机头，所有的站点都必须使用域名登录，不允许使用 IP 地址访问。

❖ 内网用户通过 FTP 账号 accessftp，口令为 tianjin，可以上传内容。

应 试 指 南

一、比赛项目与内容

企业网搭建及应用（2 人团体项目）。

利用本大赛执委会提供的 4 台计算机、4 台路由器、2 台三层交换机、1 个机架，按要求安装、组建局域网。利用执委会提供的无线测试设备对指定的无线环境进行测试并提交该无线环境测试结果及分析报告。

二、比赛软/硬件环境及比赛项目说明

1. 大赛执委会提供以下硬件环境：

（1）网络搭建部分

4 台计算机，计算机的主要硬件指标为：CPU 双核，内存>=4GB，硬盘>=320GB。

4 台路由器（型号：RSR20-04）、2 台三层交换机（型号：RG-S3760E-24）；由星网锐捷网络有限公司提供。

1 台 42U 网络配线端接装置（型号：KYPXZ-01-07），1 个工具箱（型号：KYGJX-15），由西安开元电子实业有限公司提供，选手不许自带工具。

（2）无线测试部分

1 台笔记本计算机

智能无线接入点（型号：RG-AP220-E），由星网锐捷网络有限公司提供。无线网卡 Proxim A/B/G/N 由 Fluke Networks 公司提供。

2. 软件环境

Windows XP Pro（中文版）

Windows 7（中文版）

CentOS 5.5

Oracle VM VirtualBox 4.0.4

RAR 4.0（中文版）

Microsoft Office 2007（中文版）

Windows 2003 Server R2（中文版）

Windows 2008 Server（中文版）

Windows Server 2008 R2（中文版）

Fluke Networks（Airmagnet Survey/Planner）

3. 比赛项目说明

（1）网络搭建项目，参赛选手利用以上软/硬件环境组建星型网络，对网络设备、计算机及操作系统进行安装配置。参赛选手要能够熟练使用 Oracle VM VirtualBox、微软 Hyper-V。

（2）无线测试项目，利用测试软件对指定场地进行测试，提交测试及分析报告。

三、评分方法

项目比赛时间均为 180 分钟。具体评分办法如下。

要求设备安装上架位置正确、牢固，制作线缆、连接准确、美观。按照要求配置交换机和路由器、Oracle VM VirtualBox 使用熟练、按照要求安装及配置服务器操作系统（Windows 和 Linux）。

成绩比例：网络搭建 30%，Windows 安装 30%，Linux 安装 30%，无线测试 5%，现场设备组装 5%。

四、试卷分析

企业网搭建及应用项目整份试卷共有五个部分：网络搭建、无线测试、网络设备、网络操作系统 Windows 和网络操作系统 Linux。试卷中所有题目都是上机操作题。两名选手在规定时间内配合完成试卷中的所有比赛题目。

比赛开始前，要求选手按照抽签号进行入场和找到自己的机位，并检查自己机位的设备是否齐全，监考老师会宣读比赛时的注意事项，并提前十分钟发放试卷，试卷发下来时只可阅读，不可动手操作，否则就以零分计算。

选手拿到试卷时，要先仔细查看试卷的总页数，看自己的试卷是否有缺页和坏损及看不清的地方，之后再认真阅读试卷。阅读试卷时，两位选手要认真讨论并协调分工。

反侵权盗版声明

　　电子工业出版社依法对本作品享有专有出版权。任何未经权利人书面许可，复制、销售或通过信息网络传播本作品的行为；歪曲、篡改、剽窃本作品的行为，均违反《中华人民共和国著作权法》，其行为人应承担相应的民事责任和行政责任，构成犯罪的，将被依法追究刑事责任。

　　为了维护市场秩序，保护权利人的合法权益，我社将依法查处和打击侵权盗版的单位和个人。欢迎社会各界人士积极举报侵权盗版行为，本社将奖励举报有功人员，并保证举报人的信息不被泄露。

举报电话：（010）88254396；（010）88258888

传　　真：（010）88254397

E-mail：　dbqq@phei.com.cn

通信地址：北京市万寿路 173 信箱

　　　　　电子工业出版社总编办公室

邮　　编：100036